Verfügungsrechtliche Steuerung wertschöpfender Prozesse

Ansger Jacob

Verfügungsrechtliche Steuerung wertschöpfender Prozesse

Ein gestaltender Ansatz der Verteilten Künstlichen Intelligenz am Beispiel des Verkehrsinfrastrukturbaus

Mit einem Geleitwort von Univ.-Prof. Dr. Stefan Kirn

Ansger Jacob
Stuttgart-Hohenheim, Deutschland

Zugl.: Dissertation Universität Hohenheim, 2013

D100

ISBN 978-3-658-04347-6 ISBN 978-3-658-04348-3 (eBook)
DOI 10.1007/978-3-658-04348-3

Die Deutsche Nationalbibliothek verzeichnet diese Publikation in der Deutschen Nationalbibliografie; detaillierte bibliografische Daten sind im Internet über http://dnb.d-nb.de abrufbar.

Springer Vieweg

Gedruckt auf säurefreiem und chlorfrei gebleichtem Papier

Springer Vieweg ist eine Marke von Springer DE. Springer DE ist Teil der Fachverlagsgruppe Springer Science+Business Media.
www.springer-vieweg.de

Geleitwort

Softwaresysteme der Verteilten Künstlichen Intelligenz werden bereits seit den siebziger Jahren des vergangenen Jahrhunderts intensiv erforscht. Neben Systemen zum verteilten Lösen von a priori bekannten Aufgabenstellungen sind Softwareagenten in der Lage, intelligentes Verhalten zur erfolgreichen Bearbeitung von a priori zumindest nicht vollständig bekannten Aufgaben durch Interaktion mit ihrer Umgebung entstehen zu lassen. Intelligent wird der Agent durch Berücksichtigung von einflussnehmenden Objekten und Agenten auf seine eigene Zielerreichung. Dazu müssen intelligente Agenten den Zustand ihrer Umgebung erheben und in ihren Handlungen berücksichtigen, um ihre Ziele auch unter veränderlichen Rahmenbedingungen der jeweiligen Umgebung bestmöglich zu erreichen.

Erst jüngst wird den Objekten in der Umgebung deliberativer Agenten größere Aufmerksamkeit gewidmet. Standen bisher die direkte Kommunikation und Koordination mehrerer Agenten im Vordergrund, so gewinnt inzwischen die autonome, „situierte" Orientierung eines Agenten und die indirekte Koordination durch gezielte Veränderung der mit anderen Agenten geteilten Umgebung an Aufmerksamkeit. Allerdings fehlen situierten Agenten bis heute Konzepte für eine generalisierte Bewertung ihrer Handlungsalternativen, um Veränderungen der Umgebung ihren eigenen Zielen entsprechend möglichst effektiv zu erreichen.

Ansger Jacob adressiert diese Herausforderung, welche er am Beispiel der Bauwirtschaft detailliert herausarbeitet, unter Anwendung zentraler ökonomischer Theorien. Die Prozessorganisation und die Theorie der Verfügungsrechte geben seiner Arbeit den nötigen ökonomischen Bezugsrahmen. Eine Theorie ganzheitlicher Situierung stellt den technischen Bezugsrahmen. Auf diesem Fundament wird das Modell eng an den ökonomischen Theorien orientiert entwickelt und abgegrenzt. Im Ergebnis sind sowohl ein generelles wie auch ein am institutionellen Rahmen des Wartens orientiertes Modell entstanden, das situierte Handlungsbewertung durch Agenten ermöglicht. Diese grenzen die wahrgenommene Umgebung entlang ihrer Prozessalternativen und der dafür benötigten Verfügungen über Ressourcen ein. Damit setzt Ansger Jacob konsequent ein aktives Wahrnehmungskonzept in seinem Agentenmodell um.

Dieses Modell stellt Ansger Jacob in einem Multiagenten-Simulationsexperiment der heutigen Koordination im Bauwesen gegenüber. Im Experiment weist er nach, dass die situierte Steuerung von Baufahrzeugen Leistungsvorteile gegenüber den heute üblichen Verfahren erbringt. Das Modell lässt sich stets dort gewinnbringend instanziieren, wo eine vollständige Abstimmung aller Akteure nicht möglich ist. Dieses Problem stellt sich beispielsweise in dem hochaktuellen Forschungsfeld des automatisierten Straßenverkehrs (Stichwort:

autonome Kraftfahrzeuge), da dort eine vollständige Abstimmung aller Verkehrsteilnehmer untereinander durch prohibitiv hohe Transaktionskosten verhindert wird.

Mit seiner Arbeit leistet Ansger Jacob einen wesentlichen Beitrag zu einer ökonomisch geprägten Ausrichtung der Multiagentenforschung. Sie trägt das Potenzial in sich, auch in anderen Kontexten effiziente Lösungen zu ermöglichen, in denen eine vollständige Koordination nicht möglich ist. Aufgrund der hohen praktischen Relevanz und der zahlreichen sich daran anknüpfenden wissenschaftlich spannenden Fragenstellungen wünsche ich dieser hervorragend geschriebenen Forschungsarbeit eine breite Leserschaft.

Stuttgart-Hohenheim Univ.-Prof. Dr. Stefan Kirn

Vorwort

Kooperierende, problemlösende Softwaresysteme faszinieren Forscher und Praktiker gleichsam, da sie in der Lage sind, ihre Ziele ohne Eingreifen Dritter auch in unvorhergesehenen Situationen unter Anpassung ihrer Handlungen erreichen. Sie besitzen Autonomie in der Findung eines Lösungsweges. Mit diesen Eigenschaften eignen sie sich für den Einsatz unter nicht vollständig deterministischen Einsatzbedingungen, in denen unvorhergesehene Störungen Auswirkungen auf die Zielfindung haben. Gleichsam autonomen Straßenfahrzeugen, die auf die Bedingungen der Straße und Hindernisse angepasst reagieren müssen, müssen auch Softwareagenten intelligent, d. h. im Sinne ihrer Zielerreichung, auf die für ihre Aufgabenerfüllung relevanten Umgebungsbedingungen reagieren. Dafür sind die Agenten in ihrer Umgebung situiert. Sie nehmen genau die für sie relevanten Änderungen ihrer Umgebung wahr und verarbeiten diese in der Art, dass sie zu einer adäquaten Situation führen. Dies ist vergleichbar einem autonomen Fahrzeug, das ein unmittelbar bevorstehendes Hindernis erkennt und darauf reagiert, aber ein Hindernis, welches in einiger Entfernung auf der Strecke besteht, ignoriert, da es im momentanen Kontext keine Relevanz hat. Bei physischen Hindernissen ist offensichtlich, dass ein Fahrzeug reagieren muss. Entsprechende Mechanismen für eine notwendige ökonomische Reaktion eines Agenten sind hingegen nicht immer offensichtlich.

Die vorliegende Arbeit entstand aus der Fragestellung, wie Agenten gestaltet sein müssen, damit sie ein Verständnis für ihre ökonomische Umgebung bekommen, so dass sie situiert und zielgerichtet auch ihre ökonomischen Ziele erreichen können. Um diesen Sachverhalt an einem Anwendungsfall auszurichten, verwendet die Arbeit systematisch das Beispiel des Verkehrsinfrastrukturbaus zur Ableitung von Einsatzbedingungen für steuernde Agenten. Im Verkehrsinfrastrukturbau sind situative Störungen und Änderungen des Wertschöpfungsablaufs ebenso üblich wie unvollständige Kommunikationsbedingungen. Da aus dem Verkehrsinfrastrukturbau keine hinreichenden Gestaltungsrichtlinien für ein Modell ökonomischer Steuerung gewonnen werden können, bilden die Prozessorganisation und die Theorie der Verfügungsrechte den Bezugsrahmen der vorliegenden Arbeit. Zur Sicherung der technischen Vollständigkeit wird darüber hinaus ein Framework der Situierung in den Bezugsrahmen aufgenommen. Der Bezugsrahmen ist die Grundlage der Gestaltung des mathematischen Modells zur verfügungsrechtlichen Steuerung durch einen Agenten.

Die schlussendliche Überprüfung anhand eines Simulationsexperiments, in dem das steuerungsfähige Multiagentensystem mit simulierten Daten einer Baustelle versorgt wird, belegt eine höhere Leistung durch genau diejenigen Agenten im Verkehrsinfrastrukturbau, die sich auf Basis des Modells optimieren. Der Forschungsansatz der Designforschung für Informationssysteme bietet die nötigen Regeln, um Vollständigkeit im Forschungsvorgehen zu sichern. Unbeantwortet bleibt die Frage, wie das Modell in anderen ökonomischen Kontexten eingesetzt werden kann. Durch die generelle Gestaltung des Modells sind die Möglichkeiten nahezu unbegrenzt.

Die Erstellung der vorliegenden Arbeit wäre nicht möglich gewesen ohne die vielen Menschen, die mir dabei zur Seite standen. Allen voran möchte ich meinem Doktorvater und Erstgutachter Stefan Kirn danken. Über die Jahre prägten unterschiedliche Meinungen und Schleifen unsere Zusammenarbeit, die diese Arbeit vorangetrieben haben. Danken möchte ich auch dem Zweitgutachter Herrn Reiner Doluschitz. Nach unserer vertrauensvollen Zusammenarbeit im Verbundforschungsvorhaben IT FoodTrace habe ich mich außerordentlich über die Übernahme des Zweitgutachtens gefreut. Alfonso Souza-Posa möchte ich für den Vorsitz der Prüfungskommission danken. Er hat eine sehr angenehme Atmosphäre im Kolloquium geschaffen.

Die Erstellung dieser Arbeit wäre nicht ohne den Dialog mit meinen Kollegen am Lehrstuhl Wirtschaftsinformatik 2 der Universität Hohenheim möglich gewesen. Ich möchte insbesondere Steffen Vaupel, Marcus Müller, Christian Anhalt, Jörg Leukel, Andreas Scheuermann, Achim Klein und Daniel Weiß danken, die als Kollegen stets für kritische Diskussionen und fundierte Rückmeldungen zu Teilen meiner Arbeit bereit waren. Ein außerordentlicher Dank geht an Marcus Müller, Manuel Eisele und Johannes Merkert, die mir in kritischen Situationen den Rücken in unseren Verbundforschungsprojekten freigehalten haben, so dass ich mich den Themen meiner Arbeit konzentriert widmen konnte. Ein Dank geht auch an Michael Klunker, der immer für ein gutes Gespräch zu haben war, und Nadine Braitmaier, die mir in allen administrativen Dingen stets zur Seite stand. Allen hier nicht namentlich genannten Kollegen des Lehrstuhls und aus den Verbundforschungsprojekten möchte ich ebenfalls danken. Die Zusammenarbeit war stets inspirierend und hat sich in der einen oder anderen Form in dieser Arbeit niedergeschlagen.

Der entscheidenden Person möchte ich an dieser Stelle meinen ganz besonderen Dank widmen. Ich danke meiner Lebensgefährtin Karin Nolte, die viele Tiefen meiner Arbeit über die Jahre mit mir überstanden hat und mir stets auch in schwierigen Phasen zur Seite stand. Nie werde ich vergessen, dass sie mir die Welt mit einem Flipchart neu sortierte, als sich Hoffnungslosigkeit bei mir breit machte. Stets warst Du zur Seite, wenn etwas nicht in die Richtung lief, die ich mir wünschte. Und gerade deswegen erfüllt es mich mit Glück, dass wir den weiteren Lebensweg bald zu Dritt beschreiten werden.

Stuttgart-Vaihingen Ansger Jacob

Inhaltsverzeichnis

Abkürzungs- und Akronymverzeichnis

ADAC .... Allgemeiner Deutscher Automobil-Club e. V.
ADF .... Agent Definition File
AutoBauLog .... Autonome Steuerung in der Baustellenlogistik
BDI .... Belief-Desire-Intention
BRIC .... Basic Representation of Interactive Components
CArtAgO .... Common Artifact Infastructure for Agents Open Environments
DPS .... Distributed Problem Solving
GHM .... Ansatz von Grossmann, Hart und Moore
Hz .... Hertz
IEEE .... Institute of Electrical and Electronics Engineers
IP .... Internet Protocol
IKS .... Informations- und Kommunikationssysteme
JADE .... Java Agent Development Framework
JADEX .... JADE eXtended
MAS .... Multiagentensystem
MASCOT .... MultiAgent System for Claims negOTiation
MMASS .... Multilayered Multiagent Situated System
REMM .... Resourceful, Evaluative, Maximizing Man
SA .... Situation Awareness
SCOR .... Supply Chain Operations Reference-Model
SM .... Situation Manager
WSS .... Wertschöpfungssystem

Abbildungsverzeichnis

Tabellenverzeichnis

Tabellenverzeichnis

1 Ausgangssituation und Forschungsansatz

1.1 Ausgangssituation

Die Verkehrsinfrastruktur in Deutschland ist das größte Investitionsobjekt des Bundes. In 2008 und 2009 entfielen jeweils 48% der gesamten Investitionen oder 22.781 Mio. Euro der Investitionen des Bundes auf diesen Bereich (Heil 2011, S. 89). 230.969 km Straßen des überörtlichen Verkehrs sowie 39.900 km Schienentrassen sind in Deutschland zu erhalten, zu erneuern oder zu erweitern (ebd.). 75% der vom Allgemeinen Deutschen Automobil-Club e.V. (ADAC) im Jahr 2010 ermittelten 185.000 Staus[1] mit einer Gesamtlänge von 400.000 km in Deutschland sind nach Hölzel (2011) auf Beeinträchtigungen durch Baumaßnahmen im überregionalen Straßenverkehr zurückzuführen. Eschenbach (2010) ermittelt einen jährlich entstehenden volkswirtschaftlichen Schaden durch baustellenbedingte Staus ausschließlich auf Autobahnen in Deutschland von 40 Milliarden Euro.

Ihre Ursache liegt in einem hohen Risiko für Termin- und Kostenüberschreitung im Verkehrsinfrastrukturbau (Assaf und Al-Hejji 2006, S. 349 - 357; Dreier 2001; Flyvbjerg et al. 2003, S. 71 - 88; 2004, S. 3 - 18; Hasenclever et al. 2011, S. 205 - 290). Dies führen die Autoren auf eine mangelnde Flexibilität in der Ressourcennutzung unter den Besonderheiten einer hohen Abhängigkeit der Leistungserstellung von nicht antizipierbaren Umwelteinflüssen, der Einzigartigkeit der Bauleistung sowie der organisatorischen Fragmentierung der Leistungserstellung zurück. Die Folge fehlender Flexibilität in der Ressourcennutzung sind Über- oder Unterkapazitäten. Nach Eschenbach (2010) ermöglicht eine Vermeidung von Über- oder Unterkapazitäten bei allen Akteuren in der Bauausführung eine Reduzierung von Kosten- und Terminüberschreitungen. Über- oder Unterkapazitäten sind auf ein individuell gefertigtes Bauobjekt und nicht antizipierte Veränderungen in einem Wertschöpfungsumfeld zurückzuführen. Das Wertschöpfungsumfeld im Verkehrsinfrastrukturbau ist geprägt von Maschinenausfällen, Materialversorgungsengpässen, räumlicher Verteilung, ungünstigen Witterungsbedingungen und nur unzureichend bekannten Bodenschichtenverläufen oder Bodenfunden. Viele Einflüsse verändern die Bedingungen der Wertschöpfung nur lokal, haben aber Auswirkungen auf die Leistung aller Akteure des Wertschöpfungssystems (WSS)[2] im Verkehrsinfrastrukturbau. Viele Einflüsse sind nicht hinreichend genau plan- und antizipierbar.

---

[1] Gegenüber 2009 hat sich die Anzahl registrierter Staus um 32% erhöht. Der staureichste Monat im Jahr 2010 mit 23.500 ist der März.

[2] Der Begriff „Wertschöpfungssystem“ wird in dieser Arbeit nach der Definition von Kim et al. (2008, S. 10) als *System wertschöpfender Aktivitäten zwischen Akteuren zur Erbringung einer Gesamtleistung für den Kunden* verwendet.

Erforderlich ist eine flexible Steuerung im WSS, die lokal erhobene Einflüsse unter den Rahmenbedingungen des Verkehrsinfrastrukturbaus bewertet und unter unvollständiger Koordinationsmöglichkeit Steuerung der Baustelle durch die Akteure selbst ermöglicht. Zu berücksichtigen ist die hochgradige Interdependenz der Akteure in ihrer Leistungserbringung bezüglich bereitgestellter, abzunehmender oder gemeinsam genutzter Ressourcen. In der Folge sieht sich jeder Akteur Situationen von Ressourcenengpässen oder -überschüssen ausgesetzt, die er ohne vollständiges Wissen über seine Umwelt unter Nutzung der prozessualen Flexibilität lösen muss.

1.2 Forschungsansatz

Die vorliegende Arbeit befasst sich mit der Steuerung von Ressourcen durch den maschinellen Aufgabenträger[3] am Beispiel der Wertschöpfung im Verkehrsinfrastrukturbau. Der Beitrag dieser Arbeit liegt in der Gestaltung einer verfügungsrechtlichen Steuerung von Ressourcen im Wertschöpfungssystem durch den maschinellen Aufgabenträger in Form eines Softwareagenten[4] der Verteilten Künstlichen Intelligenz. Die Erstellung und Evaluation folgt den Richtlinien für gestaltungsorientierte Informationssystemforschung nach Hevner (2004, S. 75 - 105). Es wird ein prozesszentrierter Bottom-up-Ansatz aus Perspektive des wertschöpfenden Akteurs verfolgt, der die Fragmentierung und örtlichen Einflüsse auf die Wertschöpfung berücksichtigt. Die bottom-up erhobenen Handlungsalternativen des Akteurs unter prozessualen Interdependenzen werden anhand der Prozessorganisation (Gaitanides 2007, S. 88 ff.) für die Gestaltung des maschinellen Aufgabenträgers abgegrenzt, um die Interdependenzen ausgerichtet an Prozesszielen – in diesem Fall Leistung und Qualität – heterarchisch aufzulösen. Die Prozessorganisation wird nach Gaitanides (2007, S. 190 ff.) bis auf Ebene des Teamerfolgs analysiert, jedoch fehlen Beschreibung, Analyse und Prognose der Verfügung über Ressourcen durch den Akteur. Die vorliegende Arbeit nutzt zur Beschreibung, Analyse und Prognose von Interdependenzen auf Ebene der Akteure die Theorie der Verfügungsrechte unter der multiattributiven Perspektive von Barzel (1997; 1982, S. 27 - 48; 2003, S. 42 - 57; 1974, S. 73 - 95), um gestaltende Empfehlungen für eine flexible Steuerung durch den Akteur abzuleiten. Das Ziel ist die Befähigung des maschinellen Aufgabenträgers zur Handlung auch dann, wenn keine vollständige Koordination durch ihn möglich ist. Er muss sich in seiner Umgebung situiert

[3] Maschinelle Aufgabenträger sind nach Ferstl und Sinz (2008, S. 3) Informations- und Kommunikationssysteme (IuK-Systeme), die eine Teilmenge von Aufgaben automatisiert ausführen.

[4] Der Agentenbegriff dieser Arbeit beinhaltet ausschließlich Softwareagenten. Fortan wird ausschließlich der Begriff *Agent* verwendet.

verhalten, um bestmöglich Änderungen im Wertschöpfungsumfeld mit Einfluss auf seine Leistung in seiner Aktionswahl zu berücksichtigen.

Die flexible Steuerung aufgrund der Situation des Akteurs in seinem prozessualen Wertschöpfungskontext stellt spezielle Anforderungen an die Architektur des maschinellen Aufgabenträgers. Für eine Abbildung der verfügungsrechtlichen Steuerung werden in dieser Arbeit Multiagentensysteme (MAS) (Bond und Gasser 1988; Jennings et al. 1998, S. 7 - 38; Wooldridge 2009) auf ihren Beitrag zur Erreichung einer Situierung analysiert. Sie werden dem Framework von Endsley (1995c, S. 32 - 64) und dem Bezugsrahmen der Arbeit gegenübergestellt, um den Beitrag dieser Technologie zur flexiblen Steuerung auch unter unvollständigen Informationen zu erheben.

Die Rahmenbedingungen des Verkehrsinfrastrukturbaus werden ebenso wie das flexible Steuerungsverfahren des Agenten in ein Simulationsexperiment unter Nutzung von Agenten in einem simulierten MAS (Michel et al. 2009, S. 4 ff.) überführt, so dass eine Evaluation unter den Bedingungen des Verkehrsinfrastrukturbaus möglich wird. Die Einflussgröße des Simulationsexperiments ist die unsichere Umwelt des Erdbaus in Form schwankender Ausbauleistungen und die Menge zur Verfügung stehender Transportkapazitäten. Das Explanandum ist die Leistung der simulierten Akteure des Transports in Form von transportiertem Bodenmaterial und Leerfahrten. Das Simulationsexperiment erlaubt Aussagen über die Leistung der Steuerungsverfahren im Erdbau in Abhängigkeit der Umweltunsicherheit.

1.3 Erkenntnistheoretische Grundposition und Einordnung

Die vorliegende Arbeit bezieht die erkenntnistheoretische Position des Radikalen Konstruktivismus nach Ernst von Glaserfeld (1996). Im Radikalen Konstruktivismus gibt es keine beobachterunabhängige Wirklichkeit. Jedes Objekt der Wirklichkeit ist von dem wahrnehmenden Subjekt konstruiert. Erkenntnis wird als Hypothese, Behauptung oder Konstruktion angesehen. Erkenntnis wird nicht erfunden, sondern von einem Subjekt in den von ihm wahrgenommenen Objekten gefunden. Von Glaserfeld (1996, S. 96) nennt vier Prinzipien des Radikalen Konstruktivismus:

1. Das Wissen kann weder über Sinnesorgane noch über Kommunikation passiv aufgenommen werden.
2. Das Wissen wird von einem Subjekt aktiv konstruiert.
3. Die Kognition ist adaptiv (als biologische Funktion des Subjekts) und zielt auf Passung oder Viabilität.
4. Die Kognition dient der Organisation der Erfahrungswelt des wahrnehmenden Subjekts.

Von Maur (2009, S. 151 ff.) zeigt Parallelen des Radikalen Konstruktivismus zur konstruktionsorientierten Forschung in der Wirtschaftsinformatik auf, die insbesondere in der Entwicklung und der Evaluation von Artefakten signifikant sind. Die angewendeten Forschungsmethoden der Entwicklung und Evaluation bilden für den Erkenntnisgewinn einen wichtigen Baustein. Wichtig ist eine methodisch enge Kopplung von Entwicklung und Evaluation, um in jedem Fall durch die Konstruktion zu gesicherter Erkenntnis zu gelangen. Dabei ist allen Erkenntnistheorien gemeinsam ihre Unbegründbarkeit, so dass zwar stringenter Methodenbezug stets zu nachvollziehbarer Erkenntnis führt, dieser jedoch unter dem Bewusstsein der Methodenbegrenztheit steht. Eine durch die erkenntnistheoretische Position gewonnene methodische Freiheit darf jedoch nach von Maur (2009, S. 154) nicht zur Beliebigkeit der Forschung führen.

Von Maur (2009, S. 155) resümiert den erkenntnistheoretischen Diskurs in der Wirtschaftsinformatik als ausgesprochen fruchtbar. Im Sinne des Radikalen Konstruktiviumus kann es nicht *die Wahrheit* geben. Die Wirtschaftsinformatik soll nach von Maur (ebd.) bestrebt sein, nicht ein festes Repertoire an etablierten Methoden zu erarbeiten, sondern einen kontinuierlichen Prozess von Kritik, Neuentwürfen und Diskurs wahren, der einen konstruktiven Beitrag zur Methodenentwicklung liefert. Dies deckt sich mit dem Bild der Wirtschaftsinformatik von Braun et al. (2004, S. 6): „Die Wirtschaftsinformatik versteht sich als Realwissenschaft, da Phänomene der Wirklichkeit untersucht werden. Die Wirtschaftsinformatik ist ebenso eine Formalwissenschaft, da die Beschreibung, Erklärung, Prognose und Gestaltung von IKS[5] der Entwicklung und Anwendung formaler Beschreibungsverfahren und Theorien bedürfen. Darüber hinaus ist die Wirtschaftsinformatik eine Ingenieurwissenschaft, da insbesondere die Gestaltung von IKS eine Konstruktionssystematik verlangt."

1.3.1 Modellbegriff der Arbeit

Ein Modell ist eine durch einen Konstruktionsprozess gestaltete, zweckrelevante Repräsentation eines Objekts[6]. Gemäß des allgemeinen Modellbegriffs nach Stachowiak (1973, S. 131 ff.) ist ein Modell durch die folgenden drei Hauptmerkmale gekennzeichnet:

- Abbildungsmerkmal – „Modelle sind stets Modelle von etwas, nämlich Abbildungen, Repräsentationen natürlicher oder künstlicher Originale, die selbst wieder Modelle sein können" (Stachowiak 1973, S. 131). Ein Original kann ein künstlich geschaffenes System sein, das mittels eines Modells in den vom Modellierer intendierten Merkmalen abgebildet wird. Das Original

[5] Informations- und Kommunikationssysteme (Anm. des Autors).

[6] Modellbegriff aufbauend auf der allgemeinen, konstruktionsorientierten Modelltheorie von Stachowiak (1973).

muss die Bedingung erfüllen, dass es vom Modellierer erfahrbar ist, kann aber „dem Bereich der Symbole, der Welt der Vorstellungen und der Begriffe oder der physischen Wirklichkeit angehören“ (Stachowiak 1973, S. 131). Die Abbildung ist eine Zuordnung von Attributen des Originals zu Attributen des Modells. Kosiol (1966, S. 209) bezeichnet „ein Modell [...] nur dann [als] adäquates Abbild des betrachteten Problems und damit wissenschaftlich fruchtbar, wenn trotz aller vorgenommenen Vereinfachungen Strukturgleichheit zwischen der realen Sphäre des Problems und der gedanklichen Sphäre des Modells vorliegt.“ Die Wahrung der Strukturgleichheit kann über etablierte Theorien gewährleistet werden.

- Verkürzungsmerkmal – „Modelle erfassen im Allgemeinen nicht alle Attribute des durch sie repräsentierten Originals, sondern nur solche, die den jeweiligen Modellerschaffern und / oder Modellbenutzern relevant scheinen“ (Stachowiak 1973, S. 132). Die Relevanz eines Attributes ist eng mit dem Modellzweck verbunden, jedoch beschränkt durch die nicht vollständig, objektiv und eindeutig bestimmbare Originaleigenschaft. Jedes Original steht damit unter der Perspektive des Modellzwecks, der eine Verkürzung des Originals beeinflusst. Ein Nachweis der Eindeutigkeit der Abbildung von Original zu Modell scheitert bereits an der unvollständigen Erhebung von Attributen des Originals.
- Pragmatisches Merkmal – „Modelle sind ihren Originalen nicht per se eindeutig zugeordnet. Sie erfüllen ihre Ersetzungsfunktion (a) für bestimmte – erkennende und/oder handelnde, modellbenutzte – Subjekte, (b) innerhalb bestimmter Zeitintervalle und (c) unter Einschränkung auf bestimmte gedankliche oder tatsächliche Operationen“ (Stachowiak 1973, S. 132 f.). Damit bekommt das Modell neben der Abbildung und der Verkürzung einen zeitlichen und zweckmäßigen Bezug. Die Subjekte sind die Zielgruppe für das gestaltete Modell.

Stachowiak (1983, S. 118) fasst den Modellbegriff in sprachlicher Form wie folgt zusammen: „X ist ein Modell des Originals Y für den Verwender K in der Zeitspanne t bezüglich der Intention Z.“ Dieser Modellbegriff ist in dieser Arbeit unter Wahrung der zuvor genannten Grundeigenschaften eines Modells im Sinne der gestaltungsorientierten Forschung des Design Science für Informationssysteme (Hevner et al. 2004, S. 75 - 105) enger zu fassen. Ausgehend von der gestaltungsorientierten Forschung des Design Science für Informationssysteme wird ein konstruktionsorientierter Modellbegriff zugrunde gelegt. Stachowiak (1983, S. 129) betont in der allgemeinen Modelltheorie, dass die Wirklichkeit mittels des Modells zu konstruieren ist. Zu Abgrenzungszwecken wird zunächst der abbildungsorientierte Modellbegriff dargelegt, bevor auf den konstruktionsorientierten Modellbegriff[7] eingegangen wird.

1.3.1.1 Abbildungsorientierter Modellbegriff

Der abbildungsorientierte Modellbegriff befasst sich im Kern mit dem Abbildungsmerkmal eines Modells nach Stachowiak (1973, S. 131). Kosiol (1961, S. 321) prägt maßgeblich den abbildungsorientierten Modellbegriff mit der Definition eines Modells als „adäquates Abbild der betrachteten Wirklichkeit". Brocke (2003, S. 10 ff.) belegt die langjährige Prägung des abbildungsorientierten Modellbegriffs zunächst in der Entscheidungslehre und der Organisationslehre, später auch in der Informatik. Das Diskurssystem ist der betrachtete Ausschnitt des Originals, z.B. der betrieblichen Realität. Dieser Ausschnitt wird auf ein Objektsystem als subjektive Interpretation des Diskurssystems übertragen. Das Modellsystem wird auf der Grundlage des Objektsystems subjektiv abgeleitet. Für den Ableitungsprozess gibt ein Metamodell nötige Konstruktionsleitfäden für das Modellsystem. Kosiol (1966, S. 209) erkennt ein Modell nur dann als adäquates Abbild des betrachteten Problems und damit als wissenschaftlich mehrwertschaffend an, wenn Strukturgleichheit zwischen der realen Sphäre des Problems und der gedanklichen Sphäre des Modells gegeben ist.

Für die Abbildungsfunktion vom Diskurssystem zum Modell wird unterstellt, dass die Wirklichkeit in Form des Diskurssystems objektiv von jedem Beobachter gleichermaßen zu erfahren ist. Mit der Erkenntnisposition des Radikalen Konstruktivismus ist der abbildungsorientierte Modellbegriff nicht vereinbar, da das adäquate Abbild der betrachteten Wirklichkeit eine objektive Abbildungsmöglichkeit zwischen Original und Modell zugrunde legt.

Die Verwendung des abbildungsorientierten Modellbegriffs in den Wirtschafts- und Sozialwissenschaften wird von Bretzke (1980) kritisiert. Vom Standpunkt des abbildungsorientierten Modellbegriffs enthält die Welt „keine Probleme, sondern nur vorläufig unentdeckte Problemlösungen" (Bretzke 1980, S. 32) und der Prozess der Modellbildung „ist eine einfache Reproduktion vorgegebener Merkmalskomplexe, die von dem jeweiligen Modellersteller im Grunde nicht mehr verlangt als ein geschultes Wahrnehmungsvermögen, ein hohes Maß an Aufmerksamkeit und Unvoreingenommenheit und die Verfügbarkeit einer geeigneten Sprache für die formale Repräsentation der wahrgenommenen Strukturen" (Bretzke 1980, S. 32)[8].

---

[7] Neben abbildungs- und konstruktionsorientiertem Modellbegriff führt Thomas (2005, S. 11 - 13 und S. 19) den axiomatischen oder mathematischen Modellbegriff und den strukturorientierten Modellbegriff ein, die jedoch zur Wirtschaftsinformatik keinen unmittelbaren Bezug haben.

[8] In angepasster Orthografie.

1.3.1.2 Konstruktionsorientierter Modellbegriff

Der konstruktionsorientierte Modellbegriff orientiert sich an der Erkenntnisposition des Konstruktivismus. Er unterstellt die Nicht-Existenz einer objektiv wahrnehmbaren Wirklichkeit, die vom Modellierer nicht erfahrbar ist. Dieser Erkenntnisposition folgen unter anderem[9] Gaitanides (1979a, S. 8 - 12; 1979b) und Bretzke (1980) in der Betriebswirtschaftslehre sowie Zelewski (1995, S. 15 ff.) und Schütte (1998) in der Wirtschaftsinformatik. Bossel (2004, S. 230) unterstellt in der Systemanalyse und insbesondere in dem Systementwurf einen konstruktionsorientierten Modellbegriff, um Erkenntnisse über die Struktur und das Verhalten von Systemen zu erlangen.

Jegliche Modellbildung und damit auch Erkenntnisgewinnung kommt durch Konstruktion zustande. Nach Bretzke (1980, S. 34) steht damit das Problem als wahrgenommene Lücke zwischen Erwünschtem und Erreichtem verbunden mit dem Mangel an Wissen, wie diese Lücke zu schließen ist, im Mittelpunkt des Modellierungsprozesses. Bretzke (1980, S. 34 f.) bezeichnet das Wesen des Problems als Mangel an Struktur. Diesem wird durch den Modellbildungsprozess in strukturgebender und konstruierter Form entgegengetreten. Damit ist der Prozess der Modellbildung selbst ein wesentlicher Beitrag zur Lösung des Problems.

Einen Diskurs in der Wirtschaftsinformatik zum konstruktionsorientierten Modellbegriff führt Schütte (1998, S. 59) zu dem Ergebnis, dass ein Modell das Ergebnis einer Konstruktion eines Modellierers für einen Modellnutzer in Form einer Repräsentation eines Originals zu einer Zeit mit einer als relevant erachteten Sprache ist. Das Ergebnis der Modellierung ist ein explizites Modellsystem mit einem Erstellungszeitpunkt und einer Gültigkeit (Schütte 1998, S. 59 ff.).

Der Prozess der Modellerstellung ist ein Konstruktionsprozess. Der Konstruktionsprozess bringt Entwürfe von Modellen als Konstruktionsrepräsentationen hervor, die auf ihre Tauglichkeit für das beschriebene Problem – die Lücke zwischen Erwünschtem und Erreichtem – überprüft werden. Die Erkenntnisposition liegt im Design des Modells. Es muss derart gestaltet sein, dass es seinem Erschaffungszweck bestmöglich gerecht wird. Eine unterstützende Methode der Modellerstellung muss eine Überprüfung des Erschaffungszwecks vorsehen.

1.3.2 Einbettung der Arbeit in die Informationssystemforschung

Das übergeordnete Ziel der gestaltungsorientierten Wirtschaftsinformatik, in die sich diese Arbeit einordnet, wird im Journal *Information Systems Research* aufgefasst als die Erweiterung von Wissen, welches für die erfolgreiche Anwendung von Informationstechnologie in Organisationen und ihrem Ma-

[9] Eine detaillierte Auseinandersetzung über den Einsatz des konstruktionsorientierten Modellbegriffs ist Thomas (2005, S. 17 ff.) zu entnehmen.

nagement wichtig ist (o.V. 2002). Das Begriffsverständnis eines Informationssystems ist nicht rein auf die technischen Komponenten beschränkt, sondern umfasst den gesamten Bereich des soziotechnischen Systems unter Einbezug des Nutzers, insbesondere seiner organisatorischen Einbettung (Picot 1989). „Erkenntnisgegenstand der Wirtschaftsinformatik sind Informationssysteme in Wirtschaft und Gesellschaft, sowohl von Organisationen als auch von Individuen“ (Österle et al. 2010, S. 3)[10]. Diesem Standpunkt folgend ist stets der Anwendungsbereich eines Informationssystems in den Erkenntnisschritt der Wirtschaftsinformatik einzubeziehen. In diesem Bestreben folgt die Forschung entweder dem Ansatz der auf Verständnis der Sachverhalte beruhenden behavioristischen Forschung oder der gestaltenden Forschung von Informationssystemen (March und Smith 1995, S. 252). Heinrich (2005, S. 107) betont den Anspruch der Wirtschaftsinformatik in beiden Forschungszweigen: „Die forschungsmethodische Besonderheit der Wirtschaftsinformatik besteht also darin, dass sie erklären und gestalten will; sie umfasst Erkenntnis und Handeln, aus dem wieder Erkenntnis folgt.“

Die behavioristische Informationssystemforschung erfasst die Natur von Informationssystemen mit einer Black-Box-Perspektive, die den Anwendungsaspekt des Informationssystems betont. Sie besteht aus den Aktivitäten der Erkundung neuer Sachverhalte und deren Verifizierung. Die behavioristische Forschung bringt neue oder verbesserte Theorien hervor. Die Theorien geben einen tieferen Einblick in Gesetzmäßigkeiten, liefern bessere Modelle für die Beschreibung oder eine genauere Darstellung eines Sachverhalts. Konzeptualisierungen und Beschreibungssprachen sind Hilfsmittel auf dem Weg der behavioristischen Forschung. Der Forschungsansatz der behavioristischen Forschung wird durch die gestaltende Forschung in der Informationssystemforschung mit dem Ziel guten Designs ergänzt. Laut March und Smith (1995, S. 252) sind die Entwicklung und die Wartung von Informationssystemen Designaktivitäten. Das Design hat die Erhöhung von Fähigkeiten und Performanz von Informationssystemen zum Ziel. Das Ergebnis des Designs ist in der Folge durch Steigerung der Effizienz und Performanz messbar. Die Performanz wird jedoch nicht als Geschwindigkeit oder Leistung eines Informationssystems aufgefasst, sondern als Grad des Mehrwerts für den Nutzer. Nach Simon (1981, S. 133) widmet sich die gestaltungsorientierte Forschung der Gestaltung und Evaluation von Artefakten zur Erreichung von Zielen. Der Forschungsgegenstand der gestaltungsorientierten Informationssystemforschung ist das erstellte Artefakt, das eine Verbesserung eines bestehenden Verfahrens oder Systems aufzeigt. Die Verbesserung wird anhand einer aussagekräftigen Evaluation gemessen, die vergleichend den Status-Quo und die Möglichkeiten des neu geschaffenen Artefakts gegenüberstellt. Wieder erstreckt sich die Reichweite des Artefakts in der

[10] Auch erschienen in Österle et al. (2010, S. 662 - 679).

Wirtschaftsinformatik nicht nur auf das Informationssystem selbst, sondern umfasst seine organisatorische Einbettung (Heinrich 2005, S. 104 - 117; Hevner 2009, S. 150; Mertens und Heinrich 2002, S. 476 - 489; Wiegand et al. 2003). Die Wirtschaftsinformatik setzt sich, von breiter Mehrheit der deutschen Wissenschaftler dieser Disziplin getragen, das Ziel der Verankerung einer Gestaltungsorientierung in der Forschung für Wirtschaft und Gesellschaft (Österle et al. 2010, S. 662 - 679).

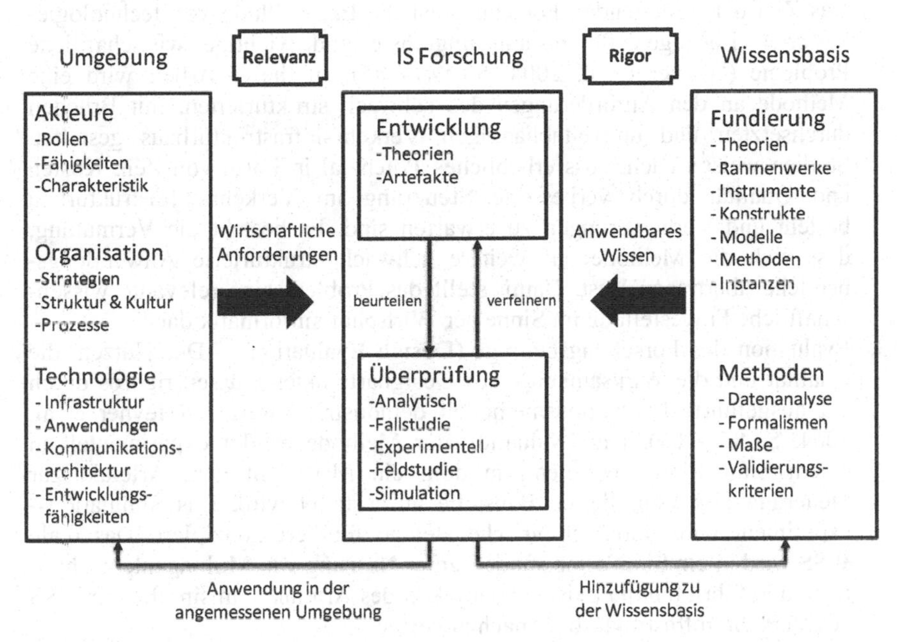

Abbildung 1 Information Systems Research Framework in Anlehnung an Hevner et al. (2004, S. 80)

Die vorliegende Arbeit gliedert sich in die gestaltende Forschung für Informationssysteme nach Hevner et al. (2004, S. 75 - 105) ein. Der Forschungsrahmen für diesen Ansatz ist in Abbildung 1 dargestellt. Wie folgt richtet sich die Arbeit dabei an den sieben Richtlinien von Hevner et al. (2004, S. 82 - 90) für gestaltungsorientierte Forschung an Informationssystemen aus:

1. Design als innovatives Artefakt (Design as an Artifact) – Die gestaltungsorientierte Forschung der Wirtschaftsinformatik entwickelt zweckmäßige Artefakte in Form von Konstrukten, Modellen, Methoden oder Instanzen (Hevner et al. 2004, S. 82 - 84). In dieser Arbeit wird eine Methode zur verfügungsrechtlichen Steuerung für ein Agentensystem der Verteilten Künstlichen Intelligenz entwickelt. Die Steuerung basiert auf der lokalen,

situierten Entscheidung des artifiziellen Akteurs. Das Artefakt ermöglicht in MAS (1) die gezielte Erhebung des verfügungsrechtlichen Kontexts des Agenten, (2) dessen ökonomische Interpretation für die Situation des Agenten im Wertschöpfungssystem und (3) deren Projektion auf mögliche künftige Situationen, um proaktives, ökonomisch sinnvolles Handeln auch in unvollständig erhebbaren Umgebungen zu ermöglichen.

2. Relevanz der wissenschaftlichen Problemstellung (Problem Relevance) – Das Ziel der gestaltenden Forschung ist die Entwicklung von technologiebasierten Lösungen für bislang ungelöste und wichtige wirtschaftliche Probleme (Hevner et al. 2004, S. 84 - 85). In dieser Arbeit wird eine Methode an den Anforderungen des schwach strukturierten, mit Brüchen durchsetzten und umweltabhängigen Verkehrsinfrastrukturbaus gestaltet. Studien weisen nach, dass erhebliches Potenzial in Form von Zeit, Kosten und Qualität durch verbesserte Steuerung im Verkehrsinfrastrukturbau besteht und Verbesserungen zu erwarten sind. Es besteht die Vermutung, dass sich die Methode auf weitere schwach strukturierte Anwendungsbereiche übertragen lässt. Damit stellt das Problem eine relevante wissenschaftliche Fragestellung im Sinne der Wirtschaftsinformatik dar.
3. Evaluation des Forschungsbeitrags (Design Evaluation) – Der Nutzen, die Qualität und die Wirksamkeit eines Designartefaktes müssen rigoros durch gut ausgeführte Evaluationsmethoden demonstriert werden (Hevner et al. 2004, S. 85 - 87). Die Evaluation der Methode erfolgt experimentell in einem Simulationsexperiment, in dem ein MAS mit dem Artefakt zur Steuerung einer simulierten Baustelle ausgestattet wird. Das Simulationsexperiment wird durch empirische Belege fundiert konzipiert. Das reale WSS wird in ein Simulationsmodell unter Nutzung von Multiagententechnologie überführt, um die Leistungsfähigkeit des Artefakts im simulierten WSS des Verkehrsinfrastrukturbaus nachzuweisen.
4. Beitrag zum Erkenntnisfortschritt (Research Contributions) – Effektive Forschung der Design Science muss klare und überprüfbare Beiträge in den Gebieten des Artefakts, den Grundlagen des Designs und / oder ihrer Methoden hervorbringen (Hevner et al. 2004, S. 87). Der Erkenntnisfortschritt der Arbeit liegt in der Kombination von Anforderungen im WSS des Verkehrsinfrastrukturbaus, die sich weder in einer Methode der Steuerung im Verkehrsinfrastrukturbau noch in Arbeiten über MAS wiederfindet. Eine fundierte Analyse des Stands der Forschung im Verkehrsinfrastrukturbau und in der Forschung für MAS sichert den Beitrag zum Erkenntnisfortschritt.
5. Stringenz der Forschungsarbeit (Research Rigor) – Gestaltungsorientierte Forschung an Informationssystemen basiert auf der Anwendung wissenschaftlich fundierter Methoden der Forschung sowohl in der Konstruktion als auch in der Evaluation des Designartefakts (Hevner 2007, S. 90; Hevner et al. 2004, S. 87 - 88). Die deduktive Gestaltung der Methode dieser Arbeit

wird durch die Anwendung etablierter ökonomischer Theorien in einem Bezugsrahmen gestützt. Fischer et al. (2010, S. 383 - 386) sowie Gregor und Jones (2007, S. 328) belegen, dass die Anwendung derartiger Theorien im Design Science Research einen systematischen Erkenntnisfortschritt ermöglicht. Die Evaluation erfolgt durch ein fundiert geplantes Simulationsexperiment unter Einsatz des Artefakts und Auswertung der ökonomischen Rahmenbedingungen des Einsatzes.

6. Konstruktion von Artefakten als Suchprozess (Design as an Search Process) – Die Suche nach einem effektiven Artefakt erfordert die Verwendung verfügbarer Mittel, um gewünschte Ziele unter Wahrung der Gesetze im Problembereich zu erreichen (Hevner et al. 2004, S. 88 - 90). Design ist ein stetiger Verbesserungsprozess. Hierzu verwendet die vorliegende Arbeit Technologien des Stands der Forschung, um das Problem der frühzeitigen Erkennung von Ressourceninterdependenzen für Agentensysteme in mehrstufigen Wertschöpfungssystemen in einer unsicheren Umwelt zu lösen. Der Suchprozess schränkt sich auf die Aussagen ökonomischer Theorien ein.
7. Kommunikation der Forschung (Communication of Research) – Gestaltungsorientierte Forschung für Informationssysteme muss sowohl technisch- als auch managementorientierte Auditorien adressieren (Hevner et al. 2004, S. 90). Der Fortschritt und die Ergebnisse der vorliegenden Forschung wurden im Rahmen des Verbundprojektes AutoBauLog[11] technischen und managementorientierten Experten des Bauwesens fortlaufend kommuniziert und die behandelten Probleme im Rahmen einer Baustellenbegehung[12] mit Experten der Bauausführung diskutiert.

1.4 Beispiel und Forschungsfragen

Das folgende Beispiel ist aus empirischen Studien und einer Baustellenbegehung einer Tiefbaustelle des Verkehrsinfrastrukturbaus hervorgegangen. Es bildet die gewonnenen Erfahrungen modellhaft ab, so dass die Flexibilitätsfragestellungen in der Steuerung des WSS des Verkehrsinfrastrukturbaus untersucht werden können. Es adressiert die elementaren Aktivitäten des Transportierens in der Erdbaulogistik im Verkehrsinfrastrukturbau, der nach Hasenclever et al. (2011, S. 210 ff.) mit besonders hohen Unwägbarkeiten, organisatorischen Brüchen und Einflüssen auf die Kosten und die Leistung des Gesamtvorhabens behaftet ist.

[11] Das Verbundforschungsvorhaben AutoBauLog (Autonome Steuerung in der Baustellenlogistik) wird vom Bundesministerium für Wirtschaft und Technologie unter dem Förderkennzeichen 01MA09011 gefördert.

[12] Eine Baustellenbegehung des Ausbaustrecke A8 zwischen Ulm und Augsburg belegt im Jahr 2011 durch Gespräche mit Oberbauleitern und Bauleitern die in dieser Arbeit adressierten Steuerungsprobleme im WSS des Verkehrsinfrastrukturbaus.

Zugrunde gelegt sei das in Abbildung 2 dargestellte Szenario des schweren Erdbaus einer Verkehrsinfrastrukturbaustelle. Eine Menge von Transportfahrzeugen transportiert Bodenmaterial von zwei Ausbaustellen zu zwei Einbaustellen. Das Bodenmaterial ist die grundlegende Ressource zur Aufrechterhaltung der Transportleistung[13]. Jedes Transportfahrzeug verfügt über die Optionen der Beladung mit Bodenmaterial an $Ausbau_1$ und $Ausbau_2$ und die Entladung des Bodenmaterials an $Einbau_1$ und $Einbau_2$. Jeder Ausbauplatz verfügt über eine variierende Ausbau- und Verladeleistung, die insbesondere von den Faktoren der Bodenschichtänderungen, Witterung und Ausbaumaschinenverfügbarkeit beeinflusst wird. Die Ausbauleistung kann von den Fahrern der Transportfahrzeuge nicht direkt überwacht werden, da keine Kommunikation mit den Baggern besteht[14]. Die Einbaustellen $Einbau_1$ und $Einbau_2$ verfügen über nahezu unbegrenzte Kapazität und werden in der Regel nur durch die Entladeleistung der Transportfahrzeuge beschränkt.

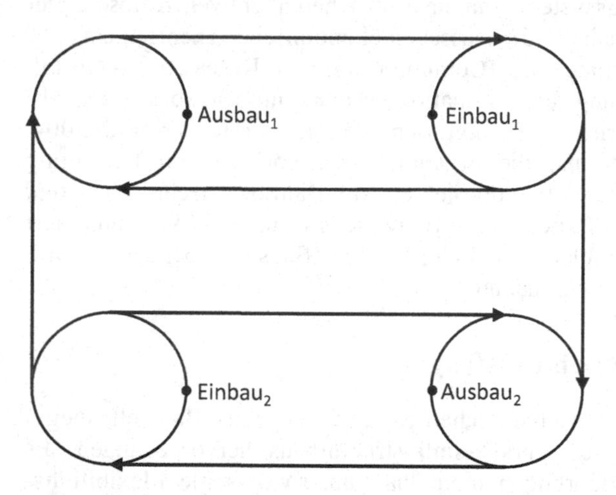

Abbildung 2 Erdbauaktivität einer Verkehrsinfrastrukturbaustelle

Nach Hasenclever et al. (2011, S. 227) müssen kurze Wege und niedrige Transport- sowie Umschlagszeiten gewährleistet werden. Kurze Wege von Aus- zu Einbau wirken jedoch nur dann zeitverkürzend, wenn ausreichend Aus- und

[13] Die Leistung von Baumaschinen im Erdbau wird in m^3 pro Stunde ermittelt (Girmscheid 2010). Eine kurzfristige Hinzunahme von Maschinen im Erdbau ist nicht möglich, so dass die vorhandenen Maschinen für einen maximalen Ertrag auszulasten sind.

[14] Diese Annahme wird durch Hasenclever el al. (2011, S. 205 - 290) für den Baubetrieb empirisch belegt. Dreier (2001, S. 53 f.) stellt darüber hinaus das Risiko einer erhöhten Störungsanfälligkeit bei stark optimierten Bauabläufen mit kurzen Bauzeiten und witterungsabhängigen Vorhaben heraus.

Einbauleistung auf diesen Wegen vorhanden ist. Kritisch ist die Verfügung über die geteilten Ressourcen $Ausbau_1$, $Ausbau_2$, $Einbau_1$ und $Einbau_2$, genauer die Verfügung über die Beladekapazität bei $Ausbau_1$ und $Ausbau_2$ zur Erlangung der Ressource Bodenmaterial und der Entladung bei $Einbau_1$ oder $Einbau_2$ zur Entledigung der Ressource Bodenmaterial. Bei einer Transportüberkapazität können die Transportfahrzeuge nicht in ausreichender Geschwindigkeit abgefertigt werden. Die Folge ist die Koordination mittels Warteschlange vor Ort. Aufgrund der unvollständigen Erhebung der Baustellenbedingungen können im ungünstigen Fall alle vier Transportfahrzeuge vor einer Ausbaustelle mit niedriger Ausbauleistung warten, während an der anderen Ausbaustelle Leerlauf mit potenziell hoher Ausbauleistung besteht.

Unter der Zielstellung der Leistungsmaximierung aller Transportfahrzeuge in einer Situation auftretender wechselseitiger Beeinflussungen durch die Nutzung geteilter Ressourcen, hier die Aus- und Einbaustellen, ist für das soziotechnische System der Wertschöpfung bestehend aus Akteuren des Ausbaus, Transports und Einbaus herauszuarbeiten, (1) welche Voraussetzungen in der Wertschöpfung des Erdbaus für die flexible Steuerung von Ressourcen im Erdbau bestehen, (2) wie sich durch ein Informationssystem wechselseitige Beeinflussungen bei unvollständiger Erfassung der Baustelle detektieren lassen und (3) wie ein Informationssystem Handlungsalternativen eines Akteurs derart bewertet, dass sie seine Leistung maximieren.

1.5 Gang der Untersuchung

Die Arbeit gliedert sich in fünf Kapitel, deren Aufbau in Abbildung 3 dargestellt ist. Die Motivation, der Forschungsansatz, die methodische Einordnung der Arbeit in die gestaltende Forschung für Informationssysteme nach Hevner et al. (2004, S. 82 - 90) und ein Beispiel mit abgeleiteten Forschungsfragen wurde im ersten Kapitel vorgestellt.

Im zweiten Kapitel werden die Grundlagen der Arbeit geschaffen, die erforderlichen Begriffe definiert und der Stand der Forschung erhoben. Aufgrund von empirischen Befunden im Verkehrsinfrastrukturbau wird das Flexibilitätsproblem in der Steuerung von Ressourcen im WSS herausgearbeitet. Der produktionsprozessnahe Flexibilitätsbegriff nach Sethi und Sethi (1990, S. 289 - 328) wird für die flexible Steuerung im WSS ausgewertet. Mit diesem Begriffsverständnis startet eine Analyse des Stands der Forschung zur Lösung des Flexibilitätsproblems im Verkehrsinfrastrukturbau. Zur ganzheitlichen Lösung des Flexibilitätsproblems werden im Anschluss ökonomische Theorien für einen Bezugsrahmen ausgewertet. Unter der Perspektive der Theorien werden Anforderungen herausgearbeitet, die bei einer Erhöhung der Flexibilität im Verkehrsinfrastrukturbau durch Einsatz von Informationssystemen zu berücksichtigen sind. Es schließt sich der Stand der Forschung zur situierten Koordination in

Agentensystemen an, um ihr Potenzial für die Umsetzung einer Steuerung unter den Voraussetzungen des Verkehrsinfrastrukturbaus zu bewerten. Die Ansätze werden gegen das Rahmenwerk von Endsley (1995c, S. 32 - 64) für Situationsbezug evaluiert.

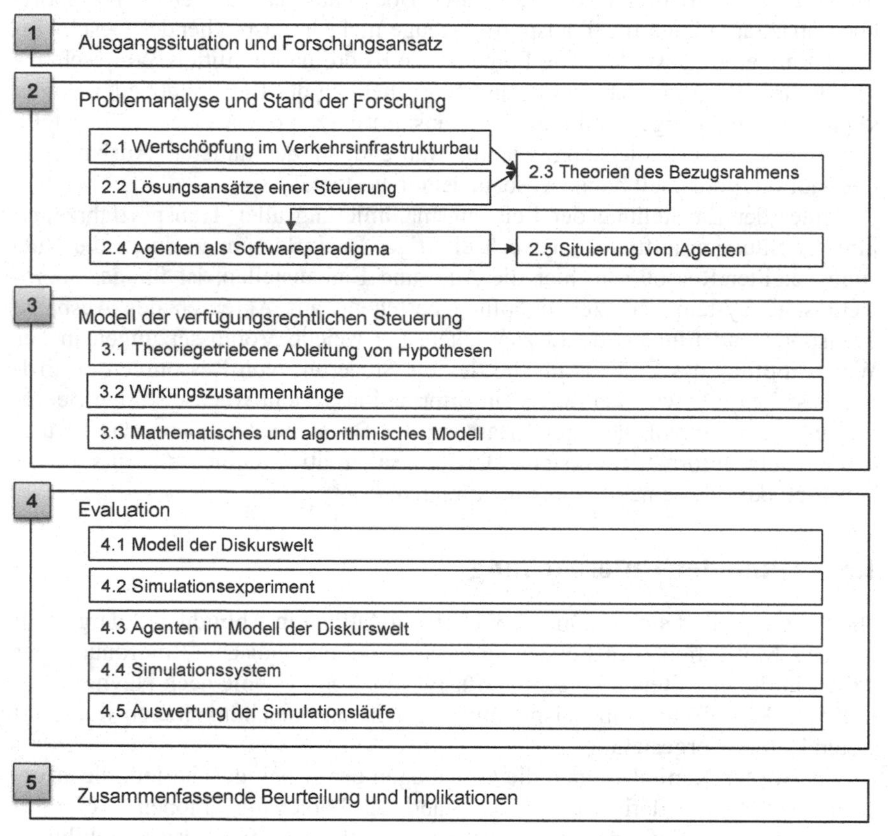

Abbildung 3 Struktur der Arbeit

Im dritten Kapitel werden Hypothesen aus den verwendeten ökonomischen Theorien erhoben und in ein Wirkungsmodell überführt. Dieses wird in einem mathematischen Modell weiter verfeinert und die Dynamik mit Algorithmen in Pseudocode für das situierte Verhalten eines Agenten in seinem Wertschöpfungsumfeld dargestellt. Das Kapitel folgt in seiner Struktur den Stufen des Frameworks von Endsley (1995c, S. 32 - 64). Das Modell der verfügungsrechtlichen Steuerung für einen Agenten ermöglicht durch Erhebung, Erkennung und Prognose von Ressourceninterdependenzen eine dezentrale Steuerung von Ressourcenzugriffen unter den Rahmenbedingungen der Wertschöpfung im Verkehrsinfrastrukturbau.

Im vierten Kapitel wird das Steuerungsverfahren in einem Simulationsexperiment im Verkehrsinfrastrukturbau überprüft. Der Anwendungsfall ist das Modell des WSS aus dem zweiten Kapitel. Maßgebliche Einflussfaktoren auf die Leistung der Akteure als Explanandum werden als Explanans in das Simulationsexperiment aufgenommen und in Stufen der Simulation überführt, um aus den Ergebnissen Aussagen über die Leistungsfähigkeit des Artefakts in Abhängigkeit von Störungen des Bauablaufs und der Leistungsfähigkeit heutiger Verfahren der Koordination von Ressourcen zu erheben.

Das fünfte Kapitel schließt mit einem Fazit der erreichten Ergebnisse und gibt einen Ausblick auf den weiteren Forschungsbedarf. Insbesondere wird die Verallgemeinerungsmöglichkeit der Methode diskutiert.

2 Problemanalyse und Stand der Forschung

2.1 Wertschöpfung im Verkehrsinfrastrukturbau

Die Durchführung großer Verkehrsinfrastrukturbauvorhaben setzt eine Planung, Steuerung und Kontrolle von wertschöpfenden Aktivitäten zur Erbringung einer definierten Leistung in einer definierten Zeit und zu definierten Kosten voraus. Zeit und Kosten werden in der Planung projektiert und sind für den Bauausführenden fixe Größen. Die Steuerung sichert eine Umsetzung der Planung in der Form, dass durch die Erbringung einer hohen Leistung der Kosten- und Zeitrahmen der Baumaßnahme möglichst unterschritten wird. Besondere Anforderungen an die Steuerung entstehen durch die Leistungserbringung in Verbünden mehrerer Organisationen im WSS und aufgrund des stets kundenindividuellen Gutes im Verkehrsinfrastrukturbau. Kundenindividuelle Güter bedingen eine Integration des Kunden in den Prozess der Leistungserstellung und werden erst nach Eingang eines Kundenauftrags speziell an die Anforderungen des Kunden angepasst gefertigt (Build-to-Order). Mit diesen Eigenschaften sind Verkehrsinfrastrukturbauten mit Kontraktgütern nach Kaas (1995, S. 8) gleichzusetzen, die ein Versprechen über eine zu erbringende Leistung vertraglich vor der Leistungserbringung zusichern. In der Wertschöpfung des Verkehrsinfrastrukturbaus ist die vertragliche Zusicherung aufgrund der Fertigungsbedingungen in der Umwelt mit einem Risiko behaftet, da externe Einflüsse nicht hinreichend genau antizipiert und planseitig erfasst werden können. Für den Akteur[15] im Verkehrsinfrastrukturbau besteht die Herausforderung der Steuerung seiner nachvertraglichen Wertschöpfung in derart, negative Effekte der Umweltbeeinflussung bestmöglich auszugleichen, um vertragliche Abweichungen und daraus resultierende monetäre Konsequenzen zu minimieren. Die Steuerung in der Vertragserfüllung ist ausschlaggebend für die entstehenden Kosten und die benötigte Zeit, die über Konventionalstrafen zusätzlich erhöhend auf die Kosten wirken kann.

Das Risiko der Umweltbeeinflussung eines Akteurs kann im Fall von Kontraktgütern durch Reduktion der Individualisierungsleistung auf eine Wertschöpfungsstufe gering gehalten werden. Dies ist in der Wertschöpfung des Verkehrsinfrastrukturbaus nicht möglich. Jede Stufe muss den individuellen Anforderungen des Endproduktes angepasst durchgeführt werden. Eine höhere Adaptivität des WSS wird von der kundenindividuellen Massenfertigung (Piller

[15] In der ökonomischen Betrachtung ist der Akteur das ökonomische Individuum, das in den Grenzen der gegebenen Institutionen, insbesondere der Organisation und der Gesellschaft, seine wertschöpfenden Handlungen durchführt. Der Akteur im WSS ist dem aufbauorganisatorischen Konzept des Aufgabenträgers nach Kosiol (1962, S. 43) gleichzusetzen, der von Ferstl und Sinz (2008, S. 3) weiter in den maschinellen und personellen Aufgabenträger verfeinert wird. Im weiteren Verlauf der Arbeit erfolgt eine Verfeinerung durch die Verwendung ökonomischer Theorien.

2003; Pine II 1993; Pine II et al. 1993, S. 108 - 119) untersucht. Der Erklärungsbereich der kundenindividuellen Massenfertigung erstreckt sich jedoch auf Güter des Konsums, die im Zuge der Kundenanforderungen ausgehend von einem Massenprodukt modular individualisiert werden, um dem Bedarf an individuellen Produkten und Leistungen zu angemessenen Preisen beim Endkunden Rechnung zu tragen. Diese Perspektive auf die individuelle Fertigung ist für das in dieser Arbeit betrachtete WSS des Verkehrsinfrastrukturbaus ungeeignet, da für das WSS nicht der Weg von hochstandardisierten Produkten zu Produkten hoher Individualität betrachtet wird, sondern das WSS stets auf Produkte hoher Individualität ausgerichtet ist.

Das Individualization Engineering (Kirn et al. 2008, S. 3 - 60) nutzt eine Perspektive auf die Adaptivität[16] des WSS in Raum, Zeit und Ökonomie, um Potenziale im soziotechnischen System der Wertschöpfung zu beschreiben, zu analysieren und zu prognostizieren. Die Grundlage der Individualisierung sind flexible Koordinationsverfahren für wertschöpfende Aktivitäten in mehrstufigen WSS. Insbesondere wird der Beitrag von Informations- und Kommunikationssystemen[17] zur Steigerung der Adaptivität im WSS für logistische Transformationen untersucht (Kirn et al. 2008, S. 6). Das Individualization Engineering erlaubt die Untersuchung einer umweltinduzierten Beeinflussung auf das WSS im Fall von Kontraktgütern über alle Stufen des WSS hinweg mit dem Ziel der Leistungserhöhung durch die Adaption des WSS. Nach Ferstl und Sinz (2008, S. 3) wird die Adaption des WSS durch den Einsatz neuer oder erweiterter Informationssysteme zur Automatisierung in Form des maschinellen Aufgabenträgers im WSS ermöglicht. Unter der Perspektive des Individualization Engineering (Kirn et al. 2008, S. 3 - 60) werden Informationssysteme gestaltet, die zunehmend eigenständig steuernd in die Wertschöpfung eingreifen und Flexibilität bei geänderten Rahmenbedingungen gewährleisten. Das Individualization Engineering findet in dieser Arbeit in der Beschreibung und Analyse des WSS im Verkehrsinfrastrukturbau Anwendung, in dem insbesondere Leistungspotenziale in der Flexibilisierung der Prozesse zur Adaption des WSS an veränderte Umweltbedingungen in der Erstellung der Verkehrsinfrastruktur vermutet werden. Zu untersuchen ist sowohl die organisatorische als auch die informationstechnische Unterstützung.

[16] Adaptivität wird in dieser Arbeit gemäß des Frameworks von Baker (1996, S. 1 - 7) auf der Ebene von Organisationen und Wertschöpfungsstrukturen mit strategischem Bezug verwendet. Davon abgegrenzt wird die Flexibilität als operativer Begriff nach Baker (1996, S. 6) auf der Ebene des Ressourceneinsatzes in Prozessen.

[17] Informations- und Kommunikationssysteme unterstützen nach Ferstl und Sinz (2008, S. 3) durch Automatisierung von Informationsverarbeitungsaufgaben als maschinelle Aufgabenträger.

2.1.1 Auswertung empirischer Befunde

Der Auftragnehmer kann bestimmte Umweltunsicherheiten, z. B. saisonal bauungeeignetes Wetter, vertraglich regeln, jedoch nicht alle potenziell auftretenden Störungen[18] mit Einfluss auf seine Leistung vollständig vertraglich ausschließen. Er muss sich zur Erbringung einer Leistung zu bestimmten Kosten mit bestimmten Fertigstellungsterminen verpflichten. In der Folge werden bei Auftreten von Störungen Zeit- und Kostenbudgets regelmäßig überschritten (Hasenclever et al. 2011, S. 205) und Konventionalstrafen ausgesprochen. Dreier (2001) identifiziert bei 17 untersuchten Bauvorhaben des Tief-, Spezialtief- und Verkehrsinfrastrukturbaus aus insgesamt 85 untersuchten Bauvorhaben eine 100%ige störungsbedingte Überschreitung der budgetierten Baukosten. 25% der 17 Bauvorhaben des Tief-, Spezialtief- und Verkehrsinfrastrukturbaus weisen eine mindestens 45%ige Überschreitung des Budgets[19] auf. Im Mittel aller Vorhaben besteht eine Budgetüberschreitung von 20%. Die Störungsmehrkosten bezogen auf das geplante Budget der drei größten Budgetabweichungen des Tief-, Spezialtief- und Verkehrsinfrastrukturbaus liegen jeweils bei annähernd 70%. Die Budgetüberschreitung der 23 schlüsselfertigen Bauvorhaben in der Stichprobe fällt mit den störungsbedingten Mehrkosten von 6% und 12% in den oberen Quartilen der Stichprobe vergleichsweise niedrig aus. Von allen untersuchten Bauvorhaben konnten störungsbedingt nur 11,8% der Vorhaben innerhalb der geplanten Soll-Bauzeit fertiggestellt werden. Da die Materialkomponente in den 86 Bauvorhaben störungsbedingt nahezu unverändert blieb, sind die Abweichungen durch Personal- und Gerätekosten umso stärker zu gewichten (Dreier 2001, S. 41). Die zeitlichen Überschreitungen können nicht unabhängig vom Budget betrachtet werden, da eine Budgetüberschreitung unmittelbar durch längere Vorhaltezeiten von Gerät und Baustelleneinrichtung entsteht.

Flyvbjerg et al. (2003, S. 71 - 88; 2004, S. 3 - 18) analysieren eine Stichprobe von 258 Transportinfrastrukturvorhaben aus 20 Nationen auf fünf Kontinenten mit einem Schwerpunkt auf Europa (181 Vorhaben) und einem Gesamtbudget von 90 Mrd. US$. Die durchschnittliche Kostenabweichung der Bahninfrastrukturvorhaben lag bei 44,7%, bei den Tunnel- und Brückenvorhaben bei 33,8% und bei den Straßenvorhaben bei 20,4% in ihrer Stichprobe. Bezogen auf die europäischen Vorhaben beträgt die Kostenabweichung 22,4%, obwohl die durchschnittliche Abweichung in Europa am niedrigsten ist. Über alle Vorhaben ergibt sich eine Kosteneskalation von 27,6%. Eine Kosteneskalation entsteht in neun von zehn Projekten. Die These, dass Kosten in der gleichen

[18] Dreier (2001, S. 5) definiert Störungen als Behinderungen im baubetrieblichen Sinn, die zu einer Abweichung vom Bau-Soll führen. Störungen wirken sich nach Dreier (2001, S. 35) unmittelbar auf den Bauablauf aus, der durch Verzögerungen, Unterbrechungen, Beschleunigungen und Bauzeitverschiebungen gegenüber dem Plan des Vorhabens verändert wird.

[19] Die Überschreitungen wurden um technische Nachträge zum ursprünglichen Bauvorhaben bereinigt und sind somit auf Störungen im Sinne von Dreier (2001, S. 5) zurückzuführen.

Höhe über- wie unterschätzt wurden, musste mit hoher Signifikanz abgelehnt werden. Ebenso wurde mit hoher Signifikanz die These abgelehnt, dass die Höhe der unterschätzten Kosten gleichauf mit der Höhe der überschätzten Kosten liegt. Unterschätzte Kosten liegen in der Stichprobe signifikant höher als überschätzte Kosten. Risiken aus fehlerhaften Kostenabschätzungen großer Infrastrukturvorhaben werden ignoriert oder verharmlost (Flyvbjerg et al. 2003, S. 86). Die entstehenden Kosten sind volkswirtschaftlicher Schaden und belasten Steuerzahler oder private Investoren.

Assaf und Al-Hejji (2006, S. 349 - 357) befragen im Rahmen ihrer Arbeit 15 Eigentümer, 23 bauausführende Unternehmen und 19 Projektsteuerer zu Ursachen von Bauzeitverzögerungen. Die Gruppe der Eigentümer nennt in hoher Anzahl und auch mit hoher Wichtigkeit zu wenige und unqualifizierte Arbeitskräfte, niedrige Produktivität und schlechte Planung. Die Gruppe der bauausführenden Unternehmen nennt ausbleibende Zahlungen der Eigentümer, verspätete Abnahme und Freigabe von Dokumenten durch die Eigentümer sowie deren Änderungswünsche zur Bauausführung. Die Gruppe der Projektsteuerer benennt zu wenige Arbeitskräfte, ausbleibende laufende Zahlungen der Eigentümer, ineffiziente Planung und Ausführung durch die bauausführenden Unternehmen sowie die Art des Zuschlagsverfahrens für ausgeschriebene Bauleistungen. Odeh und Battaineh (2002, S. 67 - 73) betrachten in ihrer Studie ausschließlich die Projektsteuerer und bauausführenden Unternehmen. In ihrer Erhebung bei den 63 bauausführenden Unternehmen steht die Produktivität aus eingesetzter Arbeit an erster Stelle vor Eingriffen durch den Eigentümer und unzureichender Erfahrung des bauausführenden Unternehmens. Ardit et al. identifizieren in ihrer Studie über 384 untersuchten Bauprojekten in der Türkei neben Schwierigkeiten der landestypischen Rahmenbedingungen bei der Beschaffung von Baumaterial und einer hohen Inflation Probleme durch einen gestörten Bauablauf mit 153 Nennungen und unerwarteten Bauuntergrund mit 49 Nennungen. Sweis et al. (2008, S. 665 - 674) betrachten sieben empirische Arbeiten über Einflüsse auf das Bauwesen im mittleren Osten[20]. Auch in ihrer Erhebung werden Faktoren der schlechten Planung, zu viele Änderungswünsche und schlechte Abstimmung genannt. Mangelnde Informationen oder kurzfristige Eingriffe in den Bauablauf erfordern nach Winch und Kelsey (2005, S. 141 - 149) ein dezentrales operatives Planen in höherer Frequenz.

Nach Hasenclever et al. (2011, S. 206) sind die Überschreitungen insbesondere im Tiefbau auf mangelndes Management in der Baulogistik zurückzuführen. Hasenclever et al. (ebd) kritisieren eine nur beschränkte Adaption des Logistikbegriffs durch die Bauwirtschaft in Form der operativen Abwicklung von Materiallieferungen. Die managementbezogene Aufgabe einer Koordination des

[20] Wetterbedingte Ausfälle fallen bei der Betrachtung von Baueinflüssen in dieser Region nicht ins Gewicht.

gesamten Leistungserstellungsprozesses durch Planung, Steuerung und Kontrolle sowie die Auffassung des Logistiksystems als Verbund der Gütertransformationen, die dem Logistikbegriff von Gudehus (2010) entspricht, findet keine Anwendung. Dadurch bleibt der Blick auf tiefergehende Optimierungspotenziale im logistischen System im Sinne einer ganzheitlichen Steuerung verwehrt. Legt man den Logistikbegriff nach Gudehus (ebd.) zugrunde, werden insbesondere im Bereich der Steuerung von Organisations- und Koordinationsprozessen nach Günther et al. (2008, S. 17) die betragsmäßig größten Einsparpotenziale auf der Baustelle sichtbar, die wesentlich von den Personal- und Gerätevorhaltekosten geprägt werden. Einer unmittelbaren Übertragung des Konzeptes eines ganzheitlichen Logistiksystem aus der fertigenden Industrie auf die Baulogistik stehen jedoch folgende branchenspezifische Merkmale und Rahmenbedingungen entgegen (Engelmann 2001, S. 95 - 108; Hasenclever et al. 2011, S. 208 f.):

1. Bauobjekte sind Einzelfertigungen aus standardisierten Komponenten – Das Bauobjekt als Ganzes ist ein Kontraktgut hoher Individualität. Die benötigten Materialien, Prozessabläufe und Fähigkeiten sind meist standardisiert und können objektübergreifend angewendet werden. Insbesondere der Erdbau weist eine hohe Standardisierung der Prozesse auf, die durch Wiederholung der Aktivitäten von Ausbau, Transport und Einbau für eine definierte Menge verschiedener Bodenklassen gekennzeichnet sind. Dennoch besteht eine Unsicherheit durch das Kontraktgut des Bauobjekts, da es sich räumlich an die Bedingungen des Urgeländes anpassen muss. In der Folge muss das anfallende Material im logistischen System des Ein- und Ausbaus verwerten werden, das durch Lager- und Aufbereitungsflächen sowie Ab- und Antransport von Deponien erweitert sein kann. Abhängig von der Qualität des Materials, die zuvor nicht vollständig bekannt ist, wird es zwischengelagert, unmittelbar verbaut, aufbereitet und verbaut oder bei nicht gegebener Eignung auf Deponien, die wiederum nur für spezielle Materialarten geeignet sind, abtransportiert. In der Folge lassen sich die logistischen Prozesse durch die erwarteten Bodenschichten ermittelt durch Bodenproben zwar grobgranular planen, jedoch bis zum Zeitpunkt des stattfindenden Ausbaus nicht vollständig determinieren. Das tatsächlich vorgefundene Bodenmaterial kann in Quantität und Qualität aufgrund der Bodenproben nicht hinreichend genau prognostiziert werden, so dass keine vollständige Planbarkeit unterstellt werden kann. Darüber hinaus können in der Planungsphase unentdeckte Findlinge oder Fliegerbomben den Ablauf im Erdbau massiv stören. Insbesondere der Ausbau unterliegt Schwankungen in seiner Wertschöpfung, die sich auf das gesamte WSS auswirken.
2. Standortgebundenheit der Wertschöpfung – Der Produktionsstandort kann nur in begrenztem Umfang und nur für das jeweilige Bauprojekt optimiert werden. Jede Baustelle stellt neue Anforderungen an die Baulogistik durch

ihre individuellen topografischen, geologischen und verkehrstechnischen Gegebenheiten. Diese Gegebenheiten können sich mit Fortschreiten des Baus durch Umlegen von Bauverkehrswegen und Befahrbarkeit bereits geschaffener Flächen verändern. Insbesondere der Erdbau im Verkehrsinfrastrukturbau verfügt über wechselnde Routen, die auch auf der bereits fertiggestellten Trasse verlaufen können. Dies unterscheidet sich entscheidend von langfristig geplanten Logistiksystemen mit optimierten, statischen Transportwegen über Straße oder Schiene. Jeder Akteur hat seine wertschöpfende Tätigkeit stets standortgebunden an der Situation auszurichten.

3. Hohe Arbeitsteiligkeit in der Wertschöpfung – In der Baubranche des Verkehrsinfrastrukturbaus wird regelmäßig auf Subunternehmer zurückgegriffen, denen Teilgewerke übertragen werden. Im Erdbau werden insbesondere Transportaufgaben an mehrere Unterauftragnehmer mit unterschiedlich großen Transportflotten vergeben. Dies bedeutet einen erhöhten Koordinationsaufwand, eine hohe Anzahl von Schnittstellen sowie Medienbrüche bei der Informationsweitergabe zwischen den Fahrern, da nicht davon ausgegangen werden kann, dass alle Fahrzeuge mit identischen Kommunikationssystemen ausgestattet sind.
4. Unsichere Witterungsbedingungen – Die Wertschöpfung im Verkehrsinfrastrukturbau, insbesondere im Erdbau, ist von den Witterungsbedingungen abhängig. Während saisonale Schwankungen durch Jahreszeiten planbar sind, führen kurzfristig auftretende Wettereinflüsse wie Starkregen, verlängerte Winterperioden oder sehr trockene Bedingungen unmittelbar zur Verzögerungen im Bauablauf, die bei besonderer Schwere ungeplante Bauunterbrechung nach sich ziehen. Ein in der Folge erhöhter Arbeitseinsatz durch Nacht- und Wochenendarbeit ist im Plan sowohl seitens zusätzlich benötigter Zeit als auch anfallender Mehrkosten nicht erfasst.

Die Bodenmaterialbewegung im Verkehrsinfrastrukturbau ist als Teilsystem durch eine hohe Wahrscheinlichkeit des Abweichens gegenüber der ursprünglichen Planung geprägt. Insbesondere im Bereich des Materialausbaus wird durch das Vorliegen einer hohen Umweltunsicherheit nach Engelmann (2001, S. 95 - 108) und Hasenclever et al. (2011, S. 208 f.) ein hohes Leistungspotenzial durch eine Steuerung der Akteure erwartet. „Die wesentlichen Herausforderungen für die Baulogistik liegen somit in dem Management von Unsicherheiten durch Sicherstellung einer hohen Flexibilität, um die Versorgungssicherheit bei geringen Kosten zu gewährleisten“ (Hasenclever et al. 2011, S. 210). Das WSS gewinnt an zeitlicher Adaptivität, da die Steuerung im Sinne einer prozessseitigen Flexibilität den Rahmenbedingungen der Wertschöpfung derart angepasst werden kann, dass Prozessschritte vorgezogen oder nach hinten verlagert werden können, wenn diese eine höhere Leistung erbringen. Im Beispiel des ersten Kapitels ist die Flexibilität der Akteure in Form von Beladestellen sicherzustellen, da aufgrund verfügbarer Beladeleistung eine weitere Fahrt zu einer anderen Beladestelle zu einer höheren Leistung führen kann.

Hasenclever et al. (2011, S. 210 ff.) analysieren eingehend die vorbauliche Planungsphase, die im Sinne vorheriger Einflüsse nur bedingt zur Sicherstellung einer hohen Flexibilität im Falle einer Störung beitragen kann. Einzig die Aufstockung von Reservekapazitäten kann planseitig vorgesehen werden, jedoch widerspricht diese einer geforderten Kostenminimierung. Pufferkapazitäten im Erdbau sind aufgrund der hohen Kosten für zusätzliche Maschinen im Fuhrpark, die nicht produktiv arbeiten, nicht zu rechtfertigen. Hiernach kann eine sorgfältige Planung zu einer Störungsminderung beitragen, aber insbesondere aufgrund der Punkte (1) und (4) eine Steuerung im Störungsfall nicht obsolet machen. Dies belegt Dreier (2001, S. 24 - 36) in der Analyse von 91 ablaufgestörten Bauvorhaben. Er identifiziert acht Ursachengruppen von Störungen, dargestellt in Tabelle 1, die das Baugeschehen in der Ausführung beeinflussen. In der Erhebung sind die drei häufigsten Störungsgruppen mit 73,6% der Nennungen (1) geänderte oder zusätzliche Leistungen, mit 71,4% der Nennungen (2) verspätete Planlieferungen und mit 60,4% der Nennungen (3) fehlende Vorleistungen. Eine fehlerhafte oder unvollständige Planung wurde in 49,5% der Fälle als Ursache der Störung benannt. Die meisten Störungsursachen sind durch eine fundierte Planung nicht abwendbar, sondern müssen in der Umsetzung des Infrastrukturvorhabens durch steuernde Eingriffe abgemildert werden. Außergewöhnliche Witterungseinflüsse und Baugrundeinflüsse werden ebenfalls unter den acht häufigsten Störungsursachen genannt.

Laufer et al. (1992, S. 250) verfeinern die Störungsursachen für den kurzfristigen Steuerungsbedarf im Erdbau auf wechselnde Untergrund- und Wetterbedingungen, Verfügbarkeit und Versorgung mit Ressourcen, unerwartete Koordinationsprobleme und technische Ausfälle. Alle Störungsursachen sowohl nach Dreier (2001, S. 24 - 36) als auch nach Laufer et al. (1992, S. 250) führen im Individualization Engineering (Kirn et al. 2008, S. 20 f.) im WSS des Erdbaus zum Bedarf einer gesteigerten zeitlichen und räumlichen Adaptivität von erwarteten versus tatsächlich bewegten Materialmengen. Außergewöhnliche Witterungs- und Baugrundeinflüsse sowie fehlende Ressourcen, unerwartete Koordinationsprobleme sowie technische Ausfälle beeinflussen die maximale Leistung des Bodenausbaus, so dass sich die raumzeitliche Leistung im baulogistischen System verringert. Verspätete Planlieferungen, fehlende oder unvollständige Planunterlagen sowie ausbleibende Entscheidungen des Auftraggebers verschieben den Zeitpunkt des Beginns von Bodenbewegungen nach hinten. Verringerte Leistung sowie ein verschobener Beginn bewirken eine zeitliche Verschiebung der Fertigstellung. Geänderte oder zusätzliche Leistungen sowie Eingriffe des Auftraggebers in das Ablaufkonzept verändern die bewegten Mengen sowohl räumlich als auch zeitlich. Ein Informationssystem zur Steuerung des WSS muss sowohl räumliche als auch zeitliche Verschiebungen von

Bodenmaterialbewegungen durch Störungen erfassen können, die durch (1) eine veränderte Auftragslage oder (2) nicht antizipierte Umweltbedingungen entstehen.

Tabelle 1 Störungen mit Einfluss auf das Baugeschehen eines ausführenden Akteurs nach Dreier (2001, S. 24 - 36)

Ursachengruppe	Häufige Ausprägungen im Bauablauf
Geänderte oder zusätzliche Leistungen	Konstruktive Änderungen wegen Optimierung oder Sonderwünschen, Bewehrungsänderungen, Änderungen statischer Konzepte, Änderung der Rahmenbedingungen
Verspätete Planlieferungen	Verspätete Lieferung von Ausführungsplänen, Bewehrungsplänen, Ausführungsplanung und Objektplanungen
Fehlerhafte oder unvollständige Planunterlagen	Fehlende Ausführungsplanung, Freigabevermerke auf Ausführungsplanungen, Darstellungen und Aktualisierungen; Widersprüche zwischen Planungsunterlagen einzelner Planer; Vorgabe eines nicht realistischen Ausführungskonzeptes; Fehler bei der statischen Bemessung
Fehlende oder verspätete Vorleistungen vom Auftraggeber	Fehlende Beauftragung und Koordination von ausführenden Unternehmen; rechtzeitige Bereitstellunge des Grundstücks, der Lager- und Arbeitsplätze; fehlende Aufrechterhaltung einer allgemeinen Ordnung auf der Gesamtbaustelle sowie Regeln des Zusammenwirkens mehrerer Unternehmer
Fehlende oder verspätete Entscheidungen vom Auftraggeber	Fehlende Entscheidungen zu Fragen der Ausführung, zu geänderter oder zusätzlicher Leistung, zu Vorbehalten und Bedenken des Auftragnehmers und zur Freigabe erstellter Ausführungsplanungen
Eingriffe des Auftraggebers in das Ablaufkonzept	Zeitliche Verschiebung der Ausführung, Änderung der Ablauffolge; Anordnung von Beschleunigungsmaßnahmen; Verlängerung der Bauausführung; Änderung der Baustelleneinrichtung; Änderung der Bauverfahren
Außergewöhnliche Witterungseinflüsse	Außergewöhnlich niedrige Temperaturen im Winterzeitraum, lange Winterperioden, hohe Niederschläge, starke Stürme und über das jahreszeitlich zu erwartende Mittel hinausgehende Pegelstände von Flüssen
Baugrundeinflüsse	Von der Bearbeitung abweichende Bodenklassen, Verteilung von Bodenklassen oder Grundwasserverhältnisse; Störung des Baugrundes durch alte Fundamente oder Injektionsblöcke; Kontamination des Baugrundes; Kampfmittelfunde; erhebliche Mengenerhöhung bei Bauleistungen im Bereich des Baugrunds

Die Steuerung des WSS wird im Fall auftretender Störungen durch Strukturbrüche im WSS erschwert. Hasenclever et al. (2011, S. 216) identifizieren vertikale Strukturbrüche durch Trennung von Planung und Ausführung sowie horizontale Strukturbrüche vorrangig durch eine stark fragmentierte Bauausführung der unterschiedlichen Gewerke und der daran beteiligten Firmen. Die vertikalen Strukturbrüche führen nach Hasenclever et al. (2011, S. 218) typischerweise zu fragmentierter Information aufgrund des fehlenden Informationsaustauschs entlang der Stufen des WSS. In der Folge entsteht auf jeder Stufe eine erhöhte Unsicherheit der Akteure, die durch Vorhalten überdimensionierter Pufferkapazitäten reagieren, sofern diese zur Verfügung stehen. Der horizontale Systembruch zieht eine hohe Anzahl von Schnittstellen, ebenfalls einen fragmentierten Informationsaustausch und Verantwortlichkeitsprobleme nach sich, da die beteiligten Unternehmen für ihre Materialversorgungsprozesse selbst verantwortlich sind. Die in der Baubranche durch die Vergabe- und Vertragsordnung für Bauleistungen Teil A (DIN Normenausschuss Bauwesen 2010) vorgegebene Trennung von Gewerken in der Ausführungsphase (Eitelhuber 2007) forciert das Entstehen horizontaler Brüche. Die Strukturbrüche vertikaler und horizontaler Art können zu einer unwirtschaftlichen Koordination von Bauabläufen durch zu geringe Konzentration auf das Baugeschehen führen, da die administrativen Tätigkeiten in der Bauleitung überhand nehmen und Aspekte der Baustellenablaufplanung keine ausreichende Berücksichtigung finden können. Die Ursache-Wirkungsbeziehungen von vertikalen und horizontalen Brüchen nach Hasenclever et al. (2011, S. 218) sind in Tabelle 2 dargestellt.

Tabelle 2 Ursache und Wirkung horizontaler und vertikaler Brüche nach Hasenclever et al. (2011, S. 218)

Ursache	Wirkung
Vertikaler Wertschöpfungsbruch	Fragmentierter Informationsaustausch vor- und nachgelagerter Wertschöpfungsstufen durch isolierte Informationssysteme mit der Folge einer nur ungenauen Ressourcen- und Terminplanung Überdimensionierte Lagerbestände entlang der gesamten Wertschöpfungskette durch mangelnde Abstimmung Mangelndes Kooperationsverhalten
Horizontaler Wertschöpfungsbruch	Hohe Anzahl von Schnittstellen und somit hohe Komplexität der Versorgungsströme Medienbrüche mit der Folge eines hohen manuellen Erfassungsanteils und mangelnder Aktualität der Daten Fragmentierter Informationsaustausch zwischen ausführenden Bauunternehmen durch nicht-standardisierte Informationssysteme Mangelnde Abstimmung Mangelndes Kooperationsverhalten Zu geringe Konzentration auf Kernkompetenzen der Baubeteiligten (z.B zu viele administrative Tätigkeiten für Bauleitung) Verantwortlichkeitsprobleme aufgrund einer fehlenden, gewerkeübergreifenden Instanz zur Planung, Steuerung und Kontrolle von Versorgungsprozessen

Horizontale Brüche im WSS entstehen insbesondere aufgrund der geringen Wertschöpfungstiefe in der Baubranche. Die Wertschöpfungstiefe reduziert sich bei großen Bauunternehmen, die Zuschläge zu großen Infrastrukturvorhaben im Verkehrsinfrastrukturbau erhalten, nach Leinz (2004) von 50% auf durchschnittlich 20%. Große Bauunternehmen treten als Generalunternehmer auf und vergeben viele Leistungen fremd. Insbesondere im Erdbau großer Verkehrsinfrastrukturbauten finden sich besonders ausgeprägte horizontale Systembrüche, da die Fremdvergabe von Erdbauleistungen an Subunternehmer in der Rolle von Generalunternehmern üblich ist. Die Fremdvergabe eines Gewerkes erfolgt häufig an regionale Unternehmen mit einer jeweils kleinen Maschinenflotte, so dass die Kosten für An- und Abtransportkosten der Maschinen gering bleiben. In der Folge werden insbesondere im Erdbau unterschiedliche Transport-, Aus- und Einbaufahrzeuge mit variierenden Kapazitäten, Fähigkeiten der Fahrer und technischen Systemen eingesetzt. Es entstehen zwangsläufig Abstimmungsprobleme sowohl zwischen den Unternehmen einer Stufe (horizontale Brüche) als auch mit den Unternehmen der vor- und nachgelagerten Wertschöpfungsstufen (vertikale Brüche). „Eine große Schwierigkeit liegt dabei in den vielfältigen Beeinflussungen und Wechselwirkungen der einzelnen Materialströme untereinander, durch die sich beispielsweise Hebe- und Transportfahrzeuge gegenseitig beeinträchtigen“ (Hasenclever et al. 2011, S. 227). Die Schwierigkeit für jeden Akteur besteht in der Identifikation von und Reaktion auf Schwankungen der Materialströme, da er keine Informationen über die Leistungen seiner Vorleister und Abnehmer beschaffen kann, mit denen er in Interdependenz steht. Die lokale Perspektive des Akteurs auf seine Tätigkeit ermöglicht es ihm nicht, alle interdependenten Leistungserstellungsprozesse zu erfassen und in seiner Tätigkeit zu berücksichtigen. Ebenfalls fehlt eine übergeordnete Instanz, die den Akteuren leistungsmaximierende Vorgaben gibt, da auch für solche Systeme nur partielle, teils hochaggregierte Informationen vorliegen, die sich nicht zur Steuerung eignen.

Ein Informationssystem zur Unterstützung der Aktivitäten im Erdbau muss die unvollständige Informationslage über die Aktivitäten aller Akteure und den Zustand der Verkehrswegebaustelle handhaben können. Es muss auch dann unterstützend wirken, wenn nur partielle Informationen eine lokale Optimierung erlauben. Da die Grundlage der Unsicherheit im Erdbau des Verkehrsinfrastrukturbaus das Verrichtungsobjekt des Bodenmaterials ist, muss sich die Optimierung an dessen Verfügbarkeit und den Ressourcen zu dessen Verarbeitung orientieren. Denn vor dem Ausbau kann nicht exakt bestimmt werden, welches Bodenmaterial abtransportiert werden muss, und welches Material sich für den erneuten Verbau eignet. Ein erneuter Verbau kann eine vorhergehende Aufbereitung des Materials erfordern. Der bestmögliche Einsatzort der Maschinen ändert situativ abhängig vom ausgebauten Material und von der Auslastung der Baustelle an anderen Orten. Damit ändern sich die bestmöglichen Zuordnungen im WSS des Erdbaus zur Aufrechterhaltung eines maximalen Leistungsflusses permanent mit der Qualität des vorgefundenen Bodenmaterials und den auftretenden Störungen. Unter dieser Prämisse muss ein unterstützendes Informationssystem nach Hasenclever et. al (2011, S. 227) dafür sorgen, dass „Personal und Ressourcen [...] über die gesamte Einsatzdauer möglichst ausgelastet und mit geringen Wartezeiten arbeiten.“ Ein unterstützendes Informationssystem muss die Ressourcenverfügbarkeit im Sinne einer maximalen Auslastung aus Perspektive des Akteurs sicherstellen.

Schach und Otto (2008, S. 2 f.) benennen Ziele der Baustelleneinrichtung, die zur Steuerung des Baustellenbetriebs fortwährend zu überprüfen sind, um das Bauvorhaben innerhalb festgelegter Termine zur festgelegten Qualität und zu den geplanten Kosten fertigzustellen:

1. Sicherstellung eines ungehinderten Materialflusses
2. Sicherstellung der Versorgung mit Material und Hilfsmitteln
3. Reduktion der Wege- und Transportzeiten
4. Reduktion der Materialhandhabungszeiten
5. Steuerung und Kontrolle der Lagerhaltung
6. Weitgehende Mechanisierung und Automatisierung
7. Sicherstellung hoher Auslastung

Schach und Otto (2008, S. 3) betonen den Bedarf einer hohen Flexibilität der Prozesse aller Akteure auf der Baustelle, um die zuvor genannten Ziele erreichen zu können, definieren jedoch nicht die Ausprägung der Flexibilität, die für eine Steuerung im Bauwesen erforderlich ist. Operative Vorgaben, wie die zuvor genannten Punkte durch steuernde Maßnahmen im laufenden Betrieb der Verkehrsinfrastrukturmaßnahmen sichergestellt werden können, geben Schach und Otto (2008) nicht. Im Erdbau bedeutet eine leistungsmaximale Steuerung nach Dreier (2001, S. 24 - 36) insbesondere eine flexible Anpassung der Ausbau-, Transport-, Einbau- und Verdichtungsleistung an geänderte Planvorgaben für Auf- und Abtrag, Bodenmaterialschichtung oder Witterungsbedingungen. Unter den identifizierten Brüchen von Hasenclever et al. (2011, S. 218) ist eine Analyse der Verfügung von leistungsbestimmenden Ressourcen für jeden Akteur erforderlich.

Störungen im Verkehrsinfrastrukturbau entstehen im Verlauf der Baumaßnahme, führen zu maßgeblichen Budget- sowie Zeitüberschreibungen und sind planseitig nicht ausreichend antizipierbar. Ihnen kann mit einer flexiblen Steuerung durch Anpassung von Ressourcen an die geänderten Fertigungsbedingungen begegnet werden. Zu klären ist die Ausprägung der Flexibilität, die zur Steuerung erforderlich ist.

2.1.2 Konkretisierung des Flexibilitätsbegriffs

Nach Adam (1993, S. 9) sind entweder Veränderungen auf den Absatzmärkten oder unberechenbare Rahmenbedingungen die Ursache für erhöhte Flexibilitätsanforderungen in der Wertschöpfung. Die hohe Individualität des geschaffenen

Verkehrsinfrastrukturbauobjekts bei gleichzeitig nur hinreichend ungenau vorhersagbaren Rahmenbedingungen der Wertschöpfung erfordert eine hohe Flexibilität im WSS. Nach Kirn et al. (2008, S. 5 ff.) ermöglicht eine zunehmende Automatisierung der Steuerung von koordinierenden Aktivitäten im WSS die Ausnutzung der Flexibilität des WSS mit dem Ziel der Aufrechterhaltung der Leistungserbringung unter den von Adam (1993, S. 9) genannten Ursachen. Für die Steuerung im WSS des Erdbaus im Fall von Störungen folgt daraus, dass die Automatisierung von Funktionen eine übertragene Flexibilität zur Erhaltung der Leistung im Fall von Störungen nutzen muss. Für eine fortschreitende Automatisierung und Digitalisierung durch Übertragung von Aufgaben vom personellen zum maschinellen Aufgabenträger stellt sich zwangsläufig die Frage nach der richtigen Unterstützung, da nach Simon (1977, S. 24 ff.) der maschinelle gegenüber dem personellen Aufgabenträger eine grundlegend geringere Flexibilität besitzt. Dies ist als Anforderung an die Technologie zu werten, die flexibel auf Umweltänderungen reagieren können muss. Zu analysieren ist, in welchen Dimensionen Flexibilität von einem maschinellen Aufgabenträger ausgeübt werden kann.

Corrêa (1994) untersucht in einer empirischen Studie das Entstehen des Flexibilitätsbegriff im organisatorischen Kontext der Fertigung. Er belegt, dass die zwei Gründe (1) der umweltinduzierten Unsicherheit und (2) die Variabilität der erzeugten Leistung maßgeblich ausschlaggebend für den Bedarf an Flexibilität in der Fertigung sind. Den Begriff der umweltinduzierten Unsicherheit verfeinert Mandelbaum (1978) in die Aktions- und die Statusflexibilität. Die Aktionsflexibilität ist die Fähigkeit, neue Aktionen zu ergreifen, um den neuen Bedingungen zu entsprechen. Die Statusflexibilität ist die Fähigkeit eines Systems, unter Änderungen der Umwelt weiter zu funktionieren. Wird die Definition der Flexibilität von Mandelbaum (ebd.) auf das WSS des Erdbaus auf Verkehrsinfrastrukturbaustellen angewendet, impliziert es den Einsatz von Steuerungssystemen, die den externen Einfluss der Umwelt auf die Wertschöpfung durch Aktionsalternativen berücksichtigen und unter den wertschöpfungsimmanenten horizontalen und vertikalen Brüche funktionsfähig bleiben. Auf dieser hohen Ebene lässt sich der Begriff der Flexibilität für Steuerungssysteme im Verkehrswegebau nicht operationalisieren, da unklar bleibt, welche umweltinduzierten Einflüsse auf die Aktionswahl wirken. Die Analyse des Flexibilitätsbegriffs von Sethi und Sethi (1990, S. 289 - 328) ermöglicht über Mandelbaums Unterteilung hinaus eine produktionsnahe Gliederung des Flexibilitätsbegriffs, der Flexibilitätsgruppen abgrenzt. Ihre Studie umfasst zwanzig Jahre Literatur der Flexibilität und identifiziert über fünfzig Ausprägungen der organisationalen, ökonomischen Flexibilität (Sethi und Sethi 1990, S. 293 f.). Sethi und Sethi (1990, S. 296 ff.) aggregieren die vorgefundenen Ausprägungen zu elf Gruppen, die in drei Ebenen in der fertigenden Organisation aufeinander aufbauen.

Sethi und Sethi (1990, S. 298 - 302) unterscheiden die elementare Flexibilität für (1) den Maschineneinsatz, (2) die Materialabwicklung und (3) die Fertigung. Im Fall des Erdbaus im Verkehrsinfrastrukturbau besteht eine raumzeitliche Maschinenflexibilität, da sich die produzierenden Maschinen des Ausbaus und des Einbaus ohne signifikante Umrüstkosten an unterschiedlichen Orten im Erdbau einsetzen lassen, jedoch begrenzt durch ihre geringe Mobilität entfernungsbezogene Rüstkosten bestehen. Die Materialabwicklung des Erdbaus verfügt über eine raumzeitliche Flexibilität, da Transportfahrzeuge jede Stelle der Baustelle, die durch Baustraßen erreichbar ist, anfahren können. Die Planung im Erdbau lässt zumeist den Aus- und Einbau von Bodenmaterial an mehreren Stellen zu, um eine Bodenschicht zu fertigen. Mit der Materialabwicklungsflexibilität einher geht die Fertigungsflexibilität als Eigenschaft des zu fertigenden Gutes. Die hergestellte Bodenschicht lässt die Fertigung in mehreren Abfolgen zu, so dass Einzelschritte der Fertigung zu neuen Abfolgen kombiniert werden können. Sie lassen sich anhand der Anzahl von Bearbeitungsplänen feststellen. Die zu fertigende Bodenschicht ermöglicht das Aufbringen und das Abtragen an unterschiedlichen Stellen, so dass die Flexibilität der Fertigung hoch ist.

Auf der Ebene eines Systems unterscheiden Sethi und Sethi (1990, S. 302 - 310) die Flexibilität von (4) Prozessen, (5) Routing, (6) Produkten, (7) Volumen und (8) Expansion. Prozessflexibilität wird durch die elementare Flexibilität von Maschineneinsatz, Materialabwicklung und Fertigung determiniert. Im WSS des Erdbaus fundiert sich die Prozessflexibilität in der Flexibilität des Maschinen- und Materialeinsatzes, die unter Koordination aller Akteure stattfinden muss. Die Routingflexibilität ist umso höher, je höher die Anzahl alternativer Routen durch den Fertigungsprozess ist. Beschränkend auf die Routingflexibilität wirken sowohl eine geringe Anzahl gleicher Fertigungseinheiten im WSS als auch organisatorische Barrieren, die eine alternative Nutzung gleicher Fertigungseinheiten unterbinden. Die Produktflexibilität beschreibt die Fähigkeit des WSS, von einer bestehenden Konfiguration eines zu fertigenden Produktes auf eine andere Konfiguration zu wechseln. Im WSS des Erdbaus kann eine Änderung des Trassenkörpers vorgenommen werden, die von den beteiligten Maschinen umgesetzt wird. Jedoch besteht im Erdbau keine Volumenflexibilität. In der kurzfristigen Betrachtung ist die Flexibilität der Expansion im betrachteten WSS nicht gegeben, da stets alle Maschinen unter Vollauslastung arbeiten und weitere Maschinen nicht kurzfristig beschafft werden können. Das System muss mit den bereitgestellten Maschinen die maximal mögliche Leistung erbringen.

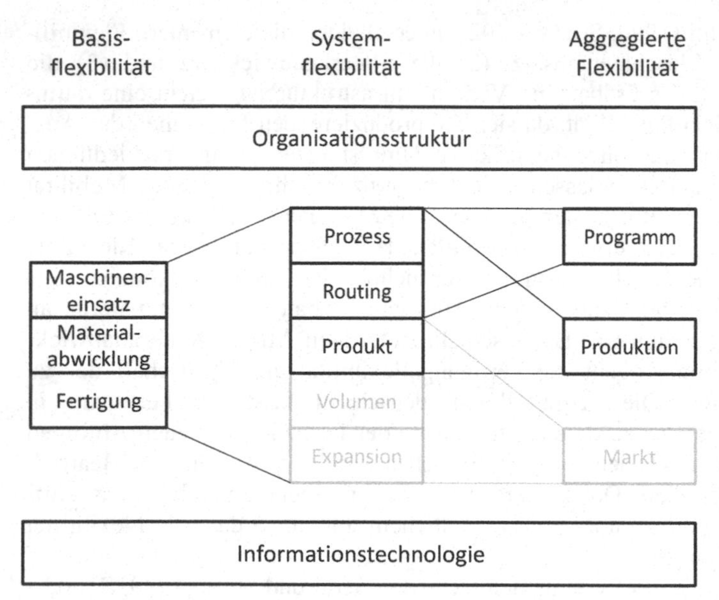

Abbildung 4 Flexibilität im Wertschöpfungssystem des Erdbaus nach Sethi und Sethi (1990, S. 297)

Auf der Ebene der aggregierten Flexibilität identifizieren Sethi und Sethi (1990, S. 310 - 313) (9) die Programm-, (10) die Produktions- und (11) die Marktflexibilität. Die Programmflexibilität als aggregierte Form der produktionsnahen Flexibilität ist maßgeblich der Statusflexibilität von Mandelbaum (1978) gleichzusetzen. Es ist die Fähigkeit des produzierenden WSS, den Betrieb über einen bestimmten Zeitraum autonom, also ohne steuernde Eingriffe von außen, aufrecht zu erhalten. Nach Sethi und Sethi (1990, S. 311) sind die Voraussetzung der Programmflexibilität die elementare Prozess- und Routingflexibilität des WSS sowie zusätzliche Automatisierungstechnologien zur Erfassung von und zum Umgang mit unvorhergesehenen Problemen in der Fertigung. Die Schaffung von Adaptivität im WSS durch Digitalisierung und Automatisierung nach Kirn et al. (2008, S. 5 ff.) ist in diesem Rahmen als Anforderung an gesteigerte Programmflexibilität zu interpretieren. Betrachtet man hingegen die Produktflexibilität, so ist die Wertschöpfung geprägt durch die Anforderung des Kunden, nach eigenem Ermessen auf die Gestaltung von Produkten einzuwirken. Eine gesteigerte Produktflexibilität minimiert die Zeit der Fertigungsumstellung auf neue oder signifikant geänderte Kundenanforderungen an das Produkt und setzt eine hohe Flexibilität von Maschinen und Materialverwendung voraus. Im Erdbau ist eine hohe Flexibilität in der Ausgestaltung der Produktion aufgrund des üblichen Nachtragsmanagements im Bauwesen erforderlich, welches Dreier (2001, S. 24 - 26) als relevante Störung für den Bauablauf identifiziert. Eine hohe Flexibilität ermöglicht das kurzfristige Eingreifen des Kunden durch einen Nachtrag unter angepassten Kosten und Zeitdauer. Eng verbunden mit der Produktflexibilität ist die Marktflexibilität. Der Flexibilitätsdruck geht in diesem Fall vom Markt aus, der sich sowohl in der Unsicherheit der Beschaffung als auch in der Unsicherheit des Absatzes aufgrund kurzer Produktlebenszyklen ausdrückt. Zur Marktflexibilität aggregieren sich die Produktions-, Volumen- und Expansionsflexibilität. Im WSS des Erdbaus wird die Marktflexibilität nicht berücksichtigt, da die Verkehrsinfrastrukturmaßnahme ein Build-to-Order-Produkt ist, zu dem der Absatz und die Zulieferung von benötigten Materialien bereits vertraglich geregelt sind. Maschinen und Personal sind zum Zeitpunkt der Produktion im Erdbau bereits durch Verträge gesichert.

Anhand der Darstellung fertigungsnaher Flexibilität von Sethi und Sethi (1990, S. 289 - 328) wird die systemseitige Flexibilität der Prozesse, des Routings und des Produkts zur Aufrechterhaltung einer hohen Leistung im Erdbau als relevant identifiziert. In Abbildung 4 sind diese und die davon abhängige Basis- sowie aggregierte Flexibilität nach Sethi und Sethi (1990, S. 289 - 328) schwarz dargestellt. Die Marktflexibilität mit den vorgelagerten Ausprägungen der Volumen- und Expansionsflexibilität wird aufgrund der operativen Ausrichtung des WSS in dieser Arbeit nicht betrachtet und ist in Abbildung 4 nur grau angedeutet. Zugrunde gelegt wird stets die Basisflexibilität für Maschineneinsatz, Materialabwicklung und Fertigung. Die Organisationsstruktur bestimmt die Flexibilitätsausgestaltung durch Regelungen zur Maschinenbelegung oder zur möglichen Routenwahl auf der Baustelle. Die Informationstechnologie unterstützt die organisatorischen Regelungen durch bestmögliche Entscheidungsunterstützung für den personellen Aufgabenträger oder darüber hinausgehende Automatisierung der Abläufe. Da der Maschineneinsatz, die Materialabwicklung und die Fertigung in den zuvor aufgezeigten Bereichen organisatorisch flexibel gestaltet ist, müssen Informationssysteme in Abhängigkeit ihrer Umwelt optimale Zuordnungen identifizieren und Maßnahmen der Verlagerung von Maschinen und Material, Wahl alternativer Transportrouten sowie Neudisposition von Aus- und Einbau in der Art steuern, dass die Gesamtleistung nach dem Auftreten einer Störung im relevanten Ausschnitt der Umwelt unter Ausnutzung der Programm- und Produktionsflexibilität leistungsmaximal bleibt.

Zur Steigerung von Adaptivität ist eine Programm- und Produktionsflexibilität im WSS des Erdbaus derart zu verankern, dass Aktionen in Abhängigkeit vom Zustand der Umwelt und der Ressourcen ergriffen werden können. Hierfür determiniert die organisatorische Dimension die Maschineneinsatz-, Materialabwicklungs- und Fertigungsflexibilität. Die Steuerung findet in den organisatorischen Grenzen der Prozessflexibilität durch Neuzuordnung von Maschinen und Material, der Routenflexibilität durch Wahl alternativer Aus- und Einbaustellen und der Produktflexibilität durch Neudisposition von Aus- und Einbau im Erdbau statt. Zu berücksichtigen sind sowohl organisatorische als auch informationstechnische Ansätze der Gewährleistung von Flexibilität.

2.1.3 Flexibilität im Erdbau

Yeo und Ning (2002, S. 253 - 262) identifizieren eine geringe Leistung aufgrund einer Top-Down-Steuerung sowie eine ungenaue Planung in der Aufbau- und Ablauforganisation von großen Infrastrukturbauprojekten. Die von Hasenclever et al. (2011, S. 215) entwickelten Modelle zeigen zwar den horizontalen und vertikalen Strukturbruch auf Ebene von Auftragnehmern und Gewerken auf, erlauben aber aufgrund ihrer groben Granularität keine Aufdeckung von Problemen, die zwischen Planung und Ausführung sowie zwischen den ausführenden Akteuren der Erdbaumaßnahme eines Verkehrsinfrastrukturbaus bestehen. Zur Identifikation der resultierenden Probleme in der Ausführungsphase ist eine Verfeinerung der Modelle dahingehend erforderlich, dass der horizontale Strukturbruch auf Ebene leistungserbringender Akteure erkennbar wird. So kann der vertikale Strukturbruch als Verfeinerung in Form geänderter Vorleistung und somit abweichender Vorbedingungen eines Auftrags durch die ausführenden Akteure während der Bauausführung operationalisiert werden. Ebenso wie der horizontale wirkt auch der vertikale Strukturbruch erhöhend auf die Unsicherheit in der Bauausführung.

Für die Analyse einer leistungsmaximierenden Steuerung von Aktivitäten in der Bauausführung wird das WSS auf die Leistungsflüsse der Ablauforganisation reduziert. Es wird von den vertraglichen Beziehungen der Aufbauorganisation[21] abstrahiert, um Potenziale der Optimierung durch Abstimmung der Leistungsflüsse zwischen den Akteuren identifizieren zu können. Aufgrund der strukturellen Brüche im WSS werden die Potenziale in der Optimierung des Handlungsraumes eines Akteurs gesucht. Eine Optimierung aus Perspektive des

[21] Typische Fragestellungen der vertraglichen Beziehungen im Verkehrsinfrastrukturbau liegen in der Wahl der richtigen Vertragspartner und in der Ausgestaltung von vertraglichen Beziehungen, die eine Bereitstellung von einer bestimmten Maschinenleistungsklasse in einem bestimmten Zeitraum regeln. Änderungen in der Bauausführung sind typischerweise nicht kurzfristig möglich.

Akteurs findet stets in den Grenzen seiner Umwelt[22] aus aufbau- und ablauforganisatorischem Rahmen, aber auch innerhalb der leistungsverändernden Einflüsse in Form von Störungen auf die Wertschöpfung statt. Der Akteur ist für die Aufrechterhaltung seiner Leistung verantwortlich.

Da Dreier (2001, S. 24 - 36) den Erdbau im Verkehrsinfrastrukturbau mit einer hohen Störanfälligkeit aufgrund von unsicheren Bodengegebenheiten und einer hohen Anzahl von organisatorischen Brüchen durch ausgeprägten Einsatz mehrerer Unterauftragnehmer auf allen Stufen identifiziert, wird in dieser Arbeit das in Abbildung 5 dargestellte WSS des Verkehrsinfrastrukturbaus im Erdbau betrachtet. Das Ziel ist die Aufrechterhaltung eines hohen Leistungsflusses in Form von transportiertem Bodenmaterial für den Fall zweier Fertigungslinien. Die Bauleitung in Form des Generalunternehmers richtet die Fertigungslinien ein und kontrolliert ihr Ergebnis in Form des hergestellten Planums beim Ausbau und verdichteten Planums beim Einbau. Untertägig wird von der Bauleitung nur in Ausnahmefällen in den Betrieb eingegriffen[23]. An diesem WSS können ohne Beschränkung der Allgemeinheit[24] die Probleme der Steuerung von ausführenden Akteuren dargestellt werden. Nebenläufige Prozesse, beispielsweise die Versorgung mit Betriebsstoffen, werden im WSS ebenfalls ohne Beschränkung der Allgemeinheit nicht betrachtet. Das WSS wird auf die logischen Relationen nach Vahrenkamp und Mattfeld (2007, S. 5) zwischen Akteuren als Knoten und Leistungsflüssen als Kanten reduziert. Grundlage des dargestellten WSS ist das einführende Beispiel mit zwei Ausbaustellen, zwei Einbaustellen und vier Transportfahrzeugen. Das WSS ist, ebenfalls ohne Beschränkung der Allgemeinheit, auf den Masseausgleich von ausgehobenem und eingebautem Bodenmaterial sowie einem unmittelbar einbaufähigen Zustand des ausgehobenen Materials im WSS ausgelegt, so dass Lager- und Aufbereitungsstufen im WSS nicht benötigt werden. Das WSS wird zur Untersuchung der Abhängigkeiten auf seine elementaren Funktionen von Ausbau, Transport und Einbau reduziert. Das WSS leistet eine raumzeitliche Transformation der Ressource Bodenmaterial, so dass sich die Leistungsflüsse entlang der Kanten jeweils in m^3 Bodenmaterial pro Stunde angeben lassen.

Nach Kirn et al. (2008, S. 3 - 60) ist jeder Akteur gemäß seiner Rolle im WSS platziert und als Knoten im Graphen des WSS repräsentiert. Jede Rolle hat

---

[22] Die Umwelt grenzt den Akteur von seinem Wertschöpfungsumfeld ab. Die Umwelt besteht aus allen Wertschöpfungspartnern und Ressourcen, die als Voraussetzung der mehrstufigen Leistungserbringung benötigt werden. Diese Definition basiert auf der *task environment* von Russel und Norvig (2003, S. 38 ff.) für artifizielle Akteure.

[23] Gespräche mit Bauleitern und Oberbauleitern auf der Ausbaustrecke A8 Ulm-Augsburg belegen, dass eine Steuerung auf Tagesbasis durch morgendliche Besprechungen stattfindet, darüber hinaus die Fertigungslinie aber auf sich gestellt eine definierte Leistung erbringen muss.

[24] Komplexere Verkehrsinfrastrukturmaßnahmen zeichnen sich durch zunehmende Vielfalt an Akteuren aus, deren Aktionen jedoch stets Wechselwirkungen auf Ressourcen unterliegen und damit denselben Gesetzmäßigkeiten folgen.

eine Transformation des Gutes im WSS zu leisten und ist in dieser Transformation – ausgenommen die erste Rolle – von Vorleistungen anderer Rollen abhängig. Im exemplarischen WSS von Abbildung 5 sind in jeder der beiden Fertigungslinien die Rollen von einem ausbauenden, zwei transportierenden, einem einbauenden und einem verdichtenden Akteur gegeben. Die Interaktionsbeziehungen zwischen den Rollen sind durch gerichtete Kanten im Graphen dargestellt, die das Ergebnis jeder Stufe an die nächste Stufe übergeben. Im exemplarischen WSS bestehen nur Verbindungen innerhalb einer Fertigungslinie. Ein wertschöpfender Austausch zwischen den Fertigungslinien besteht nicht, obwohl die Rollen übereinander dargestellter Akteure identisch sind. Diese Zuordnung von Akteuren zu einer Fertigungslinie durch einen Planer entspricht der Baustelleneinrichtung im Erdbau des Verkehrsinfrastrukturbaus (Schach und Otto 2008).

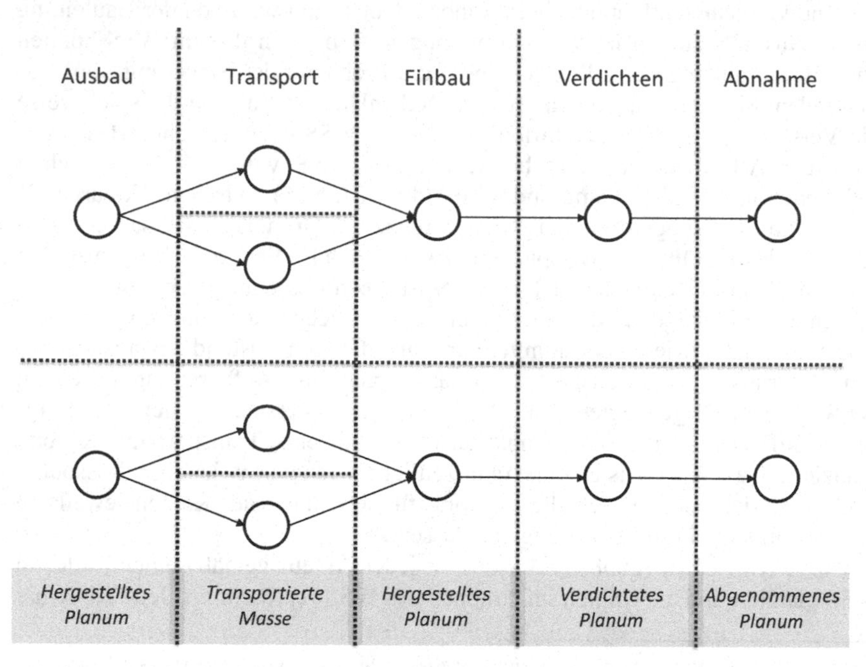

Abbildung 5 Modell der Leistungsflüsse im Erdbau-WSS

Die Leistung des WSS durch Transformation des Bodenmaterials wird durch die Aktivitäten *Ausbauen*, *Transportieren*, *Einbauen* und *Verdichten* des Bodenmaterials erbracht. Jede Stufe transformiert das Gut Bodenmaterial raumzeitlich, so dass es für die folgende Stufe als Eingangsressource für ihre Leistungserbringung bereitsteht. Die Leistungsflüsse zwischen den Akteuren decken sequenzielle Abhängigkeiten der Akteure untereinander auf. Reziproke Abhängigkeiten des Ausbaus vom Transport werden jedoch nicht ersichtlich, obwohl das WSS auf den Rückfluss an Transportfahrzeugen zu den Ausbaustellen angewiesen ist. Der Ausbau kann nur arbeiten, wenn genügend Transportfahrzeuge zur Verfügung stehen. Die Leistung des Ausbaus ist folglich unmittelbar reziprok von der nachfolgenden Stufe des Transports abhängig, da nur Bodenmaterial ausgebaut werden kann, wenn ein Transportfahrzeug zum unmittelbaren Transport bereitsteht. Eine Lagerung von ausgebautem Material in Form eines Puffers ist nicht vorgesehen. Daher hat die WSS-Stufe des Transports einen hohen Grad an Reziprozität zur Stufe des Ausbaus, unter der nur eine wechselseitige Orientierung an der Leistung von beiden Wertschöpfungsstufen eine hohe Ausbringung in Form hergestellten Planums nach dem Verdichten sichert. Die Stufen des Einbaus und der Verdichtung sind ausschließlich von ihren jeweiligen Vorgängern abhängig, da nur angelieferter Boden eingebaut und nur hergestelltes Planum verdichtet werden kann.

Die rein logische Darstellung des WSS mit Leistungsflüssen nach Vahrenkamp und Mattfeld (2007, S. 5) ist zur Darstellung reziproker Abhängigkeiten nicht ausreichend. Eine vorwärts- wie rückwärtsgerichtete Optimierung im WSS muss die Auswirkungen auf den Transport, der reziprok mit dem Ausbau verbunden ist, durch seine Leistungserbringung sowohl für die Zuliefer- als auch auf der Abnehmerseite berücksichtigen. Zur Verfeinerung der logischen Darstellung nach Vahrenkamp und Mattfeld (ebd.) wird das etablierte Supply Chain Operations Reference Model (SCOR) des Supply Chain Council (2010) verwendet. Obwohl der SCOR-Standard aus dem produzierenden Gewerbe entstanden ist, lassen sich die Abhängigkeiten eines Akteurs in der Wertschöpfung des Erdbaus mittels SCOR derart verfeinern, dass die reziproken Abhängigkeiten der Transportstufe im WSS aufgedeckt werden.

Der SCOR-Standard (2010, S. 179 ff.) differenziert für jeden Akteur des WSS die fünf Prozesse *Plan*, *Source*, *Make*, *Deliver* und *Return*. Zum Prozess *Plan* gehören alle Aktivitäten, die zur Entwicklung von Plänen der operativen Abwicklung dienen. Der Prozess *Source* beschreibt alle Aktivitäten, die sich der Beschaffung von Gütern widmen. Im zuvor abgegrenzten WSS sind dies alle Aktivitäten zur Beschaffung des Produktes der jeweiligen Vorstufe, also ausgebautes, transportiertes, eingebautes und verdichtetes Material. Der Prozess *Make* umfasst alle wertschöpfenden Aktivitäten einer Stufe. Im Fall der Stufe des Einbaus kann ein Akteur erst dann seinen *Make*-Prozess Einbau leisten, wenn zuvor Material antransportiert wurde. Der Prozess *Deliver* umfasst alle Aktivitäten, die für den Absatz der erstellten Leistung für einen Kunden[25] zu erbringen sind. Auf die Stufe des Transports im WSS angewendet lassen sich für *Deliver* alle Aktivitäten abgrenzen, die mit der Suche von Abnehmern der erstellten

[25] Kunden sind in SCOR (2010, S. 181) stets die Akteure im WSS, die eine Leistung abnehmen.

Leistung verbunden sind. Auf der zweiten Ebene von SCOR, die im Modell des WSS Anwendung findet, lassen sich für die Prozesse *Source*, *Make* und *Deliver* drei Ausprägungen[26] differenzieren:

- *Source* (The Supply Chain Council Inc. 2010, S. 241 ff.): (S1) *Source Stocked Product* beschafft ein Produkt von einem Anbieter, das auf Lager liegt, (S2) *Source Make-to-Order Product* beschafft ein Produkt von einem Anbieter, der dieses Produkt erzeugen muss und (S3) *Source Engineer-to-Order Product* beschafft ein Produkt von einem Anbieter, der dieses Produkt entwickelt.
- *Make* (The Supply Chain Council Inc. 2010, S. 295 ff.): (M1) *Make-to-Stock* erzeugt ein Massenprodukt, welches auftragsunabhängig erzeugt und eingelagert wird, (M2) *Make-to-Order* erzeugt ein Produkt nur für einen speziellen Auftrag und (M3) *Engineer-to-Order* konstruiert und fertigt das Produkt ausschließlich nach Eingang eines Kundenauftrags.
- *Deliver* (The Supply Chain Council Inc. 2010, S. 355 ff.): (D1) *Deliver Stocked Product* nimmt ein Produkt aus dem Lager und liefert es aus, so dass es schnell verfügbar ist, (D2) *Deliver Make-to-Stock* koordiniert die Auslieferung eines Produktes, welches aus Standardkomponenten besteht, die akteursintern zunächst bereitgestellt werden, (D3) *Deliver Engineer-to-Order Product* allokiert Ressourcen bei Annahme eines Kundenauftrags für die Fertigung eines speziellen Produktes und (D4) *Deliver Retail Product* koordiniert die Auslieferung von Gütern über einen Wiederverkäufer.

Im Erdbau werden individuelle Einzelleistungen aus standardisierten Ressourcen gefertigt. Die Individualleistung im Sinne der dritten Kategorie Engineer-to-order findet vor der betrachteten Wertschöpfung des Erdbaus statt und wurde bereits abgeschlossen. Da der gesamte Leistungsprozess ein Make-to-order Product hervorbringt, werden für das WSS im Erdbau ausschließlich die Elemente S2, M2 und D2 in der Darstellung des WSS verwendet. In Abbildung 6 ist der zuvor in Form logischer Logistikflüsse modellierte Fall von zwei Erdbaufertigungslinien unter Anwendung des SCOR-Standards verfeinert.

[26] Die Funktion Return als vierte Funktion ist für den Prozess der Rücknahme von erzeugten Gütern im produzierenden Gewerbe grundlegend, kann jedoch im betrachteten Wertschöpfungssystem des Erdbaus vernachlässigt werden, da keine Rückflüsse zur Aufarbeitung oder Rücknahme von Waren stattfinden.

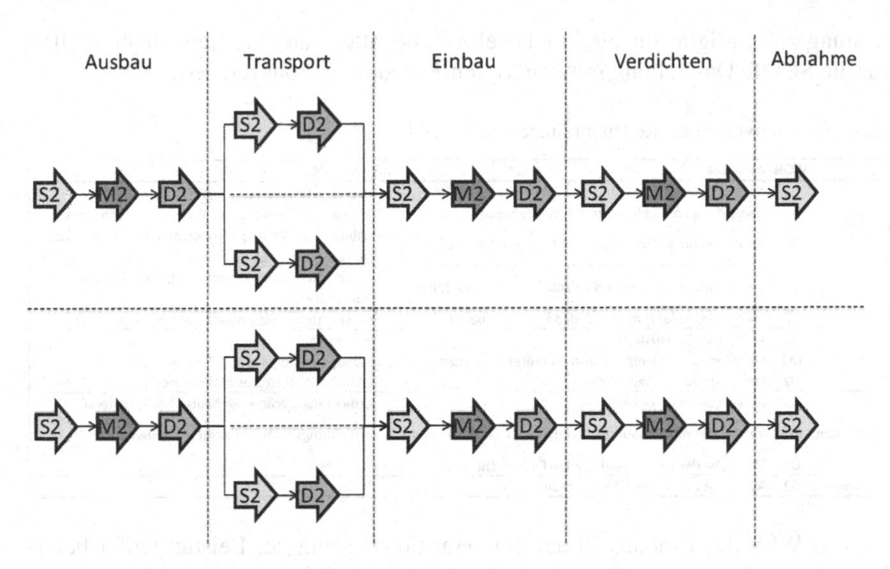

Abbildung 6 SCOR-Modell der Leistungsflüsse

Die mittleren Stufen – der Transport und die Verdichtung in der Erdbaulogistik – sind sowohl einer vorwärts- als auch einer rückwärtsgerichteten Abhängigkeit bei der Leistungserbringung ausgesetzt. Sowohl die Leistung des Einbaus als auch die Leistung der davorliegenden Stufe des Ausbaus determinieren die Leistungsfähigkeit der Stufe des Transports. Der Einbau von Bodenmaterial hat eine hohe zeitliche Flexibilität bezüglich der nachfolgenden Verdichtung, da das eingebaute Material nicht unmittelbar verdichtet werden muss und als Puffer für die Stufe der Verdichtung dient. Im Sinne einer Leistungsmaximierung kann der Transport kein Material am Einbauort lagern, da angefahrenes Bodenmaterial zielgerichtet vor der einbauenden Maschine platziert werden muss, so dass eine hohe Effizienz bei der Herstellung einer geforderten Bodenschicht erreicht wird. Wird zu viel Material auf zu wenig Fläche entladen, muss das Bodenmaterial durch den Einbau mit zusätzlichem Aufwand verteilt werden, bevor das Material eingebaut werden kann. Wird zu wenig Material angefahren, erreicht der Einbau die nötige Schichtdicke nicht. Der Einbau muss in diesem Fall unnötig viele Schichten zum Einbringen des Bodenmaterials fahren, wodurch seine Leistung gemindert wird. Um einen leistungsmaximierten Prozess des Einbaus zu gewährleisten, müssen die anfahrenden Transportfahrzeuge so lange warten, bis die optimale Position für die Entladung ermittelt ist. Der Transport hat durch seine vor- und nachgelagerte Ausrichtung eine entscheidende Funktion in der Aufrechterhaltung eines leistungsmaximalen Erdbaubetriebs. Um eine differenzierte Betrachtung der Aktionen zur Aufrechterhaltung einer hohen Linienleistung zu ermöglichen, sind in Tabelle 3 die Aktivitäten der jeweiligen Rollen für die SCOR-Darstellung mit benötigten Ressourcen konkretisiert.

Tabelle 3 Aktivitäten der Rollen im Erdbau nach SCOR

Rolle	SCOR	Aktivität	Ressource
Ausbau	S2	Anfahrt zum Ausbauplatz	Ausbau- und Verladegerät, Baustraße
	M2	Gewinnung von Bodenmaterial bis Abtragstiefe	Ausbau- und Verladegerät, Ausbau, Bodenmaterial
	D2	Verladen von Bodenmaterial auf Transportfahrzeug	Ausbau- und Verladegerät, Ausbau, Bodenmaterial, Transportfahrzeug
Transport	S2	Suche von, Anfahrt an und Beladung bei Ausbaustelle	Transportfahrzeug, Verladegerät, Verladestelle, Bodenmaterial
	D2	Suche von, Anfahrt an und Entladung bei Einbaustelle	Transportfahrzeug, Entladestelle, Bodenmaterial
Einbau	S2	Anfahrt an Einbaustelle	Einbaugerät
	M2	Verteilen von Bodenmaterial in mehreren Schichten	Einbaugerät, abgeladenes Bodenmaterial
	D2	Freigeben von Einbauschicht	Einbaugerät, verteiltes Bodenmaterial
Verdichten	S2	Anfahrt an Einbauschicht	Verdichtungsgerät, eingebautes Bodenmaterial
	M2	Verdichten von Einbauschicht durch mehrfache Überfahrt	Verdichtungsgerät, verdichtetes Bodenmaterial
	D2	Übergabe der finalen verdichteten Einbauschicht	
Abnahme	S2	Abnahme der finalen Einbauschicht	

Das WSS des Erdbaus ist auf eine Harmonisierung der Leistung aller beteiligten Akteuren zur Erbringung maximaler Gesamtleistung angewiesen, da der Akteur mit der geringsten Leistung die Leistung des WSS bestimmt. Eine höhere spezifische Leistung der anderen Akteure kann nicht genutzt werden. Der Ausbau als erstes Glied in der Wertschöpfung ist den höchsten Unsicherheiten durch nicht hinreichend genau bekannte Bodengegebenheiten ausgesetzt. Die von Hasenclever et al. (2011, S. 218) identifizierten horizontalen Brüche führen im Fall von Ressourcenschwankungen des Ausbaus zu Unter- oder Überkapazitäten beim Transport. Steigert sich die Leistung eines Ausbaus M2 und damit auch die Verladeleistung D2, so werden mehr Transportfahrzeuge benötigt. Dies muss im S2-Prozess der Transportfahrzeuge berücksichtigt werden. Sind die Transportfahrzeuge an eine Linie gebunden, ist eine Leistungssteigerung nicht möglich. Fällt gleichzeitig die Leistung des Ausbaus M2 der zweiten Fertigungsline, findet ein Ausgleich von Transportkapazitäten zwischen den Linien nicht statt. In der Folge entstehen Warteschlangen beim Ausbau der zweiten Linie sowie ungenutzte Ausbauleistung der ersten Linie, da Transportfahrzeuge fehlen. Horizontale Brüche zwischen den Transportfahrzeugen einer Linie führen zu mangelndem oder falschem Kooperationsverhalten. Es besteht die Gefahr einer Unterleistung auf der Transportstufe einer Linie durch Kolonnenfahren mit der Folge von Warteschlangen bei gleichzeitig hohen Leerlaufzeiten nach der Abfertigung beim Ein- und Ausbau. Eine Steuerung muss demzufolge einen stetigen Transport mit bestmöglicher Verteilung der Transportkapazitäten auf der Transportstrecke gewährleisten. Die Abnahme der erbrachten Leistung wird bei Erreichen der letzten einzubauenden oder abzutragenden Schicht durch die Bauleitung oder einen beauftragten Vermesser durchgeführt und befindet sich am Ende der wiederholten Prozesse von Ausbau, Transport, Einbau und Verdichten. Die Abnahme ist nicht in den wiederholten Prozess im Erdbau eingebunden, sondern folgt nach der Erstellung des finalen Planums.

Das Problem der Steuerung zur Erzielung maximaler Leistung im Erdbau besteht in der Detektion von leistungsrelevanten Schwankungen der Ressourcenverfügbarkeit – sowohl Ressourcenunterdeckung als auch Ressourcenüberdeckung – mit Auswirkungen auf die Leistung einzelner Akteure in der Fertigungslinie sowie der anschließenden Wahl von Aktionen zur leistungsmaximalen Neuzuordnung von Ressourcen zu Akteuren. Die identifizierten Brüche wirken der von Schach und Otto (2008, S. 2 f.) genannten Sicherstellung eines ungehinderten Materialflusses und der zeitnahen Detektion der Ressourcenverfügbarkeit entgegen. Nach Mustapha und Naoum (1998, S. 1 - 8) sind Bauleiter aufgrund ihres breiten Aufgabenspektrums und ihrer geringen Integration in die Ausführungsprozesse nicht in der Lage, insbesondere schleichend wirkende Störungen zu erkennen und steuernd einzugreifen. Die analysierten Rahmenbedingungen der Wertschöpfung im Bauwesen (Engelmann 2001, S. 95 - 108; Hasenclever et al. 2011, S. 208 f.) erfordern einen Ansatz unter Integration der Akteure des Ausbaus, des Transports, des Einbaus und des Verdichtens in die Identifikation von leistungsrelevanten Änderungen der Ressourcenverfügbarkeit. Ausgehend von den Bedingungen des Akteurs wird die Ressourcenverfügbarkeit identifiziert und nach Alternativen gesucht, die den Akteur in seiner Leistungserstellung besserstellen. Aus der lokalen Perspektive des Akteurs sind Störungen einer anderen Stufe im WSS nicht direkt zu erkennen, jedoch aus der lokalen Perspektive als Abweichung benötigter Ressourcen, genauer als abweichende Ressourcenverfügbarkeit in den S2- und D2-Aktivitäten des Akteurs, zu identifizieren. Aus Perspektive des Akteurs ist die tatsächlich mögliche Verfügung mit den prozessual geplanten Verfügungen über die Ressourcen zu vergleichen. Im Fall mindestens einer Alternative wird identifiziert, ob (1) die Ressourcenverfügungen über derzeitige Ressourcen sich verschlechtern und / oder (2) die Ressourcenverfügungen der Alternative sich verbessern. Eine Überwachung der veränderten Ausübungsmöglichkeiten von Verfügungen über Ressourcen durch den Akteur ermöglicht in der Situation des Abweichens einer Ressource das Erkennen von Alternativen, die den Akteur in seiner Leistung besser stellen können.

Das Flexibilitätsproblem im Verkehrsinfrastrukturbau lässt sich in einem Szenario zweier Fertigungslinien des Erdbaus analysieren. Aufgrund der starken vorwärts- und rückwärtsgerichteten Abhängigkeiten der fertigenden Akteure bei ausgeprägten horizontalen und vertikalen Brüchen ist eine hohe Flexibilität in der Wahl von Ressourcen erforderlich. Die Akteure müssen im Rahmen ihrer organisatorischen Flexibilität Störungen mit Auswirkungen auf ihre Ressourcen in Abhängigkeit ihrer prozessualen Situation ohne Koordination leistungsmaximal beheben können.

2.2 Bestehende Lösungsansätze zur Steuerung im Erdbau

Bestehende Lösungsansätze der Flexibilisierung der Steuerung in den Dimensionen von Maschineneinsatz, Materialabwicklung und Fertigung im Erdbau dienen Chua und Li (2002, S. 195) der situationsabhängigen Neuzuordnung von Ressourcen zu Akteuren beim Auftreten von Störungen, da Störungen deharmonisierend auf die Ressourcenversorgung der Akteure wirken. Nach Shohet und Laufer (1991, S. 565 - 576) sowie Laufer et al. (1992, S. 249 - 262) obliegt die Ressourcensteuerung in der Bauorganisation dem Bauleiter. Seine Fähigkeiten der Erkennung von Ressourcenengpässen verursacht durch Störungen und der Steuerung durch Ressourcenneudisposition zeichnen einen produktiven Bauleiter in der empirischen Erhebung von Lemna et al. (1986, S. 192 - 210) aus. Die Ressourcensteuerung durch den Bauleiter erfordert nach Laufer et al. (1992, S. 249) neben Fähigkeiten der Baustelleneinrichtung in der Phase des Bauablauf das Sammeln von Informationen, die Identifikation von Ressourcenengpässen und die Ressourcendisposition, die eine maximale Gesamtleistung sicherstellt. Hierzu fehlt ihm zumeist die Zeit. Zudem ist die zentrale Behandlung von Ressourcenengpässen nach Laufer und Tucker (1988, S. 339 - 355) bei der Durchführung einer Erdbaumaßnahme zeitaufwändig und fehleranfällig. Informationen werden auf der Baustelle erhoben, an den Bauleiter übermittelt, von ihm ausgewertet sowie darauf basierend eine Entscheidung getroffen, bevor eine Arbeitsanweisung an die ausführenden Akteure auf der Baustelle zurückgegeben wird. Dieser Prozess ist oft durch unvollständige Informationen mit zeitintensivem Nachfassen durch den Bauleiter verbunden. Meist haben sich in der Zeit der zentralen Entscheidungsfindung bereits die kurzfristigen Rahmenbedingungen vor Ort geändert. Daher wird in der folgenden Analyse bestehender Lösungsansätze der Ressourcensteuerung in den Flexibilitätsdimensionen organisatorischer Anpassungen und informationssystemseitiger Unterstützung untersucht, ob sie die zeitliche Adaptivität in der Wertschöpfung derart erhöhen, dass eine höhere Leistung erreicht werden kann.

Zum Bereich organisatorischer Ansätze der Ressourcensteuerung existieren – verglichen mit Ansätzen der Informationssystemunterstützung – signifikant weniger Ansätze. Laufer et al. (1992, S. 249 - 262) untersuchen eine Verschiebung von Entscheidungen vom Bauleiter zu anderen Organisationseinheiten. Einerseits untersucht werden Qualitätszirkel, die Probleme im Bauablauf identifizieren und gemeinsam Lösungen erarbeiten, andererseits werden Auditoren der Baustelle betrachtet, die gezielt Probleme auf der Baustelle aufdecken und beseitigen. Diese Ansätze haben ihren Schwerpunkt sowohl auf der Erkennung als auch auf der Beseitigung von Ressourcenengpässen. Zu untersuchen sind die organisatorischen Ansätze auf ihren Beitrag zur Steuerung im Fall von störungsbedingten Ressourcenengpässen.

Neben organisatorischen Arbeiten existieren Ansätze zur informationssystemgestützten Optimierung der Ressourcenallokation. Informationssysteme ermitteln eine bestmögliche Zuordnung von Ressourcen zur Wahrung kurzer Wege von Transportfahrzeugen und einer hohen Auslastung von Einschnitt- und Auffüllbereichen im Erdbau. Für die Adressierung derartiger Probleme werden nach Shah und Dawood (2011, S. 435 - 448) Zeit-Weg-Diagramme zur Ermittlung von zu bewegenden Massen verwendet. Zeit-Weg-Diagramme basieren auf der Annahme einer linearen Maschinenproduktivität und optimieren die Distanzen von transportiertem Material des Ausbaus zum Einbau. Nach Smith et al. (2000, S. 219 - 228) eignen sich Zeit-Weg-Diagramme nicht für eine Steuerung von Ressourcen im Fall einer Störung. In dieser Arbeit werden ausschließlich Ansätze betrachtet, die auf prozess- und ressourcennaher Ebene die Steuerung beeinflussen. Für die Behandlung von Ressourcenengpässen existieren Heuristiken der Ressourcenallokation und des Ausgleichs von Ressourcenschwankungen, die eine Grundlage von Informationssystemen der Steuerung von Ressourcenzuordnungen bilden. Nach Karshenas und Haber (1990, S. 135 - 146) garantieren sowohl die Heuristiken der Allokation als auch des Ausgleich keine Minimierung von Projektkosten oder -dauer, können jedoch in Richtung einer optimalen Nutzung von Ressourcen Verbesserungen erzielen. Da das Ziel der Ressourcenallokationsheuristiken die Planung baulicher Aktivitäten unter beschränkten Ressourcen mit geringstmöglicher Projektlaufzeit ist, finden Allokationsheuristiken in der vorbaulichen Baustelleneinrichtungsphase Anwendung. Sie werden in dieser Arbeit nicht betrachtet, da sie bereits eingegangene vertragliche Bindungen zur Laufzeit in der Optimierung nicht berücksichtigen. Das Ziel der Ressourcenausgleichsheuristiken hingegen ist die Ausbalancierung der Nutzung von Ressourcen, um Überallokation oder Konflikte durch Sequenzierung oder Neuzuteilung innerhalb der Ressourcennutzungszeit zu beheben. Die Verfahren des Ressourcenausgleichs sind auf ihre Eignung zur Steuerung von Ressourcen für den Fall von Abweichungen im Bauablauf zu prüfen.

Die Methode der Simulation wird insbesondere für die Ressourcensteuerung im Erdbau verwendet. Nach Shanon (1975) dient eine Simulation der Evaluation verschiedener Szenarien mit dem Ziel der Erkenntnisgewinnung über den Simulationsgegenstand. Im Bauwesen werden Simulationen zur Gewinnung von

Erkenntnis über die Bauabläufe unter der Nebenbedingung hoher Ressourcenauslastung mit dem Ziel der maximalen Leistung eingesetzt. Die Methode der Simulation garantiert wie die Heuristiken keine optimale Lösung, kann aber in Abhängigkeit des Simulationsmodells durch Berücksichtigung relevanter Einflussparameter steuernde Empfehlungen geben. Die Ansätze lassen sich nach Chua und Li (2002, S. 195 f.) in die generellen und speziellen sowie prozessorientierten und ressourcenorientierten Simulationen unterteilen. Generelle Simulationen nutzen etablierte Simulationssysteme zur Simulation allgemeiner Zusammenhänge im Bauwesen, während spezielle Simulationen einen spezifischen Ausschnitt, z. B. die kinematischen Bewegungen von Maschinen, betrachten. Für die Steuerung von Ressourcen sind Ansätze der Prozess- und Ressourcenorientierung dahingehend zu analysieren, ob prozessorientierte Ansätze die Verfügbarkeit von Ressourcen im Bauablauf berücksichtigen, so dass die Auswirkungen einer Störung auf die Ressourcenversorgung als Grundlage eines Leistungseinbruchs analysiert werden können. Die ressourcenbasierten Simulationsmodelle müssen die prozessualen Aspekte einer Neuordnung von Ressourcen berücksichtigen. Für prozess- und ressourcenorientierte Simulationssysteme ist zu analysieren, inwiefern sie im Fall eintretender Störungen die Baustelle in der Art abbilden, dass Simulationsdurchläufe von Einsatzalternativen zu einer steuerungsrelevanten, baustellenbezogenen Neudisposition von Ressourcen auf prozessualer Ebene kommen, die unmittelbar umsetzbar ist.

Im Baustellengeschehen voll integriert sind Informationssysteme der Datenerhebung vernetzter Maschinen. Die Systeme erfassen Zustandsdaten unmittelbar auf der Maschine und speichern diese entweder lokal oder unter der Nutzung eines drahtlosen Kommunikationsnetzes auf einer zentralen Recheninstanz. Die gesammelten und verdichteten Daten dienen einerseits Qualitäts- und Abrechnungszwecken und können andererseits vom Bauleiter zur unmittelbaren Kontrolle der Maschinisten und Maschinen genutzt werden. Damit legen diese Arbeiten einen Grundstein der Erhebung von grundlegenden Leistungsdaten der Maschinen im WSS des Bauwesens. Für die Arbeiten der Datenerhebung von Maschinen ist zu analysieren, welche Informationen zur Erkennung von Störungen als Ursache von Ressourcenengpässen erhoben werden können, so dass Aktionen der Aufrechterhaltung der Leistung im Fall eintretender Störungen möglich ist. Der Fokus dieser Ansätze liegt auf der Erhebung steuerungsrelevanter Parameter der Baustelle.

Im Gegensatz zu Ansätzen der zentralen Erhebung von Einzelmaschinendaten verfolgen integrierte Ansätze der Baustellenvernetzung eine ganzheitlich flexible Steuerung des WSS, beispielsweise für den Fall der Kostenkontrolle (Ballard und Howell 1998, S. 11 - 17) oder der Erhebung des Planfortschritts (Navon et al. 2004, S. 225 - 239; Navon und Shpatnitsky 2005, S. 941 - 951) über mehrere Akteure hinweg. Auch hier stehen die gestalteten Informationssysteme vor der Situation einer nicht vollständig antizipierbaren und nicht vollständig erhebbaren Baustelle. Der Beitrag dieser Arbeiten zur Steuerung unter diesen Bedingungen ist zu analysieren.

Für die zuvor geschilderten Gruppen von Ansätzen für die Steuerung durch organisatorische Maßnahmen oder informationssystemseitige Maßnahmen wird im Folgenden detailliert analysiert, welche Steuerungsrelevanz sie für die Ressourcensicherung durch Ausnutzung von Prozess-, Routen- und Produktflexibilität in Form (1) der Verlagerungen von Maschinen und Material, (2) der Routenanpassung auf der Erdbaustelle und (3) der Neudisposition von Aus- und Einbau jeweils im Fall auftretender Störungen der laufenden Baumaßnahmen haben.

2.2.1 Organisatorische Ansätze

Über die Arbeitsorganisation auf der Erdbaustelle des Verkehrsinfrastrukturbaus ist in der Literatur wenig zu finden. In der Arbeit von Laufer et al. (1992, S. 249 - 262) wird die Steuerung von Ressourcen durch den Bauleiter einer Steuerung durch die Methoden der *Supervisory Quality Circles* und durch *Operations / Systems Analysis* gegenübergestellt. Der Bauleiter steuert auf Basis einer wöchentlichen oder zweiwöchentlichen Planungsmatrix die Zuteilung von Akteuren und Ressourcen zu Fertigungslinien. Die Matrix enthält keine Hinweise auf die Arbeitsmethoden. Für jeden Tag wird in der Checkliste die Über- oder Unterkapazität der Fertigungslinie notiert. Eine untertägige Steuerung durch den Bauleiter findet bei gravierenden Störungen des Bauablaufs statt.

Supervisory Quality Circles sind regelmäßige Treffen von Bauverantwortlichen, um bestehende Probleme zu suchen, zu priorisieren, zu analysieren und in Form von Verbesserungen auf der Baustelle zu implementieren (Laufer et al. 1992, S. 253 f.). Damit grenzen sich diese Treffen von Treffen der Maschinisten und Arbeiter mit dem Bauleiter im Sinne einer Baubesprechung ab, die ausschließlich der Planung anstehender und der Evaluation abgeschlossener Arbeiten dienen. Die Teilnehmer der regelmäßigen Treffen sind Vorarbeiter und Bauleiter, jedoch nicht die unmittelbar ausführenden Akteure.

Die *Operations / Systems Analysis* wird durch einen Baustellenexternen als Problemlösungsmethode bei regulären oder problemgetriebenen Überprüfungen angewendet. Sie besteht aus Identifikation, Sammeln und Analysieren von Daten, Lösen und Planen von Veränderungen, Implementieren der Veränderungen sowie Überprüfen der Ergebnisse. Typischerweise werden die Probleme aus Baudokumenten, durch Befragung der baubeteiligten Akteure oder der Messung von Abweichungen auf der Baustelle erhoben. Ein typisches Optimierungspotenzial ist nach Laufer et al. (1992, S. 256) die Identifikation von Engpässen bei geteiltem Material mit dem Ziel der Einrichtung von besser zugänglichem und besser verfügbarem Arbeitsmaterial.

Organisatorische Ansätze decken sowohl die Erkennung von Ressourcenengpässen und Ermittlung von Handlungskonsequenzen ab, betrachten jedoch eher die langfristige Identifikation und Behebung von Problemen der Ressourcenzuteilung. Der Ansatz von Laufer et al. (1992, S. 249 - 262) kommt über Empfehlungen für den Einsatz der Methoden in einer Mischung, deren konkrete Zusammensetzung unklar bleibt, nicht hinaus. Eine quantitative Evaluation der organisatorischen Methoden auf der Baustelle wird von ihnen nicht durchgeführt. Die qualitative Evaluation belegt, dass dezentrale Entscheidungen durch lokale Entscheidungsträger unter Delegation von Entscheidungsbefugnissen vom Bauleiter in der Lösung kurzfristiger Störungen gegenüber zentralen, allein durch einen Bauleiter getroffenen Entscheidungen in einem Umfeld mit häufigen Störungen eine höhere Leistung erbringen. Ein empirischer Beleg, dass oder sogar in welchem Umfang durch den Einsatz organisatorischer Methoden der Bauablauf im Fall von Störungen verbessert wird, wird durch die Arbeiten nicht erbracht.

2.2.2 Metriken und Algorithmen der Ressourcenzuteilung

Metriken und Algorithmen der Ressourcenzuteilung dienen ausschließlich der Ableitung von Handlungsempfehlungen aus einem erkannten Engpass. Sie lösen daher das Identifizierungsproblem nicht. Nach Hegazy (1999, S. 167) werden vorrangig Heuristiken für den Bauablauf gestaltet, da die *Methode kritischer Pfade* und die *Program Evaluation und Review Technique* in ihrer reinen Form aufgrund fehlender Berücksichtigung von Projektende und Ressourcenbeschränkung nicht als Verfahren zur Zuteilung von Ressourcen im Erdbau in Frage kommen. Die Anwendung exakter Verfahren der Optimierung der Durchlaufzeit (Ahuja 1976; Easa 1989) führen aufgrund des polynomialen Berechnungsaufwands zur Lösung des kombinatorischen Problems. Sie sind im Bauwesen nach Moselhi und Lorterapong (1993, S. 180 - 188) sowie Allam (1998, S. 93 - 115) nicht einsetzbar. Heuristiken der Ressourenallokation (*resource allocation*) und des Ressourcenausgleichs (*resource leveling* oder *resource smoothing*), die nicht notwendigerweise eine optimale Lösung erreichen, erbringen ihre Lösung in kurzer Berechnungszeit und sind nach Alkayyali et al. (1994, S. 20) zur Steuerung der Baustelle anwendbar, da sie kurzfristig entstehende, in einem kleinen Zeitfenster wirkende Ressourcenengpässe lösen. Nach Moselhi und Loterapong (1993, S. 180 - 188) sind dies insbesondere Verfahren des Ressourcenausgleichs, da sie unter einer gegebenen Bauzeit die Optimierung der Ressourcennutzung von Periode zu Periode erzielen. Nach Son und Skibniewski (1999, S. 23 - 31) berücksichtigen die Verfahren der Ressourcenallokation bestehende vertragliche Beziehungen nicht und können nicht eingesetzt werden, wenn kurzfristig mehr Ressourcen benötigt werden als verfügbar sind. Daher werden im Folgenden ausschließlich Ansätze zum Ressourcenausgleich betrachtet.

Heuristiken des Ressourcenausgleichs unterstellen optimale Verteilungen von Ressourcenverbräuchen, deren Abweichen sie negativ gewichten. Ausgehend von einem Ressourcenprofil verlagern sie nichtkritische Aktivitäten im zeitlichen Ablauf. Sie unterteilen sich in (1) Ansätze der Summe quadratischer Abweichungen (Christodoulou et al. 2010, S. 518 - 527; Harris 1978; Harris 1990, S. 278 - 284; Hegazy 1999, S. 167 - 175; Hiyassat 2001, S. 192 - 198; Hiyassat 2000, S. 278 - 284; Son und Skibniewski 1999, S. 25 - 31), (2) Ansätze der Schwankung des Ressourcenverbrauchs in aufeinanderfolgenden Zeitfenstern (Senouci und Adeli 2001, S. 28 - 34; Senouci und Eldin 2004, S. 869 - 877) sowie (3) Ansätze der Abweichungen von tatsächlichem und spezifiziertem oder als gleichmäßig unterstelltem Ressourcenverbrauch (Chan et al. 1998, S. 125 - 132; Chua et al. 1996, S. 311 - 329; Mattila und Abraham 1998, S. 232 - 242; Son und Mattila 2004, S. 887 - 894). Obwohl anfängliche Limitierungen zur Nutzung der Heuristiken für multiple Ressourcen (Hiyassat 2001, S. 192 - 198; Hiyassat 2000, S. 278 - 284), Teilen von Vorgängen (Hossein Hashemi Doulabi et al. 2011, S. 137 - 146), zum Priorisieren von Ressourcen (Hegazy 1999, S. 167 - 175) oder für unterschiedliche Vorgangsdauern (Christodoulou et al. 2010, S. 518 - 527) behoben sind, kann nach El-Rayes und Jun (2009, S. 1172 - 1180) für die Anwendung der Heuristiken im Baubetrieb nicht sichergestellt werden, dass die angestrebte Ressourcenverteilung der Heuristik erreichbar ist und keine andere Verteilung existiert, die eine bessere Annäherung an die Bauabläufe gewährleistet. Nach Hossein Hashem Doulabi (2011, S. 137 - 146) werden auch in den weiterführenden Ansätzen von El-Rayes und Jun (2009, S. 1172 - 1180) sowie Jun und El-Rayes (2011, S. 1080 - 1088) Vorgangsdauern in der Optimierung fixiert. Im Fall einer Störung kann in der Optimierung das Festhalten an Vorgangsdauern nicht angewendet werden, da sich Ressourcen zur bestmöglichen Erhaltung der Leistung verschieben müssen und Vorgänge verkürzt oder verlängert werden. Die Ausnutzung der organisatorischen Flexibilität wird in diesem Fall von den Verfahren des Ressourcenausgleichs behindert.

2.2.3 Simulationen

Seit Halpin (1973) werden im Bauwesen neben Simulation von speziellen Anwendungsfällen generelle Simulationen zur Analyse der Zusammenhänge und Wechselwirkungen als Planungs- und Steuerungsmethode eingesetzt, da sich zeigte, dass der Fertigungsindustrie entstammende Modelle die Komplexität im Bauwesen nicht beherrschen. Ausgangspunkt der Simulationssystemgestaltung ist nach Chua und Li (2002, S. 196 f.) entweder eine prozessorientierte oder eine ressourcenorientierte Perspektive, die den Bauleiter in der kontinuierlichen und dynamischen Zuordnung von Ressourcen zu Aktivitäten unterstützt und die

Erhebung steuerungsrelevanter Aussagen bei auftretenden Störungen erlaubt. Prozessorientierte Simulationen basieren auf einer Menge von Prozessen, die über Interaktionspunkte miteinander verknüpft sind. Ausschließlich über die Interaktionspunkte werden Wechselwirkungen zwischen den Akteuren möglich. In ressourcenorientierten Simulationen wird die Baumaßnahme als Integration verschiedener Ressourcen mit vormodellierten Prozessen abgebildet. Die Simulation erfolgt durch Kombination und Parametrisierung von Ressourcen in Form von Maschinen, Material und Arbeit. Im Erdbau sind dies z. B. Transportfahrzeuge, Ausbaumaschinen, Bodenmaterial und Arbeiter. Die Kombination der Ressourcen ermöglicht die Erbringung einer Leistung in Abhängigkeit der eingesetzten Ressourcenmenge.

Sowohl prozessorientierte als auch ressourcenorientierte Simulationen der Bauabläufe basieren auf der Warteschlangentheorie (Carmichael 1986 , S. 161 - 178; Halpin und Woodhead 1976; Touran und Taher 1988, S. 295 - 307), diskreten Ereignissen (Chua und Li 2002, S. 195 - 203; Halpin und Riggs 1992, S. 172 ff.; Oloufa 1993, S. 351 - 359; Oloufa et al. 1998, S. 315 - 326; Runge Ltd. 2011; Shi und AbouRizk 1997, S. 26 - 34), Objektorientierung (Marzouk und Moselhi 2004, S. 105 - 113), genetischen Algorithmen (Cheng und Feng 2003, S. 227 - 244; Cheng et al. 2005, S. 85 - 98; Hegazy und Kassab 2003, S. 698 - 705; Marzouk und Moselhi 2002, S. 535 - 543), regelbasierten Systemen (Lambropoul et al. 1996, S. 79 - 92), reaktiven Agenten (Van Tol und AbouRizk 2006, S. 614 - 640), gefärbten Petrinetzen (Prata et al. 2008, S. 476 - 490), künstlichen neuronalen Netzen (Ok und Sinha 2006, S. 1029 - 1044; Shi 1999, S. 463 - 471) oder der Fuzzytechnologie (Zhang et al. 2004, S. 426 - 437). Ohne näher auf die verwendeten Technologien einzugehen, ist den zuvor genannten Ansätzen die beschränkte Einsatzmöglichkeit für die Steuerung des WSS im Fall von Störungen gemeinsam, da ihre Aussagenkraft für Auswirkungen von Störungen auf die Verfügbarkeit von Ressourcen für den einzelnen Akteur im WSS gering ist. Das Auftreten von Störungen muss unter manueller Anpassung in die Ermittlung der Maschinenproduktivität einfließen, was einen hohen manuellen Anpassungsaufwand der Simulation nach sich zieht. Mit diesen Eigenschaften eignen sich die zuvor genannten baulichen Simulationen für die Ermittlung von Kosten, Zeiten und Maschineneinsatz in der Planungsphase. Kurzfristige Steuermaßnahmen bei eintretenden Störungen in Form von Verlagerung von Maschinen und Material, Routenanpassung und Neudisposition von Aus- und Einbau können im Fall einer Störung nicht abgeleitet werden. Zwingende Voraussetzung dafür sind Modelle, die alternative Maschinenprozesse im Erdbau explizit berücksichtigen.

Ein maschinenprozessnahes Simulationsmodell gestalten Cheng et al. (2011, S. 182) mit gefärbten, zeitlich annotierten Petrinetzen zur Vorhersage von Maschinenproduktivität. Störungen sind über Störungszeiten im Modell repräsentiert. Die Umweltunsicherheit wird in Fuzzysets für Maschinenausfall abgebildet. Derart modelliert ist ein mehrstufiger Prozess von Ausbau mit dem Lösegerät, Umverteilung mit der Raupe, Laden mit dem Ladegerät und Transport mit dem Transportfahrzeug im Simulationssystem abgebildet. Nach Cheng et al. (2011, S. 187) können die unsicheren Verhältnisse des Erdbaus realitätsnah abgebildet werden, so dass sich steuernde Empfehlungen für den Erdbau auf Ebene der Maschinendisposition ableiten lassen. Zielgröße ist jedoch auch hier die genaue Zeitplanung. Für eine Baumaßnahme in China, die zur Validierung des Modells dient, konnte eine Verbesserung von 7,86% in der zeitlichen Vorhersage der Ergebnisse gegenüber deterministischer Planung erreicht werden. Die Grenzen der Simulation liegen in der fehlenden Berücksichtigung von wetterbedingten Schwankungen, Tag- und Nachtschichten sowie Wartungsaufgaben (Cheng et al. 2011, S. 187). Im Ausblick wird beschrieben, dass Daten direkt von Maschinen erhoben werden, jedoch ist unklar, welche dies sind und wie diese in die Simulation einfließen. Daher kann der Beitrag für die Steuerung der Baustelle nicht bewertet werden.

Kim und Kim (2010, S. 867 - 874) entwickeln eine prozessorientierte Multiagenten-Simulation für den Verkehrsfluss von Fahrzeugen im Erdbau. Sie modellieren die Prozesse der Transportfahrzeuge explizit, indem sie Verfahren der Verkehrsinfrastruktursimulation der Auslastung regulärer Straßen für die Simulation von Prozessabläufen auf der Erdbaustelle anpassen, um in die Prozessplanung des Erdbaus Unsicherheit durch Straßenengpässe einzubeziehen. Ihr Simulationssystem ermöglicht den Erkenntnisgewinn in der leistungsseitigen Ausrichtung der Verkehrsinfrastruktur sowohl außerhalb als auch innerhalb der Baustelle. Die Agenten berücksichtigen Alternativen in ihrer Leistungserbringung. Der Ansatz von Kim und Kim (2010, S. 867 - 874) ist eindeutig der planseitigen Einrichtung einer Baustelle zuzuordnen. Koordinationsfragen zwischen Transportfahrzeugen werden nicht berücksichtigt. Daher leistet diese Arbeit keinen Beitrag zur Lösung der Steuerungsprobleme im Erdbau und wird nicht vertiefend betrachtet.

In einer speziellen Simulation der Erdbauprozesse zeigen Günthner et al. (2010a; 2010b, S. 103 - 188) sowie Wimmer und Günthner (2010, S. 1 - 12) mit einem ereignisbasierten, kinematischen Ansatz der Baumaschinenprozesse eine Optimierung von Bewegungen für die Erdbauprozesse. Die Abbildung der Maschinenbewegungen in Maschinenarbeitsprozessen ermöglicht die Berücksichtigung von Störungseinflüssen auf die Leistung, die durch die Akteure in den Prozessen erbracht wird. Die Simulation kann Bodeneinflüsse beim Ausbau auf die Ausbauleistung des gesamten Erdbausystems erfassen, erbringt ihre Ergebnisse jedoch autark vom Baustellengeschehen. Praxisgetrieben wird ein Simulationswerkzeug entwickelt, welches intuitiv und mit wenig Aufwand einzurichten ist, visuelle Ausgaben ermöglicht, den Ist-Zustand der Baustelle abbildet und Szenarien einfach erstellen lässt, die Ressourceneinsatz, Reihenfolge, Baustelleneinrichtung, Layout der Baustelle und den Transport berücksichtigen. Wimmer und Günthner (2010, S. 4 f.) orientieren sich in der Gestaltung des Simulationssystems an Werkzeugen der Fabrikplanung. Für Transportfahrzeuge lassen sich Geschwindigkeitsprofile und für Bagger Ladeprofile in Form von fertig konfigurierten Zustandsautomaten hinterlegen. Damit hat die Simulation eine starke Ausrichtung auf die praktische Anwendung. In ihrer Arbeit fehlt sowohl die Einbettung ihrer Ergebnisse in den Stand der Forschung zu Simulationen im Bauwesen als auch die Evaluation ihres Ansatzes. Daher kann der Beitrag zur Ressourcensteuerung nicht bewertet werden.

Alle zuvor dargestellten Arbeiten zeigen, dass die Disposition von Ressourcen nur in den Grenzen der Vorhersagbarkeit eintretender Störungen möglich ist. Werden eintretende Störungen berücksichtigt, so werden Annahmen des Auftretens von Störungen im Simulationsmodell hinterlegt und die Daten nicht unmittelbar von der Baustelle erhoben. Nach Günthner et al. (2010a, S. 81 ff.) sind derartige Simulationen für eine Bauvorbereitung im Sinne einer Baustelleneinrichtung zur Ermittlung von optimalen Ausgangszuteilungen von Maschinen in verschiedenen Szenarien geeignet. Die Simulationsergebnisse werden als Grundlage einer Zeit- und Kostenplanung verwendet, die durch die Berücksichtigung verschiedener Alternativen und Einsatzbedingungen von Maschinen präziser generiert werden, als dies eine Baustelleneinrichtungsplanung mittels baufachlicher Berechnungstabellen[27] oder der Masse-Zeit-Diagramme erlaubt. Jedoch befinden sich in dieser Klasse von Arbeiten auch die Methoden und Algorithmen der Ressourcenallokation und des Ressourcenausgleichs, mit denen die Ergebnisse nicht verglichen werden.

Für die Steuerung der Ressourcen in der Erdbaulogistik in Form eines Informationssystems für den Bauleiter in der Ausführungsphase eignen sich derartige Simulationen nur bedingt, da Baustellen- und Umweltänderung auch in maschinenprozessnahen Simulationen nicht unmittelbar genutzt werden. Die organisatorischen Abhängigkeiten unter Berücksichtigung von horizontalen und vertikalen Brüchen, die Hasenclever et al. (2011, S. 205 - 290) als Ursache für mangelnde Steuerungsmöglichkeit identifizieren, werden nach Günther et al. (2010a; 2010b, S. 103 - 188) nicht abgebildet. Darüber hinaus ist die Steuerung der Aktivitäten im Fall auftretender Störungen durch die mangelnde Verknüpfung mit der Baustellenausführung nicht gewährleistet. Es muss sowohl die Simulation zentral an die neuen Baustellengegebenheiten angepasst werden als auch die Kommunikation der Ausführung im Fall von Störungen wieder zurück in den Ablauf gewährleistet sein. Das Problem der langen Wege der Baustellensteuerung – Wahrnehmung der Störung durch einen am Bau beteiligten Akteur, Erfassen der Störung in der Simulation, Simulation von Ablaufalternativen, Rückgabe von Handlungsanweisungen – besteht. Aus den zuvor genannten

[27] Die Berechnungstabellen zur Errechnung von Leistungen im Tiefbau sind den baufachlichen Standardwerken des Tiefbaus (u.a. Bauer 2006; Grimscheid 2003; Hüster 1992) zu entnehmen.

Gründen eignen sich von der Baustelle autark arbeitende prozess- oder ressourcenorientierte Simulationen für die Steuerung der Ressourcen im WSS des Erdbaus im Störungsfall nicht.

2.2.4 Kontrolle vernetzter Maschinen

In der Erhebung von Shohet und Laufer (1991, S. 565 - 576) ist die Hauptaufgabe der Bauleitung die Überwachung der Bauausführung und das Geben von Anweisungen. Beide Aktivitäten machen sowohl bei produktiven als auch bei unproduktiven Fertigungslinien mehr als 50% der gesamten Tätigkeiten der Bauleitung aus. Die Planung von anstehenden Arbeiten liegt im Fall von produktiven Fertigungslinien bei 9,6% und bei unproduktiven Fertigungslinien nur bei 2,1%. Die geringe Planungsaktivität im Vergleich zur Überwachung und dem Geben von Anweisungen deckt sich mit den empirischen Arbeiten von Borcherding (1977, S. 71 - 87) und Lemna et al. (1986, S. 192 - 210). Der Schluss, dass die Bauleitung zu sehr mit dem unmittelbaren Anweisen der Akteure im WSS des Erdbaus befasst ist, ist nicht belegt, da kein Vergleich von mehreren Baustellen unterschiedlicher Anweisungsintensität bei gleicher Störungsintensität erfolgt. Dennoch liegt dieser Schluss auch in Anbetracht der von Hasenclever et al. (2011, S. 215 ff.) identifizierten Brüche, die eine effiziente Selbstorganisation der Fertigungslinien unterbinden, nahe.

Methoden und Informationssysteme der unmittelbaren Kontrolle und Steuerung von Fertigungslinien im Erdbau, die einer Planung nachgelagert die Aufrechterhaltung der Leistung durch steuernde Maßnahmen und Entscheidungsunterstützung gewährleisten, entlasten die Bauleitung maßgeblich. Die Wichtigkeit der automatisierten Erhebung und Auswertung von Daten im Projektverlauf belegt McCullouch (1997, S. 957 - 963) durch den empirischen Nachweis, dass Vorarbeiter und Projektüberwacher bis zu 50% ihrer Arbeitszeit für die Aufnahme und Analyse von Daten der laufenden Baumaßnahme aufwenden. Lee und Bernold (2008, S. 31) sowie Ligier et al. (2001, S. 1 - 6) identifizieren bei steigender Digitalisierung der Baustelle durch den Einsatz neuer Datenerhebungs- und -verarbeitungstechnologien auf Maschinen eine mangelnde Nutzung dieser Daten für eine übergreifende Koordination im Verkehrsinfrastrukturbau. Erschwert wird die Nutzung durch geographische Bedingungen und kontinuierliche Bewegung der Akteure in der rauen und störanfälligen Umwelt einer Tiefbaustelle. Insbesondere mangelt es nach Navon und Shpatnitsky (2005, S. 941) an interoperablen Systemen als Grundlage einer automatischen Steuerung vernetzter und insbesondere verteilter Abläufe. Vorrangig werden Daten einzelner Maschinen zu Qualitäts- und Abrechnungszwecken erhoben, aber nicht zur Koordination der Aktivitäten im Verkehrsinfrastrukturbau verwendet.

Gudat et al. (1997) melden im Juli 1997 das *Patent Method And Apparatus For Real-Time Monitoring And Coordination Of Multiple Geography Altering*

Machines On A Work Site an. Die Patentschrift wird ergänzt durch das *Patent Method And Apparatus For Dynamically Updating Representation Of A Work Site And A Propagation Model* (Gudat et al. 2004). Basis beider Patentschriften ist ein satellitengestütztes Positionssystem auf der Baustelle. Es ermöglicht das Sammeln und erneute Verteilen von Maschinenpositionen und Arbeitsfortschritten über eine zentrale Baustellendatenbank. Den Fahrern der Maschinen soll ein überschneidungsfreies Arbeiten durch aktuelle Informationen über die Verteilung der Maschinen auf der Baustelle ermöglicht werden. Ein drahtloses, mobiles Netzwerk zwischen den Maschinen ermöglicht den Austausch über mobile, IP-basierte Kommunikation. Ein Koordinationsmechanismus für alle Maschinen kann auf den Ortsinformationen aufsetzen. Angedacht ist die Anwendung für zunehmend autonomere Maschinen, die mehr Informationen für ihre lokale Arbeitsplanung benötigten. Weitere Patente durch die Firma Caterpillar Inc. existieren, die auf eine zunehmende Automatisierung und Autonomisierung des Erdbaus hinweisen, jedoch bis heute nicht nachweisbar umgesetzt sind.

Verfügbare Systeme für die Baustellenüberwachung und Maschinenkoordination im Tiefbau bieten Trimble mit dem Construction Manager (2011) und Topcon mit SiteLINK 3D (2011). Beiden Lösungen zugrunde liegt ein Kommunikationsnetz auf der Baustelle, das eine Überwachung einzelner Maschinen anhand einer erweiterten Maschinensteuerung erlaubt. Trimble ermöglicht über den Bauleitstand eine Visualisierung und Alarmüberwachung von Baumaschinenparametern. Der Trimble Construction Manager dient der zentralen Überwachung des Tankfüllstands, der Wartungsintervalle und der Produktivität einzelner Maschinen. Die Optimierung des WSS erfolgt durch den Bediener des Leitstands, der im Fall einer niedrigen Produktivität eingreifen kann. Die Überwachung individueller Maschinenleistungskenndaten und der Maschinenbediener steht im Vordergrund der Anwendung. Ackroyd (1998) belegt anhand des Systems von Trimble, dass eine signifikante Steigerung der Erdbauleistung durch den Einsatz zu erwarten ist. Ermittelt werden von Ackroyd (ebd.) aber keine unmittelbaren Steuerungsmechanismen über die reine Überwachung einzelner Maschinen hinaus. Der Nachweis der Leistungserhöhung bleibt rein theoretischer Natur, da kein tatsächlicher Vergleich von Baustellen durchgeführt wird.

Topcon SiteLINK 3D führt Maschinendaten einschließlich der Position zu einem kombinierten Echtzeit-Fortschrittsbild der Aus- und Einbauarbeiten aller vernetzten Maschinen zusammen. Vom Leitstand kann sich der Bauleiter auf einen Maschinenrechner einwählen und die Kenndaten einer Maschine in Echtzeit betrachten. Die Daten aller Maschinen werden in der SiteLINK 3D Datenbank abgelegt und stehen für Leistungsberechnungen zur Verfügung. In SiteLINK 3D werden keine vernetzten Daten erhoben, sondern die Leistungsdaten einzelner Maschinen werden isoliert überwacht. Die Analyse von Problemen im

Zusammenspiel bleibt dem Bediener überlassen, der die erhobenen Daten selbst interpretieren muss.

Navon et al. (2004, S. 225 - 239) entwickeln einen Prototypen zur maschinenübergreifenden Kontrolle und Steuerung des Erdbauablaufs. Navon und Shpatnitsky (2005, S. 941 - 951) überführen den Prototypen von Navon et al. (2004, S. 225 - 239) in Modelle der Orts- und Aufgabenzuordnung von Maschinen. Das Ziel der Modelle ist die Identifikation der tatsächlich anfallenden Kosten, der Zeit, der Maschinenproduktivität und des Materialverbrauchs aus den Positionen der Maschinen in Verbindung mit einem Projektmodell der Baustelle. Aus den Bewegungsprofilen der Maschinen wird automatisiert auf den Arbeitsfortschritt im Projektmodell geschlossen. Als Grundlage dieses Schlusses wird jede Maschine einer *Work Section* und einem *Work Envelop* zugeordnet. Eine *Work Section* ist definiert als gemeinsame Aktivität einer Gruppe von Erdbearbeitungsgeräten in einem geometrischen Sektor, z. B. „Herstellen eines Planums durch Auftragen von Bauabschnitt 1 bis Bauabschnitt 2“. In einer *Work Section* wird stets nur eine Aktivität einer Gruppe ausgeführt. Der *Work Envelope* assoziiert das einzelne Erdbearbeitungsgerät mit einem Gebiet, in dem seine Aktivität innerhalb der *Work Section* auszutragen ist, z. B. „Erde antransportieren“. Das Transportfahrzeug wird die *Work Section*, in der die Erde eingebaut wird, verlassen, um Erde aufzunehmen. Daher ist der *Work Envelope* typischerweise größer und anders geographisch gelegen als die *Work Section*. Über logische Assoziation ermittelt das System, welche Arbeit das Gerät ausführt, wenn es sich im Gebiet einer *Work Section* und eines *Work Envelopes* aufhält. Geräte sind *Work Sections* stets überschneidungsfrei und eindeutig zugeordnet. *Work Envelopes* können sich überschneiden, daher ist diese Assoziation in Überschneidungsgebieten nicht eindeutig möglich. Ist die eindeutige Zuordnung einer Maschine zu einem *Work Envelops* aufgrund doppelter Belegung oder keiner Belegung der Position einer Maschine nicht möglich, können Entscheidungsregeln definiert werden, die den Zustand eines Gerätes identifizieren (z. B. „Fahrt zum Auftanken“). Die Entscheidungsregeln können aufgrund logischer Assoziation zeitliche Abhängigkeiten von Maschinenpositionen berücksichtigen und daraus den Zustand der Maschine ermitteln.

Die von Navon et al. (2004, S. 225 - 239) sowie Navon und Shpatnitsky (2005, S. 941 - 951) beschriebene Lösung erreicht eine verbesserte Überwachung von Erdbauaktivitäten. Informationen der Planung werden mit den tatsächlichen Orten der Maschinen abgeglichen, so dass Maschinen über Assoziationen aufgrund ihrer Position einer Arbeitsgruppe zugeordnet werden können. Das Informationssystem liefert ein aktuelles Bild der Arbeitssituation auf der Baustelle des Erdbaus. Aufgrund der Integration eines Bauplanungssystems kann der Planfortschritt automatisiert ermittelt werden. In der engen Kopplung liegt jedoch zugleich die Schwäche des Systems in Bezug auf die bauliche Flexibilität. Es ist rein auf die Überwachung des Planfortschritts ausgelegt. Außergewöhnliche Vorkommnisse lassen sich nur bedingt im System berücksichtigen, so dass eine automatisierte Steuerung bei Eintreten nicht vorhergesehener Ereignisse nicht möglich ist. Darüber hinaus ist die Ermittlung der Arbeitssituation allein aufgrund der Position mit einer hohen Unsicherheit verbunden. Nicht beschrieben wird sowohl von Navon et al. (2004, S. 225 - 239) als auch von Navon und Shpatnitsky (2005, S. 941 - 951) das Systemverhalten im Fall falscher Assoziationen. Überprüft wird das System im Straßenbau, angefangen bei der Herstellung des Untergrunds bis zur Asphaltdecke. Verglichen werden zwei Versionen des Systems mit überschneidenden und nicht überschneidenden *Work Envelops* mit der tatsächlichen Produktivität als hergestellter Horizont pro Stunde. Hier zeigt sich eine Verbesserung von bis zu 11,2% der Produktivität durch Einsatz des Modells. Zum Vergleich werden Computersimulationen der Baustelle mit den Daten der echten Baustelle versorgt. Navon und Shpatnitsky (2005, S. 941 - 951) weisen nicht nach, wie Daten einer Simulation als Grundlage der Evaluation dienen und sich daraus eine Produktivitätsverbesserung auf der Baustelle ergibt. Obwohl der technische Ansatz vielversprechend ist, kann der Beitrag zur Verbesserung der Baustellensteuerung auf dieser Grundlage nicht bewertet werden.

Zhang et al. (2009, S. 204 - 228) nutzen ein MAS zur eigenständigen Überwachung und Planung auf der Baustelle. Das MAS übernimmt die Entscheidungsfindung für den Bauleiter für die Maschinendisposition. Für die Steuerung in der Ausführungsphase der Bauwerkserstellung nutzen Zhang et al. (ebd.) einen sensorbasierten, zentralen Planungsansatz, dem die Annahme zugrunde liegt, dass Ereignisse im Ablauf der Fertigung nicht vorgeplant werden können, sondern durch sensorische Werte im Planungsprozess berücksichtigt werden müssen. Jeweils ein *Equipment Agent* repräsentiert eine Maschine und kapselt verfügbare Sensorinformationen. Die *Equipment Agents* können überschneidende Arbeitsräume haben. Ein *Site State Agent* kapselt Daten über statische und dynamische Objekte der Baustelle, die nicht als *Equipment Agent* repräsentiert sind, und Daten aus dritten Planungssystemen. Der *Coordinator Agent* ist ein zentraler Koordinator für die Erarbeitung eines Plans für mehrere *Equipment Agents*. Er teilt eine Wissensbasis mit den *Equipment Agents*, in der Modelle der Fahrzeuge, Fertigungsrahmenbedingungen sowie Regeln für Aktionen abgelegt sind. Die Modelle der Fahrzeuge enthalten kinematische Beschränkungen, die der Agent in seiner Planung berücksichtigen muss. Das Modell beschränkt sich auf die statischen Aufbaukomponenten. Koordinationsprotokolle des *Coordinator Agent* mit *Equipment Agents* fehlen im Modell von Zhang et al. (2009, S. 204 - 228) ebenso wie eine Interaktion eines *Equipment Agents* mit seinen Sensoren oder dem *Site State Agent* mit seinen Datenquellen. Daher kann nicht nachvollzogen werden, welchen Beitrag Zhang et al. (2009, S. 204 - 228) mit ihrem Modell zur Koordination im Bau-WSS leisten. Ihre Arbeit zeigt viele offene Forschungsfelder in den Bereichen von Sensorik und Multiagentenkoordination für die Baustellensteuerung auf.

2.2.5 Steuerung ressourcenversorgender Prozesse in der Wertschöpfung

Typischerweise werden bei Auftreten relevanter Störungen, z. B. Bodenfunde, die Arbeiten eingestellt und entstehende Kosten nachverhandelt. Pena-Mora und Wang (1998, S. 64 - 81) nutzen die Spiel- und die Verhandlungstheorie zur Entwicklung eines kollaborativ-kompetitiven Verhandlungsprotokolls für große Verkehrsinfrastrukturbauten. Das Verhandlungsunterstützungssystem *CONVINCER* arbeitet als Client eng mit dem menschlichen Bediener zusammen und verbindet sich zu Verhandlungen mit einem *CONVINCER-Server*, auf dem die Verhandlungen ablaufen. Die Verhandlung erfolgt in den Schritten der Interessensbekundung durch alle Verhandlungsclients und der Verhandlung als iterativer Prozess unter allen Interessenten. In der Verhandlung werden Positionen der Verhandlungspartner nutzenbasiert verglichen und aufgrund ihrer Interessenähnlichkeit ausgewählt. Das Ziel der Verhandlung wird spieltheoretisch zu einem Gesamtoptimum unter den Verhandlungspartnern geleitet. Unklar bleibt im Beitrag von Pena-Mora und Wang (1998, S. 64 - 81), ob die Strategie mit menschlichen Akteuren zum erwünschten Ziel kommt oder rein humanen Verhandlungsresultaten entspricht, da der Ansatz nicht mit Menschen evaluiert und nicht mit rein humanen Verhandlungsresultaten verglichen wird.

Ren, Anumba und Ugwu (2003, S. 180 - 188; 2002, S. 359 - 394) stellen ein MAS zur Verhandlung von Kompensationen für den speziellen Fall von Nachverhandlungen bei Bauprojekten vor. Vertragliche Nachverhandlungen im Bauwesen sind häufig dann anzutreffen, wenn sich die Rahmenbedingungen der Wertschöpfung oder vertraglich zu erfüllende Tatbestände geändert haben. Diese Nachverhandlungen sind bedingt durch mehrere Verhandlungsgegenstände wie Personal, Material und Bauzeit zeit- und kostenintensiv. Häufig blockieren die Nachverhandlungen den Baufortschritt für mehrere Monate, in denen sich ein Zeitfenster für den Bau des Verkehrsinfrastrukturprojektes schließen kann, z. B. durch Wintereinbruch. Das von ihnen entwickelte *MASCOT (MultiAgent System for Claims negOTiation)* ist in der Verhandlungstheorie fundiert und berücksichtigt in der Nachverhandlung begrenzte Rationalität, unvollständige Information, Isoliertheit der Vertragspartner und ihre Nutzenfunktionen. Die Repräsentation der Verhandlungsparteien erfolgt durch Agenten im MAS. Die Agenten verhandeln über die Höhe einer Kompensationszahlung, falls Nachverhandlungen durch Änderungen der Umweltbedingungen oder vertragliche Abweichungen nötig werden. Das entwickelte Verhandlungsprotokoll erlaubt einen Austausch der asymmetrisch verteilten Information zwischen den Agenten während der Nachverhandlungen, so dass die verhandelnden Agenten im voranschreitenden Verhandlungsprozess mehr Wissen über den Verhandlungsgegenstand erlangen. Die Multiagententechnologie wird in *MASCOT* aufgrund der verteilten Informationen von Akteuren eingesetzt. Jeder Agent handelt stellvertretend im Sinne seines Besitzers. Das Ziel des Gesamtsystems ist die Beschleunigung des Verhandlungsprozesses, der sehr zeit- und kostenintensiv ist. Damit werden erstmals verteilte Informationen aufgrund ökonomischer Erwägungen in einem technischen System verteilter Agenten abgebildet. Eine aussagekräftige Evaluation fehlt.

Xue et al. (2010, S. 227 - 242; 2005, S. 413 - 430; 2007, S. 416 - 425) sowie Xue und Ren (2009, S. 129 - 145) nutzen einen multiagentenbasierten Ansatz zur Koordination der Vertragsverhandlungen in Bauwertschöpfungsketten, die den kompletten Lebenszyklus eines Hochbauobjekts abdecken. Das adressierte Problem der Brüche zwischen Akteuren wird mit einem multiattributiven Verhandlungsmodell gelöst. Mögliche Anbieter einer Leistung werden durch je einen Agenten repräsentiert, der mit dem einem Generalunternehmeragenten in Verhandlungen tritt. Ein Koordinator, ebenfalls als Agent repräsentiert, gleicht den Bedarf und das Angebot an Leistungen über Fähigkeiten und Anforderungen ab. Weitere Agenten vertreten den Auftraggeber und den Projektsteuerer. Als Artefakt wird ein multiattributives Verhandlungsprotokoll entwickelt. Das Protokoll wird als Prototyp implementiert, jedoch werden keine Aussagen über die Anwendung im Baubetrieb getätigt sowie keine Evaluation angestrebt.

Die beschriebenen Forschungsarbeiten adressieren vertragliche Beziehungen in der Bauabwicklung. Sie haben ihre Stärken in der theoretischen Fundierung der Kommunikationsprotokolle und der Multiagenten-Technologie zur Realisierung von eigenständigen und verteilten Akteuren. Sie leiden jedoch unter einer fehlenden Evaluation der Ergebnisse. Der Ansatz von Xue et al. (2005, S. 413 - 430) sowie Xue und Ren (2009, S. 129 - 145) entwickelt ein fundiertes Modell der multiattributiven Verhandlung, das jedoch nicht mit heutigen Lösungen der Koordination von Verhandlungen verglichen wird. Auch die Arbeiten von Ren et al. (2003, S. 180 - 188; 2002, S. 359 - 394) werden nicht in Bezug auf den Fortschritt in der Verhandlungseffizienz evaluiert. Grundlegend identifizieren Ren und Anumba (2004, S. 421 - 434) eine hohe Überdeckung von Einsatzfeldern für IT-Unterstützung im Bauwesen und den Anwendungsfeldern der Multiagenten-Technologie. Insbesondere die Brüche in der Zusammenarbeit und komplexe, verteilte Probleme, z. B. baustellenweites Materialmanagement, sind nach Ren und Anumba (2004, S. 431) potenzielle Einsatzfelder für die Multiagenten-Technologie.

2.2.6 Kritische Würdigung von Ressourcensteuerungsansätzen im Erdbau

Der überwiegende Teil der Ansätze der Ressourcensteuerung hat keinen unmittelbaren Bezug zur operativen Steuerung und folglich zur Steigerung der Flexibilität im Fall kurzfristig auftretender Störungen, sondern ermöglicht eine fundierte Planung vor der Bauausführung. Algorithmen und Methoden des Ressourcenausgleichs sowie Simulationen werden angewendet, um eine kosten-, zeit- und ressourcenminimale Zuordnung von Ressourcen zu Bauabschnitten zu erreichen. Diese Arbeiten sind nur in einem geringen Maß in den Bauablauf integriert und nicht zur Leistungserhaltung im Fall von Störungen geeignet. Eine Lücke besteht in der engen Kopplung von Datenerhebung der Maschinen mit Algorithmen und Methoden des Ressourcenausgleichs, die jedoch aufgrund einer fehlenden Vollerhebung der Baustelle aufgrund von Brüchen keine Anwendung findet.

Der weitaus geringere Teil der Arbeiten widmet sich der organisationsseitigen und informationssystemseitigen Steuerung. Die Steuerung des Bauablaufs im Fall von Störungen wird von Dreier (2001, S. 5) jedoch als entscheidender Einflussfaktor auf den Erfolg der Baumaßnahme identifiziert. Unvorhergesehene Störungen des Bauablaufs haben entscheidenden Einfluss auf die Zeit und die Kosten der Baumaßnahme. Für den Projekterfolg entscheidend ist die Erkennung und Behandlung dieser Störungen unmittelbar bei ihrem Auftreten. Der Hauptteil der Arbeiten, die sich mit einer flexiblen Steuerung von Ressourcen im Bauwesen befassen, hat die Datenerhebung durch den Einsatz technischer Systemen auf der Maschine zum Gegenstand. Diese Arbeiten beschränken sich auf Sensorauswahl und -analyse für die Einzelmaschine[28] in der Bauwertschöpfung. Unbestritten der Wichtigkeit dieser Arbeiten für arbeitsbegleitende Qualitätskontrollen und Automatisierung des Fakturaprozesses, der ebenfalls mit einer Beschleunigung der Baumaßnahme einhergeht, eignen sich diese nicht zur ganzheitlichen Steuerung des Erdbaus im Fall von auftretenden Störungen. Die Berücksichtigung einer mehrstufigen Koordination des Bauablaufs unter der Voraussetzung von Brüchen im WSS durch eine geringe Wertschöpfungstiefe großer Linienbaustellen des Verkehrsinfrastrukturbaus kann nur aus einer ganzheitlichen Betrachtung des soziotechnischen Wertschöpfungssystems hervorgehen.

In den Arbeiten von Navon et al. (2004, S. 225 - 239) sowie Navon und Shpatnitsky (2005, S. 941 - 951) wird ein Verfahren des zentralen, regelbasierten Schließens von Maschinensituationen aus GPS-Positionsinformationen von Maschinen verwendet. Eine präzise Ermittlung über weitere Sensoren der Maschinen oder die Einbindung eines Maschinenführers wird nicht berücksichtigt. Insbesondere werden keine weiteren Daten unmittelbar am Maschineneinsatzort erhoben. Daher sind diese Arbeiten mit dem Problem behaftet, entfernte Situationen zentral zu bewerten. Diese Ermittlung ist nur sehr ungenau möglich, da sie rein auf Basis des Abgleichs von Soll- und Ist-GPS-Position auf die Einsatzsituation einer Maschine regelbasiert geschlossen wird. Eine Integration des

[28] Diese Arbeiten werden in dieser Arbeit nicht betrachtet, da sie ausschließlich technische Konzepte für Sensoren auf ihre Eignung im Bauwesen überprüfen.

Arbeitskontexts der Akteure auf der Baustelle ist vor dem Hintergrund der horizontalen und vertikalen Brüche nach Hasenclever et al. (2011, S. 218) nicht gegeben.

Zhang et al. (2009, S. 204 - 228) haben mit der dezentralen Multiagententechnologie die Möglichkeit, einen die Maschine repräsentierenden Agenten situiert handeln zu lassen. Allerdings basiert ihr Ansatz auf einem zentralen *Coordinator Agent*, der den Vorteil der Technologie zur dezentralen Steuerung obsolet werden lässt. Die Brüche im WSS werden in der Arbeit von Zhang et al. (ebd) nicht berücksichtigt. Dennoch zeigt ihre Arbeit die Vorteile des Agenten. Er kann seine Aktionen an seinem lokalen Kontext ausrichten, der sich aus der physikalischen Umwelt der Baustelle und der Einbettung in die Prozesse der Wertschöpfung ergibt. Für die Steuerung sind von einem Agenten beide Aspekte zu überwachen, so dass er bei einer Abweichung steuernd in die Leistungserbringung eingreifen kann. Hingegen erheben Maschinensteuerungen für schwere Maschinen des Erdbaus bereits maschinenspezifische Daten der lokalen Umwelt (Topcon Positioning 2011). Die erhobenen Daten werden für die Abrechnung und Information des einzelnen Maschinenführers genutzt, nicht jedoch zur Steuerung der Ressourcen im WSS ausgewertet.

Die Arbeiten von Xue et al. (2005, S. 413 - 430) sowie Ren et al. (2003, S. 180 - 188; 2002, S. 359 - 394) zeigen den zeitlichen Vorteil automatisierter, dezentraler Lösungen realisiert mit Agenten für baubegleitende Verhandlungen. Werden Agenten für die Steuerung eingesetzt, verfügen diese über genau die Informationen, die Auswirkungen auf ihre eigenen Handlungen haben. Dies wird für den Fall von Verhandlungen gezeigt. Die Nutzung der Maschinendaten zur kurzfristigen Ressourcensteuerung setzt ein Verständnis für den Arbeitskontext des Akteurs im WSS für den Agenten voraus, da nur partielle Informationen auf der Erdbaustelle[29] aufgrund horizontaler und vertikaler Brüchen erhoben und ausgewertet werden können.

Der Einsatz von MAS im Bauwesen ist nach Ren und Anumba (2004, S. 421 - 434) zur Steuerung im Bauwesen ein vielversprechender Ansatz. Agenten können als dezentrale Technologie die lokal begrenzte Wahrnehmung der Akteure eingebettet in einen lokalen Kontext auswerten und bleiben unter den verfügbaren Informationen handlungsfähig. Da jeder Agent in einem MAS nur einen begrenzten Wahrnehmungs- und Einflussbereich abdeckt, ist er auf Koordination mit anderen Agenten angewiesen, um sein Designziel bestmöglich zu erreichen. Die Wechselwirkungen zwischen den Aktionen einzelner Agenten können über die Umgebung der Agenten erfasst werden. MAS eignen sich aufgrund dieser Eigenschaften sowohl für die Simulation von Abläufen auf

[29] Häufig treten Ereignisse mit Einfluss auf die Leistung eines Akteurs nicht in seinem unmittelbaren Umfeld, sondern bei den umgebenden Akteuren auf. In diesem Fall ist das Ereignis dennoch der Umwelt des Akteurs zuzuordnen, die der Akteur in seinen Handlungen berücksichtigen muss.

stochastisch ermittelten Umweltdaten als auch zur unmittelbaren Steuerung der Abläufe mittels in Echtzeit erhobener Maschinendaten. Die Nutzung von Echtzeitdaten und deren Auswertung zur Ermittlung von relevanten Umweltänderungen führt zu einer Auswahl von situationsadäquaten Handlungen jedes Agenten. Die Wahl einer situationsadäquaten Handlung erfordert ein erweitertes Verständnis für die lokale Situation eines Agenten, der als Repräsentant eines ökonomisch rational handelnden Akteurs eingesetzt wird, so dass Änderungen der lokalen Umwelt unmittelbar in das Kalkül zur Erfüllung seiner betrieblichen Aufgabe einfließen.

Die organisatorischen und informationssystemgestützten Ansätze im Verkehrsinfrastrukturbau sind für die Ressourcensteuerung im Fall auftretender Störungen nicht anwendbar oder erbringen keinen Nachweis ihres Beitrags. In keiner Arbeit werden die Besonderheiten der Wertschöpfung unter Brüchen und der Steuerung im Fall von Störungen explizit herausgearbeitet. Implizit liegt zumeist die Annahme einer möglichen Top-Down-Steuerung vor. Auch dezentrale Ansätze berücksichtigen den lokalen Kontext eines leistungserbringenden Akteurs nicht.
Unklar ist nach der Auswertung existierender Arbeiten, welches die relevanten *Einfluss- und Modellgrößen* sind, die den *lokalen Kontext des Akteurs* beeinflussen. Erst die Kenntnis dieser erlaubt die Gestaltung der Steuerung von Ressourcen unter unvollständigen Informationen über den Zustand der Baustelle. Hierzu nutzt die vorliegende Arbeit einen *theoretischen Bezugsrahmen.*

2.3 Theorien des Bezugsrahmens

Der theoretische Bezugsrahmen dient der fokussierten und vollständigen Beschreibung und Analyse durch eine theoriegetriebene Eingrenzung der Diskurswelt auf die wesentlichen Elemente (Kubicek 1977, S. 189 ff.). Grochla (1976, S. 617 - 637) führt ein wissenschaftstheoretisch fundiertes Plädoyer für eine sachliche und forschungsmethodische Integration durch den Einsatz eines theoriefundierten Bezugsrahmens. Die Gestaltung eines Bezugsrahmens erfolgt mit ausgewählten und etablierten Theorien, da diese eine anerkannte Sichtweise auf einen Ausschnitt ihres Gegenstandsbereichs bieten. Die Theorien des Bezugsrahmens sind die Grundlage für die konsequente Verfolgung der Wissenschaftsziele Beschreibung, Analyse, Prognose und Gestaltung.

Mertens (1995, S. 25 - 64) stellt für die Forschung in der Wirtschaftsinformatik das Risiko einer zu engen Beziehung zu spezifischen betriebswirtschaftlichen und insbesondere zu praxisbezogenen Problemen heraus. Dies führt zur Verwendung vereinfachender Bezugsrahmen durch Moden oder Trends und hat unmittelbar eine Missachtung bereits getaner Forschung in verwandten

Themenfeldern zur Folge. Mertens (2004, S. 10) greift das Beispiel des Wissensmanagements auf, dem er fehlende Verbindung zu den Themengebieten *Information Retrieval*, *Business Intelligence* und *Organizational Intelligence* vorwirft. Der Kern der Betrachtungen in diesen Themengebieten liegt stets im Auffinden, Filtern, Aufbereiten und dem Bereitstellen von Informationen. Im Wissensmanagement werden die gleichen Fragen adressiert, jedoch entstehen keine erkennbaren Fortschritte gegenüber den bereits vorhandenen Ansätzen aus den anderen Gebieten. Das Risiko liegt nach Heinrich (2005, S. 104 - 117) insbesondere in einem fehlenden Forschungsfundament der Wirtschaftsinformatik. Heinrich (2005, S. 110 - 113) ermittelt empirisch anhand von 538 Publikationen der Wirtschaftsinformatik einen signifikanten forschungsmethodischen Unterschied der Wirtschaftsinformatik gegenüber entwickelten Wissenschaften. Picot und Baumann (2009, S. 73) konstatieren, die Verwendung von grundlegenden theoretischen Erkenntnissen kann diesen Umständen entgegenwirken und die Wirtschaftsinformatik in eine Position der Erzielung kumulativen Forschungsfortschritts bringen.

Picot und Baumann (2009, S. 78) betonen den Nutzen der Organisationstheorie für die ganzheitliche Entwicklung von betrieblichen Informationssystemen in Wirtschaft und Verwaltung, die nach Ferstl und Sinz (2008, S. 2) der Lenkung der betrieblichen Leistungserstellung dienen. Picot und Baumann (2007, S. 221 - 246) sehen die Wirtschaftsinformatik bei der angemessene Zerlegung von Wertschöpfungssystemen und Geschäftsprozessen unter Berücksichtigung der stets verbleibenden Interdependenzen mit der Informationssystementwicklung in der Pflicht. „Systemgestaltung ist immer auch Organisationsgestaltung, und Systemeinführung und Systemnutzung sind untrennbar verbunden mit dem Verhalten in Organisation sowie den sozialen Kräften, die darauf Einfluss nehmen“ (Picot und Baumann 2009, S. 79). Die Grenzen des Einsatzes der Organisationstheorie werden von Picot und Baumann (2009, S. 72 - 81) in der unterschiedlichen Entwicklungsgeschwindigkeit der Disziplinen und in der Komplexität der Informationssystemgestaltung gesehen, die verschiedene theoretische Perspektiven zur selben Zeit erfordern können.

Picot, Dietl und Frank (2008) nutzen die Neuen Institutionenökonomik als theoretisches Fundament der Organisationstheorie. Die Schwäche klassischer und neoklassischer Ansätze, einen Bezug zu Akteuren mit begrenzter Rationalität durch kognitive Beschränkungen herzustellen, wird mit einer Perspektive auf institutionelle Beschränkungen in der Neuen Institutionenökonomik behoben. Dennoch sind die traditionellen Theorien auch im Sinne fundierten Wissens nicht obsolet. Nach Arrow (1987, S. 734) kann aus den neoklassischen Ansätzen der Organisationstheorie axiomatisches Wissen gewonnen werden, das sich durch die Neue Institutionenökonomik ergänzen lässt: „But it does not consist of giving new answers to the traditional questions of economics – resource allocation and the degree of utilization. Rather, it consists of answering new questions,

why economic institutions emerged the way they did and not otherwise […].” In Arrows Definition (ebd.) wird die Notwendigkeit der klassischen und neoklassischen Perspektive für eine ganzheitliche Beschreibung des Gegenstandsbereichs in der organisationalen Analyse ersichtlich. Eine derartige Grundlage bietet ein Fundament für betriebswirtschaftlich orientierte Informationssysteme als Gegenstand der Wirtschaftsinformatik (Ferstl und Sinz 2008, S. 7). Daher wird in dieser Arbeit auf beide Themenfelder zurückgegriffen, um (1) das Handlungsfeld eines Akteurs in Form seiner betrieblichen Aufgaben unter neoklassischer Perspektive abzugrenzen und (2) seine Handlungsalternativen unter der Perspektive der Neuen Institutionenökonomik zu bewerten.
Eine betriebliche Aufgabe besteht nach Kosiol (1962) aus (1) einem Verrichtungsvorgang, (2) dem Aufgabenobjekt, (3) den Arbeits- und Hilfsmitteln, (4) dem Raum und (5) der Zeitspanne, in dem sich die Verrichtung vollzieht. Eingebettet in bestehende vor- und nachgelagerte Wertschöpfungsstufen erfolgt die Lösung mit einem Lösungsverfahren zur Erreichung eines Sach- und Formalzieles (Ferstl und Sinz 2008, S. 96). Jede Aufgabe, die von einem maschinellen Aufgabenträgers eigenständig vollzogen wird, bedingt die Automatisierung. Davon unabhängig müssen Vorgang, Objekt, Arbeits- und Hilfsmittel sowie Raum und Zeit für die Aufgabenerfüllung gesichert werden. Diese Sicherung kann aus der vorangegangenen Analyse nur durch jeden Akteur individuell erfolgen, da nur er über die Informationen aus seiner Umwelt, die seine betriebliche Aufgabe beeinflussen, erheben kann. Er muss mit Störungen in Form von (1) Änderungen des zu fertigenden Produkts sowie (2) Änderungen der Umweltbedingungen derart flexibel für die Erfüllung seiner betrieblichen Aufgabe umgehen können, dass er seine Leistung maximiert.

Im WSS bedingt die Aufgabenerfüllung von Vorleistern die Aufgabenerfüllung von nachgelagerten Akteuren. Dennoch stehen nur eingeschränkte Informationen für jeden Akteur zur Verfügung. Aufgrund von Brüchen muss jeder Akteur aktiv Daten bezüglich Störungen erheben und für seine Situation auswerten. Eine Störung ist nach Kosiol (1962) genau dann für den Akteur relevant, wenn sie sich auf (1) seinen Verrichtungsvorgang, (2) sein Aufgabenobjekt, (3) seine Arbeits- und Hilfsmittel, (4) seinen Raum oder (5) seine Zeitspanne, in der er die Verrichtung ausübt, auswirkt. Eine gewählte Perspektive auf die Aufgaben eines Akteurs muss die Sicherung dieser fünf Faktoren ermöglichen. Die dezentrale Perspektive ermöglicht die Gestaltung eines Modells des ökonomischen Kontexts eines Akteurs im WSS, das diejenigen Informationen aus der Umwelt abgrenzt, die ihm ein situationsangepasstes Verhalten ermöglichen.

Für die dezentrale Steuerung ist zu analysieren, welche Informationen der Akteur für eine leistungsmaximierende Entscheidung benötigt und welche Implikationen diese Informationen als lokale Entscheidungsgrundlage seiner Handlungen für eine Aufrechterhaltung der Leistung im WSS des Erdbaus haben. Ziel ist die Entwicklung eines Modells situierter, ökonomischer Steuerung, das auf einen maschinellen Aufgabenträger übertragen den personellen Aufgabenträger als Akteur im WSS unterstützt. Losgelöst von einem unterstützenden Informationssystem wird die Einbettung des Akteurs (1) in die Ablauforganisation sowie (2) in den institutionellen Rahmen der Aufbauorganisation beschrieben und analysiert. Die Einflussdimensionen werden in einem zweiten Schritt für die Gestaltung einer dezentralen Steuerung der Wertschöpfungsaktivitäten durch ein Informationssystem herangezogen.

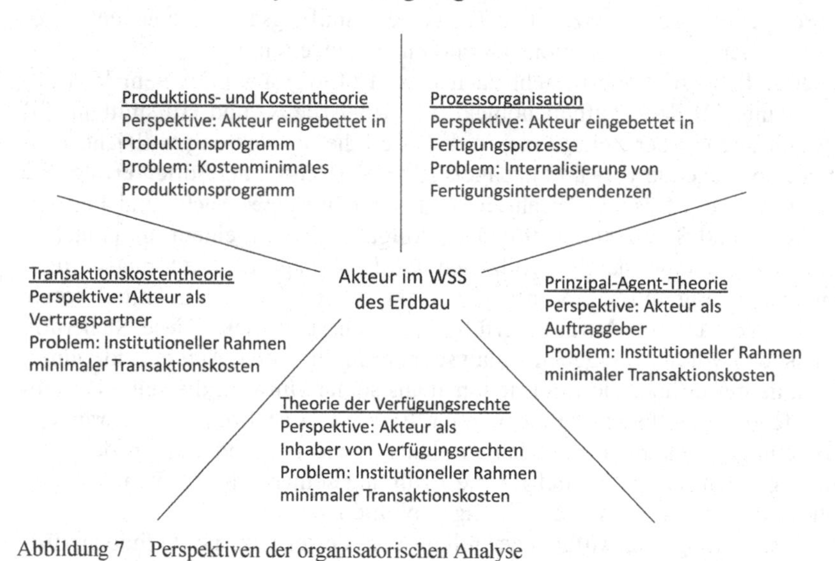

Abbildung 7 Perspektiven der organisatorischen Analyse

Die in dieser Arbeit untersuchten Perspektiven der organisatorischen Analyse mit Auswirkungen auf den Akteur im WSS des Erdbaus sind in Abbildung 7 dargestellt. Die Produktions- und Kostentheorie sowie die Prozessorganisation werden auf ihren Beitrag zur Abgrenzung betrieblicher Aufgaben des Akteurs in die Ablauforganisation untersucht. Eine adäquate Beschreibung und Analyse der Ablauforganisation muss auch unter existierenden Brüchen die Einflüsse auf die Aufgaben des Akteurs erfassen. Unter der Perspektive der Neuen Institutionenökonomik wird die Einbettung des Akteurs in einen institutionellen Rahmen mittels der Transaktionskostentheorie, der Theorie der Verfügungsrechte und der Prinzipal-Agent-Theorie analysiert. Der institutionelle Rahmen bestimmt maßgeblich die organisatorische Flexibilität für die Wahl von Optionen im Maschinen- und Materialeinsatz sowie in der Fertigung durch den Akteur. Jeder institutionelle Rahmen ist mit Transaktionskosten behaftet, die eine Entscheidung des Akteurs maßgeblich beeinflussen. Unter den drei betrachteten

Theorien der Neuen Institutionenökonomik ist der Akteur mit spezifischen Transaktionskosten konfrontiert, die er zu minimieren sucht. Hinsichtlich der gestaltenden Wirkung der Theorien muss überprüft werden, welche Theorie die Herausforderungen der Aufgabenerfüllung des Akteurs im WSS des Erdbaus fundiert beschreibt und Lösungen für eine Steuerung bietet. Aufgrund der ganzheitlichen Betrachtung des Akteurs in seinem Wertschöpfungsumfeld ist erst im Anschluss an die Analyse und Auswahl der organisatorischen Perspektiven die Wahl einer Technologie möglich, welche als maschineller Aufgabenträger die Entscheidung eines Akteurs automatisiert.

Eine theoretisch fundierte Analyse der ablauf- und aufbauorganisatorischen Einbettung des Akteurs in den Kontext seines WSS ermöglicht die *Identifikation von Konzepten und Zusammenhängen für die Aufgabenerfüllung* unter organisatorischen Brüchen und Störungen.

2.3.1 Betriebswirtschaftliche Produktions- und Kostentheorie

Die betriebswirtschaftliche Produktions- und Kostentheorie beschreibt und analysiert wirtschaftliche Prozesse der Erbringung und Verwertung von Leistungen in Unternehmen durch Produktionsfaktorkombinationen. Sie stellt quantitative Zusammenhänge zwischen Produktionsfaktoreinsatz und einer resultierenden Menge an Ausbringungsgütern auf jeder Produktionsstufe eines Unternehmens her. Der Betrachtungsgegenstand der Produktionstheorie ist die Einsatz-Ausbringungs-Relation von einzusetzenden Produktionsfaktoren und Ausbringungsgütern in einem Unternehmensprozess. Bei den betrachteten Produktionsfaktoren und Ausbringungsgütern kann es sich um materielle oder immaterielle Güter handeln. Nach Schweitzer und Küpper (1997, S. 15 f.) ist es die Aufgabe der Produktionstheorie, ein theoretisches Aussagensystem über die Einsatz-Ausbringungs-Relation von Entwicklung und Konstruktion, Beschaffung, Fertigung, Absatz, Planung, Entscheidung, Kontrolle, Verwaltung und Umwelt zu entwickeln. Maßgebliche Einflussgröße auf die Einsatz-Ausbringungs-Relation ist das Produktionsverfahren.

Die Kostentheorie erweitert die quantitativen Zusammenhänge der Produktionstheorie um eine Kostenbetrachtung, so dass eine Bewertung der ökonomischen Effizienz des Einsatzes einer Produktionsfaktorkombination möglich ist. Dafür werden Produktionsfaktoren Kosten zugewiesen. Nach Steffen und Schimmelpfeng (2002, S. 15 - 17) erstreckt sich die gemeinsame Erklärungsaufgabe der Produktions- und Kostentheorie auf produktionsrelevante Interdependenzen mehrerer Produktionsprozesse. Die Gestaltungsaufgabe von Produktions- und Kostentheorie sind Produktionsplanmodelle. „Sie [Anm. des Autors: die Produktions- und Kostentheorie] sollte sämtliche Wahlprobleme bei der qualitativen und quantitativen Zusammensetzung der Produktionsfaktoren und bei der Bestimmung der qualitativen und quantitativen Struktur der Produkte beantworten“ (Schneider 1964, S. 201).

Zugrunde liegt jeder Bewertung eine Produktionsfunktion. Die ertragsgesetzliche Produktionsfunktion vom Typ A folgt dem Gesetz vom abnehmenden Bodenertrag. Die Ausbringungsmenge steigt mit dem Einsatz des Produktionsfaktors asymptotisch, bis ein Zenit überschritten wird. Danach führt jede weitere Steigerung des Produktionsfaktoreinsatzes zu einem niedrigeren Ertrag. Substitutionale Produktionsfunktionen berücksichtigen in definierten Grenzen die Substituierbarkeit eines Produktionsfaktors durch einen anderen. Die Cobb-Douglas-Produktionsfunktion (Cobb und Douglas 1928, S. 139 - 165) folgt der ertragsgesetzlichen Produktionsfunktion, hat jedoch bei steigendem Produktionsfaktoreinsatz keinen negativen, sondern einen fallenden Grenzertrag. Zur Gruppe der limitationalen Produktionsfunktionen, die dem Typ B zugerechnet werden, gehört die Leontief-Produktionsfunktion, in der Produktionsfaktoren nur in einem bestimmten Verhältnis zur Ausbringung stehen können. Sie ist ein Spezialfall der Gutenberg-Produktionsfunktion, die ein optimales Produktionsfaktoreinsatzverhältnis vorsieht. Wird vom Verhältnis abgewichen, sinkt die Ausbringungsmenge.

Grundlegend erweitert wird die Produktions- und Kostentheorie mit der Produktionsfunktion vom Typ C von Heinen (1983, S. 166 ff.)[30]. Sie ist eine Weiterentwicklung der Typen A und B. Zugrunde liegt eine Zerlegung des Produktionsprozesses in Elementarkombinationen oder Basisprozesse. Heinen (1983, S. 208 ff.) berücksichtigt im Typ C substitutionale Produktionsprozesse, da eine ausschließliche Limitationalität der Produktionsfaktoren empirisch nicht haltbar ist. Heinen (1983, S. 247) differenziert die eingesetzten Produktionsfaktoren in Repetier- (z. B. Schmier- und Betriebsstoffe) und Potentialfaktoren (z. B. Humankapital wie ein Maschinenführer). Die Repetierfaktoren werden im Produktionsprozess verbraucht, die Potentialfaktoren werden im Produktionsprozess genutzt. Zu den Potentialfaktoren gehört Arbeit ebenso wie langlebige Investitionsgüter, die nach längerem Gebrauch in größeren zeitlichen Abständen ersetzt werden müssen.

Die Produktionsfunktionen vom Typ D von Klock (1969, S. 64), Typ E von Küpper (1979, S. 93 - 106) sowie Typ F und G von Matthes (2006, S. 1 - 92; 2008, S. 1 - 60) sind Weiterentwicklungen des Typs C. Bereits die Produktionsfunktion vom Typ C beinhaltet eine zeitliche Adaptivität durch Berücksichtigung einer zeitlichen Belastungsfunktion der Produktionsfaktoren, obwohl die Typen A bis D den statischen bzw. einperiodigen Modellen zugeordnet werden (Matthes 2006, S. 3). Dies ist ebenso der Ansatzpunkt der Typen E bis G, die den Typ C um strukturelle, zeitliche und finanzielle Restriktionen in der Pro-

[30] Bereits in der 1. Auflage von Heinen aus dem Jahr 1959 wird die Produktionsfunktion vom Typ C eingeführt.

duktion erweitern, jedoch auf das Aussagensystem des Typs C zurückzuführen sind. Sie berücksichtigen insbesondere differenzierte zeitliche Anordnungen von Produktionsfaktoren.

Die Produktions- und Kostentheorie erlaubt unter Anwendung einer Produktionsfunktion die Ermittlung von Einsatz-Ausbringungs-Relationen im Fertigungsprozess. Wird das mehrstufige WSS unter dieser Perspektive betrachtet, verfügt jeder Akteur über eine Einsatz-Ausbringungs-Relation. Mit diesen Relationen lassen sich Produktionspläne aufgrund unterschiedlicher Produktionsverfahren aufstellen und mit neueren Produktionsfunktionen zeitlich schwankende Einsatz-Ausbringungs-Relationen von Produktionsfaktoren über mehrere Akteure hinweg abbilden. Die Typen F und G als Arbeitsprozessfunktionen bzw. -modelle ermöglichen die Erstellung von empirisch fundierten deskriptiven und explanatorischen Aussagensystemen, die nach Matthes (2008, S. 4) „zur systematischen Beschreibung und Erklärung realer betrieblicher Produktionsprozesse bzw. Transformationen von Gütern und deren Wirkungen i. w. S." verwendet werden. Damit eignen sie sich grundlegend für eine Betrachtung ganzer WSS, weisen jedoch Limitierungen in der Umsetzung auf. „[...] Dynamik, Polyvalenz, offener entscheidungsabhängiger Prozessvollzug bzw. Disjunktionen und entsprechende Unsicherheiten von Technologien bzw. Prozessrealisationen und -evolutionen haben bislang nur partiell Eingang in die Produktionsmodelle gefunden" (Matthes 2008, S. 10). Der Produktions- und Kostentheorie fehlt die benötigte Flexibilität der Beschreibung von Produktionsprozessen der in dieser Arbeit betrachteten Wertschöpfung im Allgemeinen und in der Situation des Akteurs im Speziellen.

Die Ergänzungen von Bode (1994, S. 465 - 492) um Fuzzylogik zur Abbildung nichtdeterministischer Produktionsfunktionen Ansätze werden jedoch nicht weiter verfolgt, da sie insbesondere in hochindividuellen Build-to-Order-Prozessen eine hohe Komplexität aufweisen. Die von Matthes (2008, S. 32 ff.) entwickelte Produktionsfunktion vom Typ G[31] weist ebenfalls eine hohe Komplexität auf, da sie alle Alternativen des Prozessverlaufs berücksichtigen muss. Hier zeigt sich, dass der Aufwand zur vollständigen, zentralen Modellierung aller Prozessalternativen auf Ebene des Akteurs in einer dynamischen Umwelt an ihre Grenzen stößt. Darüber hinaus ist der Nutzen einer zentralen Abbildung aller Produktfaktorkombinationen vor dem Hintergrund einer nur in engen Grenzen möglichen zentralen Steuerung aller Prozesse im betrachteten WSS nicht umsetzbar, da organisatorische Brüche eine vollständige zentrale Koordination verhindern. Derartige Brüche werden in der Produktionstheorie nicht beschrieben und analysiert.

[31] Matthes nutzt für den Begriff der Produktionsfunktion das Prozessmodell, um die Dynamik durch potenzielle Ablaufstrukturen, die im Steuerungsprozess instanziiert werden, zu betonen. Damit verschwinden Differenzierungsmerkmale zu prozessgeprägten Ansätzen.

Die *Produktions- und Kostentheorie* ist aufgrund ihrer *statischen Programmplanung* mittels Produktionsfaktorkombinationen für organisatorische Strukturen zur Beschreibung, Analyse, Prognose und Gestaltung einer *Steuerung in umweltgeprägten und dynamischen WSS* ungeeignet.

2.3.2 Prozessorganisation

Die Prozessorganisation strebt eine kundenorientierte Ausgestaltung der Ablauforganisation unter Berücksichtigung prozessualer Verflechtungen, aber auch starker situativer Einflüsse der Umwelt durch wechselnde Kundenbedarfe und Fertigungsbedingungen auf die Organisation an. Der Gegenstand der Prozessorganisation ist in der Literatur unter heterogenen Konzepten zu finden. In der angloamerikanischen Literatur dominieren die Begriffe *Value Chain* (Wertkette) von Porter (1985) und *Business Process Reengineering* von Hammer und Champy (1993), während in der deutschen Literatur die Begriffe der *Prozessorganisation* von Gaitanides (1983; 2007), *Prozessmanagement* (Gaitanides et al. 1994; Osterloh und Frost 2006) oder das *Geschäftsprozessmanagement* (Allweyer 2005; Eiff 1994; Schmelzer und Sesselmann 2010) häufig anzutreffen sind. Durch die Aufarbeitung der Prozessorganisationsliteratur zeigt Schober (2002, S. 7), dass das Konzept in der Wissenschaft zur Ernüchterung geführt hat, sich aber in der Praxis über eine temporäre Managementm(eth)ode hinaus insbesondere durch das Werk von Hammer und Champy (1993) etabliert hat.

Schobers (2002, S. 215 f.) Beitrag zur theoretischen Fundierung bescheinigt der Prozessorganisation eine anhaltend hohe Bedeutung in der Geschäftsprozessgestaltung, insbesondere der konsequenten Umsetzung durch Institutionalisierung teilautonomer Prozessteams in der Organisation. Die Theoriegenese von Schober (2002, S. 211) destilliert in ihrem Bestreben einer Fundierung die Ansatzpunkte einer positivistischen Theorie der Prozessorganisation heraus. Die Prozessorganisation konstituiert Schober (2002, S. 79 f.) als (1) Strategieorientierung in der Ablauforganisation durch konsequente Ausrichtung der Leistungserbringung auf internen und externen Kunden, (2) der Prozessidee als durchgängige Leistungskette bis zum Kunden und (3) der ganzheitlichen Prozesserfüllung durch Prozessteams, die einen dedizierten Aufgabenkomplex autonom bearbeiten. Die Flexibilität bei niedrigeren Transaktionskosten durch einen hohen Grad an Autonomie auf Ebene der Organisationsmitglieder betonen Picot et al. (2003, S. 231) als Vorteile der Prozessorganisation gegenüber einer funktional gestalteten Organisation. Die Grundproblematik, die alle Konzepte gleichermaßen adressieren, ist nach Frese (2005, S. 258 ff.) die wettbewerbsstrategische Analyse von prozessualen Organisationsstrukturen. Frese (ebd.) stellt ein Kategoriensystem zur Beurteilung der Effizienz einer Organisationsstruktur auf, das die Koordinationseffizienz und die Motivationseffizienz gegenüber den Koordinationskosten und der Flexibilität von Akteuren der

Organisation stellt. Eine Reduktion von Flexibilitätskosten bedeutet höhere Kosten der Koordination. Die Prozessorganisation entwickelt im Spannungsfeld von Koordination und Flexibilität des Akteurs Aussagen zum seinem Kontext gleichsam als Organisations- und Prozessteammitglieds.

Gaitanides (1983) entwickelt ein Konzept hoher Stringenz in der Ablauf- und Aufbauorganisation, das er in der neoklassischen ökonomischen Organisationstheorie von Kosiol (1962) fundiert. In seinem Werk über die Prozessorganisation wendet er sich von der klassisch funktionalen Organisationsstruktur zu Gunsten einer markt- und prozessorientierten Organisation ab. Gaitanides (ebd.) identifiziert in der marktorientierten Prozessorganisation eine höhere Flexibilität und eine stringentere Ausrichtung auf den Kunden. In der Folge einer prozessualen Ausrichtung arbeitet Gaitanides (1983, S. 160) einen gesteigerten Koordinationsbedarf innerhalb und zwischen Prozessstrukturen in der Prozessorganisation heraus. Der daraus resultierende Bedarf der Prozesssteuerung wird in den Dimensionen intraprozessualer (Gaitanides 1983, S. 176 - 217) und interprozessualer Koordinationsinstrumente (Gaitanides 1983, S. 218 - 243) top-down dargelegt. Alle Koordinationsinstrumente werden zur Vermeidung der drei grundlegenden Arten von (1) gepoolter, (2) sequenzieller und (3) reziproker Interdependenzen nach Thompson (1967, S. 54 f.) diskutiert. Die Prozessorganisation ermöglicht durch Behandlung von Interdependenzen auf Teamebene gegenüber der funktionalen Organisation nach Jost (2000, S. 305 f.) geringere Informationsübermittlungskosten, geringere Abstimmungskosten, höhere Flexibilität und eine einfachere Anreizgestaltung für die Organisationsmitglieder.

In der Neuauflage der Prozessorganisation von Gaitanides (2007) wird ein erheblicher Teil der top-down gestalteten Prozessorganisation zu Gunsten der Erkenntnisse in der Neuen Institutionenökonomik für die Organisationstheorie (Picot et al. 2008) aufgegeben. Die stringenten Ansätze der Prozessorganisation nach Gaitanides (1983) schränken die Flexibilität der Akteure in der Prozessausführung derart ein, dass diese ausweichen und eigene Ziele verfolgen, sofern dies ihre Situation erlaubt. „Prozessmanagement muss sich daher bei der Modellierung von Teamprozessen dort Grenzen auferlegen, wo die Akteure Multitasking-Anforderungen ausgesetzt sind“ (Gaitanides 2007, S. 202). Auf der Ebene der Prozessteams wird Flexibilität für die Gestaltung von Handlungsrahmen eingeräumt, in denen Teammitglieder optimale Anreize für die Ausgestaltung effizienter und effektiver Prozesse vorfinden. Gaitanides (2007) betrachtet in der Prozessorganisation eingehend aus einer induktiven, spezifischen Prozesssicht (Schober 2002, S. 22) jene Strukturen, denen sich ein Organisationsmitglied als Mitglied eines Prozessteams ausgesetzt sieht. „Ein entsprechendes organisatorisches Design [Anm. des Autors: der Prozessorganisation] hat den Einsatz von Prozessteams zur Folge“ (Gaitanides 2007, S. 50). Das Prozessteam organisiert seine Prozesse bezogen auf seine Aufträge eigenständig. Jedes Teammitglied benötigt für die Etablierung seiner Prozessausgestaltung Wissen über die Abhängigkeiten innerhalb des Prozesses (intraprozessual) und zwischen mehreren Prozessen (interprozessual). Das Teammitglied ist in Interdependenz mit anderen Akteuren (Gaitanides 2007, S. 201) auf die autonome Identifizierung optimaler Handlungsoptionen angewiesen, sollen effiziente und effektive Prozessabläufe aufgrund situativer Änderungen mit Auswirkungen auf das Prozessumfeld entstehen. Die Flexibilität wird dem Team mit dem Ziel eingeräumt, die Abstimmung zu fördern und selbstsüchtige Verhaltensweisen zu unterdrücken. Hier leistet die Neue Institutionenökonomik ihren Erklärungsbeitrag, die von Gaitanides (2007, S. 97 f.) als nahtlose Ergänzung der Prozessorganisation auf Ebene der Teams herangezogen wird. „Die institutionenökonomische Analyse wurde auf interne Segmentierungs- und Koordinationsformen angewendet. Dabei wurde die Prozessorganisation als ein hybrides Struktur- und Koordinationsmuster definiert [...]" (Gaitanides 2007, S. 97). Durchgeführt wird diese Analyse von Gaitanides jedoch nicht.

Die Strukturen der prozessorientierten Organisationsstruktur, dargestellt in Abbildung 8, haben ihren Ursprung stets in einem Auftrag, der den resultierenden Prozess in der Organisation determiniert. Jede Funktion kann mehrere Aufträge parallel bearbeiten. Nach Gaitanides (2007, S. 196 - 197) ist die ideale Form der Bearbeitung von Aufträgen, die einen hohen Grad interdependenter Prozesse in der Organisation besitzen, das Prozessteam mit der Koordinationsform der Selbstabstimmung, „da nur auf dem Wege der wechselseitigen Anpassung (mutual adjustment) der reziproken Prämissensetzung Rechnung getragen werden kann". Reziproker Abstimmungsbedarf lässt sich unter Einbezug des zu bearbeitenden Prozesses mit seiner Zeitdauer, den Ressourcen, den gegebenen Ressourcenalternativen und den bearbeitenden Akteuren ermitteln. Das Team besitzt die Autonomie, ausgehend vom Auftrag zu entscheiden, welcher Weg unter gegebenen Rahmenbedingungen die bestmögliche Bearbeitung des Auftrags garantiert.

Die Prozessorganisation strukturiert mit der Anordnung von atomaren Prozessschritten ausgehend von Aufträgen und der Zuordnung von Ressourcen zu Prozessteams maßgeblich die Ablauforganisation (Gaitanides 2007, S. 102 ff.). Der Prozess ist das strukturgebende Element, entlang dessen Ressourcen der Organisation in atomaren Prozessschritten verwendet werden. Für jeden Prozess lassen sich Alternativen in der Prozessausführung abgrenzen, die den Handlungsrahmen des prozessausführenden Akteurs determinieren. Außerhalb des Erklärungsbereichs der Prozessorganisation befinden sich der Umgang mit nicht verfügbaren Ressourcen und die Abwägung über den Nutzen von Ressourcen. In der Prozessorganisation wird eine Behandlung derartiger Konflikte als Anforderung an Prozessteams zur Selbstorganisation formuliert (Gaitanides 2007, S. 4), jedoch nicht fundiert analysiert. Trotz dieser Unvollständigkeit auf Ebene des Prozessteams gewinnt mit der Prozessorganisation insbesondere die klassische organisationstheoretische Forschung im Zuge sich wandelnder Wertschöpfungssysteme durch neue Märkte, neue Technologien und ausdifferenzierte Kundenanforderungen erneut an Bedeutung (Miller et al. 2009, S. 273 - 279). Denn die Prozessorganisation berücksichtigt nach Gaitantides (2007) eine adaptive Gestaltung der Organisation, um auf neue Anforderungen selbstorganisierend reagieren zu können.

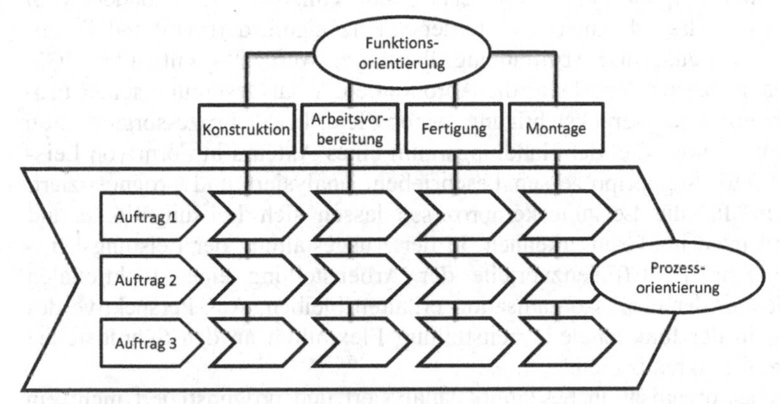

Abbildung 8 Integration funktions- und prozessorientierter Organisationsstruktur nach Gaitanides (2007, S. 50)

Fundiert in der neoklassischen ökonomischen Theorie identifiziert Gaitanides (1983) in seinem Werk über die Prozessorganisation, dass ein Abwenden von der klassisch funktionalen Organisationsstruktur hin zur marktorientierten Prozessorganisation höhere Flexibilität und eine stringentere Ausrichtung auf den Kunden ermöglicht. Der resultierende Prozesssteuerungsbedarf wird auf der Ebene intraprozessualer (Gaitanides 1983, S. 176 - 217) und interprozessualer Abhängigkeiten (Gaitanides 1983, S. 218 - 243) dargelegt. Eine derartige Prozessorganisation erzielt gegenüber dem funktionalen Organisationaufbau nach Jost (2000, S. 305 f.) geringere Informationsübermittlungskosten, geringere Abstimmungskosten, höhere Flexibilität und eine einfachere Anreizgestaltung für die Organisationsmitglieder in der Prozessausführung. Eine gegebene Flexibilität für Maschineneinsatz, Materialabwicklung und Fertigung sind im WSS des Erdbaus zwingende Voraussetzung der Steuerung durch den Akteur als Mitglied eines Prozessteams.

Aufgrund der Dezentralität der Prozessorganisation erfolgt die Gestaltung der Prozesse nach Gaitanides (2007, S. 102 ff.) aus Perspektive des bearbeitenden Akteurs. Jeder Akteur ist in die prozessualen Rahmenbedingungen eingebunden, die ihm einen Prozesskontext mit (1) Vorlieferanten seiner Leistung, (2) Abnehmer seiner Leistung und (3) Ressourcenzugriffen während der Leistungserstellung vorgeben. Unter Berücksichtigung dieses Prozesskontexts bestehen in der Ausgestaltung der Prozessorganisation Möglichkeiten der verbindlichen Vorgabe von Verfahren der Konfliktlösung, die den Handlungsrahmen des Akteurs einschränken. Dem Akteur kann Flexibilität in der Lösung von Konflikten eingeräumt werden. „Autonomie [Anm. des Autors: ist in der Prozessorganisation] so zu interpretieren, dass Interdependenz nicht aufgrund genereller Verhaltensvorgaben verbindlich erfasst und vollzogen wird, sondern vom Handlungsträger das Erkennen von Interdependenzen gefordert wird und diesem ihre Berücksichtigung und Abstimmung übertragen werden" (Gaitanides 1983, S. 171). Damit besitzt der Akteur die Autonomie der Ausgestaltung seiner Prozessausführung unter Berücksichtigung seiner Ziele. In der Prozessorganisation wird ausgehend vom Ziel der Handlungsraum eines Akteurs in Form von Leistungskern- und -supportprozessen beschrieben, analysiert und prognostiziert. Insbesondere für die Leistungskernprozesse lassen sich Leistungsflüsse und Interdependenzen im Team erkennen. In der Ausgestaltung der Leistungskernprozesse sollen die Effizienzvorteile der Arbeitsteilung einer funktionalen Organisation in der Prozessorganisation erhalten bleiben. Aus Perspektive des Akteurs ist in der funktionale Arbeitsteilung Flexibilität an den Schnittstellen seiner Prozesse zu realisieren.

Die Prozessorganisation beschreibt, analysiert und prognostiziert nicht ein determiniertes Produktionsprogramm, sondern die interdependenten Rahmenbedingungen der Prozessausführung bis auf Ebene des Akteurs im Prozessteam. Die interdependenten Rahmenbedingungen der Prozessausführung für einen Akteur sind der unmittelbar auf ihn wirkende Prozesskontext. Die Prozessorganisation vermag den ökonomischen Kontext des Akteurs zu beschreiben, jedoch nicht einen Handlungsrahmen abzuleiten[32], in dem er durch eingeräumte Flexibilität eine Entscheidung trifft. Gaitanides (2007) adressiert dies durch Abweichung in der stringenten Top-Down-Definition der Prozessorganisation[33] mit der Anwendung der Neuen Institutionenökonomik, die geeignete Handlungsrahmen für den Akteur beschreibt. Die Theorien der Neuen Institutionenökonomik bilden für diese Arbeit den Ausgangspunkt zur Beschreibung der Situation und der Handlungen des Akteurs. Sie werden nun folgend auf ihren Beitrag zur Abgrenzung des Handlungsfeldes des Akteurs analysiert.

[32] Gaitanides (2007) nutzt Erklärungsansätze der Neue Institutionenökonomik, die den ökonomischen Kontext des Akteurs als institutionellen Rahmen betrachten, nur bedingt.

[33] Vgl. die Änderungen in seinem Werk zur Prozessorganisation in der Zweitauflage von 2007 gegenüber der Erstauflage von 1983 insbesondere in der Top-down-Gestaltung von Prozessen als strukturgebendes Element der Prozessorganisation.

Die Prozessorganisation eignet sich zur *Beschreibung und Analyse des interdependenten Arbeitsumfelds* und der *heterarchischen Lösung von Aufgaben* für die Analyse des Akteurs in seinem dynamischen Wertschöpfungsumfeld. Jedoch bedarf es einer *ergänzenden Perspektive* zur *Bewertung des Handlungsrahmens eines Akteurs.*

2.3.3 Neuen Institutionenökonomik

Die Theorien der Neuen Institutionenökonomik unterscheiden sich von den Theorien der Klassik und Neoklassik durch eine fundierte Betrachtung von Individuen und ihrer Handlungsräume aufgrund gesetzter Institutionen und imperfekt verteilter Information. Damit bieten die Theorien insbesondere einen Erklärungsbeitrag zur Existenz von Organisationen, die in den Theorien der Klassik und Neoklassik über den Ansatz des Preises – die *invisible hand* von Adam Smith[34] in seinem Werk *The Wealth of Nations* (Rothschild 1994, S. 351; Smith 1901) – nicht schlüssig erklärt werden. „The main reason why it is profitable to establish a firm would seem to be that there is a cost of using the price mechanism" (Coase 1937, S. 390). Den Nachweis erbringt Coase (1937, S. 392) über die Kosten der Marktbenutzung, die für eine Transaktionsabwicklung innerhalb einer Organisation nicht anfallen. In der Organisation hingegen entstehen Kosten für das Organisieren der Transaktionsabwicklung. Coase (1937, S. 395) findet zwischen den Kosten der Marktabwicklung und den Kosten der Organisation ein Gleichgewicht: „[...] a firm will tend to expand until the costs of organizing an extra transaction within the firm become equal to the costs of carrying out the same transaction by means of an exchange on the open market or by organizing in another firm." Coase (1937, S. 401) bezeichnet dies als System relativer Preise. Ein derartiges System ist Bestandteil der institutionenökonomischen Organisationsanalyse, dargestellt in Abbildung 9. Analysiert wird der Zusammenhang zwischen Institutionen, die den Austausch regulieren, den Kosten der Aufrechterhaltung der institutionellen Regeln und deren Effizienz (Ebers und Gotsch 2006, S. 247 f.).

Gegenstand der Theorien der Neuen Institutionenökonomik ist der institutionelle Rahmen als Summe der Institutionen, die auf den begrenzt rational handelnden Akteur bei Durchführung einer Transaktion wirken. Gegenstand der Analyse von Coase (1937, S. 403) sind Transaktionskosten, die durch den institutionellen Rahmen und den Austausch von Akteuren bedingt werden. Denn sowohl die Einrichtung und Durchsetzung von Institutionen als auch der Austausch sind mit Transaktionskosten behaftet. Die Höhe der Transaktionskosten gibt Aufschluss über die Effizienz des institutionellen Rahmens. Das Konzept

---

[34] Adam Smith verwendet den Begriff in *The Wealth of Nations* (Rothschild 1994, S. 319 - 322) im Kontext des internationalen Handels.

der Transaktion wird von Coase (1960, S. 1 - 44) ergänzt um das Konzept sozialer Kosten. Soziale Kosten werden durch das Handeln eines Akteurs verursacht, der Kosten seines Handelns vollständig oder teilweise der Gemeinschaft oder anderen Individuen aufbürdet. Der kostenverursachende Akteur vereinnahmt den Gewinn aus seinen Verfügungen über Güter, ohne die Kostenmittragenden daran zu beteiligen.

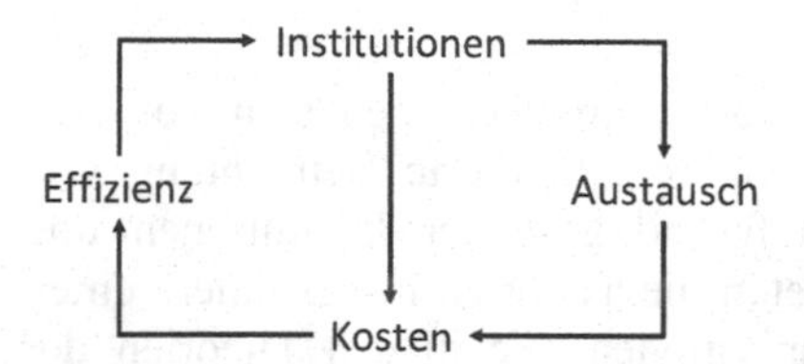

Abbildung 9 Institutionenökonomische Organisationsanalyse nach Ebers und Gotsch (2006, S. 248)

Jensen und Meckling (1976, S. 305 - 360) ergänzen die Transaktionskosten und die soziale Kosten um die Agenturkosten, die in einer Agenturbeziehung zwischen einem Prinzipal und einem Agenten[35] entstehen, bevor oder während eine Transaktion vom Agenten für den Prinzipal durchgeführt wird. Williamson (1985, S. 24) ordnet die Theorien der Neuen Institutionenökonomik seiner *Cognitive Map of Contract* zu. Auf der Effizienzseite unterscheidet Williamson (1985, S. 26 f.) die Agenturtheorie und die Theorie der Verfügungsrechte, die eine ex ante aufgestellte Anreizstruktur zur Erzielung maximaler Wohlfahrt in einem institutionellen Rahmen analysiert und prognostiziert, und die Transaktionskostentheorie, die das Entstehen von Transaktionskosten analysiert.

Bevor die Theorien zur Entwicklung auf ihren Beitrag zur Analyse optimaler Handlungsoptionen eines Akteurs[36] untersucht werden können, ist das Modell des Akteurs, das den Theorien der Neuen Institutionenökonomik zugrunde liegt, auf den Einsatz in der vorliegenden Arbeit zu analysieren. Im Anschluss sind die institutionellen Rahmenbedingungen in Form des institutionellen Rahmens zur Bewertung einer Handlungsoption abzugrenzen, so dass dieser für die Beschreibung durch die jeweilige Theorie bereitsteht.

[35] Der Agent im Kontext der Agenturtheorie ist ein ökonomischer Agent. Dieser ist vom Konzept des Softwareagenten zu differenzieren.

[36] Die Handlungsoptionen eines Akteurs bestehen unter der Prämisse der Prozessorganisation in der Wahl von Prozessalternativen zur Optimierung seiner Leistung unter Annahme von Prozessinterdependenzen.

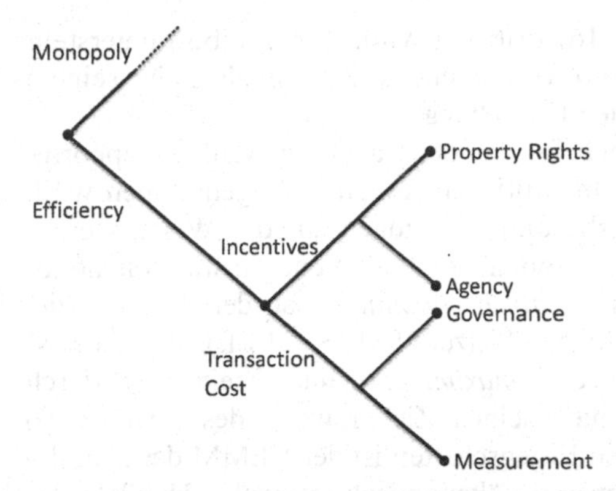

Abbildung 10 Effizienzseite der Cognitive Map of Contract (Williamson 1985, S. 24)

2.3.3.1 Modell des Akteurs in der Neuen Institutionenökonomik

Den Theorien der Neuen Institutionenökonomik gemeinsam sind die drei Ausgangspunkte (1) des methodologischen Individualismus, (2) der individuellen Nutzenmaximierung sowie (3) der begrenzten Rationalität des Akteurs (Picot et al. 2008, S. 45 - 46). Das Forschungskonzept des methodologischen Individualismus basiert auf der Annahme, dass soziale oder soziotechnische Gebilde (z. B. Unternehmen) von Eigenschaften und Anreizen der in ihr agierenden Individuen konstituiert werden (Schumpeter 1908, S. 10 f.). Über die individuelle Nutzenmaximierung hinaus besagt der Opportunismus[37], dass durch die Eigennutzenmaximierung des Akteurs auch negative Konsequenzen für andere Akteure in Kauf genommen werden (Williamson 1975, S. 26).

Der methodologische Individualismus und die individuelle Nutzenmaximierung finden sowohl in der Neuen Institutionenökonomik als auch in der Neoklassik Anwendung. Im Gegensatz zur Neuen Institutionenökonomik wird in der Neoklassik das Modell des *homo oeconomicus* mit gesetzten Präferenzen, festen Handlungsalternativen und Wahlhandlungen als Zusammenspiel von Präferenzen und Alternativen unterstellt (Erlei et al. 2007, S. 2). Der *homo oeconomicus* verhält sich vollständig rational, besitzt einen vollständigen Informationsstand über seine Umgebung und ist sozial insofern isoliert, als er sich nicht mit anderen über seine Ziele verständigt. Dem *homo oeconomicus* fällt dabei sowohl die Rolle des nutzenmaximierenden Konsumenten als auch des gewinnmaximierenden Unternehmers zu, jedoch nicht in Personalunion. Das Modell erlaubt unter diesen Annahmen die Beschreibung von Verhaltensweisen in Knappheitssituationen gemäß dem methodologischen Individualismus. Eine realitätsnahe Beschreibung des individuellen Handlungsraumes bietet es jedoch

[37] Williamson (1975) definiert Opportunismus eng bezogen auf den Akteur als *self-interest seeking with guile.*

nicht, wie von Simon (1978, S. 1 - 16) kritisiert wird. Simon (ebd.) unterstellt sogar eine Realitätsferne des homo oeconomicus insbesondere in seinem Entscheidungsverhalten in einer realen Umgebung.

Die Bottom-up-Perspektive ausgehend von der Handlungswahl des opportunistischen Akteurs, die in der Neue Institutionenökonomik eingenommen wird, erfordert ein erweitertes Modell, insbesondere bezogen auf das Wissens eines Akteurs über seine Umgebung. Das Akteursmodell der Neuen Institutionenökonomik als Weiterentwicklung des *homo oeconomicus* ist der *Resourceful, Evaluative, Maximizing Man*[38] (REMM) (Tietzel 1981, S. 218 f.). Der REMM maximiert eigennützig seinen Nutzen (*maximizing*) und beeinflusst durch einfallsreiches (*resourceful*) und unter seinen Zielen wertendes (*evaluative*) Handeln seine Umgebung. Mit diesen Eigenschaften ist der REMM das „Bindeglied zwischen dem (sozial-isolierten) rein ökonomisch-rationalen Handeln des homo oeconomicus einerseits und dem rein rollenkonformen Verhalten des homo sociologicus andererseits“ (Rolle 2005, S. 232). Die sozialen Aspekte dienen dem REMM ausschließlich zur Erreichung einer ungestörten, individuellen Bewegungsfreiheit (Willems 2008, S. 54). Sein Grundmotiv besteht in der Verfügung über ein Güterbündel, das seine individuelle Zielerreichung optimiert. Seine Informationsbeschaffung ist ausschließlich auf die Befriedigung dieses Grundmotivs ausgerichtet. Er unterliegt Beschränkungen seiner Handlungsmöglichkeiten, verfügt über unvollständige Informationen über seine Umgebung und muss Kosten berücksichtigen, die mit seinen Entscheidungs- sowie Informationsprozessen entstehen (Fischer 1993, S. 51). Der REMM bezieht immaterielle Anreize in seine subjektive Präferenzordnung ein (Rolle 2005, S. 233). Obwohl das Modell des REMM einen klugen Utilitaristen (Mill 1976) zugrunde legt[39], ist der REMM für die Analyse von Verhalten des Akteurs in einem institutionellem Rahmen geeignet. Er muss zur Optimierung seines Güterbündels Transaktionskosten[40] erfassen, so dass ihm eine Bewertung der sich ihm bietenden transaktionskostenminimalen Handlungsoptionen möglich ist.

---

[38] Jensen und Meckling (1994S. 4 - 19) legen für den REMM in ihrer Arbeit abgekürzt für *Resourceful, Evaluative, Maximizing Model* differenziert dar, dass er zur Substitution seiner Verfügungen bereit ist und in unlimitierter Form nach Maximierung seines Nutzens durch Anpassung seines Güterbündels strebt. Jensen und Meckling (ebd.) ersetzen für den REMM den Bedarf des *homo economicus* als fixe Grenze, die es zu decken gilt, durch seine Bedürfnisse, die er durch Änderung seines Güterbündels bei Erhebung neuer Güteroptionen zu befriedigen ersucht. Hierbei wird er jedoch stets nach der für ihn besten Option streben, die er in Abhängigkeit der ihm zur Verfügung stehenden Informationen ermittelt.

[39] Nach Ulrich (1993, S. 242) ist kritisch zu prüfen, ob sich eine reiner Utilitarist ohne weitere Vernunftdimensionen für eine fundierte ökonomische Betrachtung eignet.

[40] Die Transaktionskosten des REMM sind insbesondere die Kosten der Wahrnehmung seiner Interessen zur Optimierung seines Güterbündels (Rolle 2005, S. 233). Damit entstehen für ihn maßgeblich die Kosten der Durchsetzung seiner angestrebten Verfügungen.

Das Modell des REMM ist aufgrund der begrenzten Rationalität für die Beschreibung eines situiert handelnden Akteurs im WSS des Erdbaus geeignet. Die Nutzenmaximierung des REMM erfolgt ausschließlich auf Grundlage lokaler Informationen, die er gezielt für seine Nutzenmaximierung erhebt. Derartig wird ein Akteur im Erdbau seinen Nutzen erhöhen, wenn er sich Informationen über die Auslastung der Erdbaustelle beschafft. Die Erhebung ist für den REMM mit Kosten[41] verbunden, so dass er Informationen nicht in beliebigem Umfang beschaffen kann. Der Akteur hat abzuwägen, ob die Entscheidungsmöglichkeit für ihn unter gegebenen Informationen und entstehenden Kosten für eine weitere Informationsbeschaffung gegeben ist.

Der Akteur in der vorliegenden Arbeit bewertet die Kosten der Informationsbeschaffung und den entstehenden Nutzen in Form der Leistung der ihm gesetzten Institutionen. Er wird lokale Informationen nutzen, die er, so es ihm möglich ist, um geographisch entfernte Informationen ergänzt. Geographisch entfernte Informationen bedingen jedoch einen institutionellen Rahmen, der das Sammeln und Teilen von Informationen vorsieht, so dass ihm diese durch Dritte zur Verfügung gestellt werden. In jedem Fall wägt der Akteur zwischen weiterer Information und der Entscheidung unter verfügbarer Information ab. Eine weitere Information muss einen Leistungszuwachs bringen, der den Aufwand der Erhebung durch eine Leistungssteigerung rechtfertigt. Im Fall des einführenden Beispiels bezieht jeder Akteur Informationen über die Wartezeit bei einem Be- oder Entladeplatz, die mit den Kosten der Beschaffung verbunden sind.

Das Akteursmodell des REMM ermöglicht die Beschreibung von Aktionen sowohl der Informationserhebung als auch der Handlung eines Akteurs im nur unvollständig erhebbaren Wertschöpfungsumfeld. Damit eignet sich der REMM zur Gestaltung eines akteurzentrierten Steuerungsverfahrens.

2.3.3.2 Institutioneller Handlungsrahmen des Akteurs

Grundlegend für die Aktionswahl eines Akteurs ist der durch Institutionen bestimmte Handlungsrahmen. Die institutionenökonomische Organisationsanalyse beschreibt den Handlungsraum der Akteure ökonomisch (positivistisch) und bietet den Rahmen zur effizienten Gestaltung einer maximalen Wohlfahrt (normativ). Die Neue Institutionenökonomik nutzt Institutionen zusammengefasst im institutionellen Rahmen als Koordinations- und Motivationsinstrumente (Picot et al. 2008, S. 9). „Institutionen sind sanktionierbare Erwartungen, die sich auf die Verhaltensweisen eines oder mehrerer Individuen beziehen“ (Dietl

[41] Kosten kann auch die Zeit verursachen, die der Akteur mit der Suche von Informationen zubringt, ohne Leistung im eigentlichen Sinne zu erzeugen.

1993, S. 37)[42]. North (1990, S. 3) bezeichnet Institutionen als Regeln des Spiels in einer Gemeinschaft oder als die vom Menschen entwickelten Beschränkungen. Institutionen beziehen sich auf Individuen, Gruppen oder eine gesamte Gesellschaft. Sie sind nach Dietl (1993, S. 37 - 38) eine echte Teilmenge möglicher Erwartungen, die an einen Akteur gestellt werden. Die Institution umfasst Regelungen und Normen (Menschenrechte, Gastfreundschaft, etc.) einerseits und kooperative Gebilde (Staat, Verbände, Unternehmen, Vereine, etc.) andererseits (Picot et al. 2008, S. 10). Institutionen sind als Verpflichtungen bei der Aufstellung und Realisierung von Handlungsplänen eines Akteurs zu berücksichtigen, für deren Nichteinhaltung der Akteur mit Sanktionen zu rechnen hat. Eine Institution wirkt nicht isoliert, sondern übt ihre Wirkung eingebettet in die Gesamtheit aus (Picot et al. 2008, S. 10), die zu einem Zeitpunkt gleichzeitig auf den Akteur wirken. Die Wirkung eines institutionellen Handlungsrahmens wird als Summe aller wirkenden Institutionen durch die Effizienz und die entstehenden Kosten für die Koordinationsfunktion klassifiziert. Ein wesentlicher Aspekt der Neuen Institutionenökonomik ist die Betrachtung von Veränderungen der Institutionen aufgrund gegebener Koordinationsprobleme, Kosten und ihrer Effizienz.

Institutionen sind nach Dietl (1993, S. 71 f.) in aufeinander aufbauende Hierarchiestufen unterteilbar. Zu den fundamentalen Institutionen auf der obersten Stufe gehören Menschenrechte, Sprache, Handelsbräuche, Traditionen sowie allgemeine Grundrechte und -normen. Ohne die fundamentalen Institutionen können darunterliegende Stufen, beispielsweise Normen in kleineren Gesellschaften oder Organisationen, nicht existieren, da sie auf den fundamentalen Institutionen aufbauen. Die unter den fundamentalen Institutionen bestehenden Stufen enthalten die sekundären oder abgeleiteten Institutionen. Auf diesen Stufen befinden sich Regelungen, Bräuche und Gewohnheiten in Organisationen. Die Organisation ist der Rahmen für abgeleitete Institutionen, die entstehen und sich wandeln, weil Individuen anderweitig institutionell legitimierte Handlungsoptionen wahrnehmen (Dietl 1993, S. 70). Die Zusammenhänge nach Dietl (1993, S. 74) sind in Abbildung 11 dargelegt.

[42] Die Definition der Institutionen von Dietl (1993) ist eine allgemein gehaltene Fassung der Definition der Verfügungsrechte von Furubotn und Pejovich (1974, S. 3) auf Seite 18.

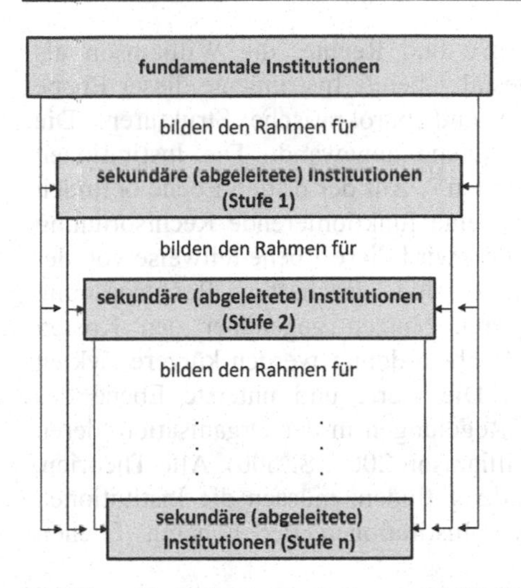

Abbildung 11 Stufen der Institutionen nach Dietl (1993, S. 74)

Auf allen Stufen haben konstitutionelle Institutionen einen primär prägenden Charakter (Picot et al. 2008, S. 18). Ihre Grundlage sind Gesellschaftsverträge, die meist nicht niedergeschriebene Normen und Regeln enthalten und in Teilen verfassungsrechtlich festgeschrieben sind. Die verfassungsrechtliche Festschreibung ist Folge und nicht Ursache einer konstitutionellen Institution. Ihr Entstehen liegt in der Erkenntnis, dass die Freiheit Einzelner durch die Freiheit anderer begrenzt ist. Die Einschränkung der Freiheit durch eine konstitutionelle Institution wird nicht aus altruistischen Motiven des Einzelnen akzeptiert, sondern ist maßgeblich von erwarteten Wohlstandsgewinnen für das Individuum durch die Gesellschaft motiviert (Buchanan und Tullock 1962, S. 7). Die konstitutionellen Institutionen unterteilen Picot et al. (2008, S. 18) in unantastbare Freiheitsreichte, konstitutionelle Entscheidungsrechte und Verfügungsrechte.

Williamson (2000, S. 596 - 600) gestaltet sein Institutionenmodell über vier Ebenen. Jede Ebene ist vergleichbar zu den Stufen in Dietls Modell (1993, S. 71 f.) der Rahmen für die darunterliegende. Williamson unterteilt die Institutionen hinsichtlich ihrer Entstehungs- und Änderungsfrequenz. Die obere Ebene, deren Gegenstandsbereich durch die Sozialwissenschaften beschrieben wird, ergründet den Wandel von Religion, Traditionen, Normen, Tabus und weiteren informalen Institutionen. Die Institutionen dieser Ebene wandeln sich nur langsam[43] und können für die Neue Institutionenökonomik als gegeben angesehen werden. Im Modell von Dietl (1993, S. 74) entsprechen die Institutionen dieser Ebene den fundamentalen Institutionen. Die zweite Ebene enthält die formalen Regelun-

[43] Änderungsfrequenz alle 100 bis 1000 Jahre (Williamson 2000, S. 597).

gen, insbesondere Konstitutionen, Gesetze und Rechte, die Williamson als institutionelle Umgebung bezeichnet. Gestaltgebende Instrumente dieser Ebene sind Exekutive, Legislative, Judikative und bürokratische Strukturen. Die positive Politiktheorie wird auf dieser Ebene angewandt. Die Institutionen dieser Ebene haben kürzere Änderungszyklen[44]. Auf der dritten Ebene befinden sich die Institutionen der Regierung, die eine funktionierende Rechtsordnung bereitstellt. Nach Williamson (2000, S. 599) wird diese Ebene teilweise von der Theorie der Transaktionskosten beschrieben. Jede geschaffene Rechtsordnung erfordert Kosten der Überwachung, deren Nutzen gegenüber den Kosten abgewogen wird. Der Neuordnung der Rechtsordnung werden kürzere Zyklen unterhalb eines Jahrzehnts unterstellt[45]. Die vierte und unterste Ebene des Modells der Institutionen beinhaltet die Regelungen in der Organisation, deren Anpassung kontinuierlich stattfindet (Williamson 2000, S. 600). Alle Theorien, die auf Ebene der Organisation Anwendung finden, müssen die Institutionen dieser Ebene und die konstituierenden Institutionen der höheren Ebenen berücksichtigen.

Sowohl im Modell von Dietl (1993, S. 71 f.) als auch von Williamson (2000, S. 596 - 600) sind Institutionen als Menge von Regelungen und Normen definiert, die über unterschiedliche Zeitdauern und für einen begrenzten Kreis von Akteuren Bestand haben. Es entspricht beiden Institutionenmodellen, dass die Regelungen und Normen einer unteren Stufe die Regelungen und Normen einer oberen Stufe verfeinern oder erweitern können[46], ohne die uneingeschränkte Gültigkeit der höher stehenden Regelungen oder Normen zu verändern. Dies entspricht der Auffassung des deutschen Rechts, in dem in der Normenpyramide das ranghöhere Recht das rangniedere Recht bricht (Detterbeck 2000, S. 11). Auf das WSS übertragen finden die fundamentalen Institutionen der Gesellschaft auch im Umgang der Akteure miteinander Anwendung. Die Institutionen verfeinern sich bis zu Regelungen im Ablauf, z. B. das Warten auf andere Akteure, falls eine Zulieferung nicht rechtzeitig erfolgt oder die Abfertigung nicht ausreichend schnell voranschreitet. Der Fahrer eines eintreffenden Transportfahrzeugs kann nur auf die Verfügbarkeit des angefahrenen Beladeplatzes warten. Die Möglichkeit der exklusiven Nutzung eines Beladeplatzes besteht nicht, sofern dieser vom Bauleiter als institutionengebende Instanz nicht zugewiesen wird. Der Fahrer hat keine Möglichkeit, die Verfügung über die geteilte Ressource anderweitig durchzusetzen, z. B. durch Ignorieren der Warteschlange, ohne dass dies von anderen Akteuren sanktioniert wird. Eine Regelung höherer Ebene beschränkt seinen Handlungsraum, z. B. die Missachtung von Grundsätzen menschlichen Zusammenlebens

[44] Änderungsfrequenz von 10 bis 100 Jahre (Williamson 2000, S. 597).

[45] Änderungsfrequenz von 1 bis 10 Jahre (Williamson 2000, S. 597).

[46] Dies beinhaltet ebenfalls die Beeinflussung der Ebenen nach Dietl (1993, S. 74).

wie das Rammen eines anderen Transportfahrzeugs zur Verfügung über einen Beladeplatz[47]. In ein Modell von Handlungsalternativen muss das Wissen über die Institutionen des institutionellen Rahmens und die damit verbundenen Sanktionen in das Kalkül des Akteurs einfließen, sofern er bereit ist, sich über die Institutionen hinweg zu setzen und Sanktionen in Kauf zu nehmen.

Der *institutionelle Rahmen determiniert die sanktionierten und nicht sanktionierten Verhaltensoptionen* von Akteuren. Der institutionelle Rahmen besteht für ein bestimmtes Umfeld des Akteurs. Der Akteur *situiert sich im institutionellen Rahmen durch ihm gesetzte Institutionen.*

2.3.4 Transaktionskostentheorie

Nach Williamson (1985, S. 41) beschreibt und analysiert die Transaktionskostentheorie alternative institutionelle Rahmen, die er institutionelle Arrangements nennt, für die Abwicklung von Transaktionen. Gradmesser für einen geeigneten institutionellen Rahmen sind die entstehenden Produktions- und Transaktionskosten (Williamson 1985, S. 22). „Im Kern leistet die Transaktionskostentheorie [...] einen Kostenvergleich alternativer institutioneller Arrangements der Abwicklung und Organisation von Transaktionen“ (Ebers und Gotsch 2006, S. 277). Bestandteile der Gestaltung sind einerseits der Vertrag, den zwei Parteien eingehen, sowie die Mechanismen, die im Fall von vertraglichen Abweichungen oder geänderten Rahmenbedingungen Anwendung finden.

Williamson (1985, S. 20 ff.) unterscheidet die Transaktionskosten in Kosten vor Vertragsabschluss (ex ante) und in Kosten nach Vertragsabschluss im Zuge der Vertragserfüllung (ex post). Ebers und Gotsch (2006, S. 278) differenzieren folgende Kategorien verfeinernd:

1. Informations- und Suchkosten (ex ante) entstehen durch die Suche nach geeigneten Transaktionspartnern sowie gewünschten Produkteigenschaften und Preisinformationen.
2. Verhandlungs- und Vertragskosten (ex ante) entstehen im Zuge der Vertragskonditionsgestaltung durch Interessenabstimmung und rechtsverbindliche Vertragsgestaltung.
3. Überwachungskosten (ex post) fallen bei der Kontrolle der Leistungserstellung an, z. B. Überwachung der Produktqualität, Lieferfristen und Produkteigenschaften.
4. Konflikt- und Durchsetzungskosten (ex post) entstehen bei Konflikten über die vertraglich zugesicherte Leistungserstellung durch Sanktionen, Schlichtung oder die Anrufung von Gerichten.

[47] Cheung (1974, S. 53) benennt weitere mit institutionellen Regelungen höherer Ebene konforme Vorgehen, beispielsweise die Bevorzugung durch Freundschaft. Diese werden sowohl von Cheung (ebd.) als auch in dieser Arbeit nicht vertieft.

5. Anpassungskosten (ex post) entstehen bei nachträglichen Vertragsanpassungen, die Vertragsbedingungen an neue, unvorhergesehene Änderung der Erfüllungsmodalitäten anpassen.

Insbesondere die ex post anfallenden Kostenarten werden in der Transaktionskostentheorie analysiert, da sich diese Änderungen der Austauschbeziehung nach Williamson (1985, S. 26 ff.) nicht vollständig vertraglich absichern lassen. Nach Ebers und Gotsch (2006, S. 278) berücksichtigt die Transaktionskostentheorie institutionelle Regelungen in der Vertragserfüllung, z. B. Vertragskündigungsklauseln, Sicherheiten, Verzugsleistung oder Konfliktlösungsmechanismen wie Schiedsgerichte oder Schlichter. Damit integriert die Theorie das unsichere Vertragserfüllungsumfeld in ihren Erklärungsbereich.

Unter der Annahme des REMM untersucht Williamson (1991, S. 269 - 296) die Effizienz dreier institutioneller Arrangements für eine Transaktion. Untersucht werden (1) der reine Markt, (2) die reine Organisation und (3) die hybride Formen der Transaktionsabwicklung mit langfristigen Verträgen, die Mischformen von Markt und Organisation erlauben. Williamson (1991, S. 281) identifiziert für jedes institutionelle Arrangement die kostenrelevanten Faktoren von (1) der Anreizintensität auf die Akteure, (2) dem Ausmaß bürokratischer Steuerung und Kontrolle, (3) der autonomen und bilateralen Anpassungsfähigkeit sowie (3) der Etablierung und Nutzung des Arrangements. Williamson (1985, S. 52 ff.) charakterisiert jede Transaktion in den drei Dimensionen (1) der Spezifität der Transaktion, (2) der Unsicherheit der Transaktion und (3) der Häufigkeit, mit der die Transaktion durchgeführt wird. „Die zentrale These der Transaktionskostentheorie besagt nun, dass eine gegebene Transaktion unter den genannten Verhaltensannahmen umso effizienter organisiert und abgewickelt werden kann, je besser die Charakteristika des institutionellen Arrangements den sich aus den Charakteristika der abzuwickelnden Transaktion ergebenden Anforderungen entsprechen“ (Ebers und Gotsch 2006, S. 289). In Abbildung 12 sind die typischen Kostenverläufe in Abhängigkeit der Spezifität und der Unsicherheit einer Transaktion dargestellt. Bei niedriger Spezifität (Abschnitt a) ist das optimale institutionelle Arrangement der Markt, bei höherer Spezifität (Abschnitt b) die hybride Organisation im Netzwerk und bei hoher Spezifität (Abschnitt c) die Hierarchie in der Organisation.

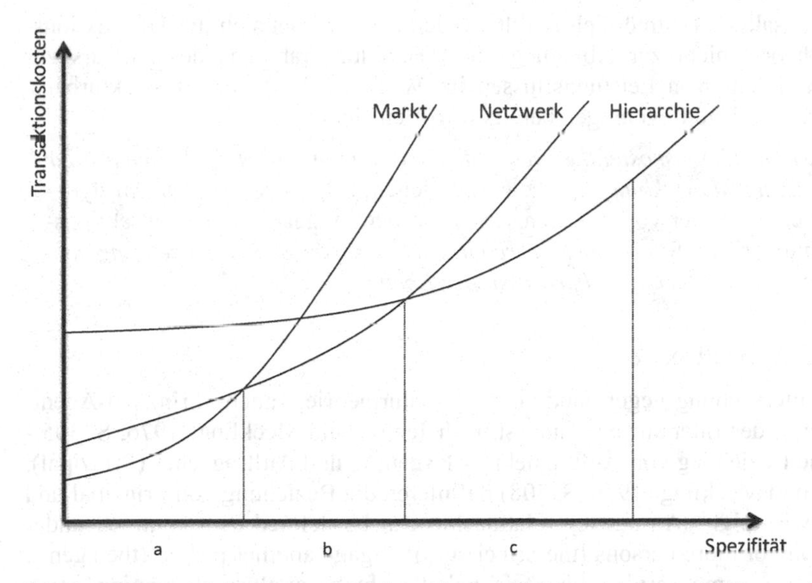

Abbildung 12 Transaktionskosten als Funktion der Spezifität in Anlehnung an Williamson (1991, S. 284)

Der Beitrag der Transaktionskostentheorie liegt in der Beschreibung eines institutionellen Rahmens zur kostenminimalen Abwicklung einer Transaktion aufgrund ihrer Dimensionen Spezifität, Unsicherheit und Häufigkeit. Im Ergebnis liefert sie einen bestmöglichen institutionellen Rahmen mit den Eigenschaften der Anreizintensität, des Ausmaßes bürokratischer Steuerung und der Kontrolle. Die Transaktionskostentheorie lässt sich nach Williamson (1985, S. 41) mit diesen Eigenschaften auf jedes Vertragsproblem anwenden. In der Steuerung von WSS des Verkehrsinfrastrukturbaus dieser Arbeit sind die vertraglichen Regelungen bereits getroffen. Lediglich die Ex-post-Unsicherheit der Transaktionsdurchführung bleibt bestehen. Der Begriff der Unsicherheit ist nach Williamson (1985, S. 57 ff.) zu differenzieren in parametrische Unsicherheit und Verhaltensunsicherheit. Letztere ergibt sich aus der opportunistischen Verhaltensweise eines Individuums, ersterer umfasst die situativen Bedingungen, in denen eine Transaktion durchgeführt wird. Sowohl die parametrische als auch die Verhaltensunsicherheit wirken sich auf die Höhe der ex ante und ex post entstehenden Transaktionskosten aus. Im Vorfeld der Transaktion kann eine höhere Störungserwartung zu höheren Kosten führen. Während der Transaktionsdurchführung können höhere Kontroll- und Überwachungskosten für auftretende Störungen anfallen. Da jedoch die Art des Vertrags zwischen Auftraggeber und Auftragnehmer Gestaltungsgegenstand der Transaktionskostentheorie ist und die Frage beantwortet wird, in welchem spezifischen Rahmen eine Transaktion bestmöglich erfüllt werden kann, eignet sich die Transaktionskostentheorie nicht zur Ableitung eines Handlungsrahmens des Akteurs zur Determinierung von Leistungsflüssen im WSS des Verkehrsinfrastrukturbaus, wenn vertragliche Regelungen bereits getroffen sind.

Die *Transaktionskostentheorie* analysiert *institutionelle Rahmen der Transaktionsabwicklung*. Das zugrundeliegende *Vertragsproblem* im dynamischen WSS der vorliegenden Arbeit ist bereits gelöst. Die Transaktionskostentheorie liefert *keinen ausreichenden Beitrag zur Beschreibung und Analyse der Steuerung auf prozessualer Ebene.*

2.3.5 Agenturtheorie

Der Untersuchungsgegenstand der Agenturtheorie, auch Prinzipal-Agent-Theorie in der Literatur benannt, ist nach Jensen und Meckling (1976, S. 305 - 360) die Beziehung von Auftragnehmer (Agent[48]) und Auftraggeber (Prinzipal). Jensen und Meckling (1976, S. 308) definieren die Beziehung von Prinzipal und Agent wie folgt: „An agency relationship can be defined as a contract, under which one or more persons (the principal(s)) engage another person (the agent), to perform some service on their behalf which involves delegating some decisions making authority to the agent." Der Prinzipal überträgt zur Realisierung seiner Ziele eine bestimmte Aufgabe und die mit der Aufgabe verbundenen Entscheidungskompetenzen gegen eine Vergütung an den beauftragten Agenten. Der Agent verfügt in der Regel über entsprechende Spezialisierung oder Erfahrungen in seinem Aufgabengebiet, um die Aufgabe kompetenter zu bearbeiten, als es der Prinzipal selbst könnte. Der Auftrag versetzt den Agenten auch in die Lage, eigene Ziele zu verfolgen, die konträr zu den Zielen des Prinzipals sein können, da der Prinzipal die Aufgabenerfüllung des Agenten nur eingeschränkt bewerten oder beobachten kann. Er muss mit institutionellen Regelungen dafür sorgen, dass der Agent in seinem Interesse den Auftrag erfüllt.

Nach Jensen und Meckling (1976, S. 309) sind Prinzipal-Agent-Beziehungen sowohl in Organisationen als auch in kooperativen geschäftlichen Beziehungen allgegenwärtig. Im WSS für den Erdbau bestehen diese insbesondere bei der Fremdvergabe von Leistungen. Der Auftragnehmer im Erdbau als Agent wird die Ziele eines minimalen Aufwands mit maximalem Gewinn verfolgen, der Auftraggeber wünscht sich einen maximalen Einsatz bei minimaler Bezahlung. Die aus den unterschiedlichen Zielstellungen entstehende Unsicherheit wird von Williamson (1985, S. 57) bereits als Verhaltensunsicherheit in der Transaktionskostentheorie berücksichtigt, jedoch dort nicht ausdifferenziert. An dieser Stelle ergänzt die Agenturtheorie die Transaktionskostentheorie,

[48] Der Agent als Auftragnehmer ist vom Softwarekonzept eines Agenten zu differenzieren.

indem sie die Verhaltensunsicherheit einer differenzierten Analyse unterzieht und gestalterische Lösungen für einen institutionellen Rahmen bietet.

Jensen und Meckling (1976, S. 305 - 360) nutzen die positive Agenturtheorie[49], um die Organisation mit dem Fokus der Bündelung von Kontraktbeziehungen zu einem bestimmten Zweck zu betrachten. Jensen und Meckling (1976, S. 313) unterscheiden das Außen- und das Innenverhältnis einer Firma: „It (the firm) is a legal fiction which serves as a focus for a complex process in which the conflicting objectives of individuals (some of whom may represent other organizations) are brought into equilibrium within a framework of contractual relations." Die vertraglichen Beziehungen sowohl von Arbeitnehmern und Unternehmen als auch Kontrakte zwischen Unternehmen werden als Prinzipal-Agenten-Beziehung identifiziert. Ein Arbeitnehmer hat mehr Wissen zur Einschätzung seiner Fähigkeiten als sein Vorgesetzter, und ein Lieferant hat mehr Wissen über seine Produkte als seine Abnehmer. Alle Akteure verhalten sich nutzenmaximierend, handeln begrenzt rational und opportunistisch. Exogen wirkende Störgrößen, die bei Vertragsabschluss nicht vorhersehbar sind, wirken auf die Beziehung von Prinzipal und Agent. Damit eignet sich die positive Agenturtheorie im Tiefbau zur Beschreibung und Analyse von Problemen zwischen einem Generalunternehmer, der die Rolle des Prinzipals einnimmt, und einem Unterauftragnehmer, der die Rolle des Agenten ausfüllt. Auch die Beziehung zwischen einem Bauleiter und den Bauausführenden lässt sich unter dieser Perspektive untersuchen.

Die Güte des institutionellen Rahmens und des Vertrages zwischen Prinzipal und Agent bemisst sich an den entstehenden Agenturkosten. „Unter Agenturkosten werden alle Kosten verstanden, die sich aufgrund einer Abweichung vom fiktiven Idealzustand eines vollkommenen Tausches im Sinne der Neoklassik ergeben" (Ebers und Gotsch 2006, S. 262). Jensen und Meckling (2000, S. 85 f.) unterteilen die Agenturkosten[50] einer Prinzipal-Agenten-Beziehung wie folgt:

1. Vertragskosten – Kosten des Prinzipals und des Agenten, die zur Aushandlung und Schreibung des Vertrags entstehen.
2. Monitoringkosten – Kosten des Prinzipals zur Beobachtung, Beeinflussung und Bewertung der Leistung des Agenten.

[49] Nach Ebers und Gotsch (2006, S. 259) sowie Jensen und Meckling (1976, S. 309 f.) wird die Agenturtheorie in eine normative und eine deskriptive respektive positive Ausgestaltung unterschieden. Die normative Agenturtheorie befasst sich mit vertraglichen Anreizstrukturen für den Agenten zur Wohlfahrtsmaximierung des Prinzipals. Die deskriptive respektive positive Agenturtheorie ist eng verbunden mit den Theorien der Unternehmung zur Beschreibung von Verhaltensweisen des Agenten unter institutionellen Rahmenbedingungen.

[50] In der Arbeit von Jensen und Meckling (1976, S. 308 f.) werden die Agenturkosten in Monitoringkosten des Prinzipals, die Bindungskosten des Agenten und die residualen Verluste aufgeteilt. Agenturkosten entstehen jedoch nach Alchian und Demsetz (1972, S. 779 ff.) ebenso in der kooperativen Leistungserstellung.

3. Bindungskosten – Kosten des Agenten zur Aufrechterhaltung der Zusage an den Prinzipal, insbesondere Rechenschaftskosten, Selbstdarstellungskosten oder Schadensersatzkosten.
4. Residualkosten – Kosten des Prinzipals durch Wohlfahrtsverluste, die durch die Leistungserstellung durch den Agenten gegenüber einer nutzenmaximalen Leistungserstellung entstehen.

Agenturkosten entstehend durch Informationsasymmetrien zwischen Prinzipal und Agent. Informationsasymmetrien zwischen Prinzipal und Agent sind nach Alparslan (2006, S. 19) durchaus gewünscht. Ein Agent kann über spezielles Wissen zur Durchführung eines Auftrags des Prinzipals verfügen, so dass eine derartige Informationsasymmetrie die Grundlage der Spezialisierung bildet, die zu einer höheren Wohlfahrt in einer Gesellschaft beiträgt. Die Informationsasymmetrie in Zusammenhang mit dem Interessenskonflikt von Prinzipal und Agent führt jedoch zu einer Situation der Ausnutzung des besser informierten Agenten gegenüber dem schlechter informierten Prinzipal. Jost (2001, S. 23 ff.) klassifiziert auftretende Informationsasymmetrien gemäß folgender drei Typen:

1. Nicht beobachtbare Eigenschaften (hidden characteristics) – Der Prinzipal hat gegenüber dem Agenten ein Informationsdefizit bezüglich dessen Eigenschaften. Jost (2001, S. 27) zählt dazu die Präferenzen des Agenten, das Leistungsvermögen des Agenten, den Reservationsnutzen des Agenten und die Erwartungshaltung des Agenten bei Eintreten einer exogenen Störgröße.
2. Nicht beobachtbare Aktionen (hidden action) – Der Prinzipal hat gegenüber dem Agenten in Bezug auf die Aktionen und die tatsächlich eintretende exogene Störgröße des Agenten ein Informationsdefizit (Jost 2001, S. 28).
3. Nicht beobachtbare Ausprägungen externer Störungen (hidden information) – Der Prinzipal hat gegenüber dem Agenten nur in Bezug auf die tatsächlich wirkende exogene Störgröße ein Informationsdefizit (Jost 2001, S. 30 f.).

Grundlage jeder Prinzipal-Agent-Beziehung ist die Delegation einer Aufgabe oder einer Leistungserbringung. Die Prinzipal-Agent-Probleme entstehen durch die Ausnutzung von Informationsasymmetrien, die Umweltunsicherheit und Interessenskonflikte. Die Probleme lassen sich in folgende Kategorien gliedern:

1. Negative Auslese (adverse selection) – Vor Vertragsabschluss ist der Prinzipal mit nicht beobachtbaren Eigenschaften des Agenten konfrontiert. Der Prinzipal macht dem Agenten ein Vertragsangebot zugeschnitten auf den durchschnittlichen Agenten, da der Prinzipal davon ausgeht, dass der Agent ihm nur seine guten Eigenschaften mitteilt. Ein Agent mit ausschließlich guten Eigenschaften wird den Vertrag allerdings nicht eingehen, da er auf die Eigenschaften für durchschnittliche Agenten ausgerichtet ist. Der

Vertrag wird daher nur einen Agenten mit schlechten Eigenschaften zur Annahme bewegen.
2. Moralisches Risiko (moral hazard) – Der Prinzipal kennt die grundsätzliche Leistung des Agenten (keine asymmetrische Information). Das Ergebnis des Agenten steht unter dem Einfluss einer exogenen Störgröße, die vom Prinzipal nicht beobachtet werden kann. Eine Minderleistung kann der Agent mittels der exogenen Störgröße rechtfertigen, auch wenn diese keinen Einfluss auf seine Leistung hat.

Zur Lösung des Problems negativer Auslese kann vor dem Vertragsabschluss ein *Screening* durch den Prinzipal durchgeführt werden. Der Prinzipal baut aktiv sein Informationsdefizit durch Informationseinholung über den Agenten ab. Der Agent kann im Gegenzug durch das *Signalling* dem Prinzipal Signale seiner Qualität übermitteln. Zur Lösung des moralischen Risikos nach Vertragsabschluss hat der Prinzipal in der positiven Agenturtheorie drei Möglichkeiten. Er kann (1) eine Anreizlösung schaffen, die den Agenten z. B. durch Ergebnisbeteiligung zu zielkonformen Handeln anreizt, (2) ein vertraglich fixiertes System der Kontrolle schaffen, das die Ergebnisqualität des Agenten überwacht, oder (3) ein Informationssystem schaffen, das ihn über den Einfluss exogener Störgrößen mit möglichem Einfluss auf die Leistung des Agenten informiert. Alle Lösungen verursachen Agenturkosten.

Im WSS des Erdbaus bestehen Prinzipal-Agent-Beziehungen insbesondere im vorbaulichen Planungsprozess bei der Auswahl von Unterauftragnehmern. Insbesondere das *Screening* und *Signaling* im Vorfeld des Vertragsabschlusses ist zu berücksichtigen. Sie finden in den Arbeiten zum Stand der Forschung der Bauplanung kaum Beachtung. In der Bauausführung und damit der Vertragserfüllung des Agenten für den Prinzipal ist die Leistung des Agenten stark von exogenen Störungen abhängig. Zwischen Bauleitung und ausführendem Akteur besteht damit ein moralisches Risiko, sofern es Informationsasymmetrien zur externen Störung gibt. In der Steuerung konzentrieren sich die Lösungen auf Informationssysteme der Kontrolle der ausführenden Akteure durch die Bauleitung. Derartige Lösungen werden ohne zusätzliche Anreizmechanismen nach Ebers und Gotsch (2006, S. 266) nur begrenzt die Bauleitung von steuernden Aufgaben entlasten, da die Lösungen auf eine Kontrolle der Aktionen eines Agenten ausgelegt sind, ihn jedoch nicht zu guten Leistungen anreizen oder mögliche exogene Störungen berücksichtigen.

Durch die Agenturtheorie nicht adressiert werden die Beziehungen zwischen mehreren Akteuren ohne expliziten oder impliziten Vertrag. Im Erdbaus ist eine autonome Koordination und Leistungsabstimmung über mehrere Stufen hinweg erforderlich, für die vertragliche Beziehungen nicht bestehen. Nach Jensen und Meckling (1976, S. 309) kann die positive Agenturtheorie zwar Auswirkungen zwischen Teammitgliedern analysieren, jedoch sind insbesondere in der

Leistungserbringungsphase des WSS im Erdbaus Agenturkosten zwischen den Teammitgliedern von untergeordneter Bedeutung. Die Akteure im WSS sind aufgrund asymmetrischer, lokaler Information über ihre Leistung und ihr Wissen über exogene Störungen auf einen wechselseitigen Austausch angewiesen und werden diesen suchen, sofern sie an ihrer Leistung gemessen werden. Sie beeinflussen sich in ihrer Leistungserbringung wechselseitig über die Nutzung geteilter Güter wie Be- und Entladeplätze. Durch organisatorische Brüche wird eine Abstimmung der Akteure unterbunden, so dass wechselseitige Beeinflussungen vom verursachenden Akteur unbemerkt auftreten und wirken. Jeder Agent ist zur Abwägung von Handlungsalternativen auf die Beschaffung jener Informationen angewiesen, die ein Abweichen seiner Leistung bedeuten können. Die zugrundeliegende Theorie muss die wechselseitigen Auswirkungen lokaler Handlungen auch ohne impliziten oder expliziten Vertrag berücksichtigen können.

Es sei auf die Kritik von Hart und Moore (1988, S. 755 - 785) an der positiven Agenturtheorie verwiesen, die Nachverhandlungen von Verträgen zwischen Prinzipal und Agent insbesondere für den Fall exogener Störungen nicht in der Agenturtheorie enthalten sehen. Die positive Agenturtheorie betrachtet ausschließlich die Wirkung eines existierenden Vertrages. Damit wird der Einbezug eines ex ante nicht vorhergesehenen externen Faktors in den Vertrag nach Vertragsabschluss in der Agenturtheorie nach Hart (1995, S. 22) nicht analysiert. Daraus folgend ist der Erklärungsbeitrag der Agenturtheorie für die Problemstellung dieser Arbeit zu gering.

Die *positive Agenturtheorie* beschreibt, analysiert und prognostiziert *Abhängigkeiten zwischen vertraglich verbundenen Akteuren*. Im WSS dieser Arbeit werden insbesondere *Wechselwirkungen von Akteuren ohne vertragliche Leistungsverflechtung* betrachtet. Diese entzieht sich dem Erklärungsbereich der positiven Agenturtheorie und wird nicht im Bezugsrahmen berücksichtigt.

2.3.6 Theorie der Verfügungsrechte

Die Effizienzseite der *Cognitive Map of Contract* von Williamson (1985, S. 24) weist neben der Agenturtheorie und Transaktionskostentheorie die Theorie der Verfügungsrechte auf. Gegenüber der Agenturtheorie und der Transaktionskostentheorie liefert die Theorie der Verfügungsrechte ihren Erklärungsbeitrag in der Beschreibung und Analyse der Verteilung und des Übergangs von Verfügungsrechten[51]. Der Ursprung der Theorie der Verfügungsrechte liegt in der

[51] Das Recht zur Verfügung über ein Gut wird in den Theorien der Neuen Institutionenökonomik als Verfügungsrecht bezeichnet. In der deutschsprachigen Literatur findet sich auch der englische Begriff *Property Rights*. Foss und Foss (2001, S. 20) nutzen den Begriff *Control Rights*, Moore

Erkenntnis, dass die an eine Sache gekoppelten Rechte eigene Transaktionsgegenstände sind, welche sich von der Sache losgelöst übertragen lassen. Akteure nach dem Modell des REMM sind durch die Übertragung stets bestrebt, unter gegebenen Restriktionen verfügungsrechtliche Insuffizienzen durch Nutzung und Tausch von Verfügungsrechten zu erlangen. Die in einer Situation möglichen Aktionen eines Akteurs hängen nach Ebers und Gotsch (2006, S. 249)[52] von „erstens den besonderen Verfügungsrechten, die der betreffende Akteur selbst hält, und zweitens von den im Kontext geltenden institutionellen Regelungen" ab. Die Struktur einer gegebenen Verfügungsrechtverteilung und des institutionellen Rahmens für einen Übergang von Verfügungsrechten sind ein Grundpfeiler der Entscheidung desjenigen Akteurs, der sich rational verhält (Eggertsson 1990, S. 55).

Verfügungsrechte sind ein fundamentales Konzept der Neuen Institutionenökonomik. Annahmen über eine wohldefinierte Verteilung von Verfügungsrechten finden sich nach Cole und Grossman (2002, S. 317) in weiten Teilen der modernen Literatur über Marktversagen, ohne dass sich diese Arbeiten mit den Grundsätzen der Verfügungsrechte auseinandersetzen. Verfügungsrechte und ihre Verteilung beeinflussen die Entscheidungen eines Agenten in der Prinzipal-Agent-Theorie ebenso wie die Art der Transaktionen in der Transaktionskostentheorie, so dass die Grenzen der Theorien diesbezüglich fließend sind.

Die Theorie der Verfügungsrechte[53] spannt aus positivistischer Perspektive den Handlungsraum eines Akteurs aufgrund von Ressourcen auf, deren Verfügung nicht eindeutig geregelt ist[54], und gibt normative Empfehlungen für die Gestaltung eines institutionellen Rahmens, der die sozialen Kosten des Handelns minimiert. Zwei Richtungen der Theorie der Verfügungsrechte lassen sich unterscheiden. Der klassische Ansatz der Theorie der Verfügungsrechte[55]

(1974, S. 328) verwendet *Resource Rights*. Der deutsche Begriff *Verfügungsrechte* ist neben dem englischen Begriff *Property Rights* nicht hinreichend präzise. Begriffe wie *Eigentumsrechte*, *Besitzrechte* oder *Vermögensrechte* sind bereits durch die Sozialwissenschaften normiert und weichen stark vom konzeptuellen Gedanken der Verfügungsrechte ab (Tietzel 1981, S. 209). Tietzel (ebd.) verwendet neben dem Begriff der Verfügungsrechte die Begriffe Dispositions- und Handlungsrechte. Diese Arbeit verwendet ausschließlich den Begriff der Verfügungsrechte, obwohl er nicht die volle Tragweite des Konzeptes widerspiegelt, aber in der zuvor geschildeten Tragweite zur Anwendung kommt.

[52] Kursivdruck im Original.

[53] Gegenstand dieser Arbeit ist die ökonomische Betrachtung der Verfügungsrechte. Die Unterscheidung einer ökonomischen und rechtlichen Betrachtung von Verfügungsrechten findet sich in Barzel (1997, S. 3 ff.).

[54] Im weiteren Verlauf werden Güter mit nicht vollständig geregelter Verfügung klassifiziert und Gründe für ihr Entstehen dargelegt. Nach Barzel (1997) werden unter der multiattributiven Perspektive die Verfügungsrechte an Attributen eines Gutes und insbesondere deren Verteilung auf mehrere Inhaber analysiert.

[55] Foss und Foss (2001, S. 19 f.) benennen den klassischen Ansatz den *Old Property Rights Approach* und den GHM-Ansatz als *New Property Rights Approach*. Diese Bezeichnung wird hier

(Alchian 1977, S. 127 - 149; Alchian und Demsetz 1972, S. 777 - 795; Barzel 1997; Coase 1960, S. 1 - 44; De Alessi 1980, S. 1 - 47; Demsetz 1964, S. 11 - 26; 1967, S. 347 - 359; Eggertsson 1990; Furubotn und Pejovich 1974, S. 1 - 9; 1972, S. 1137 - 1162; North 1990; Umbeck 1977, S. 197 - 226; 1981, S. 38 - 59) analysiert die Wirkung von Verfügungsrechten als institutionellen Handlungsrahmen für Akteure. Der klassische Ansatz wird durch den Grossmann-Hart-Moore- (GHM-) Ansatz (Grossman und Hart 1986, S. 691 - 719; Hart 1989, S. 1757-1774; 1995; Hart und Moore 1990, S. 1119 - 1158; Moore 1992, S. 493 - 507) ergänzt, der enge Bezüge zur Kontrakt- und Transaktionskostentheorie aufweist und insbesondere die Hold-up-Situation bei Vertragsnachverhandlungen untersucht. Beide Ansätze bieten eine unterschiedliche Perspektive auf das unmittelbare Handlungsfeld des Akteurs. Grundlage beider Ansätze sind die Rechte des Akteurs an Gütern und ihre Implikationen für seine Handlungen.

2.3.6.1 Klassischer Ansatz

Jede Verfügung hat ihre Berechtigung in dem wirtschaftstheoretischen Konzept des Gutes[56]. Die Kriterien, anhand derer zwischen Arten von Gütern unterschieden wird, sind die *Ausschließbarkeit vom Konsum* und die *Rivalität im Konsum*, dargestellt in Abbildung 13.

Bei Vorliegen eines privaten Gutes können Interessenten über die Höhe des Preises, den sie nicht zu bezahlen bereit sind, vollständig ausgeschlossen werden. Im Konsum herrscht Rivalität, da das Gut nur beschränkt verfügbar ist. Im Gegensatz zu einem privaten Gut kann von einem öffentlichen Gut kein Konsument ausgeschlossen werden. Der Konsum ist nicht rivalisierend, da das Gut allen gleichermaßen zur Verfügung steht. Die Grenzkosten des öffentlichen Gutes liegen bei null. Für ein gewinnorientiertes Unternehmen gibt es bei Vorliegen eines vollständigen Marktes keine Anreize, öffentliche Güter herzustellen, da kein positiver Preis verlangt werden kann. Es kommt zum Marktversagen (Mankiw und Taylor 2006, S. 11) im Fall des öffentlichen Gutes. Neben dem privaten und dem öffentlichen Gut existiert das Maut- oder Klubgut, bei dem Ausschluss durch den Preis möglich ist, Rivalität im Konsum jedoch nicht vorliegt. Folglich ist ein Mautgut ein öffentliches Gut mit Ausschließbarkeit und möglicher Übernutzung. Das Allmendegut gewährleistet keine Ausschließbarkeit, aber es herrscht Rivalität im Konsum. Allmendegüter führen ebenso wie öffentliche Güter zum Versagen des Marktes, da Ausschluss nicht oder nur mit hohem Aufwand gewährleistet werden kann und die Gefahr der Übernutzung besteht.

---

vermieden, da es sich nicht um eine weitergeführte Forschung handelt, sondern einen separaten Forschungszweig darstellt.

[56] Der Begriff *Gut* ist synonym zum Begriff der *Ressource* aus der Prozessorganisation. Er umfasst materielle wie immaterielle Güter.

		Rivalität	
		ja	nein
Ausschließbarkeit	ja	Privates Gut Beispiel: Obst	Mautgut Beispiel: Golfklub
	nein	Allmendegut Beispiel: Öffentliche Straße	Rein öffentliches Gut Beispiel: Straßenbeleuchtung

Abbildung 13 Klassifikation von Gütern in Anlehnung an Blankart (2008, S. 60) basierend auf Samuelson (1954, S. 387 - 389)

Ein Beitrag der Theorie der Verfügungsrechte ist die Integration von öffentlichem Gut und Allmendegut in ihren Erklärungsbereich, statt deren Auftreten im neoklassischen Sinne als Marktversagen auszuschließen. Um zu einem dedizierten Bild der Verfügung über ein Gut im Fall des öffentlichen Gutes und des Allmendegutes zu gelangen, ist eine ausdifferenzierte Betrachtung der Rechte notwendig, die eine Person an einem Gut innehaben kann, da Güter in der Theorie der Verfügungsrechte nicht unmittelbar veräußerbar sind. Ausschließlich die Rechte an den Gütern können innegehalten und übertragen werden. Barzel (1997) verfeinert das klassische Konzept durch eine multiattributive Zuordnung von Rechten an Güterattributen. Damit können unterschiedliche, zum Teil nicht vollständig definierte und bekannte Rechte an einem Gut auf unterschiedliche Akteure verteilt sein.

Im Eingangsbeispiel liegen öffentliche Güter in Form der Straßen vor. Die Nutzung von Straßen durch einen Transportfahrzeugfahrer ist nicht rivalisierend. Eine wechselseitige Ausschließbarkeit von der Nutzung ist nicht gegeben. Die Güter werden bei Nutzung nie knapp. Sie werden von der Baustellenleitung bereitgestellt. Die Akteure benötigten keine Information über die Verfügung der Straßen, da sie stets vollständig zur Verfügung stehen. Die Be- und Entladeplätze hingegen sind der Gruppe der allmenden Güter zuzuordnen. Ihre Nutzung durch die Fahrer ist rivalisierend, da jeder Be- oder Entladeplatz nur exklusiv durch einen Akteur zu einem Zeitpunkt nutzbar ist. Damit ist das Gut strikt exklusiv. Eine Ausschließbarkeit eines Fahrers von den Beladeplätzen, wie dies bei einem privaten Gut oder einem Klubgut der Fall ist, besteht nicht. Folglich entstehen ausschließlich wechselseitige Effekte über die Be- und Entladeplätze, die in ihrer Verfügung unsicher sind. Unklar ist bisher, welche verfügungsrechtlichen Konstellationen Entscheidungsrelevanz für einen Agenten besitzen.

Daher ist der Handlungsrahmen für einen Akteur aufgrund von verfügungsrechtlichen Verteilungen aus der Theorie der Verfügungsrechte abzuleiten.

Die Theorie der Verfügungsrechte ermöglicht eine differenzierte Beschreibung, Analyse und Prognose von Abhängigkeiten zwischen Akteuren, deren *Leistungserbringung über Ressourcen in starker Wechselwirkung* steht, jedoch in *keiner vertraglichen Beziehung* steht. Die Theorie der Verfügungsrechte eignet sich für eine Nutzung im Bezugsrahmen dieser Arbeit.

2.3.6.1.1 Verfügungsrechte

Alchian (1977, S. 130) definiert Verfügungsrechte als „a method of assigning to particular individuals the authority to select, for specific goods, any use from an unprohibited class of uses". „Property rights are understood as the *sanctioned behavioral relations* among men that arise from the existence of goods and pertain to their use. These relation specify the norms of behavior with respect to goods that each and every person must observe in his daily interactions with other persons, or bear the cost of nonobservance" (Furubotn und Pejovich 1974, S. 3). Schmidtchen (1983, S. 9) definiert Verfügungsrechte über Güter als „die Dominanzbeziehung zwischen Personen hinsichtlich der Verfügungsberechtigung über knappe Güter und Ressourcen". In seiner Definition steht die Beziehung von Akteuren über private Verfügungsrechte im Vordergrund. Als Grundlage der Sinnhaftigkeit von Verfügungsrechten betont Schmidtchen (ebd.) die Gesellschaft. Barzel (1997, S. 3)[57] definiert die ökonomischen Verfügungsrechte als *„the individual's ability, in expected terms, to consume the good (or the services of the asset)* directly or to consume it indirectly through exchange". Barzels (ebd.) Definition ist insbesondere auf Verfügungsrechte aus Perspektive eines Inhabers ausgerichtet und für die vorliegende Arbeit von Bedeutung, da sie nicht ausschließlich den Tatbestand einer Verfügungsrechteverteilung beschreibt, sondern die von einem Akteur wahrgenommenen und aus dieser Perspektive unsicheren Verfügungsrechte in ihren Erklärungsbereich einschließt. Alle Definitionen implizieren, dass ein Gut nicht auf ein reines Eigentumsverhältnis reduziert wird, sondern unterschiedliche Rechte an einem Gut auf verschiedene Akteure verteilt sein können. Die Struktur der Verfügungsrechte als Ganzes ist ein institutionelles Arrangement möglicher *Belohnungen* und *Bestrafungen*, das menschliches Verhalten kanalisiert (Tietzel 1981, S. 209 - 210).

„Economists usually take the bundle of property rights as a datum and ask for an explanation of the forces determining the price and the number of units of a good to which these rights attach" (Demsetz 1967, S. 347). Diese Perspektive vernachlässigt insbesondere, dass gleichwertige Güter aufgrund der an ihnen gehaltenen Verfügungsrechte einen sehr unterschiedlichen Wert für einen Inha-

[57] Kursivdruck im Original.

ber darstellen (Tietzel 1981, S. 210). Hart (1995, S. 4) verdeutlicht diesen Umstand an einem Grundstück, welches er zu Bauzwecken erwirbt. Nach dem Erwerb, der mit dem Recht der Bebauung einhergeht, wird offenkundig, dass die Bebauung des Grundstücks entscheidende Auswirkungen auf ein benachbartes Schutzgebiet hat. Eine Baugenehmigung ist unter diesen Umständen sehr viel schwerer zu erhalten. Damit ist das Recht der Bebauung, das durch das erhaltenswerte Schutzgebiet im ursprünglichen Kaufvertrag nicht berücksichtigt wurde, nur bedingt umsetzbar. In der Folge sinkt der Wert des Grundstücks für den Eigentümer, obwohl sich an der unmittelbaren Struktur des Grundstücks nichts verändert hat. Der Wert des Grundstücks für den Erwerber besteht im Verfügungsrecht über die Bebauung des Grundstücks, welches nach Erwerb eingeschränkt wurde und den Wert des Grundstücks für ihn mindert.

Das Beispiel zeigt, dass die Art der durch einen Akteur gehaltenen Verfügungsrechte an einem Gut wesentlichen Einfluss auf seine Handlungsalternativen hat. Hierzu sind die Klassen von gehaltenen Verfügungsrechten zu differenzieren. Alchian und Demsetz (1972, S. 783) sowie Furubotn und Pejovich (1972, S. 1140) unterscheiden vier Klassen, die bereits im römischen Privatrecht unterschieden werden und nach Kaser und Knüttel (2008) entscheidenden Einfluss auf die Gestaltung europäischer und nordamerikanischer Rechtssysteme haben.

- Nutzungsrecht (ius usus) – determiniert die Möglichkeiten der Nutzung eines Gutes. An einer Sache kann es mehrere, sich nicht gegenseitig ausschließende Nutzungsrechte geben, die nicht notwendigerweise auf eine Person konzentriert sind. Der Inhaber dieses Rechts kann andere Individuen von der Nutzung oder der Entscheidung über die Art der Nutzung ausschließen.

- Fruchtziehungsrecht (ius usus fructus) – bezieht sich allein auf die erwirtschafteten Erträge an einem Gut und deren Verwertung, nicht jedoch auf die Verwertung der Sache selbst. Teil des Fruchtziehungsrechts ist das Recht, mit Dritten Verträge zu schließen, die Aussagen über die Nutzung des Gutes enthalten.

- Veränderungsrecht (ius abusus) – ist das Recht, die Attribute an einem Gut zu verändern, z. B. in Form oder Erscheinen.

- Veräußerungsrecht (ius successionis) – berechtigt zur Veräußerung des Gutes, indem das Recht oder die Rechte an dem Gut (teilweise) auf Dritte übertragen werden.

Das Nutzungsrecht, das Fruchtziehungsrecht sowie das Veräußerungsrecht ohne das Veränderungsrecht werden von Cheung (1974, S. 57) und von Furubotn und Pejovich (1974, S. 4) benannt. Das Nutzungsrecht schließt nach Schmidtchen (1983, S. 9) das Recht der Veränderung des Gutes in Form oder

Struktur ein. Die entstehende Menge gehaltener Verfügungsrechte an Gütern bedingt die Optionen, die von einem Akteur in der Ausübung seiner Handlungen berücksichtigt werden können.

Im Eingangsbeispiel bestehen Nutzungsrechte der Akteure an den Ressourcen der Straßen sowie der Be- und Entladeplätze. Die Fahrer besitzen an allen Ressourcen jeweils die gleichen Nutzungsrechte. Ein Fruchtziehungsrecht, also die Nutzung der Ressource zur Erwirtschaftung eines Gewinns, ein Veränderungsrecht oder gar ein Veräußerungsrecht bestehen nicht. Erkennbar ist, dass unmittelbar aus den Verfügungsrechten nicht auf die Art der Exklusivität des Rechts geschlossen werden kann. Es ist aufgrund der einem Akteur zugeordneten Verfügungsrechte nicht zu erkennen, ob ein Gut exklusiv genutzt oder geteilt wird.

Die Rechte an einer Sache können eine hohe Komplementarität aufweisen, wie Hart (1995, S. 64 f.) für das Fruchtziehungsrecht und das grundlegende Recht der Kontrolle[58] zeigt. Verfügungsrechte sind mit diesen Eigenschaften umfassender als das juristische Konzept des Eigentums, insbesondere durch die Integration sozialer Normen in die Reglementierung der Verfügung. Privater Besitz ist das Recht, ein Gut in jeglicher gewünschten Form zu nutzen oder das Recht am Gut zu transferieren, solange die Rechte an Gütern aller anderen Personen nicht beeinträchtigt werden (Alchian 1977, S. 131 - 132). In der strikten Logik der Verfügungsrechte ist die Nebenbedingung überflüssig, da eine Verletzung eines Verfügungsrechtes aufgrund des fehlenden Rechts nicht möglich ist. Dies vereinfacht die Betrachtung von Verfügungsrechtekonstellationen, da ausschließlich bestehende Verfügungsrechte zu betrachten sind, die die Handlungsoptionen der Inhaber determinieren[59].

Aus einer gegebenen Verteilung von Verfügungsrechten können nach Furubotn und Pejovich (1972, S. 1139) Handlungsoptionen nur in der Gänze aller wirkenden Verfügungsrechte abgeleitet werden. Diese Erkenntnis erschwert den Schluss von einer geänderten Verfügungsrechtekonstellation auf die ökonomische Entscheidung des Rechteinhabers. Die Entscheidung orientiert sich an den Zielen und der Situation des Rechteinhabers. Wird die Prozessorganisation als Rahmen von Handlungen zugrunde gelegt, ordnet sich die Anwendung von Verfügungsrechten in die Bearbeitung der Prozesse in Form von Entscheidungen ein.

Der Akteur ordnet seine Handlungsoptionen entsprechend ihrer Transaktionskosten[60] und ihrem erwarteten Nutzen. Als REMM entscheidet er sich in

---

[58] In Abschnitt 2.3.6.2 wird der GHM-Ansatz eingeführt, der insbesondere das Fruchtziehungsrecht und das Recht der Kontrolle behandelt.

[59] Zur Vertiefung siehe Alchian (1977, S. 131).

[60] Barzel (Barzel 1994, S. 395) definiert Transaktionskosten im klassischen Ansatz als „the costs of capturing and protecting property rights". Diese Definition setzt Barzel (ebd.) mit der Definition von Agenturkosten nach Jensen und Meckling (1976, S. 308; 2000, S. 86) gleich.

opportunistischer Art für die Handlungsoption, die in dieser Ordnung an erster Stelle steht. Verfügungsrechte implizieren hiernach unmittelbare Handlungsoptionen und können als Handlungsrechte aufgefasst werden. Die Theorie der Verfügungsrechte ergänzt mit diesem Konzept die Agenturtheorie[61] (Jensen und Meckling 1976, S. 305 - 360) und die Transaktionskostentheorie (Coase 1937, S. 386 - 405) insbesondere um die geteilte Verfügung, das Recht auf Verfügung und den Besitz. Sie liefert einen Erklärungsbeitrag für Phänomene, die weder einem vollständigen Markt noch einer vollständigen Hierarchie unterliegen müssen und dazu beitragen, die Organisationskosten zu minimieren (Hennart 1993, S. 529 f.).

"A primary function of property rights is that of guiding incentives to achieve a greater internalization of externalities. Every cost and benefit associated with social interdependencies is a potential externality" (Demsetz 1967, S. 348). Eine vollständige Internalisierung aller auftretenden Externalitäten, beispielsweise innerhalb einer Organisation, ist hingegen unmöglich (Ouchi 1979, S. 833 - 848). Hierfür müssen alle Inputs und Outputs, inklusive immaterieller Werte wie Reputation oder Erfahrung, mit Preisen in der richtigen Höhe versehen werden, um Kosten und Nutzen der Organisation vollständig zu reflektieren. Auch wenn dies nicht möglich ist, sind Mechanismen in Form institutioneller Rahmen gestaltbar. Ouchi (1979, S. 837 - 838) differenziert drei institutionelle Rahmen, in denen Verfügungsrechte unterschiedlich festgelegt und angewendet werden. Diese sind in Tabelle 4 dargestellt. Der zutreffende institutionelle Rahmen muss berücksichtigt werden, um eine intendierte Wirkung einer Regelung zu erreichen.

Tabelle 4 Soziale und informatorische Vorbedingungen der Kontrolle nach Ouchi (1979, S. 838)

Institutioneller Rahmen	Soziale Anforderungen	Informatorische Anforderungen
Markt	Norm der Reziprozität	Preise
Bürokratie	Norm der Reziprozität Legitimierte Herrschaft	Regeln
Clan	Norm der Reziprozität Legitimierte Herrschaft Geteilte Werte	Traditionen

Der Rahmen der Prozessorganisation, der für das Eingangsbeispiel genutzt wird, folgt den Regeln der Bürokratie. Der Akteur hat sich an gesetzte Regeln

[61] Die Berührungspunkte von der Theorie der Verfügungsrechte und der Agenturtheorie werden in Abschnitt 2.3.6.3 betrachtet.

zu halten, beispielsweise die Regelung des Zugriffs auf die geteilten Ressourcen der Beladeplätze. Andernfalls muss er mit Sanktionen der anderen Akteure rechnen. Die Regeln sind in der Gestaltung von Handlungsalternativen in der Prozessorganisation zu berücksichtigen. Mögliche Sanktionen im Fall der Missachtung von Regeln müssen in das Kalkül des Akteurs aufgenommen werden, sofern sie als Alternative in Betracht gezogen werden.

In der jüngeren Zeit haben sich in der Literatur zur klassischen Theorie der Verfügungsrechte zwei Betrachtungsrichtungen aufgespalten (Kim und Mahoney 2005, S. 224). Der erste und ältere Teil besteht aus den Arbeiten auf der Schnittstelle von Ökonomie und Politikwissenschaften (North 1990). Die durch diese Arbeiten beschriebenen *legal property rights* sind die Rechte, die ein Staat einer Person unmittelbar zuordnet und staatliche Verfügungsrechte genannt werden. „Legal rights are the rights recognized and enforced, in part, by government“ (Barzel 1997, S. 4). Dieser Forschungsbereich ist in dieser Arbeit nachrangig, da diese Regelungen im WSS gesetzt sind. Barzel (1997) und Cheung (1970, S. 49 - 70) analysieren die Verfügungsrechte im Umfeld der Organisation. Barzel (1994, S. 394; 1997, S. 3) bezeichnet die in der Organisation auftretenden ökonomischen Verfügungsrechte als *economic property rights*. „I define *economic rights* over an asset as *an individual's net valuation, in expected terms, of the ability to directly consume the services of the asset, or to consume indirectly through exchange*" (Barzel 1994, S. 394)[62]. Seine Arbeit (ebd.) zu den ökonomischen Verfügungsrechten fußt auf den Arbeiten von Alchian (1977, S. 127 - 149)[63] und Cheung (1969). Nach Barzel (1997, S. 3) sind die ökonomischen Verfügungsrechte das zu erreichende Ziel, um eine gestaltende Wirkung für Handlungen des Akteurs zu erzielen. Gegenstand dieser Arbeit sind ausschließlich die ökonomischen Verfügungsrechte. Ökonomische Verfügungsrechte sind nach Barzel (1997, S. 3) schwieriger zu analysieren und nehmen bisher in der Literatur eine unterrepräsentierte Rolle ein, insbesondere im Fall des Vorliegens verdünnter Verfügungsrechte. „Individuelle und kollektive Phänomene werden erklärt als Ergebnis des Handelns rational ihren Nutzen maximierender Wirtschaftssubjekte, die über ganz bestimmte Property Rights verfügen und die sich ganz bestimmten Restriktionen, zum Beispiel in Form von Transaktionskosten, gegenübersehen“ (Tietzel 1981, S. 222).

[62] Kursivdruck im Original.
[63] Ein Überblick über ökonomische Verfügungsrechte findet sich in Alchian (2008).

Verfügungsrechte bestimmen die Aktionen eines Akteurs mit Bezug zu einer Ressource und spannen den *Handlungsraum* des Akteurs auf. Der institutionelle Rahmen bestimmt die Regeln für die Ausübung und den Übergang von Verfügungsrechten. Das *Arrangement von Verfügungsrechten in einem institutionellen Rahmen* ist Gegenstand der Beschreibung, Analyse und Prognose in der Theorie der Verfügungsrechte. Für das in dieser Arbeit betrachtete WSS ermöglicht die Theorie die Analyse und Gestaltung von *Ressourcenverfügungen* und deren *Ausübung durch den Akteur.*

2.3.6.1.2 Verdünnte Verfügungsrechte

In den frühen Arbeiten zu Verfügungsrechten von Coase (1960, S. 1 - 44) und Demsetz (1964, S. 11 - 26; 1967, S. 347 - 359) verschieben sich Verfügungsrechte zu wohlstandsmaximalen Lösungen durch Verhandlungen zwischen den vertraglich verbundenen Parteien. Das nach Coase (1960, S. 1 - 44) benannte Coase-Theorem besagt, dass unter der Annahme ausbleibender Transaktionskosten für den Austausch und die Informationsbeschaffung[64] stets eine wohlfahrtsmaximale Allokation der Verfügungsrechte erreicht wird (Alchian 1977, S. 140 - 148). Der Idealfall im Sinne von Alchians (ebd.) Aussage ist eine vollständige Verteilung aller knappen Güter, eine exklusive Vergabe von Verfügungsrechten sowie deren uneingeschränkte und insbesondere transaktionskostenfreie Transferierbarkeit. „Externalitäten in Form sozialer Nutzen und Kosten, die bei anderen als dem Inhaber der Property Rights anfallen und nicht kompensiert werden, gibt es in einer Welt der vollständigen Spezifizierung von Property Rights nicht" (Tietzel 1981, S. 211)[65].

Die idealisierte Welt vollständig spezifizierter Verfügungsrechte entspricht nicht der Realität, insbesondere aufgrund der Kosten der Spezifikation und Durchsetzung von Verfügungsrechten nach Coase (1937, S. 386 - 405). Unvollständig spezifizierte und verdünnte Verfügungsrechte sind daher in der Realität die Regel[66]. „Rights are never perfectly delineated, however, because the fact that commodities are not uniform and are expensive to measure makes delineation prohibitively costly" (Barzel 1997, S. 148). Die Abbildung der unvollständigen Verfügungsrechteverteilung in der Theorie der Verfügungs-

[64] Insbesondere sind private Informationen ausgeschlossen. Alle Informationen über Präferenzen der Akteure sind öffentlich. Farell (1987, S. 113 - 129) kommt in seiner detaillierten Auseinandersetzung über die Informationsverfügbarkeit und das Coase-Theorem zum Schluss, dass die unterstellten Informationsannahmen des Coase-Theorems für dezentrale Lösungen in der Theorie der Verfügungsrechte nicht haltbar sind.

[65] Tietzel (1981) und Schüller (1978, S. 29 - 87) verwenden den Begriff der Externalität synonym zum externen Effekt.

[66] Im Beispiel von Hart (1995, S. 4), aufgeführt auf Seite 68 dieser Arbeit, ist das Verfügungsrecht der beschränkten Landbebauung durch ein benachbartes Schutzgebiet nicht vertraglich geregelt.

rechte ist ihr Differenzierungsmerkmal zur Mikroökonomie der Neoklassik. In der Mikroökonomik scheidet dieser Fall als Marktversagen aus dem Beschreibungs- und Erklärungsbereich aus (Bator 1958, S. 351 - 379). Der Wert der Theorien der Neuen Institutionenökonomik und insbesondere der Theorie der Verfügungsrechte für die *neue Mikroökonomik* liegt in der Beschreibung und Erklärung von (1) *verdünnten Verfügungsrechten*, (2) *Transaktionskosten* und (3) *Externalitäten* (Schüller 1978, S. 31).

„Von der Verdünnung von Verfügungsrechten wird gesprochen, wenn das Ausmaß ausübbarer Handlungs- und Verfügungsrechte eingeschränkt ist" (Picot et al. 2008, S. 46). „Je höher die Transaktionskosten und je größer und einschneidender das Ausmaß der Nutzungsbeschränkungen, um so ‚verdünnter' sind die Property Rights" (Tietzel 1981, S. 212). Der Grad der Vollständigkeit der Spezifikation von Verfügungsrechten und die Anzahl der Verfügungsrechteträger am gleichen Verfügungsrecht sind zwei Dimensionen, in denen eine Verdünnung vorliegen kann. Die Einschränkung von Handlungsrechten impliziert unmittelbar einen niedrigeren Nettonutzen des Inhabers durch ein Verfügungsrecht in verdünnter Form. Die Dimensionen der Verdünnung von Verfügungsrechten nach Picot et al. (2008, S. 47) sind in Abbildung 14 dargestellt.

		Anzahl der Verfügungsrechteträger	
		niedrig	hoch
Grad der Vollständigkeit der Verfügungsrechte-zuordnung	hoch	Konzentrierte Verfügungsrechte-struktur Beispiel: Einzelunternehmung	Verdünnte Verfügungsrechte-sturktur Beispiel: Publikums-aktiengesellschaft
	niedrig	Verdünnte Verfügungsrechte-struktur Beispiel: Stiftung	Stark verdünnte Verfügungsrechte-struktur Beispiel: Großverein wie ADAC

Abbildung 14 Dimensionen der Verdünnung von Verfügungsrechten nach Picot et al. (2008, S. 47)

Beide Verdünnungsdimensionen müssen in die Bewertung von Handlungsoptionen durch den Akteur einfließen. Auf Ebene des Organisationsmitglieds hängt die Entscheidung für eine Handlungsoption unter Ausübung des verdünnten Verfügungsrechts vom Nutzungsgrad der zugrundeliegenden Ressource durch Dritte ab, sofern es sich um eine geteilte Ressourcen mit Ausschließbarkeit (Allmendegut) handelt. Der REMM erlaubt unter der Perspektive ökonomischer Verfügungsrechte im klassischen Ansatz der frühen Vertreter Coase (1960, S. 1 - 44), Demsetz (1967, S. 347 - 359), Cheung (1970, S. 49 -

70) und Alchian (1977, S. 127 - 149) sowie jüngerer Arbeiten (Barzel 1997; 1982, S. 27 - 48; De Alessi 1990, S. 6-11; 1980, S. 1 - 47; Furubotn und Pejovich 1974, S. 1 - 9; North 1990; Umbeck 1981, S. 38 - 59) eine Analyse von Verfahren zur Allokation des besten Verfügungsrechteinhabers[67] im Fall geteilter Ressourcen. Dabei bewertet der REMM die entstehenden Transaktionskosten unter der multiattributiven Perspektive von Verfügungsrechten (Barzel 1997) gegenüber dem Nutzen seiner Verfügungsrechteausübung.

Im Eingangsbeispiel hängt die Wahl einer Handlungsalternative durch den transportierenden Akteur von ihrer Leistung ab. Diese ist umso größer, je weniger parallele Verfügungsausübungen zum Nutzungszeitpunkt des Akteurs möglich sind. Entscheidend ist die Erkennung der Rivalität in der Verfügungsrechteausübung. Die Be- und Entladeplätze sind typischerweise geteilte, nur exklusiv nutzbare Ressourcen. Für den Akteur kann die Nutzung einer solchen Ressource mit Leistungsverlusten verbunden sein, sollte sie nicht verfügbar sein. Besteht eine Alternative der Verfügung, so ist diese vorzuziehen, wenn niedrigere Transaktionskosten der Verfügung durch den Akteur zu erwarten sind. Im Idealfall handelt der Akteur situiert, d.h. entscheidet zu jedem Zeitpunkt über die Nutzung der Ressourcen aufgrund ihrer Verfügbarkeit, sofern keine exklusive Zuordnung der Ressourcen vorgesehen ist.

Im Fall *verdünnter Verfügungsrechte* besteht eine *Wechselwirkung* zwischen Akteuren in ihrer Verfügungsrechteausübung. Das Teilen im Fall der verdünnten Verfügung ist mit Wohlfahrtsverlusten verbunden. Im Fall einer verdünnten Verfügung handelt der Akteur in Abhängigkeit der *Durchsetzbarkeit* seiner Verfügungsrechte. Dem Akteur entstehen *Transaktionskosten* bei der Durchsetzung von Verfügungsrechten, die er in seiner Handlungswahl berücksichtigt.

2.3.6.1.3 Unvollständig spezifizierte Verfügungsrechte

Die von der Theorie der Verfügungsrechte berücksichtigten Transaktionskosten sind (1) die *Kosten der Spezifikation*, (2) die *Kosten des Übergangs* und (3) die *Kosten der Überwachung und Durchsetzung* von Verfügungsrechten (Barzel 1982, S. 27 - 48). Für eine Entscheidung des Akteurs sind Transaktionskosten in einer Struktur ohne Übergangsmöglichkeit unter der Annahme einer transaktionskostenlosen Durchsetzbarkeit und einer perfekten Verteilung der Verfü-

[67] Neben der Analyse des besten Verfügungsrechteinhabers im klassischen Ansatz der Theorie der Verfügungsrechte, der heute Forscher in der dritten Generation beschäftigt (Foss 2009, S. 1), analysiert der GHM-Ansatz von Grossmann und Hart (1986, S. 691 - 719) die Hold-Up-Situation und den Schutz spezifischer Investitionsentscheidungen in einer Vertragsbeziehung zweier Akteure. Der Gegenstand dieser Betrachtung sind die vertikalen Grenzen der Unternehmung mit Fokus auf den ökonomischen Verfügungsrechten. Sein normativer Beitrag bedingt die Betrachtung eines ganzheitlichen Systems von Handlungsanreizen (Pasetta 2005; Yang und Wills 1990, S. 177 - 198).

gungsrechte irrelevant. Erst die unvollständige Verteilung und der Transfer von Verfügungsrechten – ob berechtigt durch kontrollierten Übergang oder unberechtigt durch die Verletzung des betreffenden Verfügungsrechts – oder die geteilte Nutzung eines knappen Gutes erfordert die Berücksichtigung von Transaktionskosten. Die unvollständige Spezifikation der Verfügungsrechte ist für viele Güter auf entstehende Transaktionskosten der Spezifikation und der Überwachung in einer Höhe zurückzuführen, die in keinem Verhältnis zum Nutzen einer vollständigen Spezifikation steht. So wird in vielen Fällen bereits in der Organisation keine vollständige Verteilung aller Verfügungsrechte möglich sein. In der Folge müssen Transaktionskosten in der Wahl von Handlungsalternativen durch den Akteur berücksichtigt werden. Es bleibt zu klären, wie ein Akteur auf Basis entstehender Transaktionskosten seine Handlungsoptionen determiniert[68].

Ein Verfügungsrecht bestimmt maßgeblich, wer die Konsequenzen der Ausübung eines Rechts bezogen auf ein Gut, dem das betreffende Verfügungsrecht zugeordnet ist, zu tragen hat (Foss 2009, S. 3). Wie zuvor dargestellt, können alle Verfügungsrechte auch bei vollständiger Spezifikation exklusiv oder in verdünnter Form – in diesem Fall auf mehrere Rechteinhabern verteilt – vorliegen. Ein Nutzer einer Sache, dem die Rechte der Nutzung, der Fruchtziehung, der Veränderung und / oder der Veräußerung nur ungenau oder verdünnt zugeordnet sind, wird gemäß dem REMM nicht alle entstehenden Kosten vollständig in sein Kalkül einbeziehen. Die Konsequenzen seines Handelns sind nicht vollständig internalisiert. Er wird dies in der Abwägung seiner Optionen berücksichtigen.

Ein Zusammenhang der Art *je verdünnter das Verfügungsrecht, desto ausgeprägter die Nutzung* lässt sich nicht herstellen. Sofern jedoch die Kosten für die Ausübung eines Verfügungsrechts nur in verringertem Maße auf den Akteur zurückfallen, wird er nach dem Modell des REMM zunehmenden Gebrauch davon machen, sofern er einen positiven Grenznutzen dadurch erfährt. Dies führt im Falle hohen Nutzens und geringer Kosten zu Capture-Aktivitäten, also zu einer Aneignung eines möglichst großen Teils des betreffenden Gutes. Barzel (1997, S. 16 ff.) befasst sich mit Konsequenzen der geteilten Verfügung über ein Gut. Er benennt für Güter ohne Ausschließbarkeit, die der Knappheit unterliegen (allmende Güter), zwei Arten der Ausübung von Verfügungsrechten. Die Zuteilung der Verfügungsrechte nach Wartezeit (Barzel 1997, S. 16 - 18) ordnet die Verfügungsrechte strikt nach der Reihenfolge, in der Verfügungsrechteträger, die ihr Verfügungsrecht ausüben möchten, in eine Warteschlange eintreten. Der Preismechanismus dieser Güter als zweite Art der Ausübungsordnung kann vorhanden sein, ist jedoch nachrangig. Barzel (ebd.) knüpft an die Arbeit

---

[68] Cheung (1973, S. 11 - 33) zeigt in seiner Arbeit *The Fable of the Bees: An economic Investigation*, dass die Transaktionskosten die Existenz und den Grad von Externalitäten bestimmen.

von Cheung (1974, S. 53 - 71) an, in der die Warteschlange als eine mögliche Konsequenz für ein Verhalten bei Versagen des Preismechanismus benannt wird. Cheung (1974, S. 54) bedient sich eines Beispiels von Theaterkarten, deren Marktgleichgewichtspreis von $10 per Gesetz auf $6 beschränkt wird. Dies erzeugt künstlich eine Theaterkartenknappheit, da die Nachfrage bedingt durch den niedrigeren Preis steigt. Der Preismechanismus ist nachrangig. Betrachtet wird nun folgend die Option des Wartens, die von Barzel (1997, S. 16 - 20) modelliert und am Beispiel der Theaterkarten analysiert wird.

In Barzels (ebd.) Modell wird die Zeit, die eine Person wartend verbringt, als Kosten der Opportunität zum Preis des Gutes hinzugerechnet. Barzel (1997, S. 18) folgert, dass ein Gut, mag es frei bzw. kostenlos deklariert sein, ein öffentliches Gut ist und keinen Wert hat, bis ein Eigentumsrecht an ihm erzielt wird. Die Transaktionskosten, die mit der Ausübung von Verfügungsrechten an dem Gut entstehen, lassen für das Gut, spezifischer an dem angeeigneten Verfügungsrecht des Gutes, einen Wert entstehen. Das Gut unterliegt einer neuen Art der Preisfindung, in welche der ursprüngliche Preis an den Rechten des Gutes und die Opportunitätskosten des Wartens einfließen.

Im Beispiel von Cheung (1974, S. 53) werden für das unter vergünstigtem Preis knappe Gut *Theaterkarte* eine oder mehrere neue Allokationsformen benötigt. Das von Barzel (1997, S. 18 - 21) entwickelte generische Modell erlaubt die Allokation von Gütern, die aufgrund eines Preises unter Marktdurchschnitt nicht vollständig der Preiskontrolle unterliegen, aber auch keine reine Wartezeit ohne Preis unterstellt. Gegenübergestellt ist im Modell von Barzel (1997, S. 19) in Abbildung 15 der Preis, den ein Interessent für eine Menge Q des Gutes zu zahlen bereit ist, und die Wartezeit, die der Interessent für eine Menge Q des Gutes zu leisten bereit ist.

Die Angebotskurve S steigt mit der Wartezeit und dem Preis an. Die Nachfragekurve D bewegt sich zwischen einem hohen Preis pro Gut ohne Wartezeit und einem Preis von Null unter Inkaufnahme langer Wartezeit für eine hohe Anzahl von Gütern Q. Der Gleichgewichtspreis ist P^*, zu dem sich eine Gleichgewichtsmenge Q^* einstellt. Die angebotene Menge ist jedoch geringer als die Gleichgewichtsmenge im Schnittpunkt von D und S, so dass sich aufgrund der Knappheit ein höherer Preis P_1 einstellt, zu dem sich durch die geringere Nachfrage eine kleinere Menge Q_1 ergibt. Wird eine perfekt durchgesetzte Preiskontrolle zum Preis P_C – im obigen Beispiel der Theaterkarten ist $P_C = \$6$, obwohl der vormals erzielte Preis $P = \$10$ Angebot und Nachfrage in der Waage hielt – unterstellt, entsteht ein Angebotsengpass. Der Engpass wirkt sich in Form der Mengendifferenz von Q_0 und Q_1 aus, da der Kunde bereit ist, bei gegebenem P_C mehr Wartezeit in Kauf zu nehmen. Aus diesem Zusammenhang ergibt sich der Wert der Wartezeit eines Nachfragers $P_1 - P_C$ pro Einheit oder $(P_1 - P_C) \cdot Q_1$ für die gesamte vom Käufer nachgefragte Menge. Im Beispiel der Theaterkarten sei die nachgefragte Menge $Q_1 = 5$ Stück. Seine Wartezeit gibt der Käufer mit

$10 pro Stunde an. Somit ist der Käufer bereit, folgernd aus $(\$10 - \$6) \cdot 5 = \$20$, zwei Stunden für die Menge von fünf Theaterkarten zu dem kontrolliert vergünstigten Preis anzustehen.

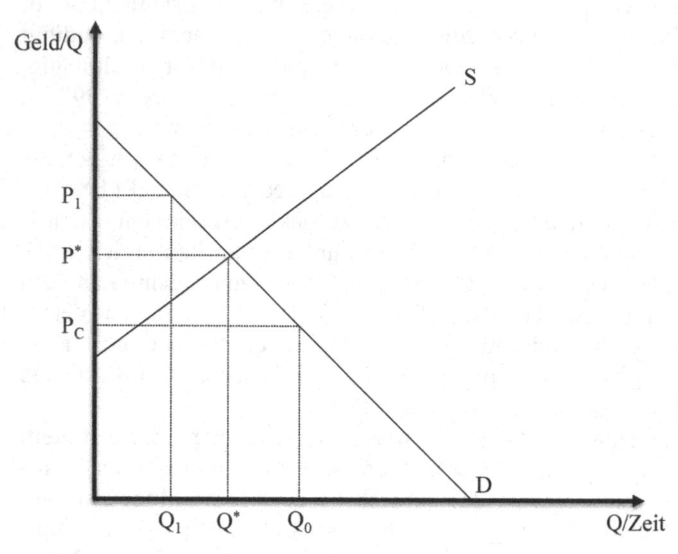

Abbildung 15 Preiskontrolle mit Wartezeit nach Barzel (1997, S. 19)

Das Beispiel verdeutlicht den Zusammenhang von Wartezeit und Transaktionskosten, mit denen der Akteur seine Wartezeit zur Aneignung des Verfügungsrechts bewertet. Warten auf die Verfügungsmöglichkeit über ein geteiltes Gut ist eine Option der Behandlung von konkurrierenden Verfügungen verdünnter Ressourcen, wenn die Gesetze des Marktes nicht vollständig greifen und der Markt versagt. Der Akteur benötigt für die Aneignung eines Verfügungsrechts über die Wartezeit ein Bewertungsschema, mit dem er die Option des Wartens gegen andere Optionen, z. B. die Nicht-Ausübung der Verfügung zu diesem Zeitpunkt und Verfügung über ein anderes Gut, prüfen kann. Der Maßstab der Optionsprüfung ist die Auswirkung auf die zeitliche Verschiebung der Zielerreichung durch das Warten. Insbesondere ist für den Akteur Kenntnis über seine erwartete Wartezeit wichtig, um einen Eintritt in die Warteschlange bewerten zu können.

Das Modell der Wartezeit von Barzel (1997, S. 18 - 21) ermöglicht die Erklärung des Zustandekommens einer Güterallokation außerhalb eines funktionierenden Marktes. Transaktionskosten können in Form von Wartezeit vom Erwerber bewertet und für den Übergang des Verfügungsrechts in Kauf genommen werden. Die Menge alternativer Formen der Aneignung von Verfügungsrechten bei einem Kontrollpreis unter dem Marktpreis bis hin zum Entfall des Preises[69] bei einem öffentlichen Gut oder Allmendegut ist groß[70] und wird in dieser Arbeit nicht vertieft, da derartige Formen von der Durchsetzung höherer institutioneller Ebenen abhängig sind. Im Eingangsbeispiel entsteht beiden Fahrern eines Transportfahrzuges ein Leistungsverlust durch das Warten auf einen Beladeplatz. Dies sind ihre Transaktionskosten der Verfügung. Diese Kosten variieren mit den Leistungsdaten der Transportfahrzeuge und sind mit den Kosten der alternativen Handlungsoptionen zu vergleichen. Die Verwendung des anderen Beladeplatzes erfordert eine längere Fahrzeit und ist dadurch mit einem Leistungsverzug verbunden, kann aber aufgrund von geringerer Wartezeit eine höhere Gesamtleistung erbringen.

Unvollständig spezifizierte Verfügungsrechte bedingen einen institutionellen Rahmen der Verfügung, der die *Zuteilung von Verfügungen* an einem Gut regelt. Der *institutionelle Rahmen des Wartens* mit der Zuteilung von Wartezeit für die Akteure ist ein Verfahren der Rationierung von allmenden Gütern. Die Transaktionskosten des Akteurs bestehen in der *Zeitdauer zur Aneignung*, die er aufgrund seiner Situation von Alternativen bewertet. Jeder Akteur im WSS bewertet seine Alternativen der Prozessausführung aufgrund seiner individuellen Transaktionskosten im Verhältnis zum Ergebnis der Alternative.

2.3.6.1.4 Multiattributive Perspektive

Unter der multiattributiven Perspektive von Barzel (1997) werden entstehende Transaktionskosten aufgrund einer nicht eindeutigen Verfügungsrechteverteilung in Kauf genommen, wie dies der Fall der Zuteilung durch Warten gezeigt hat. Folglich müssen Lösungen der Güterteilung, die mit Transaktionskosten behaftet sind, einen mindestens um die Transaktionskosten größeren Beitrag liefern als Lösungen, die keine Transaktionskosten entstehen lassen, insbesondere im Fall einer perfekten Rechteverteilung. Barzel (1997, S. 33 - 54) weist nach, dass eine hohe Konzentration von Verfügungsrechten nicht zwingend wohlfahrtsmaximal ist. Lösungen der Teilung, die mit hohen Transaktionskosten durch entstehenden Koordinationsaufwand verbunden sind, können

[69] Barzel (1974, S. 73 - 95) analysiert die reinen Kosten des Wartens in der Warteschlange ohne monetären Preis eines Gutes. Die Verfügung kann ausschließlich durch Wartezeit erfolgen, die in Abhängigkeit von der erwarteten Aneignungsmenge des Gutes durch Akteure für den Fall *first-come-first-served* in Kauf genommen wird. Eine Quantifizierung der Wartezeit ist nicht unmittelbar möglich, sondern stets relativ zur Wartebereitschaft der anderen Akteure und der Situation des aneignenden Akteurs.

[70] Cheung (1974, S. 54) benennt neben der Warteschlange im Beispiel der Theaterkarten die nicht abgeschlossene Menge der Möglichkeit eines Schwarzmarkts, einer guten Beziehung zum Kartenverkäufer und der Ausübung physischer Gewalt zur Aneignung der Karten.

durch Spezialisierung eine größere Wohlfahrt schaffen, als sie durch entstehende Transaktionskosten vernichten.

„The physical entities I consider to be commodities or assets typically consist of many attributes, and often different subsets of asset-attributes are owned by different individuals" (Barzel 1997, S. 55). Aufgeteilt in einzelne Attribute können unterschiedliche Personen Verfügungsrechte an unterschiedlichen Attributen eines Gutes halten. Barzel bezeichnet dies als den multiattributiven Charakter eines Gutes[71]. Typischerweise sind nicht alle Attribute eines Gutes bekannt, so dass im Laufe der Nutzung neue Attribute entstehen können, die zunächst im öffentlichen Raum liegen. Erst eine institutionelle Regelung ermöglicht eine Internalisierung dieser Attribute, sofern die Transaktionskosten zur Etablierung und Überwachung der Regelung niedriger sind als der entstehende Nutzen für die Gemeinschaft.

Verfügungsrechte können am gleichen Attribut zeitlich aufgeteilt sein, wie Barzel (1997, S. 57 - 58) am Beispiel eines Taxis illustriert, welches von zwei Fahrern im Schichtwechsel genutzt wird. Bei geteilter Nutzung eines Attributs entsteht das Problem öffentlicher Güter. Ein öffentliches Attribut bei geteilter Nutzung des Taxis ist seine langfristige Werterhaltung. Jeder Fahrer wird kurzfristig bemüht sein, seinen Gewinn zu maximieren. Dies kann jeder Fahrer erreichen, indem er beispielsweise minderwertigen Kraftstoff tankt. Durch minderwertigen Kraftstoff wird die Lebensdauer des Motors langfristig verringert. Die langfristige Werterhaltung des Taxis ist ein öffentliches Attribut, da keiner der Fahrer einen unmittelbaren Ertrag dadurch erzieht. Eine mögliche Lösung zur Vermeidung öffentlicher Attribute am Gut des Taxis ist die Übertragung des betreffenden Attributs an eine Unternehmung. Diese wird klare Regeln für den zu verwendenden Kraftstoff aufstellen und diesen bezahlen. Der Gewinn der Taxifahrer ist nun unabhängig vom verwendeten Kraftstoff. Es existiert somit kein Anreiz für die Taxifahrer, das Taxi mit minderwertigem Kraftstoff zu betanken.

Barzel (1997, S. 62 - 64) nennt darüber hinaus zwei weitere Möglichkeiten des Abmilderns von Effekten der Attribute im öffentlichen Raum. (1) Der Einsatz von einfacherem Material ermöglicht vielfach privates Eigentum an Gütern, das in professioneller Ausführung des Materials aufgrund seines Wertes geteilt werden muss. Im vorangegangenen Beispiel ist zu prüfen, ob die Minderqualität z. B. zweier qualitativ minderwertiger Taxis den Nutzen von einem qualitativ hochwertigen, aber geteilt genutzten Taxi übertrifft. Neben dieser Möglichkeit

[71] Anhand des multiattributiven Charakters eines Gutes differenziert Barzel (1994, S. 394) ökonomische und juristische Verfügungsrechte: Juristische Rechte sind die offiziell festgestellten Rechte, z. B. der urkundliche Besitz eines Autos, und ökonomische Rechte sind die aus individueller Perspektive wahrgenommenen Rechte an dem gleichen Auto, z. B. das Recht des Nicht-Auto-Besitzers es zu betrachten. Letzteres Recht liegt im öffentlichen Raum, da die Transaktionskosten des Besitzers zur Unterbindung im Vergleich zu seinem Nutzen zu hoch sind.

kann (2) die Verwendung von Fixlohnkontrakten eine Übernutzung von Attributen im öffentlichen Raum abmildern. In zweiten Fall muss mit höheren Transaktionskosten gerechnet werden, um ein Erfüllen der Pflichten des Taxifahrers zur Werterhaltung des Fahrzeugs zum einen festzusetzen und zum anderen zu überwachen. Eine weitere Lösung, die nicht von Barzel angeführt wird, liegt in der gegenseitigen Überwachungsmöglichkeit der Taxifahrer und Belassen des geteilten Eigentums am Taxi. Ist gegeben, dass Tankquittungen mit lückenlosem Vermerk des Kilometerstandes in einem Fahrtenbuch aufgehoben werden, so ist eine Kontrollmöglichkeit der Taxifahrer untereinander gegeben. Jeder Taxifahrer wird nun auf die Einhaltung der richtigen Benzinsorte bedacht sein, da er kontrollierbar ist, und das Attribut *Kraftstoffqualität* internalisiert wurde.

Nach Barzel (1997, S. 60 - 62) besteht neben der Organisation das Konzept der Versicherung als Möglichkeit der Übertragung von Attributen eines Gutes. Für den Fall einer Feuerversicherung eines Gebäudes betrachtet Barzel (ebd.) nicht die Minimierung des Eigentümerrisikos – er unterstellt allen Parteien Risikoneutralität – sondern er unterstellt dem Versicherungsunternehmen aufgrund seiner Spezialisierung einen effizienteren Umgang mit dem Risiko eines Feuers als dem Eigentümer des Gebäudes. Da sich das Versicherungsunternehmen auf das Absichern des Feuerrisikos spezialisiert hat, wird es ein Verfügungsrecht an diesem Attribut[72] des Gebäudes besser handhaben können als der nicht spezialisierte Eigentümer.

Liegt eine geteilte Verfügung für ein Gut vor, ist der optimale Inhaber der Kontrolle derjenige, der einen maximalen Ertrag aus dem Attribut des Gutes ziehen kann (Barzel 1997, S. 55 f.). Der maximale Ertrag aus einem Attribut eines Gutes kann jedoch ein anderes Verfügungsrecht bedingen. Im Beispiel des Taxis bedingt eine sinnvolle Nutzung des Taxis durch den Fahrer die Möglichkeit der Aneignung des Verfügungsrechts über Benzin. Andernfalls kann der maximale Ertrag nicht erzielt werden. Unter diesen Umständen kann sich ein neuer optimaler Inhaber des Verfügungsrechts finden lassen, jedoch stets verbunden mit den anfallenden Transaktionskosten.

Die Zusammenhänge lassen sich am Eingangsbeispiel widergeben. Öffentliche Attribute bestehen an allen geteilten Ressourcen der Be- und Entladeplätze sowie den Transportwegen durch die fehlenden Rechte der Eigentümerschaft der Transportfahrzeugfahrer. Sie verfügen über kein Recht, das mit einer Herstellung oder langfristigen Werterhaltung dieser Ressourcen verbunden ist. Sie haben jedoch keinen Vorteil von der frühzeitigen Abnutzung, da diese ihre Leistung negativ beeinflusst. Sie werden eine Leistungsbeeinträchtigung jedoch in Kauf nehmen, wenn sie für ihre Leistungserbringung unvermeidlich ist und

[72] Im Falle des Feuerrisikos ist der Wert des Attributs negativ und das Versicherungsunternehmen verlangt einen Preis für die Feuerschutzpolice, die jedoch monetär niedriger ausfällt als das empfundene Risiko beim Eigentümer des Gebäudes. Daher ist der Eigentümer geneigt, die Feuerschutzpolice abzuschließen.

davon ausgehen, dass die anderen Transportfahrzeugfahrer ebenfalls die Ressource mit der Konsequenz einer Leistungsminderung abnutzen.

Die *multiattributive Perspektive* erweitert den klassischen Ansatz um eine *differenzierte Betrachtung von Ressourcen entsprechend ihrer Attribute* und erklärt, warum die Verteilung von Attributen einer Ressource auf unterschiedliche Akteure durch *Spezialisierung eine gesteigerte Wohlfahrt* erreichen kann. In der Konsequenz ist eine *dezentrale Steuerung von Verfügungen über Ressourcenattribute im WSS* genau dann möglich, wenn sich die *Transaktionskosten durch den institutionellen Rahmen für jeden Akteur quantifizieren lassen*. Dies ist im institutionellen Rahmen des Wartens aufgrund der Wartezeit der Fall.

2.3.6.1.5 Zwischenfazit

Im Mittelpunkt der Analyse des klassischen Ansatzes der Theorie der Verfügungsrechte steht die Schaffung von Wert in einer Austauschbeziehung mehrerer Akteure, die in keiner direkten vertraglichen Beziehung stehen müssen. Dem klassischen Ansatz zugrunde liegt die Unsicherheit über unerwünschtes Verhalten Dritter in der Nutzung von geteilten oder nicht eindeutig spezifizierten Gütern. Das unerwünschte Verhalten Dritter entsteht aufgrund nicht eindeutig spezifizierter Rechte an Gütern, da die entstehenden Transaktionskosten in Form der Mess- und Überwachungskosten[73] für Spezifikation und Überwachung aller Rechte im Verhältnis zu ihrem Nutzen zu hoch sind (Barzel 1997, S. 148). In der Folge können Dritte von der Nutzung des Gutes nicht ausgeschlossen werden. Unsicherheit über unerwünschtes Verhalten Dritter besteht. Bereits die Spezifikation von Rechten an einem Gut kann mit hohen Kosten verbunden sein, so dass eine Nichtausschließbarkeit aufgrund fehlender Spezifikation vorliegt. Dies ist vergleichbar der Situation im Verkehrsinfrastrukturbau, in dem eine vollständige Spezifikation von Nutzungsrechten an geteilten, aber konkurrierend genutzten Gütern wie Be- und Entladeplätzen von hoher parametrischer Unsicherheit (Williamson 1985, S. 57 ff.) geprägt ist, so dass sich andere Verfahren der Allokation von Rechten an geteilten Gütern[74] als Institution etabliert haben.

Eine Lösung liegt in der exklusive Zuweisung von Verfügungsrechten für alle Güter, die jedoch insbesondere bei großen Gütern keine optimale Wohlfahrt garantiert. Barzel (1997, S. 1 - 84) analysiert in den ersten fünf Kapiteln der *Economic Analysis of Property Rights* die Gründe für das Vorhandensein der

[73] Der klassische Ansatz ist den Messkostenansätzen zuzurechnen, da er die Leistung in Bezug zu einer bestimmten Allokation von Rechten an Gütern setzt.

[74] Im klassischen Fall bilden sich Warteschlangen, falls der unmittelbare Zugriff auf ein Gut scheitert.

geteilten Verfügung. In seinem Abschnitt über die *Cost of sole ownership* bestimmt Barzel (1997, S. 51 f.) Wohlfahrtsverluste durch alleiniges Eigentum eines Gutes. Dies sind im Sinne von Barzel (ebd.) Transaktionskosten, da das Gut unter seinem bestmöglichen Einsatzzweck verwendet wird. Nur selten reichen die Fähigkeiten eines Eigentümers in allen Punkten aus, um das Gut wohlfahrtsmaximal in all seinen Eigenschaften zu nutzen. Die Transaktionskosten sind in diesem Fall definiert als die Differenz zwischen tatsächlich möglicher Nutzung des Gutes durch den Eigentümer und wohlfahrtsmaximaler Nutzung durch alle möglichen Nutzer, die einen in Summe höheren Nutzen aus dem Gut ziehen können. Üblicherweise sind im Verkehrsinfrastrukturbau die Wohlfahrtsverluste bei Exklusivzuweisung – ein Transportfahrzeugfahrer verfügt exklusiv über einen Beladeplatz, Entladeplatz oder eine Straße – höher, als wenn sich mehrere Fahrer das Gut teilen und die entstehenden Transaktionskosten des geteilten Zugriffs in Kauf nehmen. Für das Individuum mag dies nachteilig sein, in Summe ergibt sich jedoch eine höhere Wohlfahrt. Wie von Barzel (1997, S. 51 f.) dargelegt, ist aufgrund der Spezialisierung der Akteure die geteilte Verfügung über Güter in vielen Fällen wohlfahrtsmaximaler als eine rein private Verfügung.

Für geteilte Güter besteht die Gefahr der Übernutzung, da ausgeprägte Externalitäten eine inadäquate Nutzung der Güter über Gebühr erlauben. Barzel (1997, S. 33 - 37) vergleicht die Eigenschaft dieser Güter mit Steuern und Subventionen. Seinen Erklärungsansatz nutzt Cheungs (1969) Arbeit zu geteilten Pachtverhältnissen in der Landwirtschaft. Steuern wie Subventionen entstehen bei Verteilung des Rechts an der langfristigen Werterhaltung und der kurzfristigen Erlöse auf verschiedene Rechteinhaber. Im Fall eines Ackers stehen dem Eigentümer die langfristigen Erlöse zu, dem Pächter aber nur die kurzfristigen. Die langfristige Werterhaltung unterliegt für den Pächter einer Strafsteuer in voller Höhe seines Einsatzes. Es stehen ihm keine Erträge aus der langfristigen Erhaltung des Pachtgegenstands zu. Eine Subvention entsteht durch das Recht an den Erträgen aus einem Nutzungsrecht. Die Subvention birgt für den Pächter einen Maximierungsanreiz seines Nutzungsrechts. Aufgrund nicht vorhandener Eigentumsrechte am Acker wird der Pächter geneigt sein, den Ertrag der Frucht zu maximieren. Die langfristige Bodenerhaltung wird er vernachlässigen, da er daran kein Verfügungsrecht hält. Es entsteht eine generelle Unterversorgung der Pacht an den Eigenschaften, an denen der Pächter keine Verfügungsrechte hält. Steuern und Subventionen lassen sich auch auf den Leistungsfluss im Verkehrsinfrastrukturbau übertragen. Der Transportfahrzeugfahrer hält nur die kurzfristigen Nutzungsrechte an der Baustraße. Langfristige Rechte der Erhaltung stehen für ihn nur insofern unter einer Steuer, als dass er in seiner künftigen Nutzung zum Beispiel einkalkulieren muss, diese Baustraße in einem schlechteren Zustand nur mit einer geringeren Geschwindigkeit befahren zu können.

Anhand der Problemstellung von Steuern und Subventionen leitet sich unmittelbar der Beitrag optimal gestalteter Institutionen unter geteilter Verfügung des klassischen Ansatzes ab. Insbesondere, wenn die Rechte an einem Gut unvollständig definiert oder auf mehrere Akteure verteilt sind, liegt die Gefahr der Übernutzung vor. An dieser Stelle greifen institutionelle Regelungen. Zu regeln ist (1) wer und (2) wie er das Recht ausüben darf. Dies kann auch in Form von Institutionen geschehen, z. B. der Institution einer Warteschlange. Nach Barzel (1997, S. 9) ist für einen wohlfahrtsmaximalen Zustand jedes Recht in dem Maße einem Inhaber zuzuordnen, welches den Gesamterlös aus der Anwendung aller Verfügungsrechte maximiert. Die ergebende Konstellation von Verfügungsrechten kann dabei verdünnt sein. Die Transaktionskosten durch Gestaltung und Anpassung von Institutionen wird von Barzel (1997, S. 51) durch eine bessere Zuordnung von Güterattributen zu den Fähigkeiten von Rechteinhabern gerechtfertigt. Die richtige, nicht-exklusive Zuordnung ermöglicht Kooperation durch Arbeitsteilung an großen Ressourcen, die durch Spezialisierung einen höheren Grad der Wohlfahrt erreichen lässt. Die Voraussetzung der Kooperation sind geteilte Verfügungsrechte an den Ressourcen, die aufgrund des Erhebungsaufwandes in vielen Fällen keiner eindeutigen Zuordnung unterliegen (Barzel 1997, S. 55). Die entstehenden Wohlfahrtsverluste durch Transaktionskosten bei unvollständiger Spezifikation sind jedoch geringer als der Verzicht auf die Kooperation. Barzel (1997, S. 55 - 56) stellt die These auf, dass derjenige Akteur, der den größten Wettbewerbsvorteil aus der Nutzung des Gutes hat, über entsprechende Rechte des korrespondierenden Attributs des Gutes verfügen sollte.

Für einen Bezugsrahmen in dieser Arbeit leistet der klassische Ansatz der Theorie der Verfügungsrechte den Beitrag einer Bewertung von Handlungsalternativen eines Akteurs unter externen Effekten auf Attributen einer Ressource. Insbesondere die von Barzel (1994, S. 394 f.; 1997, S. 3 f.) vorgenommene Abgrenzung ökonomischer Verfügungsrechte ermöglicht dieser Arbeit die Einnahme einer Perspektive des Akteurs auf verfügungsrechtliche Handlungsalternativen in seiner Situation. Daher können Implikationen der Umgebung des Akteurs, genauer Implikationen von gemeinsam genutzten Attributen an geteilten Ressourcen, die nur ihm aufgrund seiner Situation bekannt sind, in die Wahl einer für ihn besten Handlungsalternative durch Bewertung seiner ökonomischen Verfügungsrechte einfließen. Er kann Attribute an Ressourcen, die im öffentlichen Raum liegen, in der Wahl seiner Handlungen berücksichtigen.

2.3.6.2 Ansatz von Großmann, Hart und Moore

Der GHM-Ansatz[75] von Großmann, Hart und Moore (Grossman und Hart 1986, S. 691 - 719; Hart 1995; Hart und Moore 1990, S. 1119 - 1158; Moore 1992, S.

[75] Eine differenzierende Betrachtung von klassischem Ansatz und GHM-Ansatz findet sich in Foss und Foss (2001, S. 19 - 37).

493 - 507) fußt auf einer Situation unvollständiger Verträge, wie sie auch in der Transaktionskostentheorie (Klein et al. 1978, S. 297 - 326; Williamson 1985; Williamson 1975) analysiert wird. Referenzen in den Arbeiten zum GHM-Ansatz finden sich insbesondere auf die Beiträge von Williamson zur Transaktionskostentheorie (Foss 2009, S. 8). Fundamentale Kritik übt der GHM-Ansatz an der Sichtweise der Unternehmung[76] in der neoklassischen Theorie, die (1) es nicht vermag, Anreize innerhalb einer Unternehmung zu berücksichtigen, und sie stattdessen als Black-Box betrachtet, (2) keine Aussagen über die internen Strukturen der Organisation mit internen Handlungsanreizen für die Akteure trifft, und (3) nicht in zufriedenstellendem Ausmaß die Organisationsgrenzen zu erklären vermag. Im Erklärungsbereich der Neoklassischen Theorie liegt eine einzige weltweit existierende große Unternehmung mit Subunternehmen ebenso wie eine Welt, in der alle Subunternehmen und Abteilungen der heutigen Unternehmen eigenständige Unternehmen sind (Hart 1995, S. 17).

In den Theorien der Neuen Institutionenökonomik liefert die Agenturtheorie ein fundiertes Bild der Anreize für erwünschte oder unerwünschte Handlungen im Unternehmen, lässt aber die Frage nach den Unternehmensgrenzen unbeantwortet (Hart 1995, S. 18). Die Kosten für das Aufsetzen von Verträgen werden von der Agenturtheorie nicht berücksichtigt, sondern nur die Kosten für das Feststellen eines Zustands von Personen und Sachen, die von einem Vertrag betroffen sind (Hart 1995, S. 21 f.). Eine Änderung von Verträgen ist in der Agenturtheorie nicht vorgesehen, da alle Obligationen der beteiligten Vertragspartner für alle zukünftigen Zustände im Vertrag erschöpfend fixiert sind. Diese Restriktionen werden von Hart und Moore (1988, S. 755 - 785) kritisiert, da vollständige Verträge unter Einbezug von externen Faktoren aufgrund zu hoher Kosten und begrenzter Rationalität nicht umsetzbar sind. Externe Faktoren für derartige Verträge sind der Absatz von Produkten, die Innovationshöhe oder die Regulierung durch die Gesetzgebung. Wird beispielsweise durch die Gesetzgebung eine Regulierung zum Schadstoffausstoß von Autos herausgegeben, wirkt diese auf den Absatz betroffener Autos. Dieser Faktor ist vom Unternehmen nicht ex ante vorhersehbar und kann vertraglich nicht abgesichert werden.

Die Transaktionskostentheorie dient als Grundlage unvollständiger Verträge und wird um Handlungsalternativen in einer Hold-Up-Situation erweitert. Hart (1995, S. 27) kritisiert die grundsätzlichen Aussagen zur Hold-Up-Problematik der Transaktionskostentheorie innerhalb eines Unternehmens gegenüber der Hold-Up-Problematik zwischen Unternehmen. Diese führen nicht zu normativ verwertbaren Aussagen, die auf eine optimale Organisationsform schließen lassen. Hart (1996, S. 371 - 386) adressiert dieses Defizit mit dem Konzept der

[76] Die Wirtschaftseinheit eines Unternehmens, Betrachtungsgegenstand des GHM-Ansatzes, ist nach Moore (1992, S. 493) ein Bündel von Sachkapital („non-human assets"). Hat eine Person das Recht an zwei Sachen, so ist diese im definitorischen Sinne des GHM-Ansatzes ein Unternehmen, sind diese Rechte auf zwei Personen verteilt, handelt es sich um zwei Unternehmen (Foss 2009, S. 8).

Autorität durch die Ausübung residualer Rechte an Sachkapital durch den innehabenden Akteur im GHM-Ansatz.

Mit diesen Wurzeln grenzt sich der GHM-Ansatz, der insbesondere das Hold-Up-Problem resultierend aus unvollständigen Verträgen adressiert, von Arbeiten zum klassischen Ansatz mit der Suche nach einem besten Eigentümer ab. Unvollständige Verträge entstehen sowohl durch beschränkte Rationalität der Vertragsparteien als auch durch eine nicht antizipierbare Zukunft (Foss 2009, S. 8). Es entstehen Kosten der Vertragsgestaltung für Suche und Integration von Parametern, die nie vollständig erhoben werden können. Selbst wenn ein Vertrag alle Aspekte der Vertragsparteien zu regeln im Stande wäre, können diese Aspekte nicht vollständig gegenüber Dritten, z. B. einem Gericht, gesichert werden. Es besteht immer ein Ermessensspielraum des Dritten. Das von Hart (1995, S. 64 f.) auf Seite 89 dieser Arbeit zitierte Beispiel des Erwerbs eines Grundstücks, welches nach Vertragsabschluss nicht ohne Auflagen bebaubar ist, stellt eine im Vertrag ex ante nicht erfasste Änderung dar, welche unmittelbar den Wert des Verfügungsrechts für den Eigentümer beeinflusst.

2.3.6.2.1 Kontrollrechte

Der GHM-Ansatz unterscheidet spezifische und residuale Kontrollrechte (Grossman und Hart 1986, S. 692). Residuale Kontrollrechte sind das „right to decide usages of the asset in uncontracted-for contingencies" (Hart 1996, S. 371). Dies impliziert die Eigentümerschaft, da nur der Eigentümer die nicht spezifizierten und damit nicht vorhersehbaren Rechte nutzen kann. In Nachverhandlungen unvollständiger Verträge bezieht der Eigentümer seine Verhandlungsmacht aus Rechten, die der Vertragspartner benötigt. „Given that a contract will not specify all aspects of the asset usage in every contingency, who has the right to decide about missing usages? According to the property rights approach, it is the owner of the asset in question who has this right. That is, the owner of an asset has *residual control rights* over that asset: the right to decide all usages of the asset in any way not inconsistent with a prior contract, custom, or law" (Hart 1995, S. 30)[77]. Spezifische Kontrollrechte hingegen sind durch Verträge geregelt und bergen nur geringes Potenzial im (Nach-)Verhandlungsfall, da sie ex ante bekannt sind.

Der Begriff des Verfügungsrechts ist mit dieser Definition im GHM-Ansatz unschärfer als im klassischen Ansatz. Residuale Rechte sind ein Bündel, das nicht spezifiziert werden kann, da die Nutzungsmöglichkeit erst im Laufe der Nachverhandlungen eines (unvollständigen) Vertrages entstehen. Grundsätzlich schließt diese Perspektive Güter im öffentlichen Raum aus der Betrachtung des GHM-Ansatzes aus, da an jedem Gut, welches in der vertraglichen Beziehung

[77] Kursivdruck im Original.

betrachtet wird, zumindest einem Vertragspartner residuale Rechte zugeordnet sind.

Je mehr residuale Rechte an Gütern ein Unternehmen unmittelbar sein Eigentum nennt, von dem das andere Unternehmen abhängig ist, desto stärker ist seine Verhandlungsmacht bei Vertragsänderungen. Residuale Rechte an einem Gut sind für einen Akteur in einem Vertrag von Vorteil, wenn der andere Akteur daran spezifische Rechte hält. Für einen Vertrag werden nur Ressourcen berücksichtigt, die für die Erfüllung zwischen ihnen relevant sind. Die eintretende Hold-Up-Situation im Fall der vertraglichen Nachverhandlung ist nicht als wohlfahrtsminderndes Problem, sondern als strategische Position im GHM-Ansatz modelliert. Die Nachverhandlungen eines Vertrages berücksichtigen immer das Mindestniveau, welches beide Akteure mit ihrem eingebrachten Kapital außerhalb der Vertragsbeziehung realisieren können (Rückfalloption). Jeder Akteur hat einen erhofften Mehrertrag durch das Engagement im Vertrag gegenüber den Einkünften aus der Rückfalloption. Hart (1995, S. 38 f.) betrachtet eine hälftige Aufteilung des Mehrertrags aus dem Engagement im Vertrag unter den beiden Vertragsparteien. Dies entspricht der Nash-Verhandlungslösung, in der sich kein Partner unter Wahrung seiner Strategie besser stellen kann.

Die Rückfalloption und nicht die Gesamtinvestitionsentscheidung ist das Orientierungsmaß für jede Vertragspartei. Dies führt zwangsläufig zu einer suboptimalen Investition beider Parteien. Dies ist eine Parallele von GHM- und klassischem Ansatz. Im klassischen Ansatz werden Transaktionskosten als Grund unvollständig spezifizierter Verträge angeführt. Nach Barzel (1997, S. 104) werden bei steigendem Wert von öffentlichen Gütern auch Aktivitäten forciert, diese Güter zu nutzen und private Rechte daran zu erlangen[78]. Die Nachverhandlungssituation im GHM-Ansatz ist mit Aneignungsaktivitäten im klassischen Ansatz vergleichbar. Durch das vertragliche Rahmenwerk wird im GHM-Ansatz expliziert, welche Ressourcen betroffen sind. Eine derartige Aneignung geschieht offen. Im klassischen Ansatz werden Aneignungsversuche verdeckt unternommen.

2.3.6.2.2 Optimaler Eigentümer

Der vorangegangene Abschnitt zeigt, dass eine große Verhandlungsmacht bei Besitz vieler residualer Rechte besteht, an denen der Partner in einem Vertragsverhältnis nur spezifische Rechte zugesprochen bekommen hat. Ändert sich die Vertragssituation, ist er in der stärkeren Verhandlungsposition. Dies bedingt nicht zwangsläufig, dass eine optimale Eigentümerkonstellation vorherrscht. Die optimale Eigentümerkonstellation bedingt den maximalen Ertrag aus der Kooperation für beide Partner. Hart (1995, S. 44 f.) bezieht in die Analyse der

[78] Diese Aktivitäten finden sich in der Literatur unter dem Begriff *Capture*.

optimalen Eigentümerstruktur fünf Faktoren des Einflusses auf den Kooperationsertrag ein.

Die (1) *Elastizität der Investition* bestimmt die Abhängigkeit von veränderten Investitionsanreizen auf die tatsächliche Investition eines Akteurs. Sie beschreiben die Sensibilität eines Akteurs auf neue Anreize zur Investition. Für die Elastizität der Investition wird nicht notwendigerweise ein linearer Zusammenhang unterstellt. Hart (1995, S. 45) betrachtet bei allen Akteuren gleichelastisches Verhalten. Die (2) *Produktivität der Investition* ist die Elastizität des Investitionsbeitrags eines Akteurs auf den Kooperationsertrag. Sie ist der Anteil der Investition eines Partners gemessen am Gesamtertrag. Die (3) *Abhängigkeit vom Sachkapital* ist das Maß, in welchem der Grenzertrag eines Akteurs vom Zugang zum Sachkapital des anderen Akteurs abhängt. Hierfür sind die spezifischen Rechte ausschlaggebend. Die (4) *Komplementarität von Sachkapital* ist die Abhängigkeit des Kooperationsertrags vom eingebrachten Sachkapital eines Akteurs. Das Humankapital eines Akteurs *a* hat eine (5) *essentielle Ausprägung*, wenn sich der Grenzertrag aus der Investition des Akteurs *b* unter Verfügbarkeit von Sachkapital beider Akteure nur mit dem Humankapital des Akteurs *a* erhöhen lässt.

Die Einflussfaktoren auf Anreize zur Investition ermöglichen Schlussfolgerungen auf die optimalen Eigentümer im Kooperationsfall (Hart 1995, S. 45 - 47). Bei niedriger Elastizität eines Akteurs besteht kein Anlass, dass dieser Akteur über Sachmittel verfügt. Dies ist auch der Fall, wenn er nur eine geringe Produktivität aufweist. Die Abhängigkeiten von Sachressourcen des anderen Akteurs können in Bezug auf die Rechteverteilung unterschiedlich starke, sogar gegenläufige Effekte haben. Überträgt man abhängige Ressourcen vollständig, wird der Empfänger einen größeren Beitrag zum Kooperationsertrag leisten, der abgebende Akteur jedoch Einbußen haben. Bei unabhängigem Sachkapital werden beide Formen der Übertragung dominiert von der Nichtintegration (Hart 1995, S. 47). Bei vorliegender vollständiger Komplementarität von Sachkapital, also einer Grenzertragserhöhung von einer Ressource nur dann, wenn auch Zugang zur anderen Ressource besteht, ist jede Form der Integration besser als die Nichtintegration (Hart 1995, S. 47 f.). Bei vorliegender vollständiger Komplementarität wird das Recht an nur einer Ressource keinen Kooperationsertrag erbringen. Hat ein Akteur das Recht an einem Fahrzeug und der andere Akteur das Recht am benötigten Treibstoff, so ist ein Zugang des Fahrzeugrechteinhabers zum Treibstoff ertragssteigernd. Liegt eine essentielle Ausprägung von Humankapital eines Akteurs vor, ist für einen maximalen Kooperationsertrag das Eigentum an dem zum Ertrag führenden Sachkapital zu sichern. Somit entsteht mit dem essentiellen Humankapital für die Erfüllung des Kooperationsvertrags der direkte Bezug zu den benötigten Ressourcen als stärkste Ausprägung der Rechte an Sachkapital.

2.3.6.2.3 Zwischenfazit

Ausgangssituation des GHM-Ansatzes ist eine Situation eines unvollständigen Vertrags zwischen zwei Akteuren. Exogene Störgrößen führen zu einer Nachverhandlungssituation über den Kooperationsertrag des Vertrags. Die Nachverhandlungssituation ist Gegenstand des GHM-Ansatzes. Entscheidend in dieser Situation ist das Eigentum an Ressourcen durch residuale Rechte, die zur Erfüllung des Vertrags benötigt werden und die Verhandlungsposition des Inhabers verbessern. Mehr residuale Rechte über Güter in der Vertragserfüllung erhöhen in der Nachverhandlungssituation die Anreize zur Tätigung von spezifischen Investitionen zur Erzielung eines kooperativen Erfolgs. Für eine optimale Allokation der Rechte an Gütern im Sinne einer maximalen Wohlfahrt lassen sich nach Hart (1995, S. 45 ff.) vier Thesen aus dem GHM-Ansatz ableiten:

1. Essentialität von Humankapital – Der Akteur mit essentiellem Humankapital für die Vertragserfüllung sollte Eigentümer der für die Leistungserstellung erforderlichen Güter sein.
2. Keine Komplementarität von Gütern – Sind zwei Güter für die Vertragserfüllung nicht komplementär, so sollten sie sich im Eigentum unterschiedlicher Akteure befinden.
3. Strikte Komplementarität von Gütern – Sind zwei Güter für die Vertragserfüllung strikt komplementär[79], so sollten sie im Eigentum eines Akteurs liegen.
4. Grenzproduktivität der kooperativen Leistung – Hat die spezifische Investition eines Akteurs einen hohen Grenzertrag für die kooperative Leistung, so sollte dieser Akteur Eigentümer der Güter zur Erzielung der kooperativen Leistung sein.

Der GHM-Ansatz deckt den speziellen Fall einer Vertragsnachverhandlungssituation ab, der in der positiven Agenturtheorie nicht betrachtet wird (Hart 1995, S. 22). Rechteverteilungen an Gütern sind stets in Form der Eigentümerschaft die residualen Rechten und die vertraglich geregelten speziellen Rechte. Eine unvollständige Zuordnung von Rechten mit der Gefahr einer verdeckten Aneignung ist außerhalb des Erklärungsbereichs des Ansatzes. Die Aneignung im Fall einer Nachverhandlung geschieht offen durch die Hold-Up-Situation. Gegenstand des GHM-Ansatzes ist ein Verteilungskonflikt über den gemeinsam geschaffenen Wert sowie der Schutz vor der Ausbeutung des jeweils anderen. Vergleichbar der Transaktionskostentheorie finden sich derartige Verträge zwischen einem Generalunternehmer und einem Subunternehmer im Leistungsfluss der Wertschöpfung im Verkehrsinfrastrukturbau jedoch nicht. Kooperationsbeziehungen finden sich zwar auch in Teams, die eine Fertigungslinie bedienen,

[79] Strikte Komplementarität liegt vor, wenn ein Gut für die Vertragserfüllung keinen Beitrag liefert.

jedoch wird in diesen nicht über spezifische Investitionen in Abhängigkeit von Humankapitaleinsatz und Grenzertrag der kooperativen Leistung entschieden.

Nicht vereinbar mit den Anforderungen in dieser Arbeit ist das vereinfachte Verfügungsrechtemodell des GHM-Ansatzes. Eigentum an einer Sache im GHM-Ansatz ist der rechtlich durchsetzbare Besitz, der auch das vollständige Veräußerungsrecht enthält (Hart 1995, S. 65). Eigentum ist im GHM-Ansatz entscheidend zur Durchsetzung residualer Rechte, die im Vertragsverlauf entstehen. Die Funktion des Eigentums ist, in Anlehnung an das juristische Konzept des Eigentums, die Allokation residualer Rechte an einer Sache (Foss 2009, S. 9). Verfügungsrechte im GHM-Ansatz sind mit den juristisch zugesprochenen Rechten gleichzusetzen. Dieses vereinfachte Modell der Rechte klammert grundlegende Möglichkeiten der Erklärung eines besten Nutzers einer Ressource, die ganz oder deren Attribute teilweise im öffentlichen Raum sind, in der Wertschöpfung im Verkehrsinfrastrukturbau aus.

Neben der vorangegangenen spezifischen Kritik übt Demsetz (1998, S. 446 - 452) grundlegende Kritik am Konzept des Eigentums im GHM-Ansatz, da er Eigentum und residuale Kontrollrechte nicht gleichgesetzt sieht. Das Eigentum würde in der praktischen Anwendung, z. B. vor einem Gericht, dem Rechteinhaber zugehörig sein, der den wichtigsten Anteil der Rechte hält. Diese Rechte sind nicht notwendigerweise residuale Rechte, sondern können auch spezifische Rechte sein (Demsetz 1998, S. 448 f.). Foss und Foss (2001, S. 20) kritisieren den Wegfall der Unterscheidung von formaler und realer Eigentümerstruktur. Der GHM-Ansatz unterstellt darüber hinaus, dass Rechte an einer Sache vollständig und kostenlos vom Rechtssystem durchgesetzt werden können. Demgegenüber sind Verträge über Rechte an Sachmitteln nicht vollständig und daher nicht unter allen Umständen durchsetzbar (Foss 2009, S. 10). Dies ist ein Widerspruch innerhalb des GHM-Ansatzes, der unter der multiattributiven Perspektive auf Güter nach Barzel (1997) noch verschärft wird. Foss (2009, S. 10) kritisiert darüber hinaus, dass der GHM-Ansatz einen stark begrenzten Erklärungsbereich hat.

Für diese Arbeit ergibt sich der Schluss, dass die Betrachtung mit dem GHM-Ansatz für einen Handlungsrahmen des Akteurs in der Leistungserbringung des Verkehrsinfrastrukturbaus nicht möglich ist. Vertragliche Nachverhandlungen können sich bei exogenen Störungen zwischen Generalunternehmer und Subunternehmer ergeben, werden jedoch üblicherweise nicht auf Grundlage von spezifischen und residualen Rechten an Gütern im Vertrag geführt, sondern über Güter außerhalb des Vertrages, z. B. die Bereitstellung weiterer Maschinen. Es steht nicht der gemeinsame Kooperationserfolg der Vertragsbeziehung im Vordergrund, sondern die reine Überlassung von Personal und Maschinen. Diese Überlassung wird insbesondere aufgrund der Kurzfristigkeit und der Knappheit von Gütern teurer. Von einer Aneignung geschaffenen Wertes durch den Subunternehmer kann jedoch nicht gesprochen werden, da er keine Ergebnisbeteiligung erhält.

Der *GHM-Ansatz analysiert die Hold-Up-Problematik* in Vertragsbeziehungen aufgrund einer *nach Vertragsabschluss veränderten Umwelt.* Die *Hold-Up-Problematik* als vertragliche Beziehung von kooperierenden Akteuren in der Steuerung von Ressourcen ist *nicht Gegenstand der Betrachtung* dieser Arbeit.

2.3.6.3 Schnittstellen zur Transaktionskosten- und Agenturtheorie

Neben dem aufgeführten Bezug des GHM-Ansatzes zur Transaktionskostentheorie und vergleichbaren Konzepten der Unsicherheit bestehen Berührungspunkte der Theorie der Verfügungsrechte und der Agenturtheorie. Jensen und Meckling (1976, S. 305 - 360) bezeichnen die von Barzel (1982, S. 27 - 48) angeführten Kosten der Überwachung von Verfügungsrechten als Agenturkosten in der positiven Agenturtheorie. Sie werden zur Überwachung des Agenten durch den Prinzipal aufgewendet. Nach Jensen und Meckling (1976, S. 309) sind Prinzipal-Agent-Beziehungen sowohl in Organisationen als auch in der kooperativen geschäftlichen Zusammenarbeit zu finden. Viele geschäftliche Situationen, in denen sich Personen befinden, müssen Prinzipal-Agent-Beziehungen berücksichtigen, falls opportunistisch-handelnden Personen zugrunde gelegt werden.

Jensen und Meckling (1976, S. 305 - 360) nutzen die positive Agenturtheorie, um die Organisation unter der Perspektive der Bündelung von Kontrakt beziehungen zu einem bestimmten Zweck zu betrachten. In ihrer Arbeit unterscheiden Jensen und Meckling (1976, S. 313) nicht zwischen dem Außen- und dem Innenverhältnis eines Unternehmens: „It (the firm) is a legal fiction which serves as a focus for a complex process in which the conflicting objectives of individuals (some of whom may represent other organizations) are brought into equilibrium within a framework of contractual relations." Die vertraglichen Beziehungen werden sowohl von Arbeitnehmern mit ihren Unternehmen als auch zwischen Unternehmen in den Ausführungen von Jensen und Meckling (ebd.) betrachtet. In der Innenbeziehung hat ein Arbeitnehmer mehr Wissen zur Einschätzung seiner Fähigkeiten als sein Vorgesetzter. In der Außenbeziehung hat ein Lieferant mehr Wissen über seine Produkte als seine Abnehmer. Alle Akteure verhalten sich nutzenmaximierend, handeln begrenzt rational und opportunistisch. Die Informationsasymmetrie mit ihren Handlungskonsequenzen ist der Beschreibungsbereich der Agenturtheorie.

Alchian und Demsetz (1972, S. 779 f.) befassen sich mit der Anwendung der positiven Agenturtheorie auf die Produktivität in Teams. Die Organisation ist der Rahmen, der die Arbeit von Teams und eine Teamproduktivität oberhalb der Summe der Mitgliederproduktivität ermöglicht. Alchian und Demsetz (ebd.)

stellen in ihrer Arbeit fest, dass die individuellen Beiträge zur Produktivität von Teams schwer zu messen sind. Sie liefern erste Hinweise auf Informationsasymmetrien im Team. In Teams entstehende Entlohnungs- und Kontrollprobleme der Individualleistung sind im Rückschluss von der Gesamtleistung auf die Individualleistungen mit hohen Transaktionskosten verbunden. Bei der Ermittlung von Transaktionskosten, die sich aus einer angestrebten Verfügungsrechtekonstellation ergeben, sind somit Nebenbedingungen insbesondere bei einer im Verbund erstellen Leistung zu berücksichtigen.

Ma (1988, S. 555 - 571) zeigt für den Fall eines Prinzipals und mehrerer Agenten, dass die First-Best-Lösung für den Prinzipal auch dann entsteht, wenn die Agenten ihre Aktionen untereinander überwachen können. Die Agenten werden untereinander dafür sorgen, dass kein Agent bessergestellt ist als ein anderer Agent. Dieser Punkt wird auch von Barzel (1997) im klassischen Ansatz bei Güterattributen im öffentlichen Raum herausgestellt. Ein aus Perspektive des Prinzipals wünschenswertes Verhalten erfordert ein effizientes Überwachungssystem unter den Agenten. Der Prinzipal selbst ist im Ein-Prinzipal-mehr-Agenten-Fall nicht auf ein Überwachungssystem angewiesen. Dieser Aspekt ist für die Ausgestaltung eines Koordinationsverfahrens dieser Arbeit von Interesse, auch wenn keine Prinzipal-Agent-Beziehung unterstellt wird. Können sich die Agenten untereinander hinsichtlich öffentlicher Attribute an gemeinsam genutzten Gütern überwachen, muss ein Agent im Fall des Fehlverhaltens als Missachten einer Institution mit Sanktionen rechnen. Im Fall der Überwachung wird es für den Agenten unattraktiv, sich über geltende Institutionen hinwegzusetzen. Bei einem öffentlichen Attribut ist, im Gegensatz zur positiven Agenturtheorie, der Kreis der Akteure, die durch eine Nutzung des Attributs einem anderen Akteur einen Schaden zufügen, häufig nicht abgeschlossen. Der Agent muss situativ auf Änderungen an dem geteilten Attribut reagieren, da im Fall allmender und öffentlicher Güter keine Ausschließbarkeit gegeben ist.

Die *Theorien der Neuen Institutionenökonomik* sind in ihrer Betrachtung *nicht trennscharf*. Anleihen werden vielfach den Schwestertheorien entnommen. Die Aussagen von Ma (1988, S. 555 - 571) zeigen eine *enge Verknüpfung dezentraler Überwachung in der Agenturtheorie und der Theorie der Verfügungsrechte*. Diese Aussagen belegen die Wirksamkeit einer verfügungsrechtlichen, dezentralen Steuerung.

2.3.6.4 *Beitrag der Theorie der Verfügungsrechte*

Alchian und Demsetz (1973, S. 26) unterstellen einem Großteil der Arbeiten mit Bezug zu Verfügungsrechten und Transaktionskosten eine Zugehörigkeit zur Sorte der spekulativen Theorien. Tietzel (1981, S. 236) verfeinert *spekulativ* in seine drei Hauptkritikpunkte an der Theorie der Verfügungsrechte. (1) Eine Formalisierung der Theorie hat bislang weitestgehend nicht stattgefunden. Dies wird durch den GHM-Ansatz (Grossman und Hart 1986, S. 691 - 719) und Aspekte von Barzels (1997) multiattributiver Perspektive in ersten Schritten relativiert. Letztere Arbeit verhilft insbesondere dem klassischen Ansatz zu neuer Bedeutung. Dennoch können durch fundierte formale Darstellung neue Werkzeuge für die Gestaltung normativer Aussagen der Theorie gewonnen werden. Hart (1995, S. 49) betont, dass trotz höheren Formalisierungsgrades kein formaler Test der Theorie stattgefunden hat. (2) Die Theorie wurde empirisch kaum überprüft (Alchian und Demsetz 1973, S. 26). (3) Die Theorie leidet unter der Unsicherheit, dass sie sich nicht eindeutig in Richtung eines höheren Informationsgehalts entwickelt. Schüller (1978, S. 43) sieht die Gefahr endloser Begriffsspaltungen, da triviale Zusammenhänge in kompliziertere Worte gefasst werden, die einen nahezu gleichen Aussagegehalt haben. Ein Wissensgewinn entsteht gegenüber bisherigen Forschungsergebnissen nicht.

Tietzel (1981, S. 238) fordert eine konkrete Identifizierung von Transaktionskostenarten, um von der Ad-hoc-Manier der Definitionen Abstand zu gewinnen und Willkür auszuschließen. Auch die fehlende Quantifizierbarkeit von Transaktionskosten, die mit Verfügungsrechten verbunden sind, machen Vergleiche des Wohlfahrtbeitrags von institutionellen Rahmen nahezu unmöglich. Dieser Kritik müssen sich ebenso die Transaktionskostentheorie und die positive Agenturtheorie stellen. Die Kritik kann durch die Arbeit von Barzel (1997) gemildert werden, da Transaktionskosten für den Fall des Wartens in Form der investierten Wartezeit eines Akteurs allokative Wirkungen in einer Gesellschaft mehrerer Akteure mit Verfügungsrechten zeigen. Nach wie vor stellt sich das Problem der Quantifizierbarkeit, da Transaktionskosten stets aus Perspektive des Akteurs zu bewerten sind. Ein Modell muss eine dezentrale Bewertung von Transaktionskosten ermöglichen, die stets die Entscheidungen des einzelnen Akteurs aufgrund seiner Einschätzung der Transaktionskosten beeinflusst wird. Ein Modell, welches eine dezentrale Perspektive einnimmt, kann auch der Forderung von Tietzel (1981, S. 238) nach empirischer Überprüfung und Formalisierung im klassischen Ansatz nachkommen.

Der klassische Ansatz der Theorie der Verfügungsrechte ergänzt die Perspektive der Prozessorganisation nach Foss (2009, S. 2) um die Aspekte (1) der Nutzenmaximierung des Akteurs in allen Entscheidungsfragen (Alchian 1977, S. 127 - 149; Barzel 1997, S. 16 ff.), (2) des Einbezugs von Einschränkungen für den Akteur durch eine vorherrschende Struktur von Verfügungsrechten mit der Folge von Transaktionskosten für den Akteur (De Alessi 1990, S. 6 - 11; Demsetz 1964, S. 11 - 26) sowie (3) der expliziten Berücksichtigung der vertraglichen, organisatorischen und institutionellen Implikationen auf das Verhalten des Akteurs (Eggertsson 1990). Die Theorie der Verfügungsrechte unter multiattributiver Perspektive nach Barzel (1997) verfeinert die Aussagen zur Ressourcenverfügung auf Ebene von nutzbaren Attributen einer Ressource bei unvollständig spezifizierten oder geteilten Verfügungsrechten. Die Aussagen der Theorie der Verfügungsrechte konkretisieren die wohlfahrtsmaximale Verwendung von Ressourcen als physische Einheit ihrer verfügbaren Attribute, so dass sie die Grundlage für ein Modell feingranularer Steuerung bilden, dessen Ausgangspunkt nach Barzel (1994, S. 393) die Optimierung von Verfügungen unter Inkaufnahme von Transaktionskosten ist.

Für die vorliegende Arbeit liegen keine formalen Modelle des klassischen Ansatzes der Theorie der Verfügungsrechte mit ausreichender Formalisierung vor. Daher ist ein Modell auf den Aussagen des klassischen Ansatz so zu formulieren, dass Verfügungsrechteübergänge, auch aus dem öffentlichen Raum, an Ressourcenattributen im Rahmen von Prozessalternativen der Prozessorganisation durch ein Informationssystem bewertet und ausgeführt werden können. Die Anforderungen an ein Informationssystem lassen sich basierend auf der Theorie der Verfügungsrechte bereits abgrenzen. Die Steuerung erfolgt für eine verfügungsrechtliche Einheit, also ein Akteur im WSS. Dieser muss aus seiner Perspektive Prozessalternativen aufgrund entstehender Transaktionskosten bewerten. Da Transaktionskosten von anderen Akteuren im WSS über die Ressourcenattributnutzung entstehen können, müssen Aktionen dritter Akteure in die eigene Entscheidungswahl einfließen. Dies entspricht einer Internalisierung externer Effekte, die von diesen Akteuren verursacht werden. Hierfür ist eine ökonomisch situierte Aktionswahl des steuernden Agenten erforderlich, so dass er sich korrespondierend zu dem Zustand seiner Umgebung und anderer Akteure verhält.

2.4 Agenten als Softwareparadigma

Für den Einsatz von Agenten zur dezentralen Steuerung von Ressourcen im WSS dieser Arbeit ist zu überprüfen, welche Voraussetzungen für diese Technologie existieren, die eine verfügungsrechtliche Steuerung im Rahmen der Prozessorganisation ermöglichen. Im Vordergrund der Betrachtung steht das situierte Verhalten eines Agenten, welches im folgenden Abschnitt für diese Arbeit festgelegt wird. Zunächst ist die Definition des Agentenbegriffs, des Begriffs des MAS und der Umgebung eines Agenten für diese Arbeit zu definieren, bevor die Anwendbarkeit vorhandener Methoden der Multiagententechnologie erfolgt.

Bond und Gasser (1988, S. 3) unterteilen das Forschungsgebiet der *Verteilten Künstlichen Intelligenz* in das *Verteilte Problemlösen (DPS)* und *MAS*. Der Forschungsgegenstand des DPS befasst sich mit der Kooperation von verteilten Modulen zur Teilung von Wissen über Probleme und deren Lösungen. Gegenstand der MAS-Forschung ist die *Koordination von Wissen, Zielen, Fähigkeiten und Plänen von autonomen, intelligenten Agenten.* Im Gegensatz zur Koordination im DPS steht die Koordination im MAS unter der Herausforderung von offenen Umgebungen (Hewitt 1990, S. 383 - 395), in denen

Agenten keine globale Kontrolle ausüben können. Ein Agent wird bestenfalls partielle Kontrolle über die Umgebung haben, indem er sie beschränkt in Zeit und Ort verändert (Wooldridge 2009, S. 21 f.). Globale Ziele, Erfolgskriterien und eine komplette Repräsentation der offenen Umgebung existieren nicht.

2.4.1 Intelligenter Agent

Ein intelligenter Agent ist nach Wooldridge (2009, S. 21)[80] wie folgt definiert: "An agent is a computer system that is *situated* in some *environment*, and that is capable of *autonomous action* in this environment in order to meet its design objectives". Der Agent ist in seiner Umgebung *situiert,* und er verhält sich aufgrund seiner Aktionen *zielgerichtet*. Franklin und Graesser (1996, S. 21 - 35) definieren den Agenten als System eingebettet in und Teil von seiner Umgebung, das die Umgebung über Sensoren wahrnimmt und im Zeitverlauf in der Umgebung Aktionen ausführt. Die Wahl der Aktionen erfolgt nach Franklin und Graesser (ebd.) im Sinne der Agentenpläne und zur Erreichung von künftigen Wahrnehmungen des Agenten aus der Umgebung. Der Plan ermöglicht dem Agenten ein zielgerichtetes Handeln. Der Agent und seine Umgebung haben eine Zweckverbindung, die eine Aktionswahl des Agenten im Sinne seiner Ziele ermöglicht.

Nach Russel und Norvig (2003, S. 32)[81] ist ein Agent „anything that can be viewed as perceiving its **environment** through **sensors** and acting upon that environment through **actuators.**" Agenten sind auch dieser Definition zufolge stets auf die Wahrnehmung ihrer Umgebung über Sensoren als Voraussetzung für ihre Handlungen angewiesen. In dieser Definition fehlt die Wahl von Aktionen mit Bezug zum Ziel. Daher ist diese Definition zu weit gefasst. Gezielter formulieren Wooldridge und Ciancarini (2000, S. 4) das Designziel für einen Agenten als „[...] to be able to react to the new situation, in time for the reaction to be of some use." Diese Definition impliziert eine Erkennung der Situation durch den Agenten in der zeitlichen Dimension, so dass eine ausreichende Zeitspanne zur Reaktion auf die erkannte Situation besteht. Eine derartige Situierung des Agenten ist für Brooks (1991a, S. 569 - 596; 1991b, S. 139 - 159) ein essentieller Faktor für die Entwicklung künstlicher Intelligenz. Dies engen Wooldridge und Jennings (1995, S. 115 - 152) auf die Definition eines intelligenten Agent ein. Zur Erfüllung seines Designziels muss ein intelligenter Agent Situationen, die durch Veränderungen seiner Umgebung entstehen und seine Ziele positiv oder negativ beeinflussen, wahrnehmen und in die Wahl seiner nächsten Aktionen einbeziehen. Jedoch wird in der Definition von Wooldridge und Jennings (ebd.) nicht expliziert, was die Umgebung eines Agenten abgrenzt

[80] Kursivdruck im Original.
[81] Hervorhebungen im Original.

und wie der Agent diese über Sensoren wahrnehmen muss, um sein Designziel zu erreichen.

Viele Autoren stellen heraus, dass eine Trennung von Agent und Umgebung konzeptionell unmöglich ist (Bond und Gasser 1988, S. 3 - 35; Jennings 2000, S. 280; Odell et al. 2002, S. 16 - 31; Wooldridge 2009, S. 22 ff.). „An environment provides the conditions under which an entity (agent or object) exists“ (Odell et al. 2002, S. 16). Alle Anforderungen an einen Agenten nach Brooks (1991b, S. 145 f.) berücksichtigen seinen Bezug zur Umgebung[82]. Die Einbindung in die Umgebung und Interaktion mit dieser – seine Situierung – ist nach Jennings et al. (1998, S. 8) eine essentielle Eigenschaft eines intelligenten Agenten. Nach Wooldridge (2009, S. 22) verhält sich ein Agent genau dann situiert, wenn er ein abweichendes Resultat zu einer von ihm initiierten Aktion feststellen und verarbeiten kann. Dies ist vor dem Hintergrund der Theorie der Verfügungsrechte zu eng gefasst, denn auch Einflüsse auf künftige Aktionen muss der Agent feststellen können. Smith und Gero (2005, S. 548 ff.) betonen den engen Zusammenhang von Ort und Aktion, um die Situierung[83] eines Agenten zu charakterisieren. Ihnen fehlt eine weitere Ausdifferenzierung von Eigenschaften der Umgebung, um die Situierung als Eigenschaft eines intelligenten Agenten genau zu beschreiben.

Bond und Gasser (1988, S. 19 - 25) beschreiben ausstehende Forschungsarbeit zur Etablierung von kohärentem Systemverhalten und gesteigerter Koordinationsfähigkeit der Agenten. Bond und Gasser (1988, S. 22) differenzieren unter dem Punkt *Erhöhung des Kontextbezugs (increasing contextual awareness)*, der einer Situierung des Agenten zuzuschreiben ist, (1) Konzepte für die Integration von Kontextwissen in Form von Zielen, Plänen und Aktivitäten anderer Agenten in den Agenten, (2) Modelle fundierten Wissens der Problemlösungsdomäne und (3) Konzepte für die Integration des zeitlichen Kontexts in das Agentenmodell, in denen Forschungsbedarf besteht. Das Wissen über andere Agenten in Form von Zielen, Plänen und Aktivitäten erfordert Kenntnis über die ihnen zugewiesenen Rollen in der Problemlösungsdomäne. Existiert ein organisatorischer Plan, den ein Agent verfolgt, z. B. in Form eines (Geschäfts-) Prozesses, können nächste Schritte in der Umgebung von ihm über ausgeführte und auszuführende Handlungen und benötigte Ressourcen im Zeitverlauf ermittelt werden. Die Regelung von Ressourcenzugriffen, die von Agenten in ihrer Prozessbearbeitung benötigt werden, werden von Bond und Gasser (1988, S. 23) als Mittel der Förderung von Kohärenz und Koordination angesehen, wenn den Agenten im Problemlösungsprozess die Möglichkeit einer autonomen Koordination ihrer Ressourcennutzung eingeräumt wird. Bei der Lokalisierung

[82] Die von Brooks (1991a, S. 569 - 595; 1991b, S. 129 - 159) beschriebenen situierten Agenten können sowohl physischer als auch virtueller Art sein.

[83] Den Ort betont Gero (1998, S. 169) bereits zuvor mit seiner Definition der Situierung „Where you are when you do what do matters“ als sinngebendes Element einer Agentenaktion.

der Agenten ist stets zwischen vollständiger Partitionierung aller Aufgaben mit Zuweisung der isoliert bearbeitbaren Aufgaben zu Agenten und vollständiger Synchronisation aller Änderungen zwischen den Agenten abzuwägen, um bestmöglich situierte Entscheidungen zu treffen (Durfee et al. 1987, S. 1275 - 1291). Eine vollständige Synchronisierung unter allen Agenten ist bei einer fragmentierten, für den Agenten unvollständig wahrnehmbaren Umgebung nicht möglich.

Die Abbildung der Situierung des Agenten muss die Evolution der Umgebung durch Aktionen der Agenten, Dritte sowie die Umgebung selbst einbeziehen, deren inhärenter Bestandteil die Überwachung von Konsequenzen einer Aktionsausführung ist. Der Agent muss die Gesetzmäßigkeiten der Umgebung kennen und durch gezielte Wahrnehmung berücksichtigen. Die isolierte Betrachtung der agenteninternen Verarbeitung von aufgenommenen sensorischen Werten ohne ein Abbild der Umgebung für die Erkennung einer Situation ist nicht ausreichend. Offen ist die Frage, wie die Umgebung eines intelligenten Agenten beschaffen sein muss, um ihn in seiner Situierung zu unterstützen. Die Umgebungsbegriffe müssen für die vorliegende Arbeit derart eingegrenzt werden, dass die Modelle der Umgebung auf ihren Beitrag zur Situierung des intelligenten Agenten analysiert werden können.

Ein intelligenter Agent ist untrennbar mit seiner Umgebung verbunden. Er nutzt seine Umgebung zur Erhebung einer Menge von Wahrnehmungen, die ihm eine Bewertung von alternativen Aktionen in seiner Umgebung in angemessener Zeit zur Erfüllung seines Designziels erlauben. Der vorliegenden Arbeit zugrunde liegt die Definition eines intelligenten Agenten nach Wooldridge (2009, S. 21), die das Problem situierter Aktionswahl für die Gestaltung eines Agenten herausstellt.

2.4.2 Umgebung des intelligenten Agenten

Lockemann (2006, S. 21) betont die Situierung des Agenten in seiner Umgebung als grundlegende Eigenschaft aller Agenten. Wooldridge (2002, S. 16 f.) unterteilt den Begriff der Umgebung in die physische Umgebung und die Softwareumgebung. Die physische Umgebung ist der Ausschnitt der realen Welt, aus der ein Agent sensorische Informationen beziehen und in der er Aktionen ausführen kann. Die Softwareumgebung ist die Einheit, die seine Existenz ermöglicht und die Regeln der Agentenkommunikation bestimmt. Beide Umgebungen können nach Weyns und Holvoet (2008, S. 163 - 177) gekoppelt sein. Dies zeigt ebenfalls die Arbeit zur umgebungszentrierten Interaktion und Kommunikation über Blackboards von Newells (1962, S. 393 - 423). Die Agenten eines MAS können sich ein Bild ihrer Umgebung durch Beobachtung des Blackboards als öffentlich zugängliche Umgebung aller Agenten machen, um bei wahrgenommenen Handlungen Dritter auf dem Blackboard eigene Handlungen zu initiieren. Die Interaktion von Agenten über das Blackboard ist nach Corkill (1991, S. 40 - 47) charakterisiert durch (1) die Unabhängigkeit eines Agenten von der Expertise dritter Agenten, (2) einer möglichen hohen Diversität der Agententypen, (3) einer hohen Flexibilität in der Repräsentation der Informationen auf dem Blackboard, (4) einer ereignisbasierten Interaktion, da auf Ereignisse des Blackboards reagiert wird, und (5) der Möglichkeit, inkrementell-temporal eine Lösung durch die Expertise vieler Agenten zu erreichen.

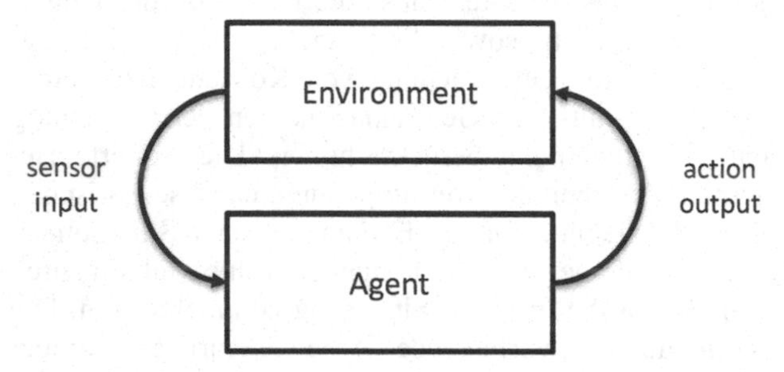

Abbildung 16 Interaktion von Agenten und Umgebung nach Wooldridge (2002, S. 16)

Vergleichbar zu Wooldridge (2002, S. 16 f.) unterteilen Odell et al. (2002, S. 16 - 31) die Umgebung des Agenten in eine pyhsische Umgebung und eine Kommunikationsumgebung. Die physische Umgebung umfasst Gesetze, Regeln und Einschränkungen für die Existenz von Agenten und Objekten. „The environment provides the conditions under which an entity (agent or object) exists" (Odell et al. 2002, S. 16). Sie betonen mit ihrer Definition der Agentenumgebung die unterschiedlichen Aufgaben, die von der Umgebung als physisches, kommunikatives und soziales Medium für die Evolution von Agenten und Objekten wahrgenommen werden.

Parunak (1997, S. 69 - 101) definiert eine Umgebung als ein Tupel aus Status und Prozess. Der Status ist ein Vektor, der die Umgebung komplett beschreibt. Er enthält Agenten und Objekte der Umgebung. Der Prozess umfasst die umgebungsinhärenten Prozesse, die losgelöst von den Aktivitäten der Agenten ablaufen. Die Prozesse verändern den Zustand der Umgebung und verleihen ihr die Eigenschaft der aktiven Dynamik, die durch einen Agenten, der in ihr handelt, zu berücksichtigen ist.

Ferber (2001, S. 31) definiert die Umgebung als Raum, der generell ein Volumen hat. Eine Menge von Objekten ist in diesem Raum situiert, d.h. zu jedem Zeitpunkt kann den Objekten eine Position zugewiesen werden. Objekte können in Beziehung zueinander stehen. Sie werden von Agenten wahrgenommen und können von ihnen manipuliert werden. Dabei unterliegt ein Agent einer Menge von Gesetzmäßigkeiten, die der Agent bei der Manipulation von Objekten in der Umgebung berücksichtigen muss. Die Definition von Ferber unterstreicht die

Separierung von Aktionen der Agenten und der Reaktion der Umgebung durch ihre eigene Dynamik[84]. Dies adressiert den Aspekt einer nicht vorhandenen Determiniertheit der Umgebung durch Aktionen eines Agenten.

Russel und Norvig (2003, S. 38 ff.) definieren die Aufgabenumgebung für einen Agenten aus (1) Zielerreichungsgrößen, die eine Zielerreichung des Agenten in der Umgebung definieren, (2) der Umgebung, die Elemente für die Erfüllung der Zielerreichungsgrößen enthält, (3) Aktuatoren, die einen Einfluss auf die Umgebung bestimmen und (4) Sensoren, mit denen die Umgebung durch den Agenten wahrgenommen werden kann. Damit werden grundlegende Elemente wie Sensoren und Aktuatoren von Russel und Norvig (ebd.) nicht als Bestandteile des Agenten betrachtet. Die Aufgabenumgebung hat nach Russel und Norvig (2003, S. 41 ff.) die Dimensionen der nur teilweisen oder vollen Wahrnehmbarkeit durch den Agenten, des deterministischen oder stochastischen Verhaltens, einer episodischen oder sequenziellen Abfolge, eines dynamischen oder statischen Verhaltens, während der Agent keine Aktion ausführt, der diskreten oder kontinuierlichen Entwicklung sowie der Unterscheidung in Ein-Agenten-Umgebung sowie Mehr-Agenten-Umgebung. Die Umgebung unterliegt als dediziert zu entwickelnde Komponente (Russel und Norvig 2003, S. 44) einer Evolution aufgrund der Agenteneinwirkungen und dynamischer Prozesse der Umgebung selbst.

Weyns et al. (2004, S. 1 - 41) stellen in ihrer Erhebung zu Umgebungen für Agenten fest, dass der Begriff weitgefasst und die Eigenschaften einer Umgebung ad hoc mit unterschiedlichen Abgrenzungen umgesetzt werden. Erst jüngst werden die Aspekte der physischen Umgebungen als eigenständig zu gestaltendes Element vertieft (Weyns et al. 2005, S. 127). IEEE-Standards wie die FIPA (2011) umfassen die Kommunikationsumgebung, jedoch nicht eine Interaktion mit der physikalischen Umgebung eines Agenten, wie dies durch Odell et al. (2002, S. 21) berücksichtigt wird. Weyns et al. (2007, S. 15)[85] verfeinern ihren Umgebungsbegriff als „[…] first-class abstraction that provides the surrounding conditions for agents to exist and that mediates both the interactions among agents and the access to resources". Ihre Definition betont die Funktion der Interaktionsmediation und der Koordination von Ressourcen für den Zugriff durch Agenten. Die Umgebung ist neben dem direkten Interaktionsmedium von Agenten auch indirekter Kommunikationskanal, indem Agenten Objekte in der Umgebung verändern, die von dritten Agenten wahrgenommen werden. Derartige Veränderungen von Objekten können auch durch die Objekte selbst initiiert sein. Damit schließt die Umgebung eine eigene Dynamik ein, die eine nicht von Agenten selbst initiierte Veränderung hervorbringen kann. Nach Weyns et al.

[84] Eine detaillierte Auseinandersetzung mit Ferber und Müller (1996, S. 72 - 79) folgt in Abschnitt 2.5.2.1.

[85] Die Definition verfeinert zuvor diskutierte Definitionen in (Weyns et al. 2005, S. 1 - 17) und (Weyns et al. 2004, S. 1 - 47).

(2007, S. 19 f.) hat eine Agentenumgebung (1) eine Strukturierungseigenschaft für die physikalischen, kommunikativen und sozialen Strukturen des Agentensystems, (2) eine Integrationseigenschaft für Ressourcen und Services, (3) eine eigene Dynamik, (4) eine Beobachtbarkeit für Agenten, (5) eine kontextabhängige Zugänglichkeit sowie (6) eine Menge definierter Regeln für das MAS. „In general, agents should be able to inspect the environment according to their current tasks" (Weyns et al. 2007, S. 16). Dies erfordert einen Bezug des Agenten zu seinem Arbeitskontext als Wissen über seine Aktionen.[86]

Der Agent wird nach Wooldridge (2002, S. 16) niemals die volle Kontrolle über die Umgebung haben. Die Umgebung wird von ihm allenfalls partiell kontrolliert, indem er in einem Bereich einen Einfluss auf die Umgebung ausübt. Sofern die Umgebung über realweltliches Verhalten verfügt, kann nach Wooldridge (2002, S. 16) kein deterministisches Verhalten als Reaktion auf den Einfluss des Agenten unterstellt werden. Der Agent ist ständig darauf angewiesen, seine Umgebung wahrzunehmen, um das Erreichen seiner Ziele sicherzustellen, denn sein ausgeübter Einfluss auf die Umgebung führt nicht notwendigerweise zur gewünschten Konsequenz. Jennings (2000, S. 280 f.)[87] grenzt für jeden Agenten eine *Sphere of visibility and influence* (Sichtbarkeits- und Einflussbereich) ab, die von einem Agenten wahrgenommen und beeinflusst werden kann. Das Überschneiden mehrerer Einflussbereiche von Agenten bedingt die Koordination und das Erkennen von Abhängigkeiten unter den Agenten. Pnueli (1986, S 845-858) stellt für reaktive Agenten eine Abhängigkeit zwischen der Umgebung und dem Designziel des reaktiven Systems fest. Derartige Systeme bestehen aus nebenläufigen Modulen, die miteinander interagieren. Jedes Modul ist in seine eigene Umgebung eingebettet, da es eine individuelle Interaktionsstruktur mit den umgebenden Modulen besitzt.

Die Umgebung des Agenten und sein Einsatzzweck determinieren die Fähigkeiten des Agenten zur Wahrnehmung. Ein agenteninternes System zur Wahrnehmung muss die Eigenschaften der Umgebung in seinen Verfahren der Situationserkennung berücksichtigen. Nach Wooldridge (2002, S. 106) sind nicht nur technische Eigenschaften der Umgebung einzubeziehen, sondern insbesondere organisatorische Regelungen, die den Einflussbereich des Agenten bestimmen, von welchen dritten Agenten er selbst in der Erfüllung seiner Aufgabe abhängig ist und welche Agenten von ihm abhängig sind.

Platon et al. (2007, S. 31 - 47) differenzieren in ihrer Analyse von Umgebungsmechanismen die zwei Gruppen der Interaktionsmediation und des Ressourcen- und Kontextmanagements. Der erste Punkt umfasst Konzepte für die asynchrone, nicht-nachrichtenbasierte Kommunikation von Agenten über

[86] Das von Weyns et al. (2004, S. 867 - 883) entwickelte Modell der Wahrnehmung mittels der Umgebung wird in Abschnitt 2.5.2.4 beschrieben.
[87] Dies wird in Wooldridge (2002, S. 105 f.) vertiefend dargestellt.

die Umgebung durch die Veränderung von Umgebungselementen. Der zweite Punkt ist definitorisch eng verknüpft mit dem ersten Punkt, bezieht jedoch die Eigendynamik von Objekten der Umgebung mit ein. Verändert sich ein Objekt, kann durch kontextbezogene Mechanismen die Informationsversorgung des Agenten gewährleistet werden. Die trennscharfe Betrachtung der zwei Bereiche ist nach Platon et al. (ebd.) nicht möglich, so dass die in der Folge von ihnen betrachteten Anwendungen beinahe ausnahmslos beiden Bereichen zugeordnet werden können. Der Kontext des einen Agenten umfasst nach Platon et al. (ebd.) die Aktivitäten eines anderen Agenten, die Einfluss auf seine Aktionen haben können.

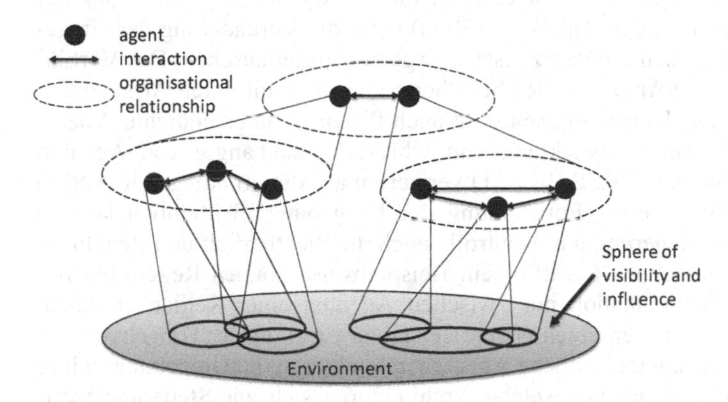

Abbildung 17 Umgebung des Agenten nach Jennings (2001, S. 37; 2000, S. 281)

Nach Braubach (2007, S. 26 ff.)[88] hat die Umgebung des Agenten mehrere optionale Funktionen, die sich auf die Wahrnehmung des einzelnen Agenten auswirken. Die Umgebung stellt eine gemeinsame Plattform für alle aktiven und passiven Einheiten des Systems bereit. Dies umfasst dynamische Beziehungen zwischen den Elementen und die nötigen Regeln der Beziehungen. Die Umgebung kann eine Strukturierung in verschiedenen Dimensionen ermöglichen, z. B. räumlich, zeitlich oder organisationsbezogen. Entsprechend der Strukturierung entstehen weitere Eigenschaften, z. B. Position, Zeitpunkte oder Rollen. Damit stellt die Umgebung grundlegende Fähigkeiten für die Wahrnehmungen der Agenten bereit. Die Strukturierung der Umgebung bestimmt, wie die Wahrnehmung von aktiven und passiven Einheiten durch den Agenten erfolgt. Die Wahrnehmung umfasst auch die Ausführung externer Handlungen anderer Agenten. Die Wahrnehmung des Agenten sollte einen Fokus auf die wesentlichen Elemente für seine auszuführenden Aktionen legen, um die effiziente Ver-

[88] Die dargestellten Funktionen der Umgebung werden auch in Weyns et al. (2004, S. 1 - 47) sowie Weyns und Holvoet (2005, S. 409 - 421) aufgegriffen.

arbeitung der Wahrnehmungen im Agenten zu sichern. Eine weitere Funktion der Umgebung liegt nach Braubach (ebd.) im Management von Ressourcen. Die Funktion ist eng mit der Wahrnehmung verknüpft, ermöglicht aber darüber hinaus eine steuernde Festlegung von lesendem und schreibendem Zugriff auf Ressourcen der Umgebung.

Für die direkte und synchrone Kommunikation spezifiziert die FIPA (2002) die auf Sprechakten aufbauende *Agent Communication Language*. Die asynchrone Kommunikation nutzt Kommunikationsobjekte, die in der Umgebung abgelegt und für andere Agenten wahrnehmbar sind. Gelernter (1985, S. 80 - 112) nutzt für sein Modell der Umgebung Tupel, die in der Umgebung von einem Agenten angelegt und von einem anderen Agenten asynchron aus der Umgebung gelesen werden. Brückner (2000) nutzt die Veränderung der Umgebung, um Informationen implizit zwischen Agenten auszutauschen. Das Vorbild aus der Biologie sind Ameisen, die über Pheromonspuren mit ihren Artgenossen kommunizieren. Die Umgebung selbst ist auch für umgebungsinhärente Prozesse zuständig, die eine Entwicklung von Objekten unabhängig von Agenten vorsehen. Odell et al. (2002, S. 16 - 31) verweisen auf die grundlegende Aufgabe der Sicherstellung einer Entwicklung der Umgebung. Schließlich können Mechanismen der Steuerung und Kontrolle auch die Sichtbarkeit und Regeln im Zeitverlauf der Umgebung beeinflussen. Beispielweise können Regeln existieren, die eine Kommunikation nur zwischen Agenten einer Region erlauben. Diese Mechanismen haben einen engen Bezug zur Struktur der Umgebung. Zu überprüfen ist, wie unterschiedliche Agentenarchitekturen die Umgebung in ihre Aktionswahl einbeziehen und welche Architekturen sich zur Steuerung wertschöpfender Aktivitäten im Verkehrsinfrastrukturbau eignen.

Dem Stand der Forschung ist keine eindeutige Definition der *Umgebung eines Agenten* zu entnehmen. Definitionen werden stets anwendungsfallbezogen vorgenommen. *Asynchrone Kommunikation* und *Steuerung von Ressourcen* eignen sich als Grundlage einer verfügungsrechtlichen Steuerung im WSS unter Einsatz von intelligenten Agenten. Der von Jennings et al. (2001, S. 37; 2000, S. 281) beschriebene *begrenzte Einfluss- und Sichtbarkeitsbereich* bildet die Situation beschränkter Information und Aktionsmöglichkeiten von Akteuren im WSS ab.

2.4.3 Abgrenzung von Agentenarchitekturen

Die Reichhaltigkeit der Interaktion von Agent und Umgebung ist determiniert durch die Fähigkeiten des Agenten und seiner Umgebung. Die Fähigkeiten eines Agenten werden maßgeblich durch das ihm zugrundeliegende Modell bestimmt. In diesem Abschnitt wird analysiert, in welcher Form *reaktive*, *deduktiv-*

schließende, *praktisch-schließende* und *hybride* Agenten[89] eine Interaktion mit der Umgebung in der Art aufrechterhalten können, dass eine asynchrone Kommunikation und Steuerung von Ressourcen darüber möglich wird.

2.4.3.1 Umgebungsbezug reaktiver Agenten

Reaktive Agenten haben keine Historie und können keine internen Zustände ohne externe Reize aktivieren. Reize aus der Umgebung des Agenten lösen stets ein deterministisches Verhalten des Agenten aus. Ein interner Zustand, der durch vergangene oder zukünftig mögliche externen Reize verändert wird, fehlt (Wooldridge 2009, S. 36). Daher können einzelne reaktive Agenten kein proaktives Verhalten entwickeln oder aus einer Menge von Aktionen zielgerichtet eine Aktion auswählen. Sie besitzen keine Autonomie in ihrer Handlungswahl, sondern sind von externen Reizen abhängig. Ihre Intelligenz entsteht nach Brooks (1991a, S. 569 - 595; 1991b, S. 139 - 159) durch emergentes Verhalten einer Summe von Agenten, die in ihrer Umgebung situiert sind, jedoch nicht durch Interaktion des einzelnen Agenten mit seiner Umgebung.

Reaktive Agenten werden nach Wooldridge (2009, S. 85) in der Literatur synonym als *verhaltensorientiert*, da ihr individuelles Verhalten emergent das Gesamtverhalten des Systems bestimmt, oder als *situiert* bezeichnet, da Reize aus der Umgebung unmittelbar zu einer Aktion führen. Der reaktive Agent handelt ausschließlich reflexartig. Die Implementierung eines reaktiven Agenten weist nach Wooldridge (2009, S. 86) stets das Schema „Aus Situation folgt Aktion" auf. Die Situierung ist jedoch keine exklusive Eigenschaft reaktiver Agenten, da sich jeder intelligenter Agent nach Jennings (1998, S. 8) stets situiert verhält. Für reaktive Agenten ist die Situierung jedoch das ausschließliche Merkmal. Aufgrund ihrer Einfachheit und ihres deterministischen Verhaltens werden reaktive Agenten vielfach für dezentrale Steuerungen in stets eindeutigen lokalen Entscheidungssituationen verwendet (Pnueli 1986, S. 845 - 858). Brooks (1986, S. 14 - 23) entwickelt mittels reaktiver Agenten die *subsumption architecture*. Sie ist eine Ansammlung aufgabenlösender Verhaltensweisen, die um die Kontrolle einer Gesamteinheit[90] konkurrieren. Jeder Agent der Architektur folgt einem sehr einfachen Aufbau. Die Architektur sieht eine enge Kopplung zwischen der Aufnahme von Wahrnehmungen und der Aktion, die daraus folgt, vor.

Chapman und Agre (1986, S. 411 - 424) identifizieren einen hohen Routinegrad bei Tätigkeiten, die ein Mensch, der diese gelernt hat, ausführen kann. Sie entwickeln einfache Schemata, die nur gelegentlicher Aktualisierungen bedürfen, aber stets in der gleichen Weise Anwendung finden können. In der voraus-

[89] Die Differenzierung in vier Agententypen erfolgt gemäß Wooldridge (2009, S. 34 ff.).

[90] Bei Brooks (1986, S. 14 - 23) ist die Gesamteinheit stets eine physische Einheit, die jedoch nach Brooks nicht notwendigerweise erforderlich ist.

schauenden Handlungsweise unterliegt der Verbund dieser Agenten den gleichen Einschränkungen wie Brooks Architektur. Reaktives Gesamtverhalten ist für die Abbildung der vorausschauenden Handlung von Agenten nicht ausreichend.

Situiertes Verhalten wird durch reaktive Agenten gut etabliert. Umgebungsbezogene Steuerungsmechanismen, die ein reflexives Verhalten des Systems durch Schemaaufruf und –ablauf erfordern, können durch die vergleichsweise einfach konstruierten Agenten in Form von Fallanweisungen abgebildet werden. Die Bündelung reaktiver Agenten ermöglicht ein emergentes Verhalten des Gesamtsystems. „Er [Anm. des Autors: Der reaktive Agent] benötigt keine mentale Vorstellung seiner Welt, da es völlig ausreicht, auf die Situationen, denen er ausgesetzt ist, zu reagieren“ (Ferber 2001, S. 40). Jedoch ist ein proaktives Verhalten mit reaktiven Agenten auch im Verbund mehrerer Agenten nicht abbildbar, so dass eine Zielverfolgung von reaktiven Agenten nicht realisiert werden kann.

Reaktive Agenten zeichnen sich durch eine *reiche Interaktion mit ihrer Umgebung* aus. Auch wenn sich ein emergentes Verhalten mehrerer reaktiver Agenten nachweisen lässt, *fehlt der Nachweis für ein proaktives und zielgerichtetes Verhalten des Verbunds*. Für einen Einsatz als individuelle maschinelle Aufgabenträger in dieser Arbeit ist jedoch vorausschauendes und zielgerichtetes Verhalten erforderlich. Daher werden reaktive Agentenarchitekturen nicht vertiefend betrachtet.

2.4.3.2 Umgebungsbezug deduktiv-schließender Agenten

Nach Wooldridge (1995, S. 42) ist ein deduktiv-schließender Agent „one that possesses an explicitly represented, symbolic model of the world, and in which decisions (for example about what actions to perform) are made via symbolic reasoning.” Deduktiv-schließende Agenten sind der symbolischen Künstlichen Intelligenz zugeordnet. Der deduktiv-schließende Agent ist ein Theorembeweiser, der einen bestimmten Ausgangszustand der Umgebung kennt und daraufhin seinen Deduktionsprozess ausführt. Damit stellen sich dem Entwickler deduktiv-schließender Agenten insbesondere zwei Probleme (Wooldridge und Jennings 1995, S. 129; Wooldridge 2009, S. 49):

1. *Überführungsproblem* – Die reale Welt muss in eine adäquate, akkurate symbolische Repräsentation derart überführt werden, dass sie für den Schlussfolgerungsprozess des Agenten einen Nutzen hat.
2. *Repräsentations- und Schlussfolgerungsproblem* – Die symbolische Repräsentation ist in einer Form zu gestalten, so dass ein Agent auf dieser Reprä-

sentation derart schließen kann, dass die gewonnene Information für ihn einen Nutzen hat.

Der deduktiv-schließende Agent mit einem festen Ausgangsset an Informationen über seine Umgebung wird stets irrelevante Ergebnisse erzeugen, sofern sich die Umgebung im von ihm behandelten Ausschnitt im Laufe seines Schlussfolgerungsprozesses ändert. Dies kann in dynamischen Umgebungen nicht vorausgesetzt werden.

Deduktiv-schließende Agenten sind ausschließlich für den Einsatz in Umgebungen geeignet, die sich *gemäß dem Agenten bekannten Gesetzen* ändern. Diese Umgebungen müssen vollständig deterministisch sein, da sie sich andernfalls nicht im Agenten abbilden lassen. Diese Voraussetzung ist in dieser Arbeit nicht gegeben. Daher werden deduktiv-schließende Agenten nicht vertiefend betrachtet.

2.4.3.3 Umgebungsbezug praktisch-schließender Agenten

Praktisch-schließende Agenten ermöglichen nach Bratman et al. (1988, S. 349 - 355)[91] als Modell rational handelnder und ressourcengebundener Agenten eine enge Verknüpfung von sich verändernder Umgebung (*Environment*) – auch ohne Einwirkung des Agenten selbst oder während der Planung[92] – und dem Schlussfolgerungsprozess im Agenten. Der Beitrag praktisch-schließender Agenten liegt in einer effizienten Wahl von Plänen in Übereinstimmung mit der Veränderung der Umgebung. In der Folge ist der Agent auf eine Wahrnehmung seiner Umgebung in einer Art angewiesen, die zu einer Überprüfungsmöglichkeit seiner Zielerreichung aufgrund aktuell gewählter Pläne führt.

Bratman et al. (1988, S. 349) sehen vor, dass "[...] rational agents must both perform means-end reasoning and weigh alternative courses of action; so an adequate architecture of intelligent agents must therefore include capabilities for both." Der kombinierte Prozess aus Planung – der Suche nach einer Sequenz von Aktionen, die zum Ziel führt – und Entscheidung – das Abwägen von Alternativen, die zum Ziel führen – ist der Vorgang des praktischen Schließens (*Practical Reasoning*). Das praktische Schließen ist nach Bratman et al. (1988, S. 350) ein zweistufiger Zielfindungsprozess bestehend aus *Deliberation* – was soll erreicht werden – und *Means-End-Reasoning* – wie soll es erreicht werden. Seine Grundlage sind Optionen des Agenten, die er aus der Umgebung oder seinem eigenen Schlussfolgerungsprozess generiert. Da eine dynamische

[91] Siehe vertiefend auch die Arbeit von Pollack (1992, S. 43 - 68). Vorarbeiten zur Architektur praktisch-schließender Agenten finden sich in Bratman (1987). Eine gute zusammenfassende Darstellung und Abgrenzung findet sich in Wooldridge (2009, S. 65 ff.).

[92] „But of course, the world does not actually stay fixed during an indefinitely long planning period" (Bratman et al. 1988, S. 349).

Umgebung schnell wechselnde Optionen unterstellt, werden im Idealfall nur partielle Pläne (*Intention Structure*)[93] zur Ausführung gebracht (Bratman et al. 1988, S. 351), um unnötige Ressourcenbindung im Prozess des praktischen Schließens zu vermeiden. „Changes in the agent's environment may lead to changes in her beliefs, which in turn may result in her considering new options that are not means to any already intended end" (Bratman et al. 1988, S. 351). Bratmann (1988, S. 349) betont die Änderungsgeschwindigkeit der Umgebung als einflussnehmenden Faktor für das praktische Schließen seines Modells. Um die Funktionalität der Interaktion von Umgebung und Agent abzugrenzen, ist der Prozess des praktischen Schließens zu analysieren. Der erste Schritt des praktischen Schließens ist der Deliberationsprozess. Darin ermittelt der Agent aufgrund seiner langfristigen Ziele (*Desires*) die Menge von kurzfristigen Zielen (*Intentions*). Die kurzfristigen Ziele werden in Plänen strukturiert, die ein Erreichen der langfristigen Ziele in Abhängigkeit seiner Annahmen (*Beliefs*) sicherstellen.

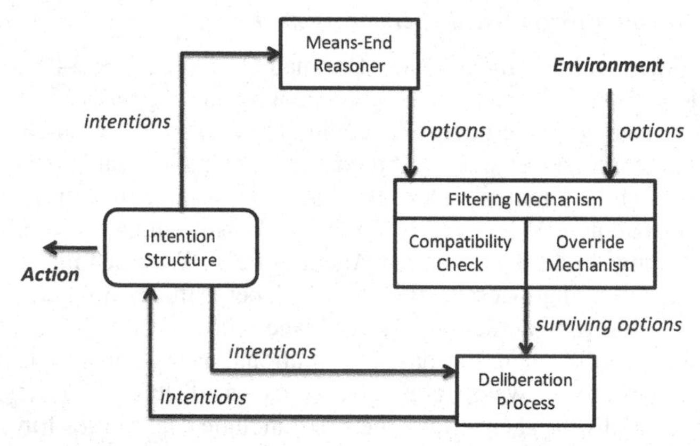

Abbildung 18 Ausführungszyklus eines praktisch-schließenden Agenten nach Pollack (1992, S. 51)

Dem Prozess der Deliberation liegen Optionen zugrunde. Jede Option muss einen zweistufigen Filterprozess bestehen, bevor sie im weiteren Prozess berücksichtigt wird. Auf der ersten Stufe filtert der Kompatibilitätsfilter (*Compatibility Filter*) alle Optionen heraus, die nicht zu den derzeit gewählten Plänen passen. Die bestehenden Optionen finden unmittelbaren Zugang zum Deliberationsprozess. Die herausgefilterten Optionen werden in der zweiten Stufe dem Mechanismus zur Überprüfung gefilterter Optionen (*Filter Override Mechanism*) zugeführt. Wenn eine bereits gefilterte Option eine Regel in diesem Mechanismus vorfindet, wird die betreffende Option ebenfalls in den Delibera-

[93] Ein Plan ist nach Bratman et al. (1988, S. 349 - 355) eine Strukturierung von Aktionen.

tionsprozess weitergeleitet. Dieser Mechanismus entscheidet über die Empfänglichkeit des Agenten für neue oder geänderte Optionen, da jede Option, die von diesem Mechanismus in den Deliberationsprozess gelangt, zu einer Neubewertung existierender Pläne führt. Ist der Mechanismus nicht sensitiv genug, werden Ereignisse aus der Umwelt ignoriert. Ist der Mechanismus zu sensitiv, werden zu viele Optionen in weitergeleitet, so dass der Agent in seiner Entscheidungsfindung übervorsichtig wird.

Im Deliberationsprozess werden die gefilterten Optionen auf die Kompatibilität mit den langfristigen Zielen unter gegebenen Annahmen überprüft. Die Güte des Deliberationsprozesses lässt sich erfassen. Bratman et al. (1988, S. 352) stellen hierzu eine Taxonomie[94] aller Situationen auf, die im Deliberationsprozess auftreten können, um zu vorsichtiges und zu gewagtes Verhalten durch den Agenten zu beschreiben. Diese ist in Tabelle 5 dargestellt. In Situation 2 der Taxonomie liegt zu vorsichtiges, in den Situationen 4a und 4b liegt zu gewagtes Verhalten des Agenten vor. Die Situation 1b hat einen zu niedrigen Gewinn durch den Deliberationsprozess im Vergleich zu dessen Aufwand zur Folge. In Situation 4b ist ebenfalls der Gewinn durch den Deliberationsprozess zu gering ausgefallen. In einem wohldefinierten Agenten sind die Situationen 1b und 2 zu vermeiden, da sie die Deliberation ansprechen, aber nicht lohnend im Sinne der Zielerreichung sind. In 4a hätte sich die Deliberation gelohnt, jedoch ist sie nicht zustande gekommen. Auch dies ist zu vermeiden. Dies ist nach Bratman (1988, S. 353) nicht unter allen Umständen möglich, so dass eine Architektur anzustreben ist, die das Auftreten der zuvor genannten Situationen minimiert.

Tabelle 5 Situationstaxonomie des Praktischen Schließens nach Bratman et al. (1988, S. 352)

Situation	Besteht Compatibility Filter	Spricht filter override an	Deliberation führt zu Planänderung	Deliberation hätte zur Planänderung geführt	Deliberation ist lohnend
1a	N	J	J		J
1b	N	J	J		N
2	N	J	N		
3	N	N		N	
4a	N	N		J	J
4b	N	N		J	N
5	J				

[94] Die Taxonomie ist in Tabelle 5 vollständig dargestellt und vereinigt zwei Tabellen von Bratman et al. (1988, S. 352).

In praktisch-schließenden Agenten nach Bratman et al. (1988, S. 349 - 355) ist das Zustandekommen der Wahrnehmung aus der Umgebung als Generierung von Optionen nicht beschrieben. Die Wahrnehmung über die Umgebung ist die Grundlage der Generierung von Optionen des praktisch-schließenden Agenten und damit seiner Zielerreichung in einer dynamischen Umgebung. Im Gegenzug ist das Zustandekommen von strukturierten Intentionen als Plan wohlbeschrieben. Unklar bleibt, (1) wie Optionen aus der Umgebung erhoben werden, die die richtigen Aktionen determinieren, und (2) ob die Zeit zum Durchlaufen des Deliberationsprozesses ausreicht, da sich die Umgebung des Agenten während der Deliberation verändert.

Praktisch-schließende Agenten verfügen über eine Kopplung ihrer Optionsauswahl mit ihrer Umgebung. Der Schwerpunkt praktisch-schließender Agenten ist die Beschreibung des Deliberationsprozesses, nicht der Prozess zur Generierung von umgebungsbasierten Optionen für den Agenten. Da dies zur Situierung des Agenten im WSS erforderlich ist, müssen Methoden und Konzepte analysiert werden, die eine gezielte Erhebung der Umgebung ermöglichen.

2.4.3.4 Umgebungsbezug hybrider Agenten

In Folge fehlender langfristiger Zielgerichtetheit reaktiver Agenten, fehlender Berücksichtigung von hochfrequenten Umgebungszustandsänderungen im deduktiv-schließenden Agenten und eines zeitintensiven Deliberationsprozesses im praktisch-schließenden Agenten sind hybride Agenten als eine Mischform mit reaktivem und praktisch-schließendem Anteil konzipiert. Ihre Architektur besteht aus einem reaktiven Modul, das eng mit der Umgebung verknüpft einen kurzen Zeithorizont abdeckt. Ein praktisch-schließendes Modul der Architektur entscheidet in einem längeren Zeithorizont über die langfristigen Ziele des Agenten. Im Idealfall werden kurzfristig eintretende Änderungen der Umgebung reaktiv gelöst, während langfristige Ziele in Abstimmung mit den Änderungen der Umgebung verfolgt werden. Nach Wooldridge und Jennings (1995, S. 132) hat die reaktive Komponente unmittelbar steuernden Einfluss auf die Aktionswahl des Agenten. Die praktisch-schließende Komponente steuert die Zielerreichung unter Einbindung situierter Einflüsse und determiniert damit langfristig gewählte Aktionen. Das Problem hybrider Agenten liegt nach Jennings et al. (1998, S. 20 f.) nicht in der Realisierung von reaktiver und praktisch-schließender Komponente in einem Agenten, sondern in ihrer Aufgabenteilung und ihrem Zusammenspiel.

Georgeff und Lansky (1987, S. 677 - 682) beschreiben hybride Agenten im *Procedural Reasoning System*. Der hybride Agent im *Procedural Reasoning System* verfügt über eine Planbibliothek mit partiellen Plänen, von denen jeder mit einer Aktivierungsbedingung versehen ist. Die Aktivierungsbedingung kann exogen durch aufgenommene Daten oder endogen durch verfolgte Ziele ausgelöst werden. Jeder Plan kann reaktiver Art sein und unmittelbar eine Aktion in der Umgebung des Agenten verursachen oder den Deliberationsprozess im hybriden Agenten auslösen. Der Deliberationsprozess und die Aktionsausführung werden von einem Inferenzprozess gesteuert. Georgeff und Ingrand (1989, S. 972 - 978) weisen die Anwendbarkeit des *Procedural Reasoning System* anhand einer Implementierung für ein Wartungssystem des Space Shuttles nach. Die Interaktion mit der Umgebung ist im Anwendungsfall sehr beschränkt und insbesondere nicht proaktiv. Eine feste Zuordnung von partiellen Plänen entweder zu einer Reaktion oder als Zugang zum Deliberationsprozess behindert flexibles Verhalten des Agenten.

Die von Ferguson (1992) entwickelten hybriden Agenten vermeiden die Determiniertheit eines Plans, also der festen Zuordnung des Plans zu einer Reaktion oder zu einem Plan unter Nutzung des Deliberationsprozesses durch eine Drei-Schicht-Architektur. Die reaktive Schicht besteht aus Situations-Aktions-Regeln, die im Fall kurzfristiger Events greifen und eine Bearbeitung durch andere Schichten nicht erlauben. Die Planungsschicht verfügt über eine Planbibliothek mit partiellen Plänen, deren Auswahl unterstützt von einem Fokusmechanismus nur auf Basis erhobener Informationen erfolgt. Die Modellschicht enthält eine symbolische Repräsentation der Agentenumgebung. Sie kann Situationen identifizieren, in denen eine Zielerreichung des Agenten nicht mehr möglich ist. Durch Kommunikation der Schichten kann eine erkannte Situation aus der Umgebung zwischen reaktiver oder praktisch-schließender Schicht vermittelt werden. Nicht nachvollzogen werden kann in der Arbeit von Ferguson (1992), wie der Agent Informationen erhebt und entsprechende Pläne auswählt.

Pokahr et al. (2003, S. 76 - 85) entwickeln mit der Jade eXtension Jadex eine Erweiterung des von der *Foundation for Intelligent Physical Agents (FIPA)*[95] standardisierten Agentenmodells Java Agent Development Framework (Jade) (Bellifemine et al. 1999, S. 97 - 108) um Modellaspekte von Bratman et al. (1988, S. 349 - 355) zur Deliberation. Jadexagenten verfügen über Fakten, die in einem relationalen Ablageschema im Agenten hinterlegt sind, so dass Gruppen von Fakten abgerufen werden können. Jeder Fakt unterstützt eine Menge von Konditionen. Sobald eine Kondition erfüllt ist, wird ein internes Ereignis ausgelöst. Ereignisse kann ein Agent entweder durch interne Änderungen von Fakten oder extern über neue Ereignisse aus seiner Umgebung erheben. Ein Ereignis kann zum Aufruf eines Plans aus einer Menge von Plänen führen. Auch diese Pläne können als partielle Pläne vorliegen. Jeder ausgeführte Plan führt entweder zu einer externen Aktion des Agenten oder zu einem internen Ereignis mit der Veränderung eines Fakts. Das Ereignismodell erlaubt, im Gegensatz zu

[95] Die FIPA ist seit 2005 ein offizielles Mitglied des Standardisierungskomitees des Institute of Electrical and Electronics Engineerrs (IEEE).

bisher betrachteten Ansätzen hybrider Agenten, die nebenläufige Planausführung.

Ein Jadexplan unterteilt sich in einen Plankopf und einen Planinhalt (Braubach und Pokahr 2007, S. 37 und 42). Im Plankopf werden die Bedingungen definiert, unter denen ein Plan aufgerufen werden kann. Der Inhalt besteht aus ausführbarem Programmcode, der die Handlungsmöglichkeiten eines Agenten determiniert. Ein Plan wird durch einen Trigger ausgelöst. Ein derartiger Trigger kann ein Ereignis sein, welches der Agent aus der Umgebung bezieht, und je nach Art des Plans eine reaktive Handlung oder einen Deliberationsprozess auslösen (Braubach und Pokahr 2007, S. 47). Praktisch-schließend werden Pläne durch die Verfolgung eines Ziels. Ziele und Pläne unterscheiden Braubach und Pokar (2007, S. 160) in das *Was* und das *Wie* der Zielerreichung eines Agenten. Ziele definieren, was der Agent erreichen soll, und Pläne determinieren die Möglichkeiten, die der Agent in seiner Zielerreichung hat. Über die Auswahl der richtigen Ziele entscheidet der agenteninterne Prozess der Deliberation. Im zweiten Schritt erfolgt die Auswahl eines zielführenden Plans in Abhängigkeit der Umgebungsbedingungen. Angewendet wird das praktische Schließen.

Nach Huber (1999, S. 238) lassen sich drei Arten der Zielverfolgung unterscheiden, die in Jadexagenten in Form unterschiedlicher Pläne festgelegt werden. *Maintain Goals* halten einen Zustand aufrecht und werden in Jadexagenten immer dann verfolgt, wenn eine definierte Bedingung erfüllt ist (Braubach und Pokahr 2007, S. 31). *Achieve Goals* unterscheiden sich von *Maintain Goals* in der Art der Abbruchbedingung. *Achieve Goals* werden vom Agenten so lange verfolgt, bis eine definierte Bedingung erfüllt ist. *Perform Goals* lösen eine Reihe von Aktionen aus, die nach der Zielerreichung abgeschlossen sind und nicht weiter verfolgt werden. *Achieve Goals* werden durch den Jadexagenten erst verworfen, wenn der erste Plan vollständig ohne Fehlschlag ausgeführt wurde. *Perform Goals* werden verworfen, nachdem alle vom Ziel ausgelösten Pläne nacheinander ausgeführt wurden. Der Umgebungsbezug von Jadexagenten wird durch die Art möglicher Ziele differenziert. *Perfom Goals* ermöglichen die unmittelbare Ausführung einer Aktion, während *Achieve Goals* keine konkrete Lösung enthalten, sondern nur einen gewünschten Zustand definieren. Der Agent wird bei *Achive Goals* permanent Pläne ausführen, die zum gewünschten Ziel führen können. Damit muss sich der Entwickler anhand des verfolgten Ziels entscheiden, ob es einer reaktiven oder einer praktisch-schließenden Lösung bedarf.

Hybride Agenten verfügen über *reaktive und schließende Komponenten.* Sie eignen sich zur *langfristigen Zielverfolgung in dynamischen Umgebungen.* Hybride Agenten erfüllen die in dieser Arbeit gestellten Anforderungen. Auch für hybride Agenten ist ungeklärt, *wie Wahrnehmungen aus der Umgebung erhoben werden,* so dass sie entweder reaktiv oder deliberativ Handlungen wählen.

2.4.3.5 Zwischenfazit

Nach Ferber (2001, S. 253 ff.) ist die Gestaltung der Situierung eines Agenten in seiner Umgebung eng verknüpft mit seinen Aufgaben und der Gestaltung der Umgebung. Die Grundlage der Situierung ist die Wahrnehmung des Agenten zur Erhebung derjenigen Informationen, die dem Agenten die Etablierung situierten Verhaltens erlauben. Franklin und Graesser (1997, S. 26) grenzen anhand der Wahrnehmung aus der Umgebung den Agentenbegriff ab: „A robot with only visual sensors in an environment without light is not an agent". Pokahr (2007, S. 45) nimmt für Umgebungen von Jadexagenten Einschränkungen vor. Dies sind insbesondere die stete Verfügbarkeit von Informationen und die Erzeugung wohldefinierter Ergebnisse auf Aktionen. Diese Einschränkungen widersprechen dem Einsatz von Agenten in offenen Umgebungen nach Hewitt (1990, S. 383 - 395), die auch von Wooldridge (2009, S. 27) als entscheidendes Einsatzfeld von Agenten angesehen werden. Nach Scerri et al. (2003, S. 211) sind Agenten für offene, nicht komplett beobachtbare Umgebung geeignet, wenn sie über ihre Wahrnehmung erkennen können, dass die Umgebung mit hoher Unsicherheit behaftet ist und sich darauf einstellen. Die Interaktion mit der Umgebung wird zum grundlegenden Erfolgsfaktor der Zielerreichung des Agenten bei Vorliegen hoher Unsicherheit durch die Umgebung.

Die Ausprägung der Interaktion von Agent und Umgebung kann im Agenten reaktiv (Ferber 2001, S. 36 f.), schließend (Wooldridge 2002, S. 75 ff.) oder eine Mischform von beidem sein[96]. Die reaktiven Agenten haben sich als robuste, situierte Problemlöser in vielen Domänen bewiesen. Ferguson (1992, S. 29 - 30) benennt jedoch Einschränkungen reaktiver Agentenarchitekturen: „[T]he strength of purely non-deliberative architectures lies in their ability to exploit local patterns of activity in their current surroundings in order to generate more or less hardwired action responses [...] for a given set of stimuli. Successful operation using this method pre-supposes: (i) that the complete set of environmental stimuli required for unambiguously determining action sequences is

[96] Die Trennung in reaktive und deliberative Agenten entspricht der in der Literatur benannten Trennung in nicht-intelligente und intelligente Agenten (Russel und Norvig 2003; Wooldridge und Jennings 1995). Dies schließt nicht die Intelligenz nach Brooks (1991a, S. 569 - 595; 1991b, S. 139 - 159) aus, die aus emergentem Verhalten mehrerer rein-reaktiver Agenten entsteht.

always present and readily identifiable – in other words, that the agent's activity can be situationally determined; (ii) that the agent has no global task constraints [...] which need to be reasoned about at run time; and (iii) that the agent's goal or desire system is capable of being represented implicitly in the agent's structure according to a fixed, pre-compiled ranking scheme." Insbesondere die situierte Determiniertheit reaktiver Agentenarchitekturen schränkt die Anwendbarkeit für offene Umgebungen stark ein.

Deduktiv-schließende Agentenarchitekturen sind durch ihren fehlenden Umgebungsbezug nicht in der Lage, ein situiertes Verhalten zu erzeugen. Sie können in ihren Deduktionsprozess keine Umgebungseinflüsse aufnehmen. Es besteht die Gefahr, dass durch stetige Deduktion gefundene Ergebnisse irrelevant für die Aktionsausführung sind, da sich die Umgebung durch externe Einwirkungen weiterentwickelt hat. Sie sind für die vorliegende Arbeit ungeeignet, da sich das Überführungs- und das Schlussfolgerungsproblem im betrachteten Einsatzfeld nicht lösen lassen.

Praktisch-schließende Agenten können für nicht-deterministische und offene Umgebungen entwickelt werden. Nach Pollack (1992, S. 43 ff.) besteht der Vorteil praktisch-schließender Agenten in ihrer dezentralen Zielverfolgung unter Abwägung von situativen Einflüssen. Sie können Umgebungseinflüsse praktisch-schließend und reaktiv verarbeiten und können als hybride Agenten umgesetzt werden. Hybride Architekturen erfordern vom Designer die Abgrenzung von Ereignissen, die ein reaktives oder ein praktisches Schließen im Agenten auslösen. Die Vorteile der binären Behandlung von Ereignissen in hybriden Agentenarchitekturen weist Jennings (2001, S. 35 - 41) in mehreren Anwendungsfällen für die Entwicklung komplexer, verteilter und umgebungsbezogener Anwendungen nach. Rao und Georgeff (1995, S. 312 - 319) verwenden hybride Agenten für die Realisierung von Echtzeit-Kontroll- und -Management-Anwendungen in dynamischen Umgebungen. Sie weisen die Effizienz ihres Systems mehrerer Agenten in der der Luftraumsteuerung anhand des agentenbasierten Echtzeit-Flughafen-Management-Systems OASIS (Ljungberg und Lucas 1992) am Flughafen Sydney nach. In OASIS werden Agenten als Repräsentationen von Flugzeugen verwendet, die ihren Luftraum kollisionsfrei koordinieren. Hierfür ist OASIS mit dem Radarsystem des Flughafens verbunden, das die kompletten Luftraumbewegungen in der Umgebung des Flughafens zu jedem Zeitpunkt bereitstellt.

Die in OASIS verwendete Form der Interaktion von Agenten und Umgebung eignet sich ausschließlich für vollständig observierbare Umgebungen. Jeder Flugzeugagent bekommt durch einen zentralen Luftraumagenten einen Korridor zugewiesen, dessen Einhaltung er mittels zentral bereitgestellter Radardaten überwacht. OASIS setzt eine vollständige und fehlerfreie Erhebung der Luftraumauslastung durch das Radar voraus. Diese Voraussetzung ist nach Wooldridge (2009, S. 27) in offenen, nur partiell wahrnehmbaren Agentenumgebungen nicht haltbar. Ein Großteil potenzieller Umgebungen für Agenten ist nicht deterministisch und nicht vollständig obervierbar, also der Klasse von offenen Umgebungen zuzurechnen. In offenen Umgebungen erfolgt die Koordination der Ressourcen, die zur Aufgabenerfüllung eines Agenten benötigt werden, unter Unsicherheit. Hierfür werden Fähigkeiten der proaktiven Erhebung ressourcenbezogener Informationen im Agenten benötigt. Im Stand der Wissenschaft zu Agentenarchitekturen zeigt sich eine fehlende Abgrenzung von Anforderungen an die Situierung eines Agenten in offenen Umgebungen.

Reaktive und deduktiv-schließende Agenten sind für den Einsatz in dieser Arbeit ungeeignet. *Praktisch-schließende Agenten* können Wahrnehmungen aus der Umgebung verarbeiten. *Hybride Agenten* differenzieren zwischen reaktiver oder praktisch-schließender Aktion aufgrund der Art einer Wahrnehmung. Hybride Architekturen eignen sich für die Steuerung in dieser Arbeit, sofern sie einen Bezug zur Situation des Agenten sicherstellen. Offen ist die Herstellung von Umgebungsbezug als *Situierung des Agenten.*

2.4.4 Bezugsrahmen für die Situierung eines Agenten

Für die Analyse und Gestaltung der Situierung von Agenten ist ein etabliertes Modell des Situationsbezugs zur Abgrenzung von Anforderungen erforderlich. Dieses sichert die Vollständigkeit und kann als Metamodell sowohl zur Überprüfung von Arbeiten zum Situationsbezug als auch zur Gestaltung eines Modells im weiteren Verlauf dieser Arbeit herangezogen werden. Da bisher kein Transfer von Modellen stattgefunden hat, verwendet die vorliegende Arbeit ein Framework aus der Erforschung von Interaktion zwischen Mensch und technischen Systemen. Der Untersuchungsgegenstand bei diesen Betrachtungen ist der Nutzer, der sich mit einer zunehmend komplexer werdenden Technik auseinandersetzen muss (Endsley 1987, S. 1388 - 1392). Das Ziel dieser Arbeiten ist ein besseres Verständnis der Situierung eines menschlichen Systembedieners, der in allen auftretenden Situationen einen Situationsbezug (*Situation Awareness*) benötigt, um in einer Situation die richtige Aktion[97] auszuführen. Die Definition von Hamilton (1987) verdeutlicht den zunächst engen Fokus auf militärische Zwecke: „Situation awareness is knowledge of current and near-term disposition of both friendly and enemy forces within a volume of airspace." Endsley (1988b) definiert den Situationsbezug im Kontext des Piloten als „the pilot's internal model of the world around him at any point in time".

In den 1990er Jahren entstehen generalisierte Definitionen der Situierung in diesem Forschungszweig. Der Mensch wird darin als Operator eines technischen Systems betrachtet. Laut Green, Odom und Yates (1995) muss ein

[97] In den Modellen wird eine Projektion der Situation gefordert, so dass eine Aktion ein Plan mehrerer Aktionen zur Erreichung oder Abwendung der Projektion sein kann.

Operator mittels des Systems in der Lage sein, „to quickly detect, integrate and interpret data gathered from the environment. In many real-world conditions, situational awareness[98] is hampered by two factors. First, the data may be spread throughout the visual field [...]. Second, the data are frequently noisy." Aus dieser Definition ist ersichtlich, dass Daten vom Operator als Grundlage einer Situation aktiv gesammelt und aufbereitet werden müssen, um einen Situationsbezug herstellen zu können. Auf diese Faktoren wird in der Definition von Agenten bis heute nicht eingegangen.

Endsley (1995c, S. 32 - 64)[99] gestaltet ein Framework basierend auf der Theorie der Informationsverarbeitung (Wickens 1992) für ein Wahrnehmungssystem, welches losgelöst vom Anwendungsfall und speziellen Wahrnehmungsrollen der Situierung und die Fähigkeit zum *Situation Assessment*, dem Prozess zur Herstellung der Situierung, umfasst. Endsley (1988a, S. 97) definiert die Situierung als „the perception of the elements in the environment within a volume of time and space, the comprehension of their meaning and the projection of their status in the near future". Ihre Definition verdeutlicht insbesondere den zeitlichen und örtlichen Bezug einer Situation. Über das Erkennen der aktuellen Lage hinaus umfasst ihre Definition auch das Ableiten von Handlungsalternativen, die sich aus der jeweiligen Lage heraus bieten.

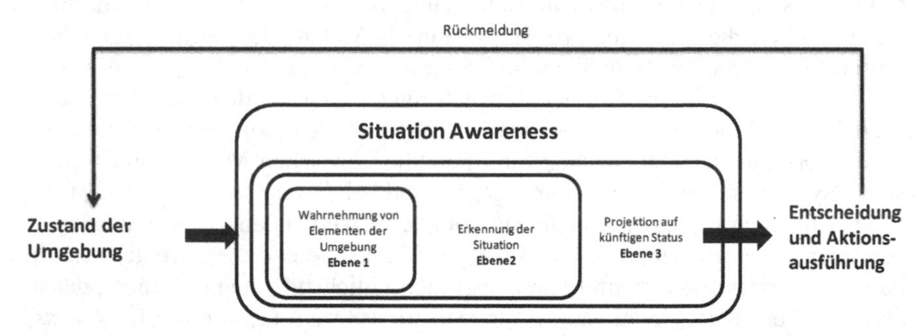

Abbildung 19 Situationsbezug in der dynamischen Entscheidungsfindung in Anlehnung an Endsley (1995c, S. 35)

Das theoretische Framework für Situationsbezug nach Endsley (2000, S. 5 ff.), dargestellt in Abbildung 19, besteht aus drei aufeinander aufbauenden Ebenen der Wahrnehmung:

1. Ebene 1 (Wahrnehmung) – Die Wahrnehmung dient der Versorgung mit den richtigen Informationen in der richtigen Weise zum richtigen Zeitpunkt. Be-

[98] In der Literatur werden die Begriffe situational awareness und situation awareness synonym verwendet. In dieser Arbeit wird ebenfalls nicht zwischen den Begriffen differenziert.
[99] Aufgegriffen auch von Endsley (2000, S. 3 - 32).

reits an dieser Stelle wird entschieden, welche Möglichkeiten zur Erkennung einer Situation auf der zweiten Ebene bestehen.

2. Ebene 2 (Erkennung) – Auf der zweiten Ebene findet eine Verdichtung von wahrgenommenen Informationen und der Gewichtung ihrer Bedeutung statt. Der Kern liegt in der Erkennung des Zusammenhangs. Endsley (2000, S. 7) vergleicht das Erreichen der zweiten Ebene mit einem Leser, der nicht nur einzelne Worte eines Textes, sondern den Zusammenhang und die Bedeutung versteht.
3. Ebene 3 (Projektion) – Wird eine Situation erkannt, besteht die dritte Ebene des Situationsbezugs im Schließen auf mögliche künftige Ereignisse. Somit wird eine zeitliche Entscheidungsfindung auf der dritten Ebene erreicht. Die Bewertung von Handlungsalternativen ist stark von zeitlichen Aspekten des erwarteten Eintretens geprägt. Erfahrene Operatoren verwenden einen Großteil ihrer Zeit auf die Projektion, vergleichbar einem Schachspieler, der aus der aktuellen Brettkonstellation künftige Szenarien antizipiert.

Die Grundlage der Herstellung eines Situationsbezugs sind die Ziele und Erwartungen des situationsbezugsherstellenden Individuums sowie System- und Umgebungsfaktoren seiner Aufgabe. Das Ergebnis des Prozesses ist eine erfolgreiche Entscheidungsvorbereitung mit Bezug zur Situation. Artmann (2000, S. 1111-1128) betont, dass die Herstellung des Situationsbezugs eine erfolgreiche Entscheidungsfindung nicht zwangsläufig garantiert. Der Situationsbezug unterstützt jedoch systematisch die Situierung, auf deren Grundlage bessere Entscheidungen getroffen werden können. Dabei differenziert Endsley (1995c, S. 36)[100] zwischen der *Situation Awareness* als Wissenszustand und dem *Situation Assessment* als Prozess, der zu diesem Wissenszustand führt: "These processes, which may vary widely among individuals and contexts, will be referred to as situation assessment or the process of achieving, acquiring, or maintaining SA." Der Prozess determiniert den Grad des Situationsbezugs, der durch ein Subjekt erreicht wird (Endsley 2000, S. 23).

Alle drei Ebenen weisen nach Sarter und Woods (1991, 45 - 57) einen engen zeitlichen wie räumlichen Bezug auf. Endsley (2000, S. 7) verwendet in ihrer Definition „within a volume of time and space". Ein gültiges Modell der Herstellung eines Situationsbezugs hat abzugrenzen, in welchem zeitlichen und räumlichen Bezug es seine Gültigkeit besitzt[101]. Neben dem Orts- und Zeitbezug hat die Frequenz, mit der Situationen erhoben und bewertet werden, einen starken Bezug zur Dynamik der Umgebung. Handelt es sich um eine dynamische Umgebung mit hoher Änderungsrate, so muss auch die Herstellung von Situationsbezug in einer ausreichend engen Folge möglich sein (Ferrein et al. 2005, S.

[100] Anmerkung des Autors: SA ist Situation Awareness.
[101] Dies wird von Jennings (2001, S. 37; 2000, S. 281) durch den Sichtbarkeits- und Einflussbereich für einen Agenten beschrieben, aber nicht in den Modellen eines Agenten fundiert.

24 - 30). Situationsbezug ist stets ein flüchtiger Zustand, der eine hohe Frequenz von Erkennen, Wahrnehmen und Projizieren der Situation in Abhängigkeit der Umgebungsänderungsrate erfordert. Jedoch können begrenzte Ressourcen in negativer Korrelation zur Menge an Informationen stehen, die verarbeitet werden können[102]. Folglich kann nur eine geringe Auswahl an Alternativen bis hin zu einer Projektion auf der dritten Ebene bewertet werden. Es besteht eine Abhängigkeit der Verarbeitungsgeschwindigkeit von der Dynamik der Umgebung. Im Sinne des Modells kann ein System adaptiver mit Bezug zu Raum und Zeit gestaltet werden, wenn es (1) die dritte Ebene erreicht und (2) eine Menge von Informationen entsprechend der sich verändernden Umgebung in so kurzer Zeit verarbeiten kann, dass eine Reaktion darauf zielführend ist.

Die Grundlage jeder Wahrnehmung ist eine Menge sensorischer Daten aus der Umgebung. Endsley (1988a, S. 97 ff.; 1995c, S. 41) führt zur Abgrenzung der sensorischen Daten das Konzept des *Short Term Sensory Store* ein. Es enthält Daten aus der Gegenwart und einem kurzen Vergangenheitszeitraum und spannt den gültigen Suchraum für Wahrnehmungen auf.

Die Wahrnehmung basiert auf *Cues* (Endsley 1995c, S. 42). *Cues* vereinfachen durch eine Übersetzungsleistung von Informationen und Sinneseindrücken zur Wahrnehmung die Herstellung der ersten Ebene im Framework. Sie gleichen einem Muster und entstehen durch Erfahrungen, die in einer Umgebung gesammelt werden. Sie differenzieren sich durch mehrfache Beobachtung des Musters in dieser Umgebung aus. Ein Experte besitzt Wissen über relevante ausdifferenzierte *Cues* für seine Expertenumgebungen, während ein Nicht-Experte aufgrund fehlender, nicht-differenzierter oder nicht-zielgerichteter *Cues* mit den gleichen Informationen in der gleichen Umgebung nicht den gleichen Grad eines Situationsbezugs erlangen kann. Existiert kein passender *Cue*, so sind die Daten aus dem *Short Term Sensory Store* nicht interpretierbar.

Ähnlich der *Cues* als Muster der Wahrnehmung existieren *Schemata* für das Verstehen von Informationen auf der zweiten Ebene. Ein Schema ist ein kohärenter Rahmen für das Verstehen von Informationen durch Abgrenzung komplexer Systemkomponenten, Zustände und Funktionen (Mayer 1992). Schemata befinden sich in Endsleys Modell (1995c, S. 41) im Langzeitgedächtnis und dienen der generellen Situationsinterpretation. Sie dienen der Verdichtung und Weiterverarbeitung von *Cues* der ersten Ebene (Endsley 1995c, S. 43). Ein ereignisbezogenes Schema, ein Skript, liefert Sequenzen von adäquaten Aktionen, die zur erkannten Situation mögliche Handlungen automatisch folgen lassen. Ein Skript verringert den Aufwand im Erkennungsprozess, da es für die Situationserkennung und daraus folgender Aktionen einen Automatismus bereitstellt. „In sum, a script is a hypothesized cognitive structure that when activated

[102] Dies steht im Gegensatz zur Ressourcengebundenheit von deliberativen Agenten nach Bratman (1988, S. 349 - 355).

organizes comprehension of event-based situations. [...] In its strong sense, it involves expectations about the order as well as the occurrence of events" (Abelson 1981, S. 717). Abelson (ebd.) nennt das Beispiel der japanischen Teezeremonie als Beispiel für ein starkes und unfehlbares Skript. Skripte können damit als internalisierte, situationsabhängig aktivierte Prozesse interpretiert werden.

Mentale Modelle werden von Rouse und Morris (1985, S 7) definiert als „the mechanisms whereby humans are able to generate descriptions of system purpose and form, explanations of system functioning and observed system states, and predictions of future states". Endsley (1995c, S. 43) integriert mentale Modelle als systemgebundene Schemata, die eine Interpretation nur für ein spezielles System zulassen. Damit sind mentale Modelle ein Spezialfall der Schemata, die bereichs- oder systemspezifisches, problembezogenes und stets handlungsrelevantes Wissen enthalten. Ein wohldefiniertes mentales Modell enthält nach Endsley (1995c, S. 43 f.) (1) Wissen über die relevanten Elemente des Systems zur gezielten Informationswahrnehmung, (2) ein Verfahren der Integration einzelner Informationen, um sie als Situation zu verstehen (Ebene 2), und (3) einen Mechanismus für die Projektion auf zukünftige Systemzustände ausgehend vom heutigen Zustand und der Dynamik des Systems. Jones und Endsley (2000, S. 368) weisen auf die Gefahr der Wahl eines falschen mentalen Modells hin, welches nicht zum Kontext passt. Dann wird ein Großteil der wahrgenommenen Information missinterpretiert, und das Verhältnis zwischen der wahrgenommenen Information und der realen Situation ist gestört.

Situationsmodelle werden von Endsley (1995c, S. 43 f.) gleichgesetzt mit Situationsbezug. Sie bilden den Prozess von (1) Wahrnehmen, (2) Erkennen und (3) Projizieren in Form konkreter Systemzustände ab. Ein Situationsmodell wird mit einem mentalen Modell des betrachteten Systems im Situationserkennungsprozess abgeglichen, um auf Situationen des betrachteten Systems zu schließen. Damit wird das generische Muster einer Situation im mentalen Modell zu einer real detektierten Situation im Situationsmodell.

Das mentale Modell wird aufgrund der Wahrnehmung auf der ersten Ebene aktiviert und bietet einen Rahmen für das Situationserkennen auf der zweiten Ebene und die Projektion auf der dritten Ebene. Das Schema in Form eines Skripts liefert die nötige Handlungssequenz, auf deren Basis die Projektion auf der dritten Ebene erfolgt.

Ziele sind neben der dynamischen Umgebung der zweite integrale Motivationsgeber für die Herstellung eines Situationsbezugs. „Goals form the basis for most decision making in dynamic environments. [...] In most systems, people are not helpless recipients of data from the environment but are active seekers of data in light of their goals" (Endsley 1995c, S. 47). Ziele, die als erwünschte Idealzustände von Endsley (1995c, S. 48) interpretiert werden, und Pläne, die Ziele erreichen helfen, bilden einen Filter auf die Erkennung von Situationen in der Umgebung. Die Umgebung selbst beeinflusst die Pläne, mit denen ein Ziel erreicht werden soll, und die Ziele selbst. Dabei aktivieren erkannte Muster ein nötiges Abweichen von momentan verfolgten Zielen und Plänen. Existiert ein Script, welches zum neuen Muster passt, so wird dieses in der Projektion aktiviert und ein neuer Plan instanziiert.

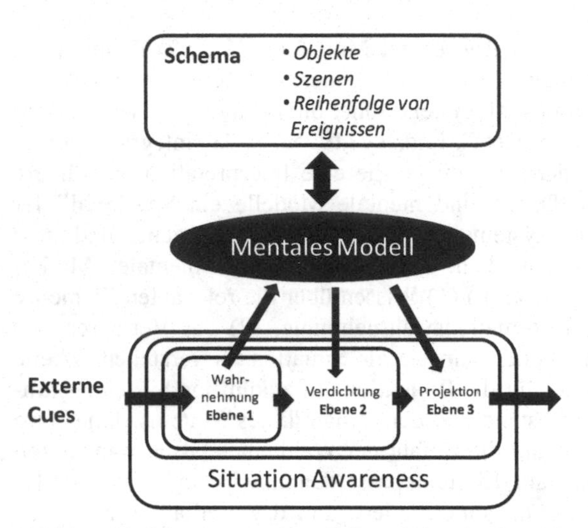

Abbildung 20 Schema, mentale Modelle und Situationsbezug in Anlehnung an Jones und Endsley (2000, S. 368)

Eine Revision des Prozesses kann sowohl durch Vorgabe neuer Ziele (top-down) als auch durch unerwartete oder erwartete, aber ausgebliebene Wahrnehmungen im Situationsmodell (bottom-up) erforderlich werden. Hierzu werden korrespondierende Pläne ausgewählt, die Skripte nach sich ziehen können oder unmittelbar zu Aktionen führen. Das Situationsmodell ist der Brennpunkt des Zusammentreffens von Top-Down- und Bottom-Up-Änderungen. Im Situationsmodell entscheidet sich, welche Änderungen der Umgebung verarbeitet werden.

Neben den im Framework von Endsley integrierten Forschungsgebieten der mentalen Modelle, Schemata und Skripte existiert das Sensemaking als Forschungszweig, der sich mit der Erhebung von Situationen beschäftigt. Endsley (2004, S. 317 - 341) unterscheidet den Ansatz des Sensemaking von ihren Arbeiten durch den zeitlichen Bezug. Sensemaking ist rückwärtsgerichtet und sucht Erklärungen für vergangene Ereignisse. Das Framework zur Herstellung von Situationsbezug ist zukunftsgerichtet und antizipiert, was passieren wird, um effiziente und effektive Entscheidungsprozesse zu unterstützen. Dies wird durch die Definition von Duffy (1995, S. 119) bekräftigt, der Sensemaking definiert als „how people make sense out of their experience in the world." Klein, Moon und Hoffman (2006a, S. 71) grenzen die Ansätze folgendermaßen ab: "[...] situation awareness is about the knowledge state that's achieved – either knowledge of current data elements, or inferences drawn from these data, or predictions that can be made using these inferences (Endsley 1995b, S. 85 - 104). In contrast, sensemaking is about the process of achieving these kinds of outcomes, the strategies, and the barriers encountered." Sie beschreiben weiter (ebd.): "Sensemaking is a motivated, continuous effort to understand connections (which can be among people, places, and events) in order to anticipate their trajectories and act effectively." Das Erkenntnisinteresse des Sensmaking ist retrospektiv und auf einen längeren Horizont ausgerichtet.

Klein, Moon und Hoffman (2006b, S. 88 - 92) entwickeln ein Modell des Sensemakings, welches auf der Frametheorie nach Minsky (1975, S. 211 - 277) basiert und eine Anwendung von Sensemaking in intelligenten Informationssystemen evaluiert. Das Modell erhebt keinen Anspruch auf direkte Anwendbarkeit, sondern setzt sich das Ziel, „to point to empirical studies of how domain practitioners make decisions in complex, real-world contexts and then to mine these results for ideas that might invigorate and inform work on these fundamental issues" (Klein et al. 2006, S. 91). Die Forschung auf der Schnittstelle von künstlicher Intelligenz und Sensemaking erachten Klein, Moon und Hoffman für wichtig, jedoch fehlen für das Sensemaking tragfähige Modelle. Die Forschung des Sensemakings hat mit dem Ansatz von Klein, Moon und Hoffmann die Diskussion über eine Forschungsagenda geschaffen, die Forschungsergebnisse aus dem Forschungsgebiet des Situationsbezugs in die Gestaltung von intelligenten Informationssystemen einfließen lässt. Für die Arbeiten von Endsley existieren bereits Ansätze der Gestaltung von Agenten[103], jedoch fehlt ein Rahmenwerk, das die Adaption der Erkenntnisse aus der SA-Forschung in die Erarbeitung von Wahrnehmungen in Agenten ermöglicht.

2.4.5 Implikationen des Frameworks von Endsley

Während in den analysierten Agentenmodellen vorwiegend eine informationsversorgende Auslegung des Situierungsbegriffes dominiert, zeigt das Framework zum Situationsbezug von Endsley (1995c, S. 32 - 64) die Notwendigkeit einer differenzierteren Behandlung von Umgebungswahrnehmungen im Agenten. Sie ermöglicht eine zielgerichtete Erhebung und Verarbeitung von Wahrnehmungen aus der Umgebung eines Agenten mit Bezug zu seinen möglichen Aktionen. Die Folge ist die situierte Handlungswahl des Agenten aus der Projektion seiner Situation und damit einer rationalen Entscheidung des Agenten. Durch die Projektion der Situation ist die Erfüllung der Eigenschaft der Proakti-

[103] Diese Arbeiten werden in Abschnitt 2.5.3.3 auf ihre Eignung zur Erreichung eines Situationsbezugs analysiert.

vität eines Agenten möglich, da er auf mögliche Zukunftsszenarien reagiert und diese anstrebt oder abwendet.

In Modell eines deliberativen Agenten wird die Aufnahme von Informationen über *Perceptions*[104] gesteuert. Aufgenommen und damit bereitgestellt für den Deliberationsprozess werden nur *Perceptions*, die in einer Option münden. Eine Auswahl oder Abgrenzung von *Perceptions* ist in der Architektur nach Bratman et al. (1988, S. 349 - 355) nicht spezifiziert. Im Framework von Endsley hingegen dienen *Cues* der Erkennung von Konstellationen aus sensorischen Daten der Umgebung. Nur bekannte *Cues* führen zu Wahrnehmungen. Dem deliberativen Agenten nach Bratman et al. (1988, S. 349 - 355) fehlt für die Herstellung der ersten Ebene des Situationsbezugs – Wahrnehmung – das Äquivalent der *Cues*. Die *Perceptions* des Agenten sind zwar auf seine Pläne ausgerichtet, unterliegen jedoch keiner Gestaltungsempfehlung.

Im Eingangsbeispiel aus Kapitel 1 ist der Agent auf elementare Muster der Ressourcenwahrnehmung und der Reaktion darauf angewiesen. Beispielsweise ist ein Beladeplatz genau dann belegt, wenn eine Position eines anderen Fahrzeugs mit der Position des Beladeplatzes übereinstimmt. Derartige elementare Muster müssen dem Agenten bekannt sein, um zu einer Ressourcennutzungseinschätzung seiner Umgebung zu gelangen.

Die Erkennung der Situation auf der zweiten Ebene basiert auf Situationsmodellen, die einen systembezogenen Zustand eines mentalen Modells instanzieren. „New information must be combined with existing knowledge and a composite picture of the situation developed" (Endsley 1995c, S. 43). Situationsmodelle sind gültige Zustände des betrachteten Systems, die situationsrelevante Information abgrenzen (Endsley 1995c, S. 40 f.). Die Situationsmodelle erzeugen einen Erwartungswert der Wahrnehmung. In deliberativen Agenten ist der Schritt einer Verdichtung von Wahrnehmungen entsprechend der Verdichtung von *Cues* nicht vorgesehen. Eine Repräsentation der Situation als Erwartungswert für Umgebungswahrnehmungen ist nicht vorhanden. Die im Agenten vorhandene *Intention Structure* kann jedoch den Lösungsraum für den Deliberationsprozess durch Bereitstellung situationsgerechter Alternativen einschränken. In der Folge werden irrelevante *Perceptions* gefiltert und stehen für den ressourcenintensiven Prozess der Deliberation nicht mehr zur Verfügung. Die Situationserkennung unterstützt mit dieser Anwendung das Konzept der Ressourcengebundenheit von Bratman (1988, S. 349 f.).

Zurückführend auf das einführende Beispiel muss der Agent in einer Situation, in der er beladen ist, nur nach Wahrnehmungen des Transports und der Entladung suchen. Wahrnehmungen zu Beladealternativen sind für ihn irrelevant, da der Agent so lange nicht beladen werden kann, bis er abgeladen hat. Voraus-

[104] Die *Percptions* sind den Sensoren und damit der grundlegenden Fähigkeit eines Agenten zur Datenaufnahme nach Wooldridge (2002, S. 16) gleichzusetzen.

setzung für die Aktivierung entsprechender Wahrnehmungen sind Situationsmodelle als prozessuale Vorgaben im Agenten, die entsprechende *Cues* abgrenzen.

Die Erreichung der dritten Ebene, der Projektion der erkannten Situation auf zukünftige Situationen, ist in deliberativen Agenten nicht explizit verankert, kann jedoch implizit über die Wahl von Plänen, die einen zukünftigen Zustand vorhersehen, einbezogen werden. Der Ausgangspunkt einer Planwahl als Projektion ist jedoch nicht als erkannte Situation in Form eines komplexen Zusammenhangs von *Cues* beschrieben. Der Projektion fehlen Situationsmodelle als Systemzustandsbeschreibungen eines mentalen Modells, um zu einer Prognose zu gelangen. „A well-developed mental model provides (a) knowledge of the relevant elements of the system that can be used in directing attention and classifying information in the perception process, (b) a means of integrating the elements to form an understanding of their meaning (Level 2 SA), and (c) a mechanism for projecting future states of the system based on its current state and understanding of its dynamics (Level 3 SA)" (Endsley 1995c, S. 43 f.). Die Fähigkeit der Projektion ist ein grundlegender Effizienzfaktor für den Deliberationsprozess eines Agenten.

Im motivierenden Beispiel aus Kapitel 1 hat ein Transportfahrzeug einen Leistungsvorteil, wenn es bereits vor Ankunft am Beladeplatz Informationen über die Verfügbarkeit zu seinem Erreichungszeitpunkt hat. In der mit Brüchen versehenen WSS-Umgebung benötigt der Agent Fähigkeiten zur Prognose der Ladeplatzverfügbarkeit bei seiner Ankunftszeit. Stellt er bereits vor seiner Ankunft fest, dass derzeit eine Wartezeit am ursprünglich geplanten Beladeplatz besteht, kann er ermitteln, wie lange die Wartezeit bei seiner Ankunft sein wird. Ist diese länger als die zusätzliche Fahrtstrecke zum anderen Verladeplatz, kann er eine leistungsmaximalere Alternative wählen.

Das Framework von Endsley bietet einen Rahmen für die Analyse vorhandener Arbeiten zur Gestaltung von Situationsbezug eines Agenten und die Gestaltung der Situierung eines Agenten in seiner Umgebung. Grundlegende Agentenkonzepte grenzen nicht ab, wie die Wahrnehmung eines Agenten zu erfolgen hat. Nun folgend wird analysiert, welche Konzepte dem Agenten eine Wahrnehmung zur Situierung in seiner Umgebung ermöglichen.

2.5 Situierung von Agenten

Nun folgend werden Situierungsmechanismen erhoben und bewertet, die dem Agenten eine reichhaltige Interaktion mit der Umgebung ermöglichen. Sie müssen auf die Umsetzung des Situationsbezugs für eine vorausschauende Aktionswahl des Agenten in Abhängigkeit seiner Umgebung überprüft werden.

2.5.1 Strukturierungs- und Bewertungsschema

Die Betrachtung des Standes der Forschung zu Konzepten der Situierung von Agenten gliedert sich in zwei Bereiche. Die (1) Forschungsarbeiten situierter Agentensysteme konzentrieren sich auf eine enge Kopplung einer expliziten Repräsentation der Umgebung als zu gestaltendes Merkmal[105] und dem Agenten. Dies geschieht stets im Kontext eines MAS, in dem mehrere Agenten ihrem Designziel folgen. Gestaltungsschwerpunkt ist die Umgebung des Agenten. Die (2) Forschungsarbeiten zu agenteninternem Situationsbezug entwickeln erweiterte Modelle intelligenten Verhaltens des Agenten selbst. Sie befassen sich insbesondere mit erweiterten Formen der Wahrnehmung und den Schlussfolgerungsmechanismen des Agenten auf Grundlage dieser Wahrnehmungen. Die strukturierende Wirkung und Eigendynamik der Umgebung dient in beiden Fällen nicht nur der Koordination der Agenten, sondern auch der Abbildung realweltlicher Phänomene für die Agenten. Die Agenten nutzen die Umgebung als Koordinationsinstrument im Sinne ihrer Zielerreichung.

Das Strukturierungs- und Bewertungsschema bewertet die Ansätze auf der Grundlage von Anforderungen, die Bond und Gasser (1988, S. 22) zur Erhöhung von Kohärenz und Koordination aufstellen. Sie fordern eine Erhöhung von Kohärenz und Koordination durch Integration von *Wissen über Pläne anderer Agenten*, *Wissen über die Domäne* und der *Nutzung eines größeren zeitlichen Kontexts* mit vorausschauenden Fähigkeiten. Dies wird in der vorliegenden Arbeit durch das Framework von Endsley (1995c, S. 32 - 64) und die Theorien des Bezugsrahmens konkretisiert. Aus dem Framework von Endsley (ebd.) werden (1) *Sensormuster*, (2) *Modelle der Situation* und (3) die *Projektion der Situation* zur Schaffung von Situationsbezug beschrieben. Abhängig von der Dynamik der Umgebung kann (4) ein *adaptiver Horizont* der Wahrnehmung erforderlich sein. Dies adressiert den Punkt *Nutzung eines größeren zeitlichen Kontexts* von Bond und Gasser (1988, S. 22). Gemäß den Theorien des Bezugsrahmens sind darüber hinaus (5) ein *zeitlicher Prozessbezug der Wahrnehmung*, (6) eine *Bewertungsgrundlage für Handlungsalternativen* und (7) *Wissen über Interdependenzen* mit anderen Agenten für seine Situierung erforderlich. Dies adressiert das *Wissen über die Domäne* und das *Wissen über Pläne anderer Agenten* nach Bond und Gasser (1988, S. 22).

---

[105] Weyns et al. (2007, S. 15) definieren die Umgebung als *first-class abstraction*, die dem Agenten sowohl die Interaktion mit anderen Agenten als auch den Zugang zu Ressourcen ermöglicht.

Tabelle 6 Strukturierungs- und Bewertungsschema

	Nr.	Autor(en)	(1) Sensor-muster	(2) Modelle der Situation	(3) Projektion der Situation	(4) Adaptiver Horizont	(5) zeitlicher Prozessbezug	(6) Bewertungs-grundlage für Handlungs-alternativen	(7) Wissen über Inderdepen-denzen
Konzept situierter Agenten	1	Ferber und Müller 1996; Ferber 2001	X					X	
	2	Weyns und Holvoet 2003a, 2003b, 2004a, 2004b, 2008	X				(X)	(X)	(X)
	3	Weyns, Vizzari, Holvoet 2005; Bandini, Manzoni und Simone 2002a, 2002b; Bandini, Manzoni und Vizzari 2004, 2006					(X)		(X)
	4	Ricci, Viroli und Omicini 2006; Ricci, Piunti, Acay, Bordini, Hübner und Dastani 2008; Ricci, Piunti, Viroli und Omicini 2009; Ricci, Viroli und Piunti 2009; Ricci, Piunti und Viroli 2010a,b	(X)			(X)	X	(X)	X
Konzept agenteninterner Wahrnehmung	5	Weyns, Steegmans und Holvoet 2003, 2004; Weyns und Holvoet 2006; Weyns, Omicini und Odell 2007					(X)		(X)
	6	Buford, Jakobson und Lewis 2006a,b, 2010; Buford, Lewis und Jakobson 2006	(X)	(X)					
	7	Gehrke 2008; So und Sonenberg 2004a,b, 2005, 2007	(X)	(X)	(X)	X			

Sowohl die Forschungsarbeiten zur Gestaltung der Umgebung und ihrer Implikationen für die Agentengestaltung als auch die Arbeiten zur Gestaltung der Wahrnehmungsverarbeitung im Agenten werden aufgrund der erhobenen sieben Anforderungen an Konzepte der Kopplung von Agent und Umgebung ausgewertet. Das Strukturierungs- und Bewertungsschema ist in Tabelle 6 dargestellt. Eine explizite Erfüllung einer Anforderung ist durch ein X kenntlich gemacht. Eine implizite Erfüllung einer Anforderung ist durch ein (X) dargestellt. Eine weiterführende Formalisierung des Bewertungsschemas erscheint ungeeignet, da die Lösungsvielfalt der Kopplung von Agent und Umgebung groß sowie der Reifegrad der dargestellten Lösungen sehr heterogen ist. Der Reifegrad einer Forschungsarbeit wird ebenso bezüglich ihrer Anwendbarkeit für eine Umsetzung berücksichtigt. Für jedes Konzept ist zu überprüfen, ob eine ausreichende Evaluation stattgefunden hat, so dass es eine Grundlage dieser Arbeit bilden kann.

2.5.2 Konzepte der Kopplung von Agent und Umgebung

Ein Konzept der Erkennung von Situationen im Agent kann nicht losgelöst vom Bezug der Handlungen des Agenten zur Veränderung seiner Umgebung betrachtet werden, da diese mit ihren Gesetzmäßigkeiten die Wahrnehmung des Agenten beeinflussen. Dies folgt der bereits getätigten Feststellung, dass ein Agent niemals losgelöst von seiner Umgebung existieren kann. Der Agent muss die Gesetzmäßigkeiten der Umgebung kennen und durch gezielte Wahrnehmung berücksichtigen, um zu einer Interpretation von Werten, die er über seine perzeptiven Fähigkeiten aufnimmt, zu gelangen. Die isolierte Betrachtung der agenteninternen Verarbeitung von aufgenommenen sensorischen Werten ohne ein Abbild der Umgebung für die Erkennung einer Situation ist nicht ausreichend.

2.5.2.1 Globaler Umgebungsbezug von Agenten

Ein Agent mit Bezug zu seiner Situation werden im Forschungsbereich der situierten MAS[106] erforscht, in dem stets die Betrachtung mehrerer Agenten und ihrer Interaktion über die Umgebung Gegenstand der Analyse und Gestaltung ist. Auslöser der Forschung an situierten Agenten ist die Erkenntnis, dass von Agenten ausgelöste Aktionen Folgen in der Umgebung nach sich ziehen können, die ein einzelner Agent nicht vollumfänglich antizipieren kann. Auch ist nicht garantiert, dass die alleinige Aktionsausführung zu einem erfolgreichen Abschluss führt. Daher ist in situierten MAS die Umgebung ein zu gestaltendes

[106] Vergleichbare Konzepte für dynamische, nicht deterministische Umgebungen nutzen verhaltensbasierte Agenten von Brooks (1991b, S. 139 - 159) und adaptive, autonome Agenten von Maes (1993, S. 135 - 162).

Element der Agenteninteraktion. Auf die Umgebung wird von den Agenten ein Einfluss (*Influence*) ausgeübt. Sodann wird durch die Umgebung auf Basis der Einflüsse aller Agenten eine Reaktion (*Reaction*) der Umgebung an die Agenten zurückgegeben. Die Agenten sind mit Sensoren und mit internen Verarbeitungsmechanismen für die Aufnahme und Weiterbehandlung der Reaktion ausgestattet.

Ferber und Müller (1996, S. 72 - 79) bezeichnen ihr Modell, welches auf Einflüssen und Reaktionen der Umgebung basiert, als Grundstein einer *Theory of Action* für MAS. Ihr Modell basiert methodisch auf dem Situationskalkül (McCarthy 1963, S. 410 - 417; McCarthy und Hayes 1969, S. 463 - 502), das von Lespérance et al. (1996, S. 331 - 346) in der Entwicklung von Agentensystemen angewendet wird. Folgende Konzepte liegen dem Modell von Ferber und Müller (1996, S. 73) zugrunde:

1. Eine Separierung von Einfluss auf die Umgebung und Reaktion von der Umgebung, um simultane, sich beeinflussende Aktionen von Agenten zu ermöglichen.
2. Eine Dekomposition des gesamten Systems in die zwei Teile (1) Dynamik der Umgebung und (2) Dynamik des Agenten.
3. Eine Beschreibung der unterschiedlichen Dynamiken durch abstrakte Zustandsautomaten, die auf mathematisch logischen Strukturen als Zustandsübergängen operieren.

Das Modell synchronisiert die Aktionen aller Agenten mit ihrer Umgebung. Die Umgebung besitzt einen Status $\delta \in \Delta$ als Paar aus $< \sigma, \gamma >$, wobei $\sigma \in \Sigma$ der Status der Umgebung und $\gamma \in \Gamma$ die Einflüsse auf die Umgebung sind. Der Zustandsübergang in den Zustand $\delta' =< \sigma', \gamma' >$ wird durch die Einflüsse $Exec: \Sigma \times \Gamma \rightarrow \Gamma$ und den nächsten Umgebungszustand $Reac: \Sigma \times \Gamma \rightarrow \Sigma$ erreicht. Die Einflüsse werden durch einen Operator $op \in OP$ ausgeführt, der auf Grundlage eines Umgebungszustands zu einem Set von Einflüssen auf die Umgebung kommt: $OP = \Sigma \rightarrow \Gamma$. Mit dem Operator ist die Funktion $Exec(op, \sigma, \gamma) \rightarrow \gamma'$ vollständig beschrieben. Die Parallelität von mehreren Operatoren ist gegeben durch $Exec: (OP, \|) \times \Sigma \times \Gamma \rightarrow \Sigma$, so dass erst eine Vereinigung der Einwirkungen der Operatoren auf die Umgebung zu ihrem neuen Zustand führt. Die Reaktionen der Umgebung folgen Gesetzmäßigkeiten in Form von $\lambda \in LAW$ als $React: (\lambda, \sigma, \gamma) \rightarrow \sigma'$. Auch für die Gesetzmäßigkeiten existiert die parallele Anwendbarkeit in Form $React: (LAW, \|) \times \Sigma \times \Gamma \rightarrow \Sigma$. Folgend kann die Anwendung mehrerer Gesetze auf die Summe der Einflussfaktoren zur Veränderung der Umgebung führen.

Das MAS wird von Ferber und Müller (1996, S. 74) als 6-Tupel $< \Sigma, \Gamma, OP, LAW, Exec, React >$ für die Abbildung simultaner Aktionen mehrerer Agenten beschrieben. Zu jedem Zeitpunkt ist der Zustand des Systems vollständig beschrieben als $< \sigma \in \Sigma, \gamma \in \Gamma >$. Die Evolution des Systems ist eine unendliche rekursive Funktion $Evolution: \Sigma \times \Gamma \rightarrow \tau$, die als Ergebnis τ alle fehlerhaften oder unmöglichen Werte der Umgebungsevolution enthält. Ein Evolutionsschritt ist beschrieben durch $Evolution(\sigma,\gamma) = Evolution(Cycle(\sigma,\gamma))$ mit $Cycle(\sigma,\gamma) =< \sigma', Exec(op_1 \parallel \cdots \parallel op_m, \sigma', \gamma>$, in dem $\sigma' = React(\lambda_1 \parallel \cdots \parallel \lambda_n, \sigma, \gamma)$ ist. Die Grundlage der Evolution in Ferbers und Müllers (1996, S. 72 - 79) Modell ist die globale Agentenumgebung, die den Agenten in einem synchronisierten Zyklus eine Rückmeldung bezüglich ihres Einflusses auf die Umgebung gibt.

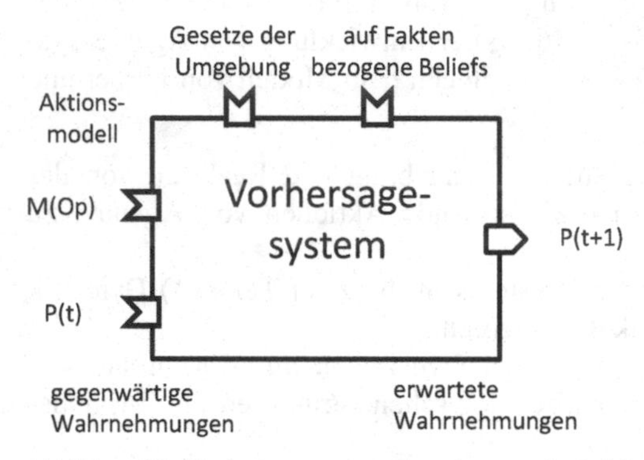

Abbildung 21 Vorhersagesystem eines Agenten in Anlehnung an Ferber (2001, S. 284)

Das Vorhersagesystem eines Agenten nach Ferber (2001, S. 283 f.), dargestellt in Abbildung 21[107] in der BRIC-Notation, ermöglicht einem Agenten im zuvor dargestellten Modell die Prognose erwarteter Wahrnehmungen $P(t+1)$ aufgrund seiner ausgeführten Aktionen $M(Op)$, seiner gegenwärtigen Wahrnehmung $P(t)$, seiner Beliefs und der ihm bekannten Gesetze der Umgebung. Die tatsächliche Wahrnehmung, die nicht ausschließlich von seiner Aktion, sondern auch von den Einflüssen anderer Agenten γ_{andere} abhängt und ihm von der Umgebung zurückgeliefert wird, kann abweichen. Der tatsächliche Zustand σ_2 ergibt sich aus der parallelen Ausführung von Op und γ_{andere}, also $\sigma_2 = React(\sigma_1, Exec(Op, \sigma_1) \parallel \gamma_{andere})$. Weicht der erwartete Zustand vom tatsächlichen ab, kann dies nach Ferber (2001, S. 285 f.) auf (1) einen schlechten Zustand der Sensoren, (2) veraltete oder inkorrekte Daten, (3) eine fehlerhafte oder unzutreffende Wissensbasis des Agenten, (4) für das Modell unzutreffende Aktionen, (5) nicht zutreffende Gesetze der Umgebung oder (6) eine zu hohe Komplexität der Situation für den Agenten zurückzuführen sein. Die Interpretation der Abweichung – eine Erkennung der vorliegenden Situation – ist nicht im

[107] Das Vorhersagesystem ist in der von Ferber (2001, S. 231 ff.) verwendeten Basic Representation of Interactive Components (BRIC) modelliert.

Modell enthalten. Die Projektion der Situation beschränkt sich in Ferbers Modell auf die erwarteten Resultate eigener Aktionen und nicht auf die gemeinschaftlichen Resultate in der Umgebung nach Ausübung der Aktionen aller Agenten.

Das Modell situierter Agenten nach Ferber und Müller (1996, S. 72 - 79) erlaubt die Identifikation von direkten (Prozess-)Interdependenzen zwischen Agenten über den Abgleich von erwarteter und eingetretener Wahrnehmung. Dies ermöglicht die Abgrenzung von Elementen auf der ersten Ebene der Herstellung eines Situationsbezugs. Jedoch fehlt eine explizite Repräsentation eines Situationsmodells, so dass dem Agenten kein erweiterter Wahrnehmungshorizont zur Verfügung steht. Die von Ferber vorgeschlagene Lösung der Berücksichtigung interner Zustände $s \in S$ des Agenten über zwei Perioden in Form von $s' = Memorization_a(Perception_a(\sigma, s)$ kann eine längerfristige Planung nur bedingt unterstützen.

Neben der Beschränktheit des Agentenkonzepts erfordert das Modell eine globale Umgebung für alle Agenten, so dass der Aspekt der Verteilung von Agenten und eine vom Verbund losgelöste Aktion eines Agenten nicht möglich sind. Dies widerspricht dem verteilten Aspekt des Systems in Einsatzgebieten, in denen eine vollständige Kommunikation nicht zu jeder Zeit gewährleistet ist. Darüber hinaus gibt das Modell für einen Agenten die Länge des Deliberationszyklus vor. Würde der Agent länger als einen Einfluss-Reaktionszyklus mit der Berechnung seines Einflusses warten, wäre dieser Einfluss auf einem alten Stand der Umgebung erhoben worden. Damit kann er im nächsten Zyklus nicht angewendet werden, weil sich die Umgebung verändert hat. Daher fokussiert das Modell den Einsatz reaktiver Agenten, die eine sehr schnelle Reaktion, jedoch keine planbasierte Verfolgung von Zielen ermöglichen. Ein zeitlich langfristiger Prozessbezug ist nicht herzustellen. Handlungsalternativen können stets nur für den nächsten Schritt abgeleitet werden. Eine Umsetzung und Überprüfung des Modells von Ferber und Müller (1996, S. 72 - 79) wird nicht durchgeführt, so dass der Beitrag die konzeptionelle Ebene nicht verlässt und nicht überprüfbar ist.

2.5.2.2 Regionaler Umgebungsbezug von Agenten

Agenten haben nach Weyns und Holvoet (2004b, S. 1) einen über die Agentenumgebung bereitgestellten Kontext, den sie als Grundlage ihrer Handlungsplanung über ihre agentenindividuelle Wahrnehmung aufnehmen. Ressourcen und weitere Objekte sind in die Agentenumgebung eingebettet und können einer Veränderung durch umgebungsinhärente Prozesse unterliegen, die von Aktionen der Agenten unabhängig sind. Agenten reagieren auf die Veränderungen von Ressourcen und Objekten durch angepasstes, von der Umgebungssituation abhängiges Verhalten. Die aus dem umgebungsabhängigen Verhalten resultierenden Handlungsoptionen beinhalten auch eine Veränderung der Umgebung durch den Agenten als Mittel einer indirekten, umgebungsvermittelten Kommunikation. „Inspired by biological systems, several researchers have shown that the environment can serve as a robust, self-revising, shared memory for agents" (Weyns et al. 2004, S. 2).

Weyns und Holvoet (2004a; 2004b, S. 1 - 34; 2008; 2003b, S. 177 - 188; 2003a, S. 497 - 511) nutzen das Grundmodell von Ferber und Müller (1996, S. 72 - 79), um eine Architektur mit regional synchronisiertem Bezug von Agenten mit ihrer Umgebung zu entwickeln. Die regionale Synchronisation beschränkt sich auf Gruppen, deren Mitglieder untereinander synchron mit den Mitgliedern und ihrer Umgebung Einflüsse ausüben und Reaktionen der Umgebung aufnehmen. Die Gruppen haben die Möglichkeit simultaner Aktionsausführung[108], ohne eine zentrale Instanz als beschränkenden Faktor für Größe und Verteilung von Agenten zu benötigen. Unterschiedliche Gruppen verhalten sich in der Aktionsausführung asynchron zueinander, während in einer Gruppe alle Aktionen synchronisiert werden. Die Hoheit über die Synchronisation liegt im Gegensatz zum Modell von Ferber und Müller (1996, S. 72 - 79) bei den Agenten. Das Umgebungsmodell ist vereinbar mit der Sicht von Jennings (2000, S. 281)[109] auf ein MAS, in dem es eine *Sphere of visibility and influence* für jeden Agenten in der Umgebung gibt.

Das Modell nach Weyns und Holvoet (2003b, S. 179) basiert auf den folgenden Entwicklungsentscheidungen:

1. Modellierung von Aktionen und ihrer Konsequenzen in der Umgebung.
2. Umgang mit komplexen Interaktionen in der Umgebung und zwischen Agenten.
3. Ausgewogenheit zwischen Entscheidung des Agenten und simultaner Aktionsausführung.
4. Dekomposition des Agentenverhaltens in funktionale Module, die weiter verfeinert werden können.
5. Verwendung eines formalen Modellierungsansatzes.

Die Entscheidung eines Agenten kann im Modell von Weyns und Holvoet (2003b, S. 179 ff.) nur durch dritte Agenten beeinflusst werden, soweit eine Interaktionen mit dritten Agenten durch Mitgliedschaft in der gleichen Gruppe möglich ist, da eine Interaktion nur in einer Gruppe möglich ist. Die Zugehörigkeit zu einer Gruppe ist eine gegenseitige Vereinbarung der Agenten. Die Gruppe wird im Modell vom Weyns und Holvoet (2003b, S. 182) durch regionale

[108] Simultane Aktionen werden von Weyns und Holvoet (2003b, S. 178) unterteilt in unabhängige und interdependente Aktionen. Interdependente Aktionen können (1) nebenläufig, d. h. mit vollständiger Konkurrenz bei Durchführung, (2) beeinflussend, d. h. mit abweichenden Ergebnissen bei Durchführung, oder (3) kollektiv, d. h. nur die Durchführung aller Aktionen führt zum Ziel, sein.
[109] Vergleiche Abbildung 17.

Zugehörigkeit gebildet. Das Konzept der Regionalität wird im Modell mit einer zugeordneten Region abgegrenzt, in der sich die Agenten gegenseitig wahrnehmen. Unklar ist, ob es sich um einen lokalen örtlichen Kontext oder andere Kriterien zur Abgrenzung einer Region handelt. Es ist ausschließlich festgesetzt, dass die Agenten einer Gruppe untereinander kommunizieren können.

Zur Verwaltung der Gruppe entwickeln Weyns und Holvoet (2003a, S. 503 ff.) einen Synchronisierungsalgorithmus[110]. Über Nachrichtenaustausch – unter Wahrung der Synchronisation mit den Zeitgebern – wird der Startpunkt einer regionalen Gruppe von einem Agenten gesetzt. In einem Verhandlungsprozess fügt sich jedes potenzielle Gruppenmitglied in die Gruppe ein, bis alle Mitglieder eine einheitliche Synchronisation hergestellt haben. Zur Wahrung der Gruppenzugehörigkeit wird die Region benötigt, die als Variable gesetzt einen Bereich definiert, in dem sich alle Agenten mit der zugeordneten Gruppe synchronisieren können. Verlässt ein Agent die Region, muss er die Gruppe verlassen.

Weyns und Holvoet (2003b, S. 182) bezeichnen, abweichend von Ferbers und Müllers (1996, S. 72 - 79) Modell, den dynamischen Status als $\delta \in \Delta = <\sigma, \psi>$, wobei $\psi \in \Psi$ in Anlehnung an Ferber (2001, S. 310 f.) eine Menge von *Consumptions* ist. Eine *Consumption* ist ein Element der Umgebung, welches exklusiv für einen Agenten reserviert werden kann. Eine *Consumption* ist das Resultat einer Reaktion der Umgebung auf eine Aktion eines Agenten. Sie kann z. B. der Vorgang der Aneignung eines Elements aus der Umgebung sein. Damit ist das Element exklusiv im Besitz des Agenten und steht anderen Agenten nicht mehr zur Verfügung. Die Summe aller *Consumptions* ist der neue Status der Umgebung. Weyns und Holvoet (2003b, S. 182) lösen mit dem Konzept der *Consumptions* die von Ferber und Müller verwendeten *Influences* ab. Dies entkoppelt das Modell von der Notwendigkeit, dass ein Agent in jedem Zyklus einen Einfluss auf die Umgebung ausüben muss, da ihm alle *Consumptions* einer Gruppe vor einer möglichen Aktionsausführung bekannt sind. Jeder Agent kann zu jeder Zeit eine Aktion initiieren, da die Situation der möglichen *Consumption* bekannt ist.

Die Umsetzung eines Zyklus findet vergleichbar dem Modell von Ferber und Müller (1996, S. 72 - 79) über die beiden Funktionen $Exec$ und $React$ statt, die agentenzentriert mit Bezug zu Veränderungen der *Consumptions* verwendet werden. Jede Ausführung $Exec^{\propto}((o, \|), \sigma, \psi) \rightarrow < \gamma, \psi^I >$ einer Gruppe $\propto$ von Agenten, die eine Menge von Operatoren o parallel im Zustand σ der Umgebung ausführen und dabei eine Teilmenge $\psi^I = \psi - \psi^E$ konsumieren, führt zu einem Set von Einflüssen γ auf die Umgebung. Die korrespondierende Dynamik der Umgebung $React((\lambda, \|), \sigma, \gamma, \psi^I) \rightarrow < \sigma', \psi' >$ resultiert in einem neuen

[110] Eine Verifikation für einen und zwei Agenten wird von Weyns und Holvoet (2004a) mit gefärbten Petrinetzen durchgeführt.

Zustand σ' und einem neuen Set an Consumptions ψ' bezogen auf die wirkenden Gesetze λ, den alten Zustand σ, die ausgeübten Einflüsse γ und die ausgeübten Consumptions ψ^I. Durch die infinite Rekursion der Funktion $Evol(\sigma, \psi) = Evol(Cycle(\sigma, \psi))$ mit $Cycle(\sigma, \psi) = React((\lambda, \|), \sigma, Exec^{\propto}((o, \|), \sigma, \psi))$ ist die Evolution der Umgebung über die Zeit gewährleistet. Jeder Aufruf von $Cycle(\sigma, \psi)$ erzeugt einen neuen Status der Umgebung und neue *Consumptions*. Der Durchlauf eines $Cycle(\sigma, \psi)$ ist in Abbildung 22 dargestellt. Aufgrund der Verschiebung der Dynamik von der Umgebung zum Agenten gegenüber dem Modell von Ferber und Müller (1996, S. 72 - 79) startet jeder Agent mit der Aufnahme von Effekten aus der Umgebung in seiner Gruppe. Er generiert darauf basierend eine Entscheidung für eine Operation in Form einer *Consumption* und übergibt die korrespondierende Operation an die Umgebung, die aus allen *Consumptions* eine Menge von Aktionen durch die Agentengruppe berechnet.

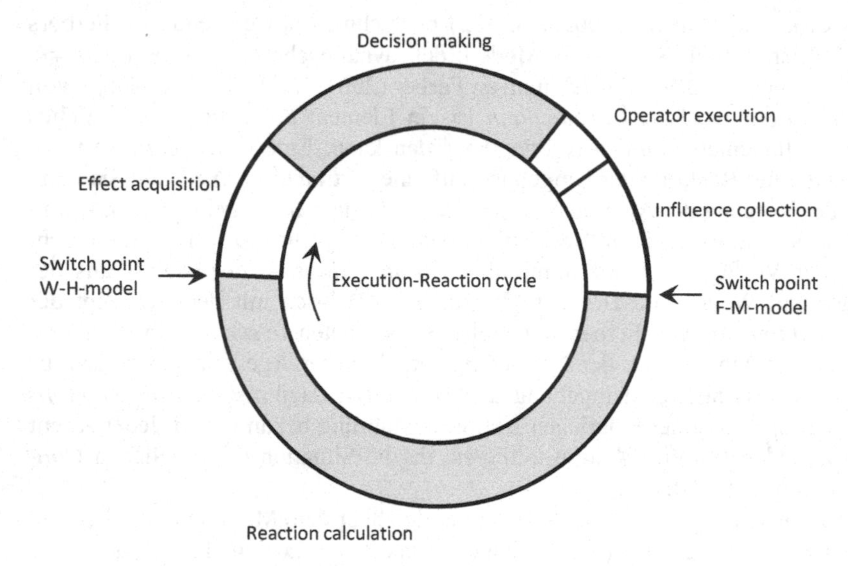

Abbildung 22 Ausführungs-Reaktions-Zyklus nach Weyns und Holvoet (2004b, S. 12)

Die Wahrnehmung eines Agenten im Schritt *Effect acquisition* wird durch die Funktion $Perception_i(\sigma) = Interpret_i(Sense_i(\sigma))$ gekapselt (Weyns und Holvoet 2004b, S. 14; 2003b, S. 183 f.). Die Funktion $Sense_i: \Sigma \rightarrow \Sigma|_{\Omega}$ bildet die Umgebung auf den wahrgenommenen Ausschnitt Ω ab, der durch die Funktion $Interpret_i: \Sigma|_{\Omega} \rightarrow P_i$ ein Percept zum wahrgenommenen Ausschnitt Ω erzeugt. Losgelöst von der Wahrnehmung besitzt jeder Agent die Funktion

$Consumption_i(\psi) = Consume_i(Identify_i(\psi))$, die eine Identifizierung von *Consumptions* erfordert. Die Funktion $Perception_i$ und $Identify_i$ wird von Weyns und Holvoet nicht detailliert. Es bleibt unklar, wie die Wahrnehmungsfunktion eines Agenten in ihrem Modell gestaltet sein muss.

Die Architektur von Weyns und Holvoet (2004b, S. 1 - 34) vertieft nicht die Wahrnehmung der Interaktion im Agenten, sondern fokussiert auf die Interaktion des Agenten mit seiner Umgebung. Weyns und Holvoet betonen jedoch die hohe Bedeutung der Umgebungswahrnehmung des situierten Agenten, denn „Situatedness expresses the local relationships between agents and objects in the environment" (Weyns und Holvoet 2004b, S. 2). Ein Agent muss seinen Umgebungsbezug erkennen können, um der richtigen Synchronisierungsgruppe beizutreten und situativ Aktionen zu ergreifen. Ein Wechsel von regionalen Gruppen ist vorgesehen (Weyns und Holvoet 2004b, S. 16 f.), nicht jedoch Kriterien der Wahrnehmung, die zu einem Wechsel führen. Für eine aktive Wahrnehmung fehlt dem Agenten die Situationswahrnehmung und die Einschätzung seiner Situation im Interpretationsteil der Funktion $Perception_i$ (Weyns und Holvoet 2004b, S. 14; Weyns et al. 2004, S. 869).

Die Arbeiten von Weyns und Holvoet (2004a; 2004b, S. 1 - 34; 2003b, S. 177 - 188; 2003a, S. 497 - 511) ermöglichen die Berücksichtigung von Effekten synchroner Aktionsausführung über *Consumptions* in der Wahrnehmung des Agenten. Das Modell besitzt die Mächtigkeit, geteilte Ressourcen und simultanen Zugriff in der Umgebung abzubilden. Dadurch wird ein zeitlicher Bezug der Wahrnehmung möglich. Ein prozessualer Bezug im Agenten ist hingegen nicht beschrieben. Eine Bewertungsgrundlage für Handlungsalternativen besteht über die *Effect acquisition*, jedoch wird kein Modell im Agenten etabliert, welches seine Handlungen gewichtet. Dadurch ist kein Wissen über zukünftige Interdependenzen mit anderen Agenten vorhanden. Die segmentierte Umgebung ermöglicht eine gezielte Wahrnehmung von Veränderungen in der regionalen Gruppe des Agenten, wodurch eine umgebungsbedingt bessere Abgrenzung von sensorischen Mustern im Agenten möglich ist. Eine darüberhinausgehende Verdichtung zu Situationen oder Projektion von Situationen ist im Modell nicht berücksichtigt. Damit erfüllt das Modell viele Anforderungen dieser Arbeit nicht. Die Umsetzung und Evaluation zeigt, dass sich die Architektur vorrangig für reaktive Agenten geeignet ist. Eine Adaption auf deliberative und hybride Agenten wird nur angedacht und zahlreiche ungelöste Probleme benannt.

2.5.2.3 Ansätze der ortsbezogenen Koordination in situierten MAS

Das Multilayered Multi Agent Situated System (MMASS) (Bandini et al. 2002, S. 1183 - 1190; Bandini et al. 2002, S. 831 - 852; Bandini et al. 2004, S. 74 - 90; 2006, S. 327 - 351; Weyns et al. 2005, S. 1 - 17) hat einen engen Bezug zur physischen Infrastruktur, in der sich Agenten bewegen. In MMASS dient die

Gestaltung der Umgebung ausschließlich der Koordination der Ressource *Raum* durch den konkurrierenden Zugriff mehrerer Agenten auf das Raummodell. Das Raummodell von MMASS besteht aus drei Ebenen. Der MMASS-Raum auf der oberen Ebene besteht aus mehreren Schichten. Jede Schicht enthält mehrere Plätze, die jeweils nur von einem Agenten exklusiv belegt werden können. Plätze haben benachbarte Plätze und sind über Schnittstellen miteinander verbunden. Die Topologie von Plätzen untereinander entspricht einem ungerichteten Graphen. Ein Platz steht exklusiv einem Agenten zur Verfügung, jedoch muss nicht jeder Platz zu jedem Zeitpunkt belegt sein. Jeder Platz kann Felder enthalten, die vom Agenten, der sich auf dem Platz befindet, wahrgenommen oder angelegt werden können.

Das Ziel der Architektur ist die Schaffung von Sensitivität der Agenten für ihre Umgebung, im Fall des MMASS über Plätze und Felder. Bandini et al. (2006, S. 331 ff.) grenzen ihren Ansatz zu vergleichbaren Arbeiten durch spezifische Eigenschaften in Form der Felder ab, die vom Agenten in der Wahrnehmung zu berücksichtigen sind. Da jeder Platz determiniert, ob ein Feld vom Agenten angelegt werden kann, müssen die Fähigkeiten des autonomen Agenten zur Wahrnehmung auf diese Umgebung ausgerichtet sein. Die Wahrnehmung eines Platzes wird vom Agenten autonom und aktiv ausgeführt. Die Grenzen der Wahrnehmungsaktion sind der Platz, auf dem sich der Agent befindet, seine eigene Wahrnehmungsschwelle sowie die Intensität eines Felds auf dem Platz. Alle vorhandenen Felder besitzen die aktive Eigenschaft der Diffusion in benachbarte Plätze, so dass diese abhängig von ihrer Intensität von einem Agenten eines benachbarten Feldes lesbar sind. Der Agent ist damit in der Lage, auf Aktivitäten anderer Agenten auf anderen Plätzen zu schließen und seinen eigenen Status anzupassen. Eine Koordination von Aktionen der Agenten ist über die räumliche Distanz benachbarter Felder möglich (Bandini et al. 2004, S. 80). Eine Verdichtung von Informationen bleibt jedoch ebenso wie die Projektion von zukünftigen Konstellationen aus. Der Agent agiert in der Gegenwart und verfolgt keine Pläne, die er mit seiner Wahrnehmung abgleicht.

Der Umgang mit geteilten Ressourcen ist im Framework nur insofern berücksichtigt, als dass jeder Agent zu jedem Zeitpunkt exklusiv einen Platz belegt. Handhabbar sind somit nur Ressourcen des Raumes in diskreten Abstufungen von Feldern. Felder können jedoch nicht exklusiv gebucht werden, da sie jedem Agenten zur Verfügung stehen. Der Agent kann die Belegung benachbarter Plätze wahrnehmen, sich jedoch nur dorthin bewegen, wenn sie nicht durch einen anderen Agenten belegt sind. Der Ressourcenzugriff ist über den Zugriffsmechanismus eindeutig geregelt. Ressourceninterdependenzen werden aufgrund belegter benachbarter Felder gegenwartsbezogen erkannt, können jedoch nicht antizipiert werden. Das Modell ist nur bedingt für planende Agenten nutzbar. Der Horizont ist auf den nächsten Schritt beschränkt. Der Kommunikationsmechanismus von MMASS ist stark von der räumlichen Struktur der

Umgebung abhängig. Die Wahrnehmung von Artefakten der Agenten wird für die räumliche Koordination der Aktionsausführung genutzt. Eine ausdifferenzierte Wahrnehmung, die Situationen und Projektionen benötigt, ist für die Situierung der Agenten im MMASS nicht erforderlich. Auch elementare Muster der Wahrnehmung existieren nicht, so dass die Anforderungen dieser Arbeit in den meisten Punkten nicht erfüllt werden.

2.5.2.4 Artefaktbasierte Koordination

Für die Situierung von Agenten in ihrer Umgebung nutzen Ricci et al. (2008, S. 225 - 232; 2010; 2009b, S. 259 - 288; 2007, S. 67 - 86; 2006, S. 569 - 574; 2009a, S. 133 - 150) generische Artefakte der Umgebung, die von Agenten wahrgenommen und verändert werden können. Die von ihnen entwickelte Lösung *Common Artifact infrastructure for Agents Open environments* (CArtAgO) besteht aus (1) einem Aktionsmodell, (2) einem Wahrnehmungsmodell, (3) einem Umgebungsmodell, (4) einem Modell der Umgebungsdaten und (5) einem Verteilungsmodell der Umgebung.

In der Gestaltung der Wahrnehmung sind Aktionsmodell und Wahrnehmungsmodell von CArtAgO eng verknüpft, um die Überprüfung einer erfolgreichen Aktionsausführung zu gewährleisten. Beide Modelle sind an ein Artefakt gebunden. Für jedes Artefakt werden im Wahrnehmungsmodell Bedingungen definiert, welche die Wahrnehmung einer Eigenschaft des Artefakts durch einen Agenten bestimmen. Ebenso wird im Aktionsmodell definiert, welche Aktionen ein Agent unter welchen Bedingungen auf einem Artefakt ausführen darf. Jede Aktion auf einem Artefakt in CArtAgO erzeugt Effekte, die vom Agenten als Bestätigung der Ausführung wahrgenommen werden. Dies stellt eine Erweiterung von gängigen Agentenmodellen dar, die singuläre Aktionen als Events handhaben, die ohne Zeitverzug unmittelbar umgesetzt werden und ausschließlich sequenziell ablaufen können. In CArtAgO wird die Aktionsausführung als Prozess umgesetzt, der eine Zeit beansprucht und Nebenläufigkeit zulässt. Dies erlaubt die Verarbeitung interdependenter Prozesse, die der Agent zur Wahrnehmung geteilter Verfügung benötigt.

Das Wahrnehmungsmodell von CArtAgO unterstützt mehrere Wahrnehmungsmodi. Eine statusbasierte Wahrnehmung ermöglicht die Erfassung des aktuellen Status der Umgebung genau dann, wenn der Agent im Wahrnehmungsabschnitt[111] seines Ausführungszyklus ist. „Percepts are a snapshot of the current state of the observable part of the environment" (Ricci et al. 2010, S. 6). In einer deliberativen Agentenarchitektur kann dieser Status unmittelbar mit der Wissensbasis abgeglichen werden. Neben der zeitlichen Ausführung einer Wahrnehmung können Änderungen an Artefakten bei deren Eintreten über die

[111] Der Ausführungszyklus umfasst die Wahrnehmung, die Planung und die Aktionsausführung vergleichbar dem (speziellen) Execution-Reaction-Zyklus von Weyns und Holvoet (2004b, S. 12).

ereignisbasierte Wahrnehmung einem Agenten weitergeleitet werden. Die ereignisbasierte Wahrnehmung eignet sich insbesondere zur Überwachung einzelner Elemente, z. B. Ressourcen in einem Prozess, als Grundvoraussetzung der Erkennung von Konflikten.

Das Modell der Umgebung umfasst die Verwaltung der Umgebungsartefakte, ihre Entwicklung, die räumliche und zeitliche Unterteilung sowie ihre Abbildung auf Rechenressourcen. Eine Synchronisation in der Zeit kann in Partitionen der Umgebung erfolgen, so dass, vergleichbar dem Modell von Weyns und Holvoet (2004a; 2004b, S. 1 - 34; 2003b, S. 177 - 188; 2003a, S. 497 - 511), regionale Orte der Synchronisation (*Workspaces*) entstehen. Damit bieten die Modelle von CArtAgO für eine Projektion von Ereignissen und deren Einordnung in der Zeit die nötigen Voraussetzungen.

Jedes Artefakt ist einem Workspace zugeordnet. Jeder Workspace ist der Umgebung zugeordnet. Ein Agent muss dem Workspace angehören, um ein Artefakt zu observieren und Operationen auf ihm auszuführen. Für diese Funktionen des Agenten besitzt jedes Artefakt die Eigenschaft der Observierbarkeit und Operationen, die darauf ausgeführt werden können. Operationen sind das Agenteninterface zum Artefakt. Jede Operation erzeugt ein observierbares Ereignis, das vom Agenten außerhalb seines Ausführungszyklus verarbeitet wird. Die Observierbarkeit wird vom Agenten in seinem Ausführungszyklus wahrgenommen. Neben dem obervierbaren Status besitzt das Artefakt einen versteckten Status, in dem die Funktionalitäten des Artefakts gekapselt sind.

Wird das Artefakt als öffentliche Ressource von Agenten in einem Prozess benötigt, können geteilte Verfügungen an der Ressource entstehen. Ricci et al. (2010, S. 33) bezeichnen diesen Vorgang als Externalisation, da Ressourcen nicht mehr in der exklusiven Verwaltung eines Agenten stehen, der über die Verfügung bestimmt. Das Artefakt wird in diesem Fall mit dem Regeln seiner Nutzung modelliert. Eine Verdichtung der Situation von Artefakten im Agenten ist jedoch nicht explizit in CartAgO enthalten, ebenso fehlt die Möglichkeit der Projektion von Ereignissen.

Die Umsetzung von CartAgO in Verbindung mit Frameworks für die Agentenimplementierung ist im Vergleich zu vorangestellten Arbeiten bereits fortgeschritten. CArtAgO verfügt über sogenannte *Bridges* (Piunti et al. 2008, S. 207 - 213), die eine Kopplung mit der Implementierung von Jadex (Pokahr et al. 2003, S. 76 - 85) und Jason (Bordini et al. 2007) ermöglichen. Damit sind die Voraussetzungen einer Integration der artefaktbasierten Situierung in bestehende Agentenframeworks gegeben.

Arbeiten der *umgebungszentrierten Situierung* befähigen Agenten zur umgebungsmediierten Koordination ihrer Aktionen unter Einfluss einer sich dynamisch verändernden Umgebung. Die Umgebung ist die zentrale oder verteilte Instanz der Agenten zur Erhebung jener Wahrnehmungen, die ihre Aktionsausführung beeinflussen. In der Analyse des Beitrags der Modelle für eine ökonomische Situierung eines Agenten zeigt sich, dass die zugrundeliegenden Agentenmodelle nicht ausreichen. Lediglich die Arbeit von Piunti et al. (2008, S. 207 - 213) und Ricci et al. (2011, S. 158 - 192) zeigen eine reichhaltigere Kopplung von Agenten und Artefakten. Auch in diesen Arbeiten ist nicht geklärt, ob und wie Agenten Modelle der Situation und ihrer Projektion in ihre Entscheidungsfindung einfließen lassen.

2.5.3 Agentenzentrierte Modelle der Situierung von Agenten

Die Ansätze der situierten MAS als externe Situierungsansätze eines Agenten in seiner Umgebung belegen die hohe Bedeutung der Umgebungsgestaltung für das Erkennen von und den Zugriff auf Ressourcen. Ihre Möglichkeiten für eine vorausschauende Wahrnehmung mit Planbezug, wie sie von Ferber (2001, S. 249 f.) konzeptionell erarbeitet werden, sind nicht ausreichend. Ferber (ebd.) führt das Konzept der *Cognition*[112] als Grundlage einer aktiven Wahrnehmung der Umgebung ein, mit dem der Agent in die Lage versetzt wird, einen *Zustand*[113] festzustellen. Eine *Cognition* ist „eine elementare kognitive Einheit, welche mit anderen Cognitionen verbunden ist, um eine dynamische mentale Konfiguration zu bilden, die sich über die Zeit entwickelt" (Ferber 2001, S. 249). Er unterteilt diese in die drei Klassen der interagierenden, repräsentierenden und konativen *Cognitionen*, die einen Agenten mit der Fähigkeit ausstatten, ein wahrgenommenes Objekt direkt in einen internen Zustand zu übersetzen. Zu der Übersetzungsleistung gehört, „Rauschen herauszufiltern, das Signal in seine wesentlichen Bestanteile zu zerlegen und das Sekundärverarbeitungssystem mit der Gesamtheit von Daten zu versorgen, damit dieses die tatsächlich bedeutenden Informationen erkennen und verarbeiten kann" (Ferber 2001, S. 254).

Das Wahrnehmungssystem eines Agenten[114] hat entscheidenden Anteil an der Wahrnehmung der Agentenumgebung, weil es sensorische Muster im Zeit-

[112] Ferber (2001, S. 249) kreiert den Begriff Cognition aus ‚cognitive' und der Endung ‚on' als elementare kognitive Einheit des Agenten.

[113] Ein Zustand im Sinne von Ferber (2001, S. 249) ist eine „allumfassende Konfiguration eines Systems zu einem bestimmten Zeitpunkt". Dies grenzt den Begriff des Zustands nicht präzise ab.

[114] Das Wahrnehmungssystem eines Agenten ist eindeutig abgegrenzt vom Repräsentationssystem des Agenten. Im Bereich des Repräsentationssystems entstehen Herausforderungen in der Wahrung einer konsistenten Wissensbasis des Agenten (Ferber 2001, S. 259 ff.). Die Verarbeitung der Wahrnehmungen ist dem Repräsentationssystem eines Agenten vorgelagert – in Abbildung 24 fügt sich das Repräsentationssystem rechts an – und ist nicht Gegenstand der Betrachtung in dieser Arbeit.

verlauf erkennen lässt, die zuvor vom Agenten abgelegt und verifiziert wurden. Der Agent kann aktiv nach weiteren Sinneseindrücken aus der Umgebung suchen, die sein sensorisches Muster bestätigen oder widerlegen. Hierdurch kann er seinen Wahrnehmungsbereich auf Muster einschränken, die in einer Situation möglich erscheinen. Die passive Wahrnehmung, die in Abbildung 23 in der BRIC-Notation für die Darstellung interagierender Komponenten nach Ferber (2001, S. 231 ff.) ausgeführt ist, sieht keinen Rückkanal zur Sensorsteuerung vor. Es fehlt eine aktive Sensorsteuerung mit dem Ziel der Fokussierung der Wahrnehmungssensorik durch Erwartungen und Ziele für die Vorverarbeitung, die aus der Analyse von Objekt und Szene entstehen.

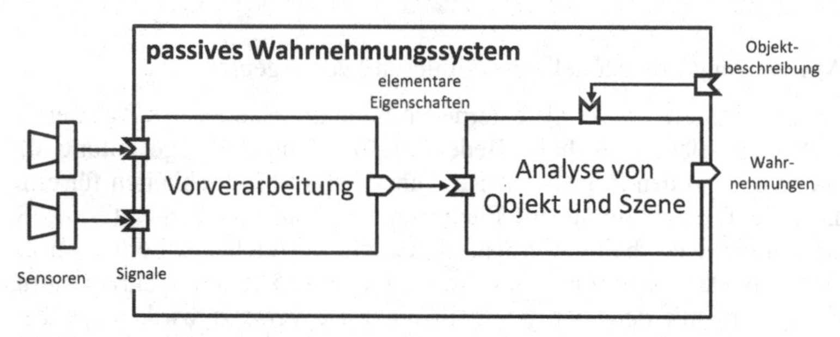

Abbildung 23 Passives Wahrnehmungssystem nach Ferber (2001, S. 256)

Nach Ferber (2001, S. 256) ist das aktive Wahrnehmungssystem, dargestellt in Abbildung 24 in der BRIC-Notation, der Stand der Wissenschaft in der Human- und Kognitionsforschung. Der Stand der Wissenschaft in Agentensystemen ist nach Ferber (2001, S. 256) die passive Wahrnehmung, die ausschließlich eine Interpretation gelieferter Sensordaten ohne Fokussierung und spezieller Sensorsteuerung ermöglicht. Ferber stellt dar, dass die Verwendung der passiven Wahrnehmung in Agentensystemen der aktiven Wahrnehmung vorgezogen wird, weil sie eine einfache Implementierung nach sich zieht, obwohl er eine bessere Situierung des Agenten unter Verwendung der aktiven Wahrnehmung als gegeben beschreibt. Für deliberative Agenten steht das passive Wahrnehmungssystem trotz seiner Einfachheit im Gegensatz zu der Gebundenheit an knappen Ressourcen. Werden bereits in der Herstellung eines Wahrnehmungszustand des Agenten Sensordaten, Vorverarbeitung und Analyse aktiv gesteuert, kann der zeitintensive Deliberationsprozess des Agenten auf wichtige Deliberationsvorgänge beschränkt werden. Das Risiko, dass das Ergebnis des Deliberationsprozesses aufgrund der Weiterentwicklung insbesondere einer dynamischen Umgebung obsolet ist, wird verringert.

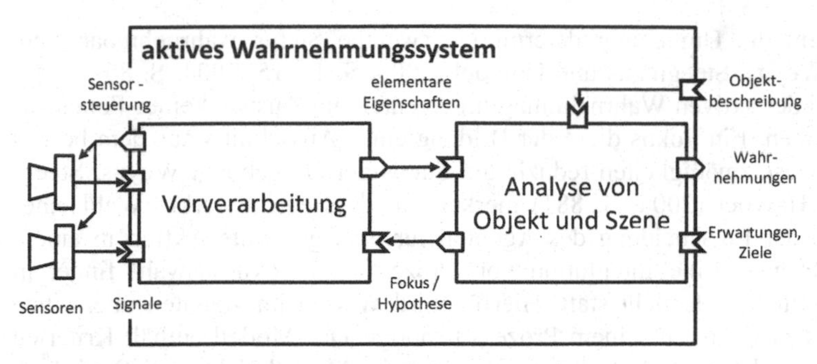

Abbildung 24 Aktives Wahrnehmungssystem nach Ferber (2001, S. 256)

Für die folgenden Modelle ist der Beitrag zu einer aktiven Wahrnehmung des Agenten zu überprüfen, da nur diese den Agenten mit der Fähigkeit ausstattet, Informationen gezielt zu erheben. Die gezielte Erhebung ist vergleichbar den *Cues*, die sich zu Situationen verdichten lassen, aus denen eine Prognose für zukünftige Entwicklungen entsteht. Erst die Prognose wirkt sich auf die Aktionswahl des Agenten aus, da er einkalkuliert, welche Konsequenzen seine Handlungen haben.

2.5.3.1 Aktive Wahrnehmung situierter Agenten

In der Referenzarchitektur situierter Agentensysteme (Weyns und Holvoet 2006, S. 120 - 170) wird der Agent in die drei funktionalen Module der *Wahrnehmung*, der *Entscheidungsfindung* und der *Kommunikation*[115] zerlegt. Das Wahrnehmungsmodul nimmt nach Weyns und Holvoet (2006, S. 179) an der momentanen Aufgabe ausgerichtet selektiv seine Umgebung wahr. Es enthält Bestandteile (1) der Agentenumgebung und (2) des Agenten. Die Zweiteilung der Wahrnehmungsfunktion in Umgebungs- und Agentenbestandteile ermöglicht die Abgrenzung von Zuständen des Wahrnehmungsraumes und die Sicherstellung der Interpretierbarkeit aller Wahrnehmungen durch den Agenten.

Innerhalb eines situierten Agentensystems wird dem Agenten von der Umgebung ein Status (State) bereitgestellt (Weyns et al. 2007, S. 23). Dies schließt Gesetzmäßigkeiten (Laws) ein, denen eine Wahrnehmung im Agenten unterliegt. Die Umgebung kann beispielsweise durch ihre Gesetzmäßigkeiten abgrenzen, in welchem örtlichen Kontext ein State für einen Agenten wahrnehmbar ist. Befindet sich der Agent außerhalb des örtlichen Kontextes, besteht für ihn keine Möglichkeit, diese Wahrnehmungen aus der Umgebung zu erhalten. Das Ergebnis der umgebungsbedingten Vorselektion geht in den agenteninternen Teil der Wahrnehmung über.

[115] Die Reduktion der Definition eines Agenten auf drei Module schließt bereits deliberative Agenten mit internem Status aus.

Nachdem die Umgebung determiniert, welche Status wahrnehmbar sind, gestalten Weyns, Steegmans und Holvoet (2003, S. 1 - 15; 2004, S. 867 - 883) das Modell der aktiven Wahrnehmung im Agenten mit Auswahl eines Fokus aus allen Focussen. Ein Fokus dient der Bildung eines Ausschnitts aus dem bereits durch die Gesetzmäßigkeiten reduzierten Status der Umgebung. Weyns, Steegmans und Holvoet (2004, S. 881) merken an, dass eine korrekte Wahl eines Fokus von der Entscheidung des Agenten für eine gewählte Aktion in einem Prozess abhängt. Eine Integration von Prozess und Fokusauswahl findet in ihrem Modell jedoch nicht statt. Hierfür wird Wissen im Agenten über einen angemessenen Fokus in seinem Prozess benötigt. Das Modell enthält Kriterien für die Auswahl eines Fokus, deren Entstehung im Modell nicht vertieft wird.

Nach der zweifachen Reduktion des Status der Umgebung durch Gesetze der Umgebung und Fokusse des Agenten in der Funktion *Sensing*, dargestellt in Abbildung 25, liegt eine agenteninterne Repräsentation vor, die dem Interpretationsprozess des Agenten zugeführt wird. Die Interpretationsfunktion *Interpreting* nutzt *Descriptions* zur Interpretation der Repräsentation. Die Ausgestaltung der *Descriptions* und ihr Nutzen für die Transformation einer Repräsentation in ein *Percept* werden im Modell von Weyns, Steegmans und Holvoet (2003, S. 1 - 15; 2004, S. 867 - 883) nicht vertieft. Eine Interpretation der Situation entspricht einer Verdichtung von Einzelelementen zu einer Situation auf der zweiten Ebene im Modell von Endsley (1995c, S. 48). Endsley legt für diesen Schritt Situationsmodelle zugrunde, die einen engen Bezug zur Aufgabe des Wahrnehmenden haben. Dieser Bezug ist im Modell von Weyns, Steegmans und Holvoet nicht erkennbar. Eine situationsgerechte Interpretation erscheint unter diesen Modellbedingungen fragwürdig.

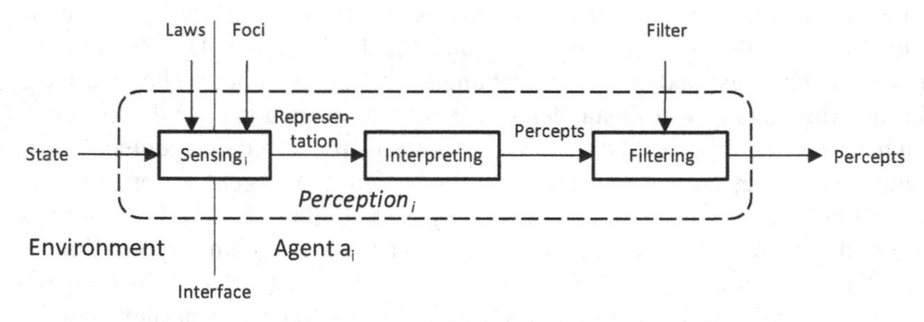

Abbildung 25 Modell aktiver Wahrnehmung situierter Agenten nach Weyns, Steegmans und Holvoet (2003, S. 4; 2004, S. 869)

Liegen mehrere *Percepts* als Rückgabe der Interpretationsfunktion vor, werden diese einer Filterfunktion zugeführt, die eine Reduktion der *Percepts* mittels einer Auswahl von Filtern durchführen. Die Auswahl der Filter wird durch die Funktion *FilterSelection* vorgenommen, allerdings wird die Funktion der Filterung nicht scharf abgegrenzt. Die Auswahl der angewendeten Filter dient einer kontextbezogenen Reduktion von *Percepts* (Weyns et al. 2004, S. 878), eine genaue Angabe ihrer Funktion ist dem Modell jedoch nicht zu entnehmen. Der gefilterten Satz an *Percepts* bildet die Situation von Elementen oder Ressourcen der Umgebung ab und ist die Grundlage der Entscheidungsfindung. Ein korrespondierendes Element zur Filterung ist im Modell von Endsley (1995c, S. 48) nicht zu finden.

Die Arbeiten zur aktiven Wahrnehmung in situierten Agenten zeigen Ansätze einer Ausrichtung auf eine selektive Wahrnehmung des Agenten, die den Prozess der Herstellung von SA nach Endsley (1995c, S. 41 ff.) in ersten Schritten unterstützt. Unklar ist jedoch, wie eine Verknüpfung der Wahrnehmung mit den Aufgaben und Zielen eines situierten Agenten erfolgt. Das zugrundeliegende Agentenmodell ist stets reaktiver Art. Eine Umsetzung der aktiven Wahrnehmung in einem situierten MAS wird nicht überprüft, obwohl sich durch das Konzept des situierten MAS die Umgebungswahrnehmung eines Agenten gut abgrenzen lässt. Die Bedeutung des Ansatzes zur Abbildung von Kontextwissen im Agenten kann nicht ermittelt werden, da Aufgaben und Prozesse des Agenten nicht in das Modell der Wahrnehmung einfließen.

2.5.3.2 Situation Management deliberativer Agenten

Im Gegensatz zu situierten Agenten integrieren die Arbeiten zu *Situation Management* in deliberativen Agenten von Buford et al. (2010, S. 233 - 242; 2006a; 2006b, S. 284 - 295; 2008) die Wahrnehmungsfunktionen in den Agenten, ohne auf eine explizite Repräsentation der Umgebung einzugehen. Die aufgeführten Einsatzgebiete sind das Management komplexer Computernetzwerke und die autonome Handhabung großer Schadensereignisse, z. B. Erdbeben in städtischen Gebieten. Der Ansatz des Situationsmanagements adressiert die Schwäche deliberativer Agenten in der Erzeugung komplexer Situationen in komplexen, nicht abgegrenzten Umgebungen (Buford et al. 2006b, S. 284).

Die Architektur situationsbasierter und deliberativer Agenten erweitert das Konzept singulärer Trigger Events in Implementierungen deliberativer Agenten zu erkannten Situationen. Die Situationen dienen als Basis des agenteninternen Verarbeitungsprozesses. Der Mechanismus des *Situation Management* verdichtet zuvor unstrukturierte Informationen aus der Umgebung zu operationalen Situationen, die den Agenten als Entscheidungsgrundlage zugeführt werden. Die zugrundeliegenden Informationsquellen werden nicht weiter eingegrenzt: „Raw events are collected from sensors, information fusion sources, human intelligence, and other sources to produce synthetic events. Synthetic events trigger situation recognition and updating in the Situation Manager" (Buford et al. 2010, S. 238). Insbesondere die Verdichtung heterogener Informationen aus unterschiedlichen Quellen ist in Buford et al. (2008, S. 214) nicht dargestellt.

Der *Situation Manager* ist ein dem Wahrnehmungssystem aller Agenten vorgeschaltetes, zentrales Element der Informationsverdichtung. Er enthält die zwei seriell hintereinanderliegenden Funktionen *Event Correlation* und *Situation Management*. Die *Event Correlation* erzeugt aus einzelnen *Events synthetische Events* für den *Situation Manager*. Auf die Erzeugung der Events wird im Ansatz nicht eingegangen. Ihrer Aufzählung ist zu entnehmen, dass die Events vorrangig im digitalen Raum, z. B. E-Mails oder Protokolleinträge von Servern, entstammen. Es wird ein Bezug zum Forschungsfeld der Information Fusion hergestellt, jedoch auf die Herausforderungen dieses Forschungsfelds nicht vertiefend eingegangen. Im *Situation Manager* definieren Buford et al. (2010, S. 238) Situationen als Instanzen einer Klasse, die in einer Domänenontologie definiert ist. Jede wahrgenommene Änderung der Situation führt im Agenten zu einer Neubewertung von seiner Pläne und der damit verbundenen Zielerreichung.

In einer Implementierung des *Situation Managements* für Jadex (Pokahr et al. 2003, S. 76 - 85) interagieren der *Situation Manager* und der Agent wie folgt (Buford et al. 2010, S. 238):

- Jeder Agent kann Situationen des Situation Managers abhängig von ihrer Klasse oder Kategorie abonnieren. Sobald die Situation sich ändert, informiert der Situation Manager alle Abonnenten der Situation über die Änderung.
- Die Situationsänderung wird im deliberativen Agenten entweder unmittelbar in seiner Ereignisverarbeitung aufgenommen oder sie führt zu einer Veränderung seiner Wissensbasis.

Die Arbeiten von Buford et al. (2010, S. 233 - 242; 2006a; 2006b, S. 284 - 295; 2008) basieren auf einer ereignisbasierten Verdichtung von singulären Ereignissen zu komplexen Ereignissen, genannt Situationen. Die durch Agenten buchbaren Situationen geben den Agenten eine aktive Rolle in ihrer Wahrnehmung. Der ereignisbasierte Notifikationsansatz über Situationsänderungen übergibt einen Teil der Wahrnehmung an die Umgebung, so dass diese eine aktive Rolle in der Gestaltung des Systems bekommt. Unklar bleibt jedoch, wie Ereignisse verdichtet werden. Die Zeit findet keinen Eingang in das Modell, so dass zeitbezogene Situationen nicht wahrgenommen werden können. Zur Abbildung von Kontextwissen im Agenten durch den Ansatz kann keine Aussage getroffen werden, da der Schwerpunkt des Ansatzes nicht auf der Koordination von geteilten Ressourcen liegt.

2.5.3.3 *Situation Awareness in deliberativen Agenten*

Auf den Konzepten der SA nach Endsley (1995a, S. 65 - 84) basiert der Ansatz von So und Sonenberg (2004a, S 237 - 248; 2005, S 139 - 142; 2007; 2004b) zur Gestaltung der Wahrnehmung von intelligenten Agenten. Ziel ihres Ansatzes ist die Entwicklung eines Mechanismus der situationsbasierten Kontrolle der kurzfristigen Zielerreichung. Die Kontrolle erfolgt auf Basis von domänenabhängigen Situationen. Dies ermöglicht dem Agenten über das reaktive Verhalten hinaus ein proaktives, situationsgebundenes und in die Zukunft gerichtetes Verhalten ausgehend von seiner Wahrnehmung.

Die Wahrnehmung des Agenten ist als interne, aktiv angestoßene Aktion des Agenten realisiert. Die Wahrnehmung ist vom Agenten steuerbar, um seine Planungsprozesse zielgerichtet zu unterstützen. Dies unterscheidet das Konzept gegenüber passiven Ansätzen der Agentenwahrnehmung (Ferber 2001, S. 231 ff.), die eine first-in-first-out-Verarbeitung der Wahrnehmung vornehmen.

Die folgenden Annahmen werden von So und Sonenberg (2007) in ihrem Ansatz der Wahrnehmung intelligenter Agenten getroffen:

1. *Beliefs* sind aus der Umgebung durch Wahrnehmung zu beziehen.
2. Die Umgebung ist bezüglich dem Auftreten und der Dynamik ihres Wandels unsicher.
3. Der Aufwand der Wahrnehmung i nicht vernachlässigbar. Der Agent hat seine Wahrnehmung zielgerichtet einzusetzen.

In der Folge ist die Wahrnehmung für ein MAS sowohl Designmetapher für das Wahrnehmungssystem als auch die Determinante seiner kognitiven Fähigkeiten. Abhängig von den Anforderungen an den Agenten können die kognitiven Fähigkeiten unterschiedlich ausgeprägt sein, so dass nicht jedes Wahrnehmungssystem für jede Aufgabe des Agenten und jede Umgebung geeignet ist.

Die Situation wird in den Arbeiten von So und Sonenberg (2004a, S. 237 - 248; 2005, S. 139 - 142; 2007; 2004b, S. 86 - 92) nicht als Momentaufnahme der Agentenumgebung aufgefasst. Vielmehr ist eine Situation eine Änderung der umgebungsbedingten Wahrnehmung, die zu einem bereits definierten Muster, dem Situationsmodell, passt. Das Situationsmodell enthält das abstrakte Wissen des Agenten über eine Situation. „[A] situation model aims at enriching the descriptions of situations and contexts to be attended by software agents" (So und Sonenberg 2004a, S. 240). Der dem Situationsmodell zugrundeliegende Kontext wird als konkrete Momentaufnahme gegenüber der abstrakten, zeitlich bezogenen Situation abgegrenzt. Der Kontext ist die Grundlage der Situationserkennung, die den Kontext in einen zeitlichen Bezug stellt. So und Sonenberg (2007) betonen die Wichtigkeit der Sensitivität für die Zeit in der Wahrnehmung. Nur aus zeitlich versetzt auftretenden und wahrgenommenen Ereignissen oder Kontexten kann eine Situation ermittelt werden. Die Herausforderung besteht in der Erkennung von Situationen durch Kombination der Ereignisse und der Bewertung ihrer Konsequenzen im weiteren Zeitverlauf.

Der von So und Sonenberg (2007) gestaltete Kontrollmechanismus besteht aus einem (1) Top-down- und einem (2) Bottom-up-Ansatz. Der Top-down-

Ansatz steuert ausgehend von den Zielen und verfolgten Plänen des Agenten die aktive Wahrnehmung. Die aktive Wahrnehmung überprüft die zeitliche Abfolge auftretender Ereignisse und sorgt für die Wahrnehmung derjenigen Informationen, die für die künftigen Aktionen des Agenten Relevanz haben. Zugleich etabliert der Bottom-up-Ansatz einen Kontrollmechanismus, der anhand vorhandener Situationsmodelle kontinuierlich die Umgebung auf das Eintreten von Situationen überprüft. Beide Ansätze in Kombination ermöglichen sowohl reaktives Verhalten des Agenten bei Eintreten neuer Situationen als auch die Integration des situativen Wissens in die Wahl angemessener Pläne. Die Kombination beider Ansätze im Kontrollmechanismus ermöglicht die Gestaltung einer antizipierenden Wahrnehmung, die aus der Vorhersage von Zuständen der Umgebung eine sensorische Erwartungshaltung erzeugt, um den Fokus der Wahrnehmung auf situativ kritische Elemente zu richten.

Zur Umsetzung von So und Sonenbergs (2004a, S. 246) Ansätzen mit deliberativen Agenten wird die Funktion zur Änderung der Wissensbasis des Agenten angepasst. Die aus der Umgebung aufgenommenen Ereignisse werden auf entstehende Situationen überprüft (bottom-up) und mit den zielgerichteten Plänen des Agenten verglichen (top-down). Der Prozess resultiert in gültigem Wissen passend zur momentan erkannten Situation ergänzt um zukünftig gültiges Wissen, das vorhersehbare Situationen abbildet Zur Umsetzung in deliberativen Agenten muss der Delibarationsprozess (1) künftige Situationen einbeziehen, (2) die *Desires* und *Intentions* des Agenten anpassen, um proaktives Verhalten in entstehenden Situationen zu ermöglichen und (3) wieder in den gegenwärtigen Zustand zurückschalten, wenn die betrachtete aufkommende Situation berücksichtigt wurde. Diese Aspekte sind im Ansatz enthalten, jedoch nicht nachweisbar implementiert.

Die Arbeiten zum Ansatz des Situationsbezugs in deliberativen Agenten haben einen starken Beitrag zur Erreichung der Ziele der SA. Sie sind jedoch in ihrer Anwendung nicht ohne Herausforderungen, insbesondere in der Umsetzung einer geeigneten Funktion zur Aktualisierung des Agentenwissens. Die gezeigten Arbeiten kommen über den Status eines Konzepts nicht hinaus, was viele Fragen der Umsetzung offen lässt. Die zuvor genannten Implikationen für die BDI-Architektur erfordern ein grundlegendes Neudesign des Interpreters, der in der Umsetzung weitere Fragen nach der Abgrenzung von Situationen aufwirft. In der Umsetzung ökonomischer Herausforderungen kann ein großer Beitrag geleistet werden, allerdings ist auch hier keine Abgrenzung für Situationen konkurrierender Ressourcenzugriffe und ihrer Vorhersage vorhanden.

Die Arbeiten zur agentenzentrierten Lösung der Situierung befähigen Agenten zur umgebungsmediierten Koordination aufgrund von Erweiterungen der Modelle. Unklar ist die Anwendbarkeit der Konzepte, die sich auf theoretische Modelle beschränkt und keinen Nachweis der Anwendung erbringt.

2.5.4 Kritische Würdigung

Die betrachteten Arbeiten zur Situierung von Agenten nutzen die Agentenumgebung zum Zwecke der Situierung der Agenten. Die Fähigkeiten der Agentenwahrnehmung bleiben allerdings vielfach nur rudimentär ausgeprägt, da die Arbeiten ein einfaches, meist reaktives Agentenmodell zugrunde legen. Die Grundlage des Modells von Ferber und Müller (1996, S. 72 - 79) berücksichtigt eine Anwendung deliberativer oder hybrider Agenten, die jedoch nicht vertieft wird. Sie ist in Anbetracht der von Ferber (1996, S. 78) benannte Herausforderungen unwahrscheinlich, da deliberative Agenten nicht in die enge Zeittaktung des Modells integrierbar sind. Die verwendeten reaktiven Agenten besitzen keine Fähigkeiten der Schlussfolgerung im Sinne einer Erkennung von Optionen möglicher situierter Handlungen und der Auswahl einer Option. Eine frühzeitige Erkennung von eintretenden Situationen ist in den betrachteten Ansätzen nicht vorgesehen, sondern dient einer regionalen Koordination über die Umgebung. Die Arbeiten überzeugen jedoch durch einen hohen Grad an Umsetzbarkeit und einer klaren Abgrenzung des Wahrnehmungsraumes der Agenten.

Im Gegenzug betrachten die Arbeiten der Agentenwahrnehmung mit Ausnahme des Ansatzes von Weyns et al. (2003, S. 1 - 15; 2004, S. 9 - 10) vorrangig die agenteninterne Verarbeitung von Wahrnehmungsinformationen aus der Umgebung zur Situierung. Eine Abgrenzung des Wahrnehmungsfeldes ist in diesen Ansätzen nur schwer zu erkennen. Neben dem Abgrenzungsproblem adressiert nur der Ansatz von So und Sonenberg (2004a, S 237 - 248; 2005, S 139 - 142; 2007; 2004b) die Projektion wahrgenommener und bereits verdichteter Elemente einer Situation. In ihrem Ansatz wird deutlich, wie eine Projektion einer Situation erreicht werden kann, um auf mögliche künftige Ereignisse aus der Umgebung frühzeitig zu reagieren. Jedoch fehlt diesem Ansatz in weiten Teilen die Operationalisierbarkeit für die Lösung der ökonomischen Herausforderungen geteilter Verfügungen in interdependenten Prozessen. Die übrigen Ansätze beschreiben eine (Vor-)Filterung der Agentenwahrnehmung und ermöglichen keine gezielte Erhebung von Zuständen der Umgebung, so dass situiertes Verhalten der Agenten nicht möglich ist.

Zwischen beiden Ansätzen der Situierung existiert eine Lücke, um die von Bond und Gasser Bond und Gasser (1988, S. 22) geforderte Erhöhung von Kohärenz und Koordination durch Integration von *Wissen über Pläne anderer Agenten*, *Wissen über die Domäne* und der *Nutzung eines größeren zeitlichen Kontexts* mit vorausschauenden Fähigkeiten zu erreichen. Statt gesteigerter Fähigkeiten des Agenten existieren vorrangig Modelle für gesteigerte Fähigkeiten der Umgebung unter Rückbesinnung auf reaktive Agenten. Nur das artefaktbasierte Modell von Ricci et al. (2011, S. 158 - 192) lässt eine Interaktion deliberativer Agenten mit der Umgebung unmittelbar zu. Ihnen fehlen jedoch

Abgrenzungen, wie ein Agent sich gegenüber Artefakten verhalten sollte, um seine Leistung in seinem Prozess zu optimieren.

3 Modell der verfügungsrechtlichen Steuerung

3.1 Theoriegetriebene Ableitung von Hypothesen

Die klassische Betrachtung der Prozessgestaltung nach Kosiol (1962, S. 187) zur Erhebung von Aufgaben und deren Synthese zu Prozessen eignet sich nicht für die Betrachtung in dieser Arbeit. „Das Analyse-Synthese-Konzept […] verlangt eine Reihe von Prämissen. […] Neben den Bedingungen der Konsistenz und Kompatibilität von Aufgabenzielen ist ferner vollkommene Information bzw. Konstanz der exogenen Bedingungskonstellationen vorauszusetzen“ (Gaitanides 1983, S. 57). Dies wird in einer dynamischen Umwelt niemals vollständig erfolgen können, so dass Prozessmodelle in diesen Organisationen immer Handlungsraum für den Akteur[116] vorsehen sollten (Gaitanides 1983, S. 159 ff.; 2007, S. 189 ff.). Die Prozessorganisation muss auch dem Agenten den Rahmen bieten, in dem er seine in Prozessen organisierte Leistungserbringung bestmöglich erfüllt. Die Prozessgestaltung muss diesen Freiraum berücksichtigen, da eine Prozessmodellierung nur soweit erfolgsversprechend ist, wie sie kontextfrei erfolgt. Die Prozessbeschreibungen müssen nach Gaitanides (2007, S. 189) den notwendigen Raum für die Ausgestaltung der Prozess durch die Organisationsmitglieder in Abhängigkeit ihrer Prozessumgebung lassen.

Der Regelungsgrad des Arbeitsablaufs und damit der Auflösung von Interdependenzen ist nach Nordsieck (1934, S. 49) unmittelbar von der Varianz der Betriebsaufgabe[117] abhängig. Ein taktmäßig gebundener Arbeitsablauf mit vernachlässigbarem Umwelteinfluss weist einen hohen Regelungsgrad mit standardisiertem Vorgehen im Fall auftretender Interdependenzen auf, das in Arbeitsanweisungen schriftlich niedergelegt werden kann. Ein weitgehend freier oder nur inhaltlich gebundener Arbeitsablauf mit hoher Umweltdynamik kann im Fall verstärkt auftretender Interdependenzen nur bedingt ex ante geregelt werden. Der Hierarchisierung sind nach Gaitanides (2007, S. 188) Grenzen gesetzt, wenn die Aktivitäten der Akteure mit den Prozessleistungen in keinem eindeutigen kausalen Zusammenhang stehen. Dies ist insbesondere dann der Fall, wenn die Prozessleistung in hohem Grad von der Umwelt abhängig ist und die Berücksichtigung Alternativen zur Auflösung umweltbedingt eintretender Interdependenzen erforderlich ist. „Bei starker Veränderlichkeit der Aufgaben

[116] Der Begriff des Akteurs bezeichnet in diesem Abschnitt den Aufgabenträger unabhängig von seiner Instanz als personeller oder maschineller Aufgabenträger. Der Agent ist davon abgegrenzt der maschinelle Aufgabenträger, der Bestandteil der Gestaltung dieser Arbeit ist.

[117] Eine Klassifizierung des Regelungsgrads von Arbeitsverläufen in Abhängigkeit der Varianz einer Betriebsaufgabe nimmt Schober (2002, S. 65) vor.

wird man den dynamischen Prinzipien den Vorrang lassen müssen“ (Nordsieck 1934, S. 121). Dynamische Prinzipien in stark von der Umweltdynamik abhängigen Prozessen implizieren, dass keine starren Regeln eingesetzt werden, um die Interdependenz bestmöglich aufzulösen, sondern eine Lösung in Abhängigkeit der Situation erfolgt. Aus den Aussagen zur Prozessorganisation von Gaitanides (2007, S. 188 ff.) ist abzuleiten, dass die Effizienz dezentraler Behandlung von Interdependenzen mit der Dynamik der Umweltänderungen steigt, falls diese in Form von Störungen auf die Aufgabenerfüllung im Prozess einwirken. Folglich lässt sich für die Auflösung von Interdependenzen in der Prozessorganisation die folgende Hypothese ableiten:

– Hypothese H_a – Je höher die Anzahl auftretender Interdependenzen in der Prozessausführung ist, desto leistungsfähiger ist eine dezentrale Behandlung von Interdependenzen durch die Agenten.

Eine rein quantitative und zentral ausgeführte Vorgabe von Prozessabläufen, die zur Optimierung der Ablauforganisation eine lange Tradition hat, leisten nach Schober (2002, S. 68) nur einen geringen Beitrag zur Optimierung der Prozessleistung in einer dynamischen Umwelt. Nach Gaitanides (2007, S. 188) sind bereits der Analyse von Prozessen am Reißbrett dort Grenzen gesetzt, wo „den Geschäftsprozessen zu Grunde liegende Routinen pfadabhängig und ideosynkratisch sind und Wissen der handelnden Akteure eine bedeutende Rolle für die Instanziierung eines Prozesses hat. Der Prozess als Vorgabe nimmt in der Prozessorganisation stets nur die Rolle eines *interpretativen Schemas* ein, das in Form einer Norm stets aus einer Situation heraus interpretiert und angewendet wird“ (Gaitanides 2007, S. 188). Die Prozesse bieten die Flexibilität für eine umgebungsabhängige Ausgestaltung durch den Agenten. In der Folge muss dem Agenten das nötige Maß an Flexibilität gewährt werden, um die Instanziierung des Prozesses bestmöglich auszuführen und zwischen prozessualen Alternativen zu wählen.

Die Prozessorganisation hebt sich nicht nur von einer rein technokratischen Optimierung von Prozessen auf Ebene von Kosten, Qualität und Zeit ab, sondern ergänzt diese um erklärende Modelle des Teamerfolgs (Gaitanides 2007, S. 189 ff.), die eine theoretische Grundlage einer hohen Teamleistung[118] herausarbeiten. Eine Implementierung in der Prozessorganisation bedeutet hiernach vornehmlich die Schaffung einer Teamkultur, in der die Leistungserbringung von Teams maßgeblich ermöglicht wird. Gaitanides (2007, S. 192) betont zu diesem Zweck den Stellenwert des reziproken Prozessteams in der Ausgestaltung von Prozessen. „Die Entwicklung von Prozessen bedeutet daher, die orga-

[118] Ein Überblick über Modelle des Teamerfolgs kann Stock (2003, S. 54 ff.) entnommen werden. Gaitanides (1983, S. 170 ff.) nutzt die Modelle des Teamerfolgs zur Erklärung von Handlungsspielräumen, die den Akteur in der Wahl adäquater Handlungen unterstützen.

nisatorischen, motivationalen und sozialen Bedingungen herzustellen, die das Entstehen von reziproken Prozessteams fördern“ (Gaitanides 2007, S. 200). Eine theoretische Grundlage dieser Rahmenbedingungen leitet Gaitanides (ebd.) aus Modellen des Teamerfolgs ab[119]. Die Prozessorganisation vermag es auf dieser Basis jedoch nicht, den Handlungsrahmen des Akteurs differenziert zu beschreiben und zu analysieren. Die zugrundeliegenden Probleme der Abstimmung (Gaitanides 2007, S. 202) lassen sich hingegen mit den Theorien der Neuen Institutionenökonomik hinreichend genau beschreiben, analysieren und erklären. Diese Theorien werden in der Literatur zur Prozessorganisation nicht auf das Problem der Ausgestaltung von Prozessen angewendet. Die Prozessorganisation adressiert nicht die Probleme in Austauschbeziehungen, die durch organisatorische Rahmenbedingungen gegeben sind und einen perfekten Austausch unter interagierenden Akteuren verhindern. Diesem Umstand widmet sich die nun folgende Anwendung der Theorie der Verfügungsrechte auf die Problemstellung optimaler Teamleistungen in der Prozessorganisation.

In einem Prozess der Wertschöpfung mit geringer Wertschöpfungstiefe, der einer dynamischen Umwelt ausgesetzt ist, besteht insbesondere eine mangelnde Abstimmung zwischen den Akteuren unterschiedlicher Unternehmer, die durch organisatorische Brüche verhindert wird. Benötigt wird eine theoretische Grundlage, die unter organisatorischen Brüchen und in der Folge einer unvollständigen Austauschmöglichkeit effiziente Lösungen hervorbringt, um daraus Gestaltungsempfehlungen für einen Agenten abzuleiten. Hier ergänzt die Theorie der Verfügungsrechte die Abgrenzung von Prozessen als interpretative Schemata mit Interdependenzen in der Prozessorganisation um Aussagen zur wohlfahrtsmaximalen Koordination von Ressourcen unter nicht antizipierten Umgebungseinflüssen und Verfügungen Dritter. Der daraus abgeleitete theoretische Gestaltungsbeitrag wird unter Kenntnis von imperfekter Information auf Ebene der Akteure erreicht.

Der klassische Ansatz der Theorie der Verfügungsrechte mit Fokus auf ökonomische Verfügungsrechte von Barzel (1994, S. 393 - 407; 1997) bildet die Grundlage der Ausgestaltung eines institutionellen Rahmens. Der institutionelle Rahmen berücksichtigt die Brüche in Austauschbeziehungen sowie die Unvollständigkeit der durch einen Agenten gehaltenen Informationen und bildet die Gesamtheit aller sanktionierbaren Erwartungen. Entscheidend ist die Auswirkung eines institutionellen Rahmens in einer Situation des Agenten auf seine Handlungen, die er als REMM begrenzt rational plant und ausführt. Die begrenzte Rationalität ermöglicht ihm nur begrenzte Informationen als Grundlage seiner Entscheidungsfindung. Interdependenzen mit Dritten wird er in Kauf nehmen, wenn die Kosten der Abstimmung die Kosten der Interdependenz

[119] Insbesondere werden die Probleme von moralischem Risiko und Drückebergerei bei unvollständiger Kontrolle im Team herausgearbeitet.

selbst übersteigen. In diesem Fall wird der Agent situativ auf die Interdependenz reagieren und sie im Rahmen festgelegter Institutionen auflösen, die in der Theorie der Verfügungsrechte nach Ebers und Gotsch (2006, S. 249) regeln, „wer welche Ressource legitimer Weise wann, in welcher Weise und in welchem Maße nutzen kann."

Nach Coase (1960, S. 1 - 44) ist jede vollständige Verteilung von Verfügungsrechten im Fall auftretender Externalitäten wohlfahrtsmaximal, wenn die Teilnehmer eines Marktes[120] ohne Transaktionskosten Verfügungsrechte tauschen können und Verfügungsrechte jederzeit vollständig zugeordnet sind. Des Weiteren unterstellt Coase (ebd.) vollständige Informationen bei allen Marktteilnehmern. Diese Annahmen sind in dieser Arbeit nicht haltbar, da Transaktionskosten zur Überwindung von Brüchen in Kauf genommen werden müssen, eine Informationsasymmetrie durch die Brüche unvermeidliche Konsequenz ist und eine vollständige Verteilung sowie Durchsetzung der Rechte nicht realisiert werden kann, insbesondere aufgrund von multiattributiven Eigenschaften einer Ressource. In der Folge werden Ressourcen entweder exklusiv einem Agenten zugewiesen oder von mehreren Agenten geteilt genutzt, indem jedem ein Recht der Nutzung zugewiesen wird. Barzel (1997, S. 49 ff.) vergleicht eingehend die Auswirkungen der privaten und der geteilten Nutzung einer Ressource auf die gesamte Wohlfahrt. Die private Nutzung bedingt für eine maximale Wohlfahrt, dass der ausschließlich nutzende Akteur die Ressource aufgrund seiner Fähigkeiten in wohlfahrtsmaximaler Weise nutzen kann. Zu den Transaktionskosten zählt Barzel (1997, S. 51) im Fall der privaten Nutzung (1) die Kosten, die bei einer Nutzung der Ressource unter der maximal möglichen Nutzung des Gutes durch einen Akteur anfallen würden. Im Fall der Ressourcennutzung durch einen Agenten mit einer Leistung nahe der Leistung, die mehrere Agenten damit erzeugen könnten, fallen folglich kaum Transaktionskosten durch die private Nutzung an. Ebenso rechnet Barzel (ebd.) (2) die Kosten durch fehlende Spezialisierung im Fall einer geteilten Nutzung zu den Transaktionskosten der alleinigen Nutzung.

Folglich kann ein Ressourcenattribut mit hohen Transaktionskosten entstehend durch einen eingeschränkten Kreis von Verfügenden aufgrund von Spezialisierungs- und Leistungsverlusten die Transaktionskosten der verdünnten Verfügung, die durch Koordination der Verfügungsrechteausübung entstehen, aufwiegen oder sogar übertreffen. Ausschlaggebend für die Vorteilhaftigkeit des Teilens ist nach Barzel (1997, S. 62 f.) die Leistungsdifferenz aus der Verfügung über das Ressourcenattribut. Je kleiner die Leistungsdifferenz von eingeschränkter zu geteilter Verfügung über das Ressourcenattribut ist, desto geringer

[120] Den Markt nennt Coase (1960, S. 1 - 44) synonym zu einer Gruppe von Akteuren, für deren Mitglieder ein Austausch von Verfügungsrechten unmittelbar nutzenstiftend ist.

ist die Wohlfahrtssteigerung aus der geteilten Verfügung über das Ressourcenattribut[121]. Die Hypothese H_b lässt sich wie folgt erfassen:

- Hypothese H_b – Je höher die Differenz aus der erzielbaren Leistung einer geteilten Nutzung und einer Nutzung durch einen reduzierten Kreis eines Ressourcenattributs ist, desto höher ist die erzielbare Leistung bei geteilter Verfügung über dieses Ressourcenattribut.

Der Fall der geteilten Nutzung von Ressourcenattributen erfordert einen verfügungsrechtlichen Rahmen, der die Zuteilung der Nutzung von Güterattributen möglichst transaktionskostenarm regelt. Der von Barzel (1997, S. 16 - 32) analysierte verfügungsrechtliche Rahmen des Wartens (*Rationing by Waiting*) regelt die Zuteilung von Verfügungsrechten an Attributen eines geteilten Gutes gemäß des Eintreffens von Agenten und ihrer Bereitschaft, auf die Verfügung über das Ressourcenattribut zu warten, sofern es sich nicht im öffentlichen Raum befindet. Der Rahmen des Wartens unterbindet Aneignungsaktivitäten von potenziellen Nutzern, da das Recht der Verfügung über ein Ressourcenattribut nur unter Inkaufnahme von Transaktionskosten in Form der Wartezeit zu erlangen ist. Die Zuordnung des Ressourcenattributs erfolgt strikt in der Reihenfolge des Eintretens in die Warteschlange. Neben der Warteposition können weitere Regeln der Zuteilung von Verfügungsrechten berücksichtigt werden[122]. Ein Austritt aus der Warteschlange lässt grundsätzlich das Recht auf Verfügung verfallen. Die Verfügung gemäß der Warteschlange werden strikt durchgesetzt[123], so dass andere Formen der Aneignung nicht in Frage kommen. Der Agent wird bei der Ressourcenverfügung im institutionellen Rahmen des Wartens seine Minderleistung durch das Warten auf die Verfügung einer Ressource in der Warteschlange bewerten und mit verfügbaren Alternativen oder einer Verfügung zu einem anderen Zeitpunkt vergleichen.

Zu untersuchen ist, in welchem Umfang sich Information über Transaktionskostenalternativen in einem institutionellen Rahmen auf die Entscheidung des Agenten auswirkt. Es besteht die Vermutung, dass eine Leistungssteigerung des Agenten im institutionellen Rahmen der Warteschlange möglich ist, wenn er sich situiert – er bezieht die derzeitige Situation der Aneignungszeit zur Verfü-

---

[121] Barzel (1997, S. 62 f.) verwendet den Vergleich mit Werkzeugen für den Profi- und den Hobbybereich. Hobbywerkzeuge erlauben aufgrund ihres geringeren Preises gegenüber Profiwerkzeugen eine private Nutzung. Die Transaktionskosten des Teilens, die durch Gemeinschaftseigentum entstehen, sind nicht zu rechtfertigen, da die Abnutzung der Hobbywerkzeuge aufgrund ihrer geringen Leistung zu hoch wäre.

[122] Beispielsweise kann geregelt sein, dass nur eine bestimmte Anzahl von Gütern übereignet oder eine Nutzung des Gutes nur für eine bestimmte Zeit ermöglicht wird. Diese Fälle der Restriktion werden nicht weiter verfolgt. Ein Akteur ist stets in der Lage, seinen Bedarf durch Warten vollständig zu decken.

[123] Diese Nebenbedingung ist nach Barzel (1997, S. 16 f.) erforderlich, da andere Formen der Aneignung gegenüber der Warteschlange dominieren könne, z.B. das Recht des Stärkeren.

gung über eine Ressource in sein Kalkül ein – und zielorientiert – er bewertet seine Transaktionskosten unter Verwendung von Informationen über Alternativen und den Nutzen der Ressource zum Verfügungszeitpunkt – verhält. Daraus folgend ist eine Bewertung von zusätzlichen Informationen möglich, die sich der Agent aktiv beschaffen kann. Obwohl sich die folgende Hypothese nicht unmittelbar aus der Theorie ableiten lässt, ist sie für ein Verständnis des Zusammenhangs von verfügbarer Information und der Auslastung von Ressourcenattributen erforderlich. Die Hypothese wird positiv wie folgt formuliert:

- Hypothese H_c – Je vollständiger die Informationen eines Agenten über Transaktionskosten geteilter Ressourcenattribute seiner Alternativen in einem Prozessschritt in einem bekannten institutionellen Rahmen sind, desto höher ist seine Leistung.

Zur Implementierung einer gezielten Informationserhebung sind von einem Agenten gezielt diejenigen Akteure abzugrenzen, die in Konkurrenz der Nutzung eines Ressourcenattributs stehen, also denen eine grundsätzliche Verfügung über das Attribut möglich ist. Dies ermöglicht eine zielgerichtete Erhebung von Transaktionskosten, die der Agent bei einer Verfügung über ein Ressourcenattribut in Kauf nehmen muss, und damit eine Einschätzung der erwarteten Leistung bei Verfügungsausübung. Die Höhe der Leistung aus der Verfügung über ein Güterattribut ist unmittelbar von der Situation des Agenten abhängig. Hat er die Verfügung über ein Gut bereits ausgeführt, so wird die Verfügung über das gleiche Gut keine Leistung oder keinen großen Leistungszuwachs erzeugen. Hat er jedoch ausschließlich einen Nutzen aus der Verfügung über das Gut, und keine Alternativen zur Erzeugung von Leistung, so ist seine Leistung aus der Verfügung die höchste zu erzielende.

Der Zusammenhang von Verfügungsausübung und Leistung wird von Barzel (1997, S. 55 ff.) durch die Spezialisierung[124] eines Akteurs hergestellt. Der spezialisierte Akteur ist in der Lage, eine höhere Wohlfahrt bei der Verfügungsausübung zu erzielen als der weniger spezialisierte Akteur. Der spezialisierte Akteur ist in der Lage, eine höhere Leistung[125] aus der Verfügung über das Güterattribut zu einem Zeitpunkt zu erzeugen. Es sollte stets gewährleistet werden, dass der bezüglich eines Güterattributs leistungsmaximale Akteur in der Lage ist, über dieses Attribut zu verfügen. Ist eine Güterallokation im verfügungsrechtlichen Rahmen des Wartens unterstellt, so sollte dieser auf den Kreis spezialisierter Akteure beschränkt werden. Ein heterarchisches Steuerungsverfahren für einen Agenten dient in der Folge ausschließlich der Zuteilung von

[124] Im GHM-Ansatz ist die Essentialität von Humankapital nach Hart (1995, S. 45 ff.) mit der Spezialisierung eines Akteurs im multiattributiven Ansatz nach Barzel (1997) vergleichbar. Das zugrundeliegende Konzept des Nutzens von Humankapital für die Wohlfahrtssteigerung findet in beiden Ansätzen Berücksichtigung.

[125] Es kann sich das Problem der Leistungsbestimmung ergeben, wenn diese nicht quantifizierbar ist.

Ressourcenattributverfügungen, da die Warteschlange keine Bevorzugung von Wartenden vorsieht. Der Agent wird stets aus seiner Perspektive den Nutzen einer Verfügungsausübung optimieren. Zu analysieren ist, unter welchen Voraussetzungen eine derartige Optimierung auch zu einem globalen Wohlfahrtsmaximum führt.

3.2 Wirkungszusammenhänge

Die Hypothesen enthalten die Wirkungszusammenhängen zwischen Größen, die unmittelbaren Einfluss auf das erzielbare Ergebnis des Akteurs haben. Diese Größen werden im weiteren Verlauf durch Anwendung der Theorien des Bezugsrahmens verfeinert, beschrieben und analysiert, um sie in der Gestaltung eines heterarchischen Koordinationsverfahrens für den Akteur in der Prozessorganisation nutzen zu können. Die Konzepte und qualitativen Wirkungszusammenhänge zwischen ihnen werden in einem Wirkungsgraphen nach Bossel (2004, S. 70 ff.) dargestellt. Der Wirkungsgraph enthält alle relevanten Größen des Modells in seinen Knoten. Die Knoten sind mit gerichteten Kanten als Wirkungsbeziehungen zwischen den Größen verbunden. Jede Wirkungsbeziehung im Wirkungsgraphen hat eine qualitative Ausprägung in Form einer gleichsinnigen Wirkung (*je mehr A desto mehr B* oder *je weniger A desto weniger B*) – symbolisiert durch ein Pluszeichen an der gerichteten Kante – oder einer gegensinnigen Wirkung (*je mehr A desto weniger B* bzw. *je weniger A desto mehr B*) – symbolisiert durch ein Minuszeichen an der gerichteten Kante.

Der Agent ist aufgrund der Rahmenbedingungen in der Wertschöpfung[126] und der zuvor aufgestellten Hypothesen darauf angewiesen, seine Leistungserbringung in Abhängigkeit von Informationen aus seiner Umgebung und seiner Situation zu optimieren. Die relevanten Informationen der Umgebung und seiner Situation für die Koordination werden in der nun folgenden Wirkungsanalyse abgegrenzt. Die Wirkungsanalyse konkretisiert unter den Rahmenbedingungen der in Kapitel 2.1 aufgestellten Rahmenbedingungen die theoriebasiert erhobenen Hypothesen für die Leistungserbringung im institutionellen Rahmen des Wartens. Aufgrund stark ausgeprägter reziproker Abhängigkeiten im WSS wird ein Optimierungspotenzial durch eine ökonomisch situierte Koordination des Agenten vermutet.

3.2.1 Einflüsse auf die Leistung unter theoretischer Perspektive

Die Folge einer hohen Umgebungsdynamik sind häufige auftretende Störungen im Prozess eines Agenten. Der aufgestellten Hypothese H_a folgend ist bei hoher Umgebungdynamik ein Verfahren der heterarchischen Steuerung, also die

[126] Vergleiche Abschnitt 2.1.

Berücksichtigung der Situation aller betroffenen Agenten, vorteilhaft. Die Grundlage ist die Erkennung eines Störungseinflusses auf den Prozess. Störungseinflüsse entstehen in der Prozessorganisation (1) durch unmittelbare Veränderung der Leistung einer Ressource, die einem atomaren Teilprozess[127] des Agenten zugrunde liegt, und (2) durch Interdependenzen des atomaren Teilprozesses mit Dritten. Eine gegenüber der Planung veränderte Umgebung erzeugt einen Anpassungsdruck, der vom Agenten zu erheben ist. Folglich sind die ressourceninduzierte Störungen und Interdependenzen als zentrales Konzept für den Agenten in der Erhebung von Einflüssen auf sein Prozessergebnis zu analysieren.

In dynamischen Umgebungen besteht aufgrund stark schwankender Ressourcenleistungen, genauer aufgrund von Schwankungen in der Verfügbarkeit von Ressourcenattributen für den Agenten, gegenüber der Planung ein unmittelbarer Einfluss auf die erzielbare Leistung in seinem Prozess. So können Ressourcenattribute durch Störungen verändert oder von ihrer ursprünglichen Verfügbarkeit abweichen. Zudem ist die Verfügbarkeit vor der Prozessausführung nicht notwendigerweise bekannt. Dies trifft insbesondere in unsicheren Umgebungen der Prozessausführung zu, in denen keine vollständige Kontrolle der Rahmenbedingungen einer Leistungserbringung besteht. Ein Einfluss ist die Unsicherheit aufgrund vorprozessual nicht vollständig beobachtbarer Attribute einer Ressource, z. B. die Art des Bodenmaterials an einem Ausbauort. Zudem können in dynamischen Umgebungen äußere Einflüsse, z. B. schlechtes Wetter, die Eigenschaften einer Ressource derart verändern, dass sie nicht in der geplanten Quantität genutzt werden kann. Beides definiert die Leistung eines Ausbauorts, die sich auf die Verladeleistung auswirkt. Aus Perspektive des Agenten ist zu erheben, ob das zu nutzende Ressourcenattribut zum Verfügungszeitpunkt von den prozessual geplanten Werten derart abweicht.

Das Prozessteam determiniert den Lösungsraum der verfügbaren Prozessalternativen eines Agenten, die von ihm situationsabhängig gewählt werden, um Interdependenzen in atomaren Teilprozessen zu minimieren (Gaitanides 2007, S. 95). Die Gestaltung von Alternativen ist das Resultat der personalen, zeitlichen und lokalen Synthese von Aufgaben (Kosiol 1962, S. 189), die den Rahmen des Prozesses als interpretatives Muster vorgegeben und situationsabhängig durch den Agenten zu verfeinern sind. Nach Gaitanides (2007, S. 195 ff.; 1983, S. 159 ff.)[128] ist der Agent in seiner Aufgabenerfüllung drei Arten von struktu-

[127] Gaitanides (2007, S. 195) verwendet das Konzept des Teilprozesses zur Erklärung von interdependenten Prozessaktivitäten. Eine Abgrenzung des Konzepts eines Teilprozesses findet bei Gaitanides (2007; 1983) nicht statt. In dieser Arbeit wird daher der abgegrenzte Begriff des atomaren Teilprozesses verwendet, der eine Aktivität im Prozess mit einer abgegrenzten Menge an Ressourcen und einem definierten Ergebnis betrachtet.

[128] Vergleiche hierzu auch Thompson (1967, S. 54 ff.), Khandwalla (1977, S. 54) und Schreyögg (2008, S. 128 ff.). Frese (2005) differenziert in innerbetriebliche Leistungsverflechtungen und

rellen Prozessinterdependenzen ausgesetzt. Schreyögg (2008, S. 128)[129], auf den sich Gaitanides bezieht, differenziert die Prozessinterdependenzen in (1) sequenzielle, (2) reziproke und (3) gepoolte Interdependenzen.

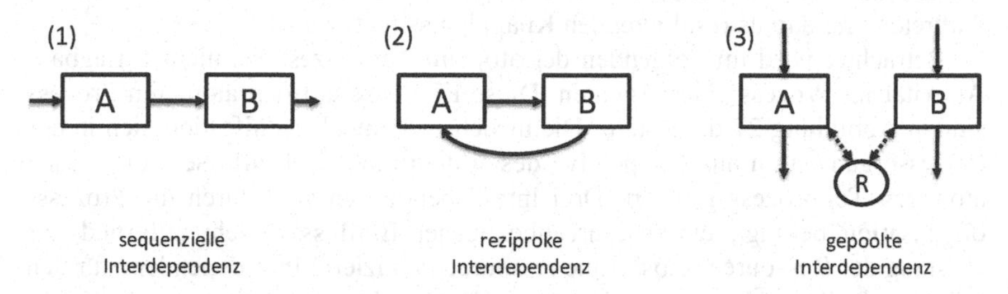

Abbildung 26 Strukturelle Prozessinterdependenzen nach Gaitanides (2007, S. 195 ff.)

Die (1) sequenzielle Interdependenz entsteht zwischen zwei unmittelbar aufeinanderfolgenden Prozessschritten, die von zwei unterschiedlichen Agenten bearbeitet werden. Der Agent *B* ist unmittelbar von der Zulieferung des Agenten *A* abhängig. Bei Vorliegen einer (2) reziproken Interdependenz besteht über die sequenzielle Abhängigkeit hinaus eine rückwärtsgerichtete Abhängigkeit von *A* und *B*. Die reziproke Interdependenz ist mit einem hohen Abstimmungsbedarf verbunden und erfordert kooperatives Verhalten beider Agenten, da eine hohe Frequenz der Abstimmung aufgrund unscharfer Prozessabläufe, die sich erst in der Durchführung der Prozesse präzisieren, erforderlich ist. Eine (3) gepoolte Interdependenz im Sinne von Frese (2005, S. 63) tritt bei zeitgleichem Zugriff von zwei Agenten in unterschiedlichen Prozessschritten auf eine Ressource auf. *A* und *B* müssen sich über die Nutzung der Ressource einigen, falls in der Nutzung konfliktäre Attribute der Ressource keine ausreichende Leistung für den parallelen Zugriff bietet. Alternativ existiert ein Verfahren der Zuteilung. Für die dezentrale Perspektive eines Agenten ist zu prüfen, inwiefern sich die Interdependenzen für ihn unterscheiden, da alle drei Formen die Ressourceneingangs- oder -ausgangsmenge eines Agenten betreffen.

Die Art und das Ausmaß der Interdependenzen von Ressourcenattributen lassen sich durch die Prozessgestaltung beeinflussen, jedoch wird eine hochgradig determinierte und zentral vorgegebene Interdependenzbehandlung unter hoher Umgebungsdynamik nur eine geringe Effizienz aufweisen, da sie sich nicht der Umgebungsänderung anpassen kann. In dynamischen Umgebungen ist die institutionalisierte situierte Behandlung von Interdependenzen vorteilhaft. Die gepoolte Interdependenz sollte nach Picot et al. (2008, S. 63 f.) aufgrund

Ressourceninterdependenzen. Die innerbetrieblichen Leistungsverflechtungen subsummieren die sequenzielle und die gepoolte Interdependenz.

[129] Vergleiche auch Gaitanides (2007, S. 195 f.) und Thompson (1967).

ihres niedrigen Interdependenzgrads in jedem Fall durch die Agenten dezentral gelöst werden. Der strukturelle Rahmen der Prozessorganisation nach Gaitanides (2007) erlaubt die Abgrenzung in Form von gepoolten Interdependenzen in der Bearbeitung von Prozessen, bietet jedoch keinen erklärenden Beitrag für ihr Auftreten und daraus resultierenden Knappheitssituationen.

Betrachtet wird im Folgenden der atomare Teilprozess als nicht zerlegbare Aktivität im Prozess eines Agenten. Diese Einflüsse auf den atomaren Prozess sind in Abbildung 27 dargestellt. Die unsichere Umwelt manifestiert sich in der Prozessorganisation aus Perspektive des Akteurs in vier Einflüssen, die seinen atomaren Teilprozess p_2 stört. Drei Interdependenzen sind durch die Prozessorganisation bedingt, ein ressourcenbezogener Einfluss besteht aufgrund der Leistung der Ressource selbst. Eine ressourceninduzierte Interdependenz für den atomaren Teilprozess p_2 entsteht, wenn (1) von einem vorgelagerten atomaren Teilprozess p_1 eine Ausbringungsmenge r_{p_1} nicht bereitgestellt wird, (2) eine Ressource r_1 aufgrund von Umwelteinflüssen oder Unkenntnis über ihren Zustand abweicht, (3) eine Ressource r_2 aufgrund konkurrierenden Zugriffs aus einem anderen atomaren Teilprozess p_4 nicht verfügbar ist, oder (4) die Einbringungsmenge r_{p_3} von einem nachgelagerten atomaren Teilprozess p_3 nicht bereitgestellt wird. Für eine volle Erbringung der Leistung in p_2 muss jede benötigte Ressource vollständig zur Verfügung stehen[130].

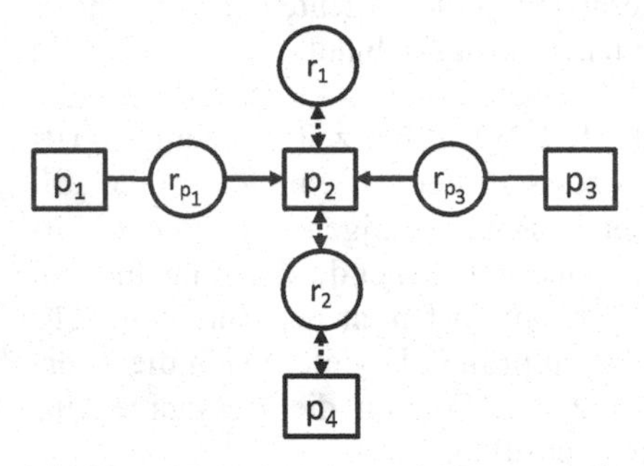

Abbildung 27 Ausprägungen des Ressourcenbezugs eines atomaren Teilprozesses

Die Leistung eines Agenten aufgrund sequenzieller, reziproker, gepoolter und umgebungsbedingter Abweichungen der Ressourcenverfügung kann sowohl negativer wie positiver Art sein. Eine positive Leistungsabweichung im Prozess p_2 ist für den Agenten von Relevanz, wenn das benötigte Ressourcenattribut für ihn leistungsbeschränkend ist. Führt eine Mehrnutzung des Ressourcenattributs

[130] Eine zeitliche Unterteilung der Ressourcennutzung im atomaren Teilprozess findet nicht statt. Werden Ressourcen oder Akteure nur temporär in einem atomaren Teilprozess eingesetzt, so ist dieser gemäß Definition nicht atomar.

zu einer höheren Leistung in p_2, wird der Agent dieses Ressourcenattribut in dem Umfang in Anspruch nehmen, bis zu dem eine weitere Nutzung zusätzliche Leistung in seinem Gesamtprozess erzeugt. Als Grundlage der Aktionswahl ist die Art der Interdependenz nicht ausschlaggebend, da alle Interdependenzen auf eine Verschiebung der Ressourcenattributverfügbarkeit zurückführen sind. Der Fokus des Agenten ist stets auf die benötigten Ressourcenattribute gerichtet. An dieser Stelle erweitert die Theorie der Verfügungsrechte die Aussagen der Prozessorganisation, da aus dem interpretativen Muster einer *Prozessinterdependenz im atomaren Teilprozess* des Agenten ein *externer Effekt bei der Verfügung über das Ressourcenattribut* für ihn entsteht, der in der Theorie der Verfügungsrechte quantifizierbar ist. Tritt ein *positiver externer Effekt* auf, so reduzieren sich die *Transaktionskosten der Verfügung über das Ressourcenattribut* für den Agenten. Damit erhöht sich seine *Leistung im atomaren Teilprozess*. Bei Eintreten eines *negativen externen Effekts* erhöhen sich die *Transaktionskosten im atomaren Teilprozess*. In der Folge sinkt die *Leistung im atomaren Teilprozess bei Verfügung über das Ressourcenattribut*. Positiv korreliert sind stets die *Leistung im atomaren Teilprozess* sowie die *Leistung des Akteurs im Prozessvorranggraphen*. Die theoretisch erhobenen qualitativen Zusammenhänge sind im Wirkungsgraphen nach Bossel (2004, S. 70 ff.) in Abbildung 28 zusammengefasst.

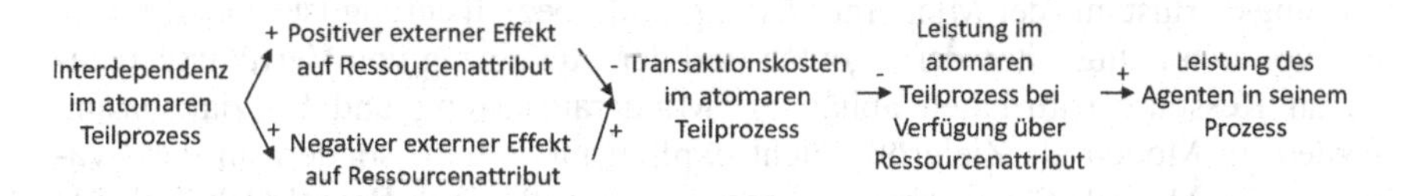

Abbildung 28 Basiswirkungsgraph

Der Agent minimiert seine Transaktionskosten durch Vermeidung von negativen externen Effekten und Ausnutzung von positiven externen Effekten, die ihren Auslöser stets in einer Prozessinterdependenz haben. Eine direkte Wirkungsbeziehung der in Abbildung 28 dargestellten Größen lässt eine Entscheidung eines Agenten ausschließlich aufgrund erwarteter externer Effekte zu. Externe Effekte sind jedoch nicht die ausschließliche Wirkungsgröße auf die Transaktionskosten des Agenten, da eintretende externe Effekte aus Prozessinterdependenzen nur eine Einflussgröße auf die Leistung des Agenten im atomaren Teilprozess sind. Eine tiefergehende Betrachtung von Einflüssen auf die Transaktionskosten ist erforderlich.

3.2.2 Transaktionskosten der Verfügung

Bei der Ausgestaltung des institutionellen Rahmens ist für Verfügungsrechteübergänge abzuwägen, ob Ressourcenattribute zum Einsatz kommen, die den Aufwand einer geteilten Verfügung rechtfertigen. Die geteilte Verfügung über ein Ressourcenattribut zieht nach Barzel (1997, S. 51) Transaktionskosten durch das Teilen nach sich, ebenso die private Verfügung. Private Verfügungsrechte sind der Extremfall des Ausschlusses weiterer Akteure von der Nutzung eines Ressourcenattributs. Institutionen können eine Beschränkung der Verfügung auf einen bestimmten Kreis von Verfügungsberechtigten bedingen. Ein auf eine Gruppe von Verfügungsberechtigten beschränktes Ressourcenattribut ist der Gruppe der Clubgüter zuzuordnen, die ein vermindertes Risiko eintretender externer Effekte haben. Die Anzahl externer Effekte auf einem Clubgut steigen mit der Anzahl potenzieller Verfügungsberechtigter ohne Ausschließbarkeit. Die Verringerung des *Verdünnungsgrads eines Ressourcenattributs* durch Festlegung eines kleineren Kreises von Verfügungsberechtigten steht ggfs. einem in Kauf zu nehmenden Produktivitätsverlust gegenüber. Unter der multiattributiven Perspektive von Barzel (1997, S. 51) sind dies (1) der Leistungsverlust durch die Minderauslastung eines Ressourcenattributs gegenüber einer Nutzung durch einen größeren Kreis von Verfügungsberechtigten und (2) der Leistungsverlust durch eine fehlende Spezialisierung der Verfügungsberechtigten. Der Leistungsverlust aus der Minderauslastung und Spezialisierung ist modellimmanent von den Fähigkeiten der Agenten und der Zuweisung von Verfügungsrechten an Ressourcenattributen abhängig. Minderauslastung und Spezialisierung werden im Modell als Zielgröße nicht explizit modelliert, sondern in der Evaluation des Modells für gegebene Agenten überprüft. Nach Barzel (1997, S. 51) ist im Fall der ungeteilten Nutzung eines Ressourcenattributs die Leistung mit den Kosten der exklusiven Nutzung[131] positiv korreliert. Im Fall der Evaluation sind die Kosten einer exklusiven Nutzung genau diejenigen, die unter einer maximal möglichen Auslastung des Ressourcenattributs entstehen, sofern weitere potenzielle Agenten existieren, die eine Leistungssteigerung durch die Verfügung über das Ressourcenattribut erzielen können.

Während der zuvor dargestellte Fall die gepoolte Nutzung eines Ressourcenattributs betrifft, kann die Bereitstellung eines sequenziellen oder reziproken Ressourcenattributs auch bei Vorliegen eines privaten Verfügungsrechts über ein Ressourcenattribut nicht sichergestellt werden, da es erst verfügbar ist, wenn es vom vor- oder nachgelagerten atomaren Teilprozess eines anderen Akteurs bereitgestellt wurde. Daher ist die *Leistung des Ressourcenattributs* neben dem *Verdünnungsgrad des Ressourcenattributs* für die Ressourcenattributwahl des

[131] Die exklusive Nutzung umfasst sowohl die Nutzung des Gutes als privates Gut wie auch die Nutzung als Clubgut. In beiden Fällen ist das Gut nicht allen potenziell Verfügungsinteressierten zugänglich.

Agenten relevant. Die Leistung des Ressourcenattributs beeinflusst das grundlegende Auftreten einer *Interdependenz im atomaren Teilprozess.* In der Folge kommt es zu vermehrtem Auftreten eines *positiven oder negativen externen Effekts auf dem Ressourcenattribut*, der die *Transaktionskosten im atomaren Teilprozess* positiv oder negativ verändert.

Abbildung 29 Wirkungen von Verdünnung und Leistung eines Ressourcenattributs

Der ausschnittsweise dargestellte Wirkungsgraph in Abbildung 29 ergänzt den Wirkungsgraphen in Abbildung 28 über den *Verdünnungsgrad des Ressourcenattributs* und die *Leistung des Ressourcenattributs*. Das Auftreten *externer Effekte auf dem Ressourcenattribut* ist in der Folge abhängig vom *Verdünnungsgrad des Ressourcenattributs* und von der *Leistung des Ressourcenattributs* zum Verfügungszeitpunkt. Liegt eine höhere *Leistung des Ressourcenattributs* vor, sinken *externen Effekte auf dem Ressourcenattribut* mit sequenziellen und reziproken zuliefernden Akteuren in der Folge geringerer Interdependenzen. Daher hat der Akteur bei der Bewertung seiner Verfügung stets die *Leistung des Ressourcenattributs* gegen den *Grad der Verdünnung des Ressourcenattributs* abzuwägen. Eine geteilte Verfügung kann bei entsprechend höherer Leistung des Ressourcenattributs für den Agenten vorteilhaft sein.

Im Fall der Verfügungsrechtezuteilung an einem geteilten Ressourcenattributs durch eine Warteschlange stellt sich gemäß der Hypothese H_c ein Fall optimaler Verfügungsrechtezuteilungen genau dann ein, wenn der Agent seine *Transaktionskosten im atomaren Teilprozess* bestmöglich feststellen kann. Hierzu muss der Agent die Informationen über die Attribute haben, die sich erhöhend auf seine Transaktionskosten auswirken. Der Ausgangspunkt dieser Informationen sind die *Interdependenzen im atomaren Teilprozess* des Agenten auf tatsächlich eintretende externe Effekte und Leistungseinbußen des Ressourcenattributs.

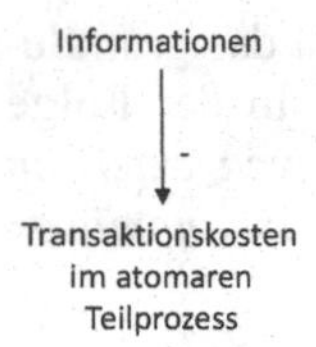

Abbildung 30 Wirkung von Überwachung auf Transaktionskosten

Bekannt sein muss ihm dafür (1) die *Leistung* und (2) der *Verdünnungsgrad des Ressourcenattributs*. Für die *Interdependenzen in atomaren Teilprozessen* hat der Agent durch seine Überwachung sicherzustellen, dass eintretende *negative externe Effekte* erkannt und internalisiert werden. Gleichzeitig muss ihm jederzeit die *Leistung des Ressourcenattributs* bekannt sein, um die Konsequenzen der Relation von Transaktionskosten und Leistung des Ressourcenattributs für seine Alternativen bewerten zu können. Für den Agenten führt daher eine bessere Informationslage über diese zwei Größen zur Reduktion seiner *Transaktionskosten im atomaren Teilprozess*, da er seine Verfügung für das Ressourcenattribut derart ausführen kann, dass seine Wartezeit unter den gegebenen Alternativen möglicher Ressourcenattributverfügungen gering ist.

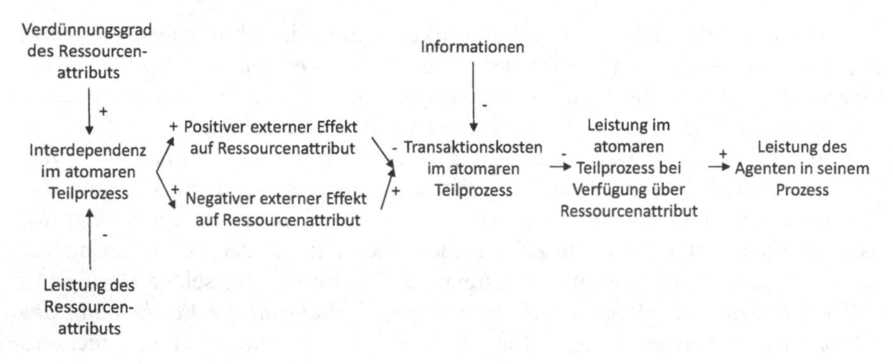

Abbildung 31 Wirkungsgraph für den allgemeinen institutionellen Rahmen

In Abbildung 31 ist der gesamte Zusammenhang mit den Einflussgrößen der *Information*, der *Leistung eines Ressourcenattributs* und seinem *Verdünnungsgrad* unabhängig vom institutionellen Rahmen der Verfügung dargestellt. Die *Information* wirkt sich senkend auf die *Transaktionskosten im atomaren Teilprozess* aus, ist jedoch auf die Einflussgrößen *Leistung des Ressourcenattributs* und *Verdünnungsgrad des Ressourcenattributs* gerichtet. Dies erlaubt dem Akteur eine Erkennung von Einflüssen auf seine Ausbringungsleistung im atomaren Teilprozess.

3.2.3 Agent im institutionellen Rahmen des Wartens

Der leistungsmaximierende Agent im institutionellen Rahmen des Wartens hat sicherzustellen, dass er aus seinen alternativen atomaren Teilprozessen denjenigen mit den geringsten Transaktionskosten in Form des Verhältnisses von Zeit bis zur Aneignung und Leistung im atomaren Teilprozess wählt. Der institutionelle Rahmen des Wartens gewährleistet dem Agenten die feste Vergabe von Verfügungen gemäß der Reihenfolge des Eintreffens im Fall eines geteilten Ressourcenattributs. Ungewiss bleibt für ihn die Leistung des Ressourcenattributs nach der Wartezeit und ggfs. die Wartezeitveränderungen aufgrund der Leistungsveränderungen. Zum Zeitpunkt der Wahl des atomaren Teilprozesses muss der Akteur die Leistung bewerten, die er bei unmittelbarer Ausführung des atomaren Teilprozesses erreichen kann. Erst daraus kann er folgern, ob die Wartezeit auf diese Leistung angemessen ist. Aufgrund der Wartezeit und daraus ermittelten Transaktionskosten wird der begrenzt rational handelnde Agent gemäß dem Modell das REMM stets eigennutzmaximierend handeln und seine Wartezeit ungeachtet der Leistung aller Agenten minimieren. Die Verfügung über die von ihm zur Durchführung benötigten geteilten Ressourcenattribute als Ressourceneingangsmenge ist der Ausgangspunkt seiner Leistung.

Die gesamten Wirkungszusammenhänge umfassen (1) die Dynamik der Umwelt, (2) die dezentrale Überwachung des Akteurs, (3) die Leistung eines Ressourcenattributs und (4) den Verdünnungsgrad des Ressourcenattributs als externe Einflussgrößen auf das Modell. Diese werden in der Evaluation des Modells zu überprüfen sein. Im Modell bestehen Prozessinterdependenzen mit anderen Akteuren als Ausgangspunkt externer Effekte auf Ressourcenattributen. Im Fall externer Effekte erhöhen sich die Transaktionskosten bei der Verfügung über das zugrundeliegende Ressourcenattribut. Dies reduziert die Leistung im atomaren Teilprozess, der das Ressourcenattribut als Bestandteil der Ressourceneingangsmenge hat. Die Wahl dieses atomaren Teilprozesses reduziert sodann die Leistung, die der Akteur bei der Durchführung seines Prozesses erbringen kann. Hierzu muss er alle Alternativen bewerten, die sich dem Agenten in seiner Prozessausführung stellen. Hierzu zieht er die verfügbaren Informationen heran. Der resultierende Wirkungsgraph des Modells ist in Abbildung 32 zusammengeführt.

Das Modell basiert auf der situierten Handlungswahl des Agenten in Form der Bewertung von in Kauf zu nehmenden Transaktionskosten, hier die Zeit zur Aneignung des Ressourcenattributs in einem atomaren Teilprozesses. Die Bewertung erfolgt stets aufgrund der Transaktionskosten, die einem Akteur in seiner Situation entstehen. Diese hängen vom aktuell bearbeiteten atomaren Teilprozess und dem Zustand benötigter Ressourcen ab. Die Prognose in die Zukunft kann im Fall sich schnell ändernder Ressourcenverfügbarkeiten nur sehr kurzfristig erfolgen.

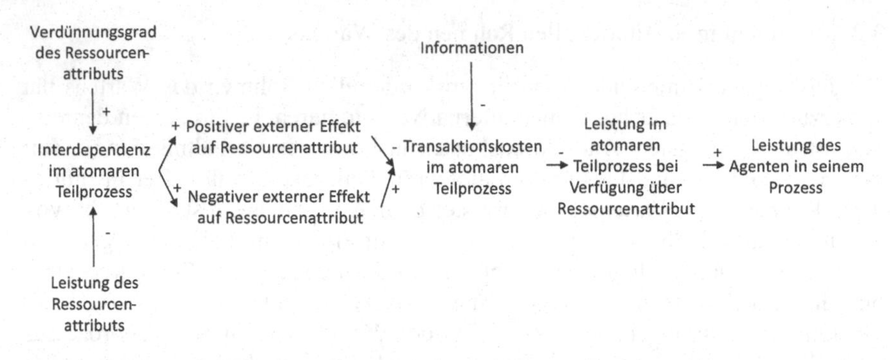

Abbildung 32 Wirkungsgraph für den institutionellen Rahmen des Wartens

Nach Bossel (2004, S. 23) besitzt das in dieser Arbeit betrachtete System von Agent und seiner Umwelt aufgrund von Wartezeit eine Eigendynamik, da eine Beeinflussung von Zustandsvariablen über die Information, die der Agent erhebt, und seiner daraus abgeleiteten Aktion stattfindet. Der Steuerungsbedarf in der Prozessorganisation entsteht durch die Dynamik von Ressourcen, der ein Agent ausgesetzt ist. Die Dynamik manifestiert durch die Unsicherheit von Verfügungen über unmittelbar benötigte Ressourcen in der richtigen Menge im richtigen Zeitraum, um eine bestimmte Leistung in einem atomaren Teilprozess zu erbringen. Die heterarchische Auflösung kann zwischen mehreren Agenten erfolgen, indem ein direkter Austausch über die Auslastung von Ressourcen stattfinden, so dass externe Effekte zwischen den Agenten rechtzeitig erkennbar und internalisierbar sind.

Jeder Agent führt seine Aufgaben in der Prozessorganisation eingebettet in einen Prozess aus. Jeder Prozess besteht aus einer Menge atomarer Teilprozesse, die vom Agent sequenziell bearbeitet werden. Jeder atomare Teilprozess ist nicht weiter zerlegbar und wird vom Agenten stets im Ganzen bearbeitet. Die Bearbeitung von atomaren Teilprozessen und ihre Auswahl koordiniert jeder Agent in seiner Umgebung, die er mit anderen Agenten teilt. In dieser Umgebung kann sich der Agent mit anderen Agenten über die Verfügungssituation von Ressourcen austauschen. Für den Agenten besteht eine Unsicherheit über die Verfügung einer Ressource aufgrund nicht vorhersagbarer Leistungsschwankungen, die aufgrund der Eigenschaften der Ressource entstehen. Der institutionelle Rahmen organisiert den Zugriff auf diese Ressourcen unter Unsicherheit, so dass keine Unsicherheit bezüglich der Verfügungsart und die Art der entstehenden Transaktionskosten für eine Ausübung eines Verfügungsrechts bestehen. Lediglich die Höhe der anfallenden Transaktionskosten ist für einen Agenten unsicher.

Die Eigendynamik des Gesamtsystems wird anhand zweier Agenten aus dem einführenden Beispiel für den Fall der Nutzung beider Ausbaustellen deutlich. Die Leistung eines Transportagenten ist unmittelbar über die geteilten, nur exklusiv nutzbaren Ressourcen[132] von $Ausbau_1$ und $Ausbau_2$ durch die Leistung des anderen Transportagenten beschränkt. In Folge von gepoolten Prozessinterdependenzen zwischen den Agenten bei der Verfügung über $Ausbau_1$ und $Ausbau_2$ benötigt jeder Agent Informationen über die Leistung der Ressourcen und Verdünnung, die sich senkend auf die Transaktionskosten bei einer geplanten Verfügung im Sinne der erwarteten Zeit bis zur Nutzung auswirken. Zwischen den Agenten kann eine Abstimmung über eine gemeinsame Umgebung erfolgen. Beide Agenten verhalten sich kooperativ, da sie ihre individuelle Leistung maximieren können, indem sie sich über die Nutzung der knappen Ressourcen austauschen. Nicht ausgeschlossen werden kann eine Veränderung der Leistung von $Ausbau_1$ oder $Ausbau_2$, der eine untergrundbedingte Unsicherheit zugrunde liegt. Wechselt die Bodenschicht bei $Ausbau_1$ oder $Ausbau_2$, ändert sich die Leistung der jeweiligen Ressource. Da eine Kommunikation der Agenten mit den Ausbaustellen nicht möglich ist, werden Schwankungen der Ressourcenleistung nur vor Ort erkannt. Eine Steuerung als Reaktion auf eine Ressourcenleistungsänderung wird in diesem Fall situativ und aus Perspektive des jeweilig nutzenden Agenten erfolgen, da sich die individuellen Transaktionskosten der Nutzung durch entstehende längere Wartezeiten ändern. Jeder Agent wägt situativ die Verfügbarkeit sowohl von $Ausbau_1$ als auch $Ausbau_2$ ab und entscheidet sich für die Ressource, welche für ihn in seiner gegenwärtigen Situation mit den geringsten Transaktionskosten verbunden ist. Die Transaktionskosten sind in diesem Fall ausschließlich die Wartezeit bis zur vollständigen Beladung, die sich beschränkend auf die Leistungserbringung des Transportagenten auswirkt.

Das erhobene Wirkungsmodell der verfügungsrechtlichen Steuerung in der Prozessorganisation wird nun folgend derart verfeinert und spezifiziert, so dass es in eine Multiagenten-Simulation zur Überprüfung der Leistungsfähigkeit mit mehreren Agenten in ihren Umgebungen überführt werden kann. Dafür ist auf Grundlage der Wirkungszusammenhänge des Bezugsrahmens der Steuerungsmechanismus für einen Agenten in seinem prozessualen und verfügungsrechtlichen Kontext zu entwickeln. Hierzu werden die grundlegenden Größen derart verfeinert und mathematisch spezifiziert, dass sie sich in einer Simulation mit einem MAS abbilden lassen. Das statische mathematische Modell mit allen Elementen und ihren Zusammenhängen wird um Algorithmen in Pseudocode ergänzt, die das dynamische Verhalten des Agentenprogramms darstellen. Diese zeigen, wie die Elemente des Modells als Vorbedingungen und Variablen zusammenhängen.

[132] Genauer wird der Akteur nur das Ressourcenattribut „Beladung“ bei einem Ausbauort beanspruchen.

3.3 Mathematisches und algorithmisches Modell

Die verfügungsrechtliche Steuerung der Prozesse in der Wertschöpfung durch einen Agenten als maschinelle Aufgabenträger ermöglicht ihm die situierte Wahl bestmöglicher Alternativen unter unsicheren Ressourcenverfügungen in seiner Umgebung. Nach Kirn (2002, S. 56) steht bei der Gestaltung von MAS der einzelne Agent im Mittelpunkt, so dass der bottom-up-orientierte Ansatz für die Steuerung durch die Gestaltung eines Agenten und seiner Umgebungsinteraktion verfolgt werden kann. Der Ausgangspunkt der Gestaltung ist die in Kapitel 2 analysierte Voraussetzung der Wertschöpfung, in der ein Agent aus dezentraler, lokaler Perspektive seine Wertschöpfung selbsttätig unter unvollständigen Informationen optimieren muss. Daraus folgt zwangsläufig, dass sich der Agent in dieser für ihn offenen Umgebung derart situiert, so dass er selbständig Einflüsse auf seine Tätigkeit abgrenzt und erkennt[133]. Die in Kapitel 2 herausgearbeitete Lücke bestehender Ansätze der Situierung von Agenten rechtfertigt die gewählte Herangehensweise für den Kontext hochdynamischer Umgebungen mit Brüchen, da in einer derartigen Umgebung kein globales Optimum unter vollständiger Abstimmung aller Akteure möglich ist.

Der Ausgangspunkt der Gestaltung von situiertem Verhalten eines Agenten ist nach Wooldridge (2009, S. 34) die Definition der Umgebung, die der Agent durch Sensoren wahrnimmt und durch seine Aktionen beeinflusst. Die Definition dieser Arbeit basiert auf der technischen Definition einer Umgebung von Weyns et al. (2007, S. 15)[134], die eine Softwareumgebung zum Zwecke der Situierung, genauer der Mediation der Interaktion und Ressourcenkoordination mehrerer Agenten nutzt. Die Definition des Agenten außerhalb der Umgebung eines Agenten, die in dieser Arbeit vorgenommen wird, erfolgt in Einklang mit Russel und Norvig (2003, S. 32 ff.) sowie Lockemann (2006, S. 21). Ihre Definition der Umgebung ist agentenindividuell. Diese Art der Definition bietet sich für mehrere Agenten in einer offenen Umgebung an, da der sichtbare und beeinflussbare Teil der Umgebung eines Agenten stets von der eines anderen Agenten abweicht[135]. Da die Umgebung inhärent mit dem Prozess des Agenten verknüpft ist, nimmt die Umgebung stets einen Zustand in Abhängigkeit dieses Prozesses an, den ein Agent ausführt. Gemäß der zuvor getätigten Analyse von Prozessinterdependenzen besteht die Schnittmenge mit der Umgebung anderer Agenten über die Ressourcen. Die Umgebung stellt über die Ressourcen und in Verknüp-

[133] Voraussetzung ist eine aktive Wahrnehmung des Agenten nach Ferber (2001, S. 256).

[134] Insbesondere der Aspekt der Situiertheit intelligenter Agenten nach Jennings et al. (1998, S. 8 f.) wird durch die Definition von Weyns et al. (2007, S. 15) im Sinne eines sich situiert verhaltenden Agenten operationalisiert.

[135] Vergleiche hierzu die in Kapitel 2 dargestellte Definition einer Umgebung nach Jennings (2001, S. 37; 2000, S. 281), in der jeder Agent seine eigene *Sphere of visibility and influence* hat.

fung mit dem Prozess dem Agenten diejenigen Elemente bereit, die er (1) für das Ausführen seiner Aktionen und in der Folge (2) zur Feststellung von Änderung benötigt. Daher sind die Ressourcen, andere Agenten und mögliche Ausgestaltungen seines Prozesses Elemente der Umgebung.

Definition 3-1 (Umgebung). Es sei $U_a = \{\mathcal{A} \setminus a, \mathcal{R}, G_a\}$ die Umgebung des Agenten $a \in \mathcal{A}$. Bestandteil der Umgebung U_a sei die Menge $\mathcal{A} \setminus a$ aller Agenten ohne den Agenten $a \in \mathcal{A}$. $\mathcal{R}$ sei die Menge aller Ressourcen der Umgebung. G_a sei der Prozessvorranggraph des Agenten $a \in \mathcal{A}$ als sein Aktionsraum.

Im einleitenden Beispiel besteht die Umgebung eines Transportagenten aus den drei anderen Transportagenten und den vier Ressourcen $Einbau_1$, $Einbau_2$, $Ausbau_1$ und $Einbau_2$, da diese nicht als Agenten ansprechbar sind und als Ressourcen abstrahiert werden. Der Prozessvorranggraph beschreibt die Alternativen des Transports von Bodenmaterial von allen Ausbau- zu allen Einbaustellen sowie die erforderlichen Leerfahrten zur Erreichung der nächsten Ausbaustelle. Der Prozessvorranggraph bestimmt alle potenziellen Handlungen eines Agenten in Abhängigkeit vom Zustand der Umgebung, also dem Ort der anderen Agenten, dem Zustand vorhandener Ressourcen und seiner Position im Prozessvorranggraphen.

Nach Russel und Norvig (2003, S. 32) nimmt der Agent $a \in \mathcal{A}$ seine Umgebung durch Sensoren wahr und verändert sie durch seine Aktuatoren. Die Gestaltung der Verarbeitung von aufgenommenen Sensorwerten und das Schlussfolgern von Aktionen im Agenten ist von den Eigenschaften der Umgebung U_a abhängig. Die Umgebung U_a des Agenten a ist durch die Ressourcen $\mathcal{R}$ und die Agenten $\mathcal{A} \setminus a$ aufgrund der Wertschöpfungsanforderungen im Verkehrswegebau nach Bond und Gasser (1988, S. 3) als offen klassifiziert, da die Umgebung U_a eines Agenten externe Einflüsse auf die Verfügbarkeit von Ressourcen $\mathcal{R}$ durch den Agenten nicht vermieden werden – „no possibility for global control" – und der Agent nicht zwangsläufig von einer veränderten Voraussetzung seiner Aktionen Kenntnis erlangt. Eine veränderte Ressourcenverfügbarkeit relevanter Ressourcen muss er als Vorbedingungen seiner Aktionen erheben. Die Trennung von aktiver Erhebung der Wahrnehmung und Bewertung für die Ausführung einer Aktion erfordert nach Wooldridge (2009, S. 37 f.) eine Repräsentation von internen Zuständen im Agenten, die in der Definition 3-2 des Agenten in Form des agenteninternen Konzepts der Transaktionskosten erfüllt ist. Die Wahrnehmung des Agenten dient ausschließlich der Erhebung von Transaktionskosten für den Fall des Wartens, die in einem zweiten Schritt in eine Aktion des Agenten überführt werden.

Definition 3-2 (Agent). Der Agent $a \in \mathcal{A} := (AgentPerception: h \rightarrow 2^{Perceptions} \times AgentStateUpdate: 2^{Perceptions} \rightarrow 2^E \times AgentReasoning: 2^E \rightarrow Actions)$ sei ein 3-Tupel $\{AgentPerception(h), AgentStateUpdate(Perceptions), AgentReasoning(E)\}$. Mit dem Horizont $h: (p_w^a \times o) \rightarrow 2^P$ für den Knoten p_w^a im Prozessvorranggraphen G_a der Tiefe o liefert die Komposition $AgentReasoning \circ AgentStateUpdate \circ AgentPerception(h(p_w^a \times o))$ genau einen auf p_w^a folgenden atomaren Teilprozess p_{w+1}^a. Die Funktion $AgentStateUpdate$ bildet die Menge von Wahrnehmungen im Horizont des Agenten auf eine Menge von Transaktionskosten E ab. Die surjektive Funktion $AgentReasoning$ ist die Verbindung der Transaktionskosten E und einem atomaren Teilprozess p_{w+1}^a des Agenten $a \in \mathcal{A}$ als ausgeführte Aktion.

Der Horizont des Agenten ist in Abhängigkeit der Dynamik der Umgebung zu wählen. Wandelt sich diese langsam, ist ein weiter Horizont von Vorteil. Ist sie sehr dynamisch, ist ein kurzer Horizont von Vorteil, da keine zukünftigen Prozessalternativen bewertet werden, die durch Änderungen der Umgebung ungültig werden. Im einleitenden Beispiel ist der Wahrnehmungshorizont jedes Transportagenten beschränkt auf die unmittelbar für die anstehende Leistungserbringung erforderliche Nutzung der Ein- oder Ausbaustellen. Der Agent kann ausschließlich Wahrnehmungen von geteilten Ressourcen einbeziehen, die unmittelbaren Einfluss auf die Aktionen der Be- oder Entladung haben. Ein größerer Horizont ist für seine Situation in dieser Umgebung nicht relevant, da davon auszugehen ist, dass sich die Verfügbarkeit darüber hinausgehender geteilter Ressourcen zum Zeitpunkt der Aktionsausführung verändert haben wird. Der Horizont bestimmt die Informationsmenge, die zur Wahl einer unmittelbar bevorstehenden Aktion herangezogen wird. Ist das Transportfahrzeug im einleitenden Beispiel nicht beladen, befindet sich der steuernde Transportagent an einer Position in seinem Prozessvorranggraphen, an der er gezielt die Ressourcen der Ausbauorte wahrnimmt. Darüber hinausgehende Ressourcen der Einbauorte berücksichtigt er nicht, da sich diese zu weit in der Zukunft befinden.

Die zuvor dargestellte Definition des Agenten ist in Einklang mit Russel und Norvig (2003, S. 40 ff.) in seiner Abbildungsfunktion von Wahrnehmungen auf Aktionen stets von den Eigenschaften der Umgebung und seiner Aufgabe abhängig. Der Agent transformiert den innerhalb seines Horizonts wahrgenommenen Zustand seiner Umgebung in eine unmittelbar auszuführende Aktion. Die Abbildungsfunktion hat unmittelbaren Bezug zu den Gesetzmäßigkeiten der Umgebung. Im vorliegenden Fall ist die Umgebung für den Agenten nach der Klassifikation von Russel und Norvig (2003, S. 41 f.) partiell wahrnehmbar, stochastisch, sequenziell, dynamisch, kontinuierlich und kooperativ. Insbesondere aufgrund der partiellen Wahrnehmbarkeit ist der Agent auf seinen Bezug zur Situation der Umgebung angewiesen. Die Grundlage ist aufgrund der Festlegung im zweiten Kapitel beschrieben durch (1) die Anforderungen des Situationsbezugs zur Gestaltung der Situierung, (2) die Ablauforganisation der Prozessorganisation zur Abgrenzung von Prozessen und Interdependenzen und (3) die Aufbauorganisation mit den Aussagen der Theorie der Verfügungsrechte zur Gestaltung der Bewertung für Verfügungsausübungen im institutionellen Rahmen des Wartens. Die Ebenen des Situationsbezugs nach Endsley (1995c, S. 32 - 64) werden zur Sicherstellung der Vollständigkeit der Abläufe zur Herstellung von einem Situationsbezug zugrunde gelegt und als Metamodell der Situierung in einer dynamischen Wertschöpfungsumgebung verwendet. Die theoretischen Konzepte der Ablauf- sowie Aufbauorganisation fließen unmittelbar in die Gestaltung der Interaktion eines Agenten mit seiner Umgebung ein. Das Ziel ist die Befähigung des einzelnen Agenten, sich ökonomisch situiert und informiert auch dann zu verhalten, wenn eine direkte Koordination nicht oder nur mit einem eingeschränkten Kreis von Agenten möglich ist. Der Agent muss mittels aktiv erhobener Informationen diejenigen Verfügungen dritter Agenten prognostizieren, die einen Zugriff auf seine unmittelbar leistungsrelevanten Ressourcen mit einem positiven oder negativen externen Effekt belegen. Die unmittelbar geplanten Verfügungen unterliegen einer kurzfristigen Prognose, die stets mit einer Unsicherheit verbunden ist, die sich mit dem Konzept des Situationsbezugs herstellen lässt.

Der dreistufige Prozess der Herstellung eines Situationsbezugs nach Endsley (1995c, S. 32 - 64) als Grundlage der Wahl einer angemessenen Handlung eines Agenten wird auf jeder Stufe um die theoretischen Grundlagen der Prozessorganisation und der Theorie der Verfügungsrechte zur Gestaltung (1) der Aufnahme der richtigen Elemente einer Situation mit Einfluss auf die Leistung des Agenten, (2) der Verdichtung von Elementen zu einer handlungsrelevanten Situation und (3) der Projektion handlungsrelevanter Situationen auf mögliche künftige Zustände zugrunde gelegt. Mit den identifizierten Elementen und Wirkungszusammenhängen werden nun die erforderlichen Schritte für einen Agenten als Akteur in der Prozessorganisation in ihren zeitlichen und funktionalen Zusammenhang gesetzt. Ziel des Modells ist die Befähigung eines Agenten, eine ökonomisch fundierte Handlung aus einer nahen Projektion zukünftiger Zustände der Situation, in der sich der Agent befindet, zu treffen. Die bestmögliche Handlung wird der Agent abhängig von seinem Informationsstand wählen, der aufgrund der offenen Umgebung kategorisch unvollständig ist. Der Agent ist in dieser offenen Umgebung auf situiertes Verhalten angewiesen, um kurzfristig auf Änderungen in der Umgebung in Form von Ressourcenänderungen reagieren zu können.

Die Objekte der Umgebung – Agenten und Ressourcen – und die ausgeführten Aktionen eines Agenten aufgrund der Alternativen im Prozessvorranggraphen stehen in unmittelbarem Zusammenhang. Der Agent wählt jede Aktion auf der Grundlage einer guten Projektion einer detektierten Situation, die er nach

Endsley (1995c, S. 32 - 64) aus aus Elementen der Wahrnehmung ermittelt. Der Agent wählt aus einer Menge möglicher Aktionen diejenige, die kurzfristig die Erreichung seiner Ziele ermöglicht. Daher wird zunächst die Aktionsmenge eines Agenten in der Prozessorganisation als ablauforientierte Organisationsform für Arbeitsbereiche mit hoher Umgebungsunsicherheit definiert, bevor korrespondierende Wahrnehmungen und ihre Projektionen bestimmt werden können, die zur Wahl einer Handlung aus den erreichbaren Aktionen des Agenten führen.

3.3.1 Aktionen des Agenten

„[Das] Prozesskonzept einer weitergehenden prozessorientierten Organisationsgestaltung „befreit" den ablauforganisatorischen Konstruktionsvorgang von der Prämisse gegebener Stellenaufgaben" (Gaitanides 2007, S. 32)[136]. Die Ablauforganisation dominiert in der Prozessorganisation die Gestaltung der Aufbauorganisation. Dies ist stets dann von Vorteil, wenn der Produktionsbereich flexibel agieren muss, wie dies nach Gaitanides (2007, S. 32) außerhalb der Fließfertigung in einer dynamischen Umgebung bei unsteter Produktion erforderlich ist. Die hierdurch erzielbare Flexibilität kann nur erreicht werden, wenn der Agent auf Einflüsse, die auf seine Leistungserbringung wirken, mit angepasster Handlungswahl reagieren kann. Daher ist insbesondere die Perspektive des Agenten auf den Prozess der Leistungserbringung für die Gestaltung von Relevanz.

Die Wahl einer Aktion aus der agentenindividuellen Perspektive auf den Prozess sind der Prozesssynthese nachgelagert und dienen der Optimierung der Zielerreichung unter exogen veränderten Prozess- oder Ressourceninterdependenzen. Die rationale Entscheidung eines Agenten ist nach Gaitanides (2007, S. 35 f.) auf das Entscheidungsfeld eines Prozessvorranggraphen begrenzt. Das zentrale Element eines Prozessvorranggraphen ist nach Gaitanides (ebd.) die Stellenanordnung, entlang derer ein Auftrag den Prozess seiner Bearbeitung durchläuft. Die Stellenanordnung kann durch Wegalternativen im Vorranggraphen alternative Stellen oder unterschiedliche Bearbeitungsreihenfolgen zulassen, sofern der zugrundeliegende Fertigungsprozess diese Varianten besitzt. Der Prozessvorranggraph spannt mit diesen Eigenschaften die Aktionsmenge eines Prozesses mit allen Alternativen auf, die vollständig ausgeführt werden müssen, damit ein Auftrag die gewünschte Fertigstellung erreicht. Ein gewählter Weg im Prozessvorranggraphen determiniert die nachfolgend möglichen Alternativen der Bearbeitung, da eine Menge von Knoten durch den Graphen nicht mehr erreichbar ist und abgeschnitten wird.

[136] Anführungszeichen im Original.

Definition 3-3 (Prozessvorranggraph). Es sei $G = (P, K)$ ein zusammenhängender und gerichteter Graph mit der Knotenmenge P und der Kantenmenge $K \subseteq (P \times P)$. Für alle Kanten $k = (p_i, p_j)$ gilt $p_i \neq p_j$, d.h. eine Kante verbindet stets zwei unterschiedliche Knoten und ist damit schleifenfrei. Die Funktion $f: P \rightarrow \mathcal{A}$ ordnet den Knoten bearbeitende Agenten aus der Menge aller Agenten $\mathcal{A}$ zu. Für die Umkehrfunktion $f^{-1}(a) = P_a \subseteq P$ mit $K_a \subseteq (P_a \times P_a) \subseteq (P \times P)$ ergibt sich der Prozessvorranggraph $G_a = (P_a, K_a)$, der ausschließlich Knoten enthält, die durch den Agenten $a \in \mathcal{A}$ bearbeitet werden. Gilt für $p \in P$ die Zuordnung $f(p) = a$, so schreibt man p_w^a mit Laufindex $w \in \mathbb{N}$. Durch die Funktion $g: P \rightarrow 2^{\mathcal{R}}$ wird einem Knoten p eine Teilmenge $R \subseteq \mathcal{R}$ von Ressourcen zugeordnet. Alle möglichen Wege entlang der Kanten K von einer Quelle, definiert als $\exists w \in \mathbb{N}. deg^-(p_w^a) = 0$, zu einer Senke, definiert als $\exists w \in \mathbb{N}. deg^+(p_w^a) = 0$, sind definiert als Prozessinstanz in G_a. Startpunkt ist genau ein Knoten $p_w^a \in P$ (o.B.d.A. $w = 1$).

Die Definition 3-3 zentriert den zunächst allgemein gehaltenen Prozessvorranggraphen G auf den Prozessvorranggraphen G_a des Agenten $a \in \mathcal{A}$, um eine Bottom-up-Perspektive auf den Prozess einnehmen zu können. Diese steht nach Gaitanides (2007, S. 35 f.) im Gegensatz zur Top-Down-Gestaltung eines zentralen Prozessvorranggraphen als Konsequenz der personalen und temporalen Synthese von Kosiol (1962). Die Perspektive erlaubt die prozessuale Ausgestaltung der Prozessorganisation aufgrund agentenindividueller Prozesse. Die agentenzentrierte Modellierung ermöglicht dem Agenten $a \in \mathcal{A}$ eine individuelle Perspektive auf seinen Prozessvorranggraphen G_a. Der Prozessvorranggraph G_a enthält alle gültigen Wege zur Bearbeitung eines Prozesses. Die Knoten P des Prozessvorranggraphen G_a sind nicht zerlegbare atomare Teilprozesse $p_w^a \in P$ der Prozessorganisation. Eine Prozessinstanz ist ein gültiger Weg von der Quelle zur Senke über eine Menge atomarer Teilprozesse in G_a, in der jeder atomare Teilprozess einem Agenten $a \in \mathcal{A}$ zugeordnet ist. Der Agent a bearbeitet seine atomaren Teilprozesse in der gewählten Prozessalternative in G_a. Mittels G_a kann der Agent a alle für ihn gültigen atomaren Teilprozesse $p_w^a \in P$ mit den benötigten Ressourcen[137] R für jede Prozessalternative in G_a identifizieren. Jeder Weg in G_a ist aufgrund von Einsatzzeiten, Wartezeiten und prozessinternen Schnittstellen bereits für den Agenten zwar vorgeplant, jedoch nicht unter situativen Unwägbarkeiten der Umgebung festgelegt. Für alle Prozessalternativen als Menge der möglichen Wege in G_a hat der Agent selbstständig Abweichungen für seine mögliche Bearbeitung zu erheben. Der Agent führt daraufhin

[137] Die Zuordnung von Ressourcen zu atomaren Teilprozessen bedingt domänenspezifisches Wissen über die Vorgangszerlegung, welches als Voraussetzung in die vorgelagerte Prozessplanung eingeflossen ist. Der Agent instanziiert seinen Prozess aus dem so gewonnenen Muster eines Prozesses und erfüllt damit nach Gaitanides (2007, S. 106 f.) die Rolle des menschlichen Aufgabenträgers.

die begrenzt rationale Wahl eines atomaren Teilprozesses aus, der ihm aufgrund seiner beschränkten Wahrnehmungen den effizienten Weg durch seinen Prozessvorranggraphen gewährleistet. Um leistungsbeeinflussende Alternativen in G_a zu ermitteln, wird die Leistung in der Ablauforganisation nach Kosiol (1962, S. 218) auf Ebene der atomaren Teilprozesse $p_w^a \in P$ beschrieben und analysiert. Hiernach determiniert die Zeit sowie die Ein- und -ausbringungsmenge von Ressourcen die Wahl des Agent.

Definition 3-4 (Atomarer Teilprozess). Jeder Knoten $p_w^a \in P$ des Graphen $G_a$mit $w \in \mathbb{N}$ sei ein atomarer Teilprozess des Agenten $a \in \mathcal{A}$. Es sei $t_{start}: P \rightarrow \mathbb{R}_0^+$ die Start- und $t_{end}: P \rightarrow \mathbb{R}_0^+$ die Endzeit des atomaren Teilprozesses p_w^a, der die Eigenschaft eines Bearbeitungszeitintervalls $d(p_w^a) = [t_{start}(p_w^a), t_{end}(p_w^a)]$ mit $t_{start}(p_w^a) \leq t_{end}(p_w^a)$ und der Zeitdauer $|d(p_w^a)| := t_{end}(p_w^a) - t_{start}(p_w^a)$ basierend auf der Zeit $t \in \mathbb{R}_0^+$, einer Einbringungsmenge definiert als $x \circ g(p_w^a): 2^{\mathcal{R}}$, die aus den Ressourcen des atomaren Teilprozesses besteht, sowie einer Ausbringungsmenge, definiert als $y \circ g(p_w^a): 2^{\mathcal{R}}$, besitzt.

Unter der Maxime der Leistungsmaximierung durch Ausführung eines atomaren Teilprozesses wägt der Agent vor der Ausführung eines atomaren Teilprozesses $p_w^a \in P$ alle verfügbaren Alternativen in G_a aufgrund (1) der Informationen über die verfügbare Ressourceneinbringungsmenge $x(p_w^a)$ des atomaren Teilprozesses, (2) der Ausbringungsmenge des atomaren Teilprozesses $y(p_w^a)$ und (3) der Durchlaufzeit des atomaren Teilprozesses $|d(p_w^a)|$ ab. Mit der Ausbringungsmenge pro Zeiteinheit kann der Agent die erreichbare Leistung ermitteln, die er bei Wahl dieses atomaren Teilprozesses und damit des Beschreitens eines Weges in G_a erreichen kann. Hierfür bewertet der Agent die Verfügbarkeit der Einbringungsmenge, über die er zur Herstellung einer Ausbringungsmenge bei der Bearbeitung des atomaren Teilprozesses verfügen kann. Nur eine vollständige Verfügung gewährleistet ihm die Durchführung des atomaren Teilprozesses. Über die Verfügung der Einbringungsmenge und damit der erzielbaren Leistung im atomaren Teilprozess besteht für den Agenten Unsicherheit, die er durch Wahrnehmungen aus seiner Umgebung minimieren muss.

Definition 3-5 (Menge erreichbarer atomarer Teilprozesse in G_a). Es sei $P_{w+1}^a(p_w^a) = \{p_{w+1}^a | \exists k \in K_a, k = (p_w^a, p_{w+1}^a)\}$ definiert als die Menge der Knoten, die von p_w^a genau über eine Kante erreichbar sind. Gilt $P_{w+1}^a(p_w^a) = \emptyset \Leftrightarrow deg^+(p_w^a) = 0$, so ist eine Senke des Prozessvorranggraphen G_a erreicht und der Prozess vollständig durchlaufen.

Der Prozessvorranggraph eines Transportagenten für das Eingangsbeispiel in Kapitel 1 ist in Abbildung 33 für den Transport von Bodenmaterial von

$Ausbau_1$ zu $Einbau_1$ oder $Einbau_2$ dargestellt. Sichtbar sind von seinem Entladepunkt bedingt durch seinen Horizont nur die nächsten Beladepunkte an $Ausbau_1$ und $Ausbau_2$. Jeder angefahrene Ausbauort wird vom Agenten als Ressource in der Einbringungsmenge des atomaren Teilprozesses *Beladen* bewertet. Der Agent muss für die Bewertung erheben, ob die Einbringungsmenge in jeder Alternative erzielt wird. Da die Einbringungsmenge für das Beladen beim Ausbau unsicher und schwankend ist, muss der Agent die Leistung in seine Wahl des atomaren Teilprozesses einbeziehen. Der Transportagent wählt denjenigen Einbauort mit der momentan erwarteten kürzesten Abfertigungsdauer. Jeder mögliche Weg im Graphen von einer Quelle zu einer Senke umfasst eine von der aktuellen Auslastungssituation bestimmte Dauer des Gesamtdurchlaufs, da jeder atomare Teilprozess ein unterschiedliches Bearbeitungszeitintervall bedingt.

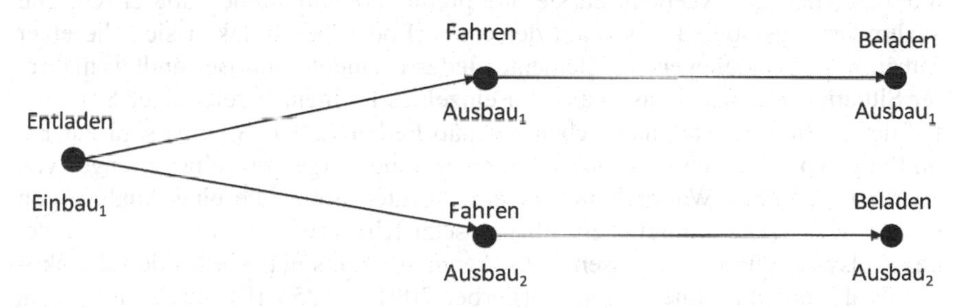

Abbildung 33 Prozessvorranggraph Entladen im Eingangsbeispiel

Insbesondere der Zeitfaktor in Form der Prozessdurchlaufzeit wird in der Prozessorganisation eingehend zur Leistungsmaximierung[138] analysiert (Gaitanides 2007, S. 215 f.). Neben der Leistungsmaximierung können weitere Ziele durch die Prozessgestaltung adressiert werden. Gaitanides (2007, S. 36 f.) unterteilt diese Ziele in Erfolgs- und Qualitätsziele. Derartige Ziele werden im Rahmen dieser Arbeit nicht verfolgt. Ausschließlich die situative Handlungsüberprüfung zum Zwecke der agentenindividuellen Leistungsmaximierung ist Gegenstand der Neuorganisation des Prozesses durch einen Agenten. Zur Wahl der richtigen Aktion ist die Wahrnehmung des Agenten entscheidend, die aufgrund der Aktionswahl des Agenten gezielt diejenigen Ressourcen einbezieht, die für die unmittelbar anstehenden atomaren Teilprozesse benötigt werden.

[138] Die Leistung ist nach Kosiol (1962, S. 218) der Quotient aus Arbeitsmenge und Zeit.

3.3.2 Wahrnehmungen des Agenten

Der Agent sollte die Ausführung seines Prozesses stets dann überprüfen, wenn er sich aufgrund von Veränderungen der erzielbaren Leistung seines verfolgten Teilprozesses oder eines alternativen Teilprozesses besser stellen kann. Grundlage der zugrundeliegenden Leistungsbeeinflussung in der Prozessorganisation sind Prozessinterdependenzen durch benötigte Ressourcen eines Agenten. Da Ressourcennutzungen unsicher sind, liegen sie jeder Leistungsabweichung eines atomaren Teilprozesses zugrunde. Demzufolge sind sie grundlegendes Element der Agentenwahrnehmung. Die Prozessinterdependenzen werden nun folgend in das Modell der Wahrnehmung eines Agenten in seiner Umgebung überführt, die zu einer Aktionswahl führt.

Die Erhebung und Interpretation von Elementen der Situation (Cues) determiniert nach Endsley (1995c, S. 32 - 64) alle weiterführenden Verarbeitungsmöglichkeiten des Agenten, da sie interpretierbare Situationen abgrenzen. Die Wahrnehmungsmöglichkeiten auf der ersten Ebene beschränken sich die einer Situation zugrundeliegenden Elemente. Jedes Element kann Bestandteil mehrerer Situationen sein. Ebenso kann ein einzelnes Element bereits einer Situation auf der zweiten Ebene entsprechen. Gemäß Ferber (2001, S. 255) sind zur Ermittlung von Umgebungswahrnehmungen eines Agenten eine Menge von zugrundeliegenden Wahrnehmungen des Agenten nötig, die eine Analyse von Objekt oder Szene ermöglichen. Ebenso setzt Kirn (1996, S. 32) ein vorhandenes Zielsystem und Metawissen eines Agenten voraus, das ein Modell der aktiven Wahrnehmung eines Agenten (Ferber 2001, S. 254 ff.) durch einen vom Agenten angestoßenen Suchprozess umfasst. Gegenüber der passiven Wahrnehmung ermöglicht die aktive Wahrnehmung eine Erwartungshaltung des Agenten an seine Umgebungswahrnehmungen, die der Agent durch einen Fokus oder eine Hypothese gezielt erhebt. Der Fokus des Agenten ermöglicht eine kohärente Steuerung der sensorischen Erfassung sowie eine Filterung der perzipierten Werte (Kirn 1996, S. 32). Die aktive Wahrnehmung besteht nach Dousson et al. (1993, S. 166) und Ferber (2001, S. 256) aus den Schritten (1) der Extraktion sensorischer Grundmuster, (2) der Verdichtung sensorischer Grundmuster zur Gewinnung von kontextuellen Ereignissen und (3) der Interpretation von kontextuellen Ereignissen zur Wahrnehmungen des Agenten. Der zweite und dritte Punkt sind bereits der Verdichtung zu einer Situation auf der zweiten Ebene nach Endsley (1995c, S. 32 - 64) zuzuordnen. Nur von Endsley (ebd.) wird die Projektion der Situation berücksichtigt.

Verankert sind alle handlungsrelevanten Situationen des Agenten in der Prozessorganisation nach Gaitanides (2007), in der nun folgend zu überprüfen ist, welche Elemente den Anstoß der Überprüfung von Handlungsalternativen des Agenten geben. Neben den Elementen an sich sind Bewertungsmöglichkeiten von Handlungsalternativen des Agenten in das Modell aufzunehmen, so dass sich der Agent in einer Situation für oder gegen eine oder mehrere Handlungsalternativen entscheiden kann. Diese Elemente werden in einem zweiten Schritt aus der Theorie der Verfügungsrechte abgeleitet und in das Koordinationsmodell des Agenten in seiner Umgebung überführt.

3.3.2.1 Prozessinterdependenzen

Der Agent verfügt über Schnittstellen zu seiner Umgebung über die Bereitstellung von Ressourcen als Ausbringungsleistung, die Abnahme der Leistung aus der Umgebung als Vorleistung in seinem atomaren Teilprozess oder der parallelen Verfügung über eine Ressource, die nicht unmittelbar für ihn in der Umgebung bereitgestellt wird[139]. Für einen Agenten sind genau diejenigen dritten Agenten von Relevanz, die durch Bearbeitung ihrer atomaren Teilprozesse in strukturellen Prozessinterdependenzen über bereitgestellte oder abgenommene Leistungen sowie gemeinsam genutzte Ressourcen mit seinem Prozessvorranggraphen G_a (oder G_b) stehen. Eine strukturelle Prozessinterdependenz eines Agenten in der Ausführung eines atomaren Teilprozesses mit dem atomaren Teilprozess eines oder mehrerer dritter Akteure kann (1) sequenzieller, (2) reziproker oder (3) gepoolter Art sein.

Der Agent $\dot{a} \in \mathcal{A}$ führt den atomaren Teilprozess $p_v^{\dot{a}}$ durch. Bei Vorliegen einer sequenziellen Interdependenz determiniert der vorgelagerte atomare Teilprozess p_w^a des Agenten a zeitlich und quantitativ den nachgelagerten atomaren Teilprozess $p_v^{\dot{a}}$ des Agenten $\dot{a}$. Der atomare Teilprozess $p_v^{\dot{a}}$ ist durch den Bearbeitungsendzeitpunkt $t_{end}(p_w^a)$ und die Ausbringungsmenge $y(p_w^a)$ sequenziell interdependent mit den atomaren Teilprozess p_w^a, da er auf die Ausbringungsmenge $y(p_w^a)$ als Einbringungsmenge $x(p_v^{\dot{a}})$ für seinen atomaren Teilprozess angewiesen ist. Die Interdependenz führt zu einem zu veränderten Bereitstellungszeitpunkt und damit zu einem veränderten Beginn von $p_v^{\dot{a}}$, da $t_{end}(p_w^a) \geq t_{start}(p_v^{\dot{a}})$ gilt. Ebenso kann eine zu geringe Ausbringungsmenge $y(p_w^a)$ durch den Agenten a des vorgelagerten atomaren Teilprozesses p_w^a bereitgestellt werden. In der folgenden Definition wird als Einschränkung für das Modell die vollständige Zulieferung der Ausbringungsmenge $y(p_w^a)$ des vorgelagerten atomaren Teilprozesses p_w^a als Einbringungsmenge $x(p_v^{\dot{a}})$ zum nachgelagerten atomaren Teilprozess $p_v^{\dot{a}}$ definiert.

Definition 3-6 (Sequenzielle Prozessinterdependenz zweier atomarer Teilprozesse). Gegeben seien zwei Prozessvorranggraphen G_a und $G_{\dot{a}}$. G_a und $G_{\dot{a}}$ sind über die atomaren Teilprozesse p_w^a und $p_v^{\dot{a}}$ genau dann sequenziell interdependent in der Form $i_{seq}(G_a, G_{\dot{a}})$, wenn gilt $\exists(\mathrm{w,v}) | \mathrm{y} \circ \mathrm{g}(p_w^a) \cap x \circ \mathrm{g}(p_v^{\dot{a}}) \neq \emptyset$.

[139] Teamarbeit wird in dieser Arbeit nicht betrachtet.

Eine reziproke Interdependenz kann im diskreten Modell atomarer Teilprozesse eines Agenten nicht definiert werden, da sie aus Perspektive des Agenten stets aus zwei sequenziellen Abhängigkeiten kombiniert ist. Die von Schryögg (2008, S. 128) beschriebene Rückwärtsgerichtetheit zum vorgelagerten Prozess ist im Modell atomarer Teilprozesse mit definierter Dauer nicht möglich. Eine genaue Betrachtung der reziproken Interdependenz erfordert im vorliegenden Modell stets eine vorwärts gerichtete und damit mehrfache sequenzielle Abhängigkeit zwischen zwei atomaren Teilprozessen. Eine frühere sequenzielle Interdependenz hat zu einem späteren Zeitpunkt eine in umgekehrter Richtung wirkende Abhängigkeit mit dem ursprünglichen Prozessvorranggraphen, jedoch nicht mit dem ursprünglichen atomaren Teilprozess. Da die Definition von Schryögg (2008, S. 128) den Zeitraum der rückführenden sequenziellen Interdependenz nicht spezifiziert, kann dieser in einer beliebigen Zukunft liegen. Als Konsequenz folgt aus der reziproken Interdependenz zwangsweise ein kooperatives Verhalten des Agenten mit beschränktem Horizont gegenüber dem sequenziell ausgehend verbundenen Agenten, da er seine eigene Leistung mindern würde, wenn er sich nicht kooperativ verhielte. Die Erkennung der reziproken Interdependenz ist aus der Perspektive eines Agenten in diesem Modell nicht von einer sequenziellen Interdependenz zu unterscheiden.

Bei einer gepoolten Interdependenz liegen zwei parallele Prozesse zweier Agenten a und $\dot{a}$ vor, in deren Prozessvorranggraphen G_a und $G_{\dot{a}}$ ein atomaren Teilprozess gleichzeitig bearbeitet wird, der in der Ressourceneingangsmenge dieselbe Ressource[140] erfordert. Daraus kann eine Situation konkurrierenden Zugriffs auf die Ressource entstehen. Diese Situation ist abhängig von der Leistung der konkurrierend genutzten Ressource.

Definition 3-7 (Gepoolte Prozessinterdependenz zweier atomarer Teilprozesse). Gegeben seien zwei Prozessvorranggraphen G_a und $G_{\dot{a}}$. G_a und $G_{\dot{a}}$ sind über die atomaren Teilprozesse p_w^a und $p_v^{\dot{a}}$ genau dann gepoolt interdependent in der Form $i_{gep}(G_a, G_{\dot{a}}, r)$, wenn gilt $\exists(w,v)|(\exists r \in \mathcal{R}|r \in (x \circ g(p_w^a) \cap x \circ g(p_v^{\dot{a}})))$.

Gaitanides (2007, S. 50 ff.) zufolge ist die optimale Form der Behandlung einer hohen Frequenz auftretender Interdependenzen das Prozessteam, in dem jeder Akteur – in vorliegenden Fall jeder Agent – seine Interdependenzen mit anderen Akteuren koordiniert löst. Eine dezentrale Koordination durch den Agenten a bedingt auch eine dezentrale Erkennung von Prozessinterdependenzen durch diesen. Die dezentrale Perspektive aus Sicht des Agenten ermöglicht

[140] Gaitanides (2007, S. 94) sowie Picot et al. (2008, S. 75) verweisen bei gepoolten Interdependenzen als Ausprägung einer Ressourceninterdependenz auf die Knappheit der Ressource, ohne diese weiter auszuführen oder zu spezifizieren.

die Erkennung aller Formen der Interdependenz als Abweichungen geplanter Verfügungen über Ressourcen. Für den Agenten a bedeutet nicht nur die gepoolte Interdependenz, sondern auch die sequenzielle und die reziproke Interdependenz eine Verschiebung von Verfügungen über benötigte Ressourcen in atomaren Teilprozessen, da die Ergebnisse vor- oder nachgelagerter atomarer Teilprozesse dritter Akteure als Ressourceneingangsmenge im abhängigen atomaren Teilprozess berücksichtigt werden müssen. In dieser ressourcenzentrierten Betrachtungsweise ist der Agent a stets in einem atomaren Teilprozess auf Ressourcen angewiesen, die (1) von einem vorgelagerten atomaren Teilprozess eines dritten Akteurs als sequenzielle Ausbringung bereitgestellt werden, die (2) von einem nachgelagerten atomaren Teilprozess eines dritten Akteurs als reziproke Ausbringung bereitgestellt werden oder (3) die parallel von anderen atomaren Teilprozessen eines dritten Akteurs konkurrierend genutzt werden. Die Verfügung über die Ressourcen in der geplanten Menge $R_{p_w^a}$ im atomaren Teilprozess p_w^a im Zeitintervall $d(p_w^a)$ muss durch den Agenten a sichergestellt sein. Die Ressourcen für einen atomaren Teilprozess sind definiert durch diejenige Zuordnung $g: P \to 2^{\mathcal{R}}$ aus allen Ressourcen $\mathcal{R}$ im Prozessvorranggraphen, die für die Durchführung eines atomaren Teilprozesses erforderlich sind.

Die Interdependenzen der atomaren Teilprozesse im einführenden Beispiel sind in Tabelle 7 für den Fall der Steuerung durch zwei Transportagenten 1 und 2 dargestellt. Im Beispiel existiert eine sequenzielle Abhängigkeit der Transportagenten über die Ressourcenverfügbarkeit des Beladeplatzes. Die Erkennung einer kurzfristigen Leistungsschwankung der Beladung durch den Bagger ist den Agenten aufgrund eines Bruches nicht möglich. Sie werden durch den Agenten als bereitgestellte Ressource $Ausbau_1$ und $Ausbau_2$ abstrahiert. Diese Ressourcen unterliegen bei der Verfügung durch Transportagenten Leistungsschwankungen. Die Transportagenten sind weder auf gegenseitige Vorleistungen angewiesen. In der Folge können keine reziproken Interdependenzen aufgrund der zuvor genannten Ressourcen zwischen ihnen auftreten. Die auftretenden strukturellen Interdependenzen sind ausschließlich gepoolter Art, da konkurrierende Zugriffe der Transportagenten entstehen können. Bei konkurrierendem Zugriff erfolgt die Zuteilung der Ressource durch das Warten. Entscheidend für das Auftreten einer Interdependenz ist die Leistung eines Beladeplatzes zum Zeitpunkt der Nutzung. Für die Ressourcen $Einbau_1$ und $Einbau_2$ gilt dies nur bedingt, da die Nutzungszeit je Transportagent durch den Kippvorgang gering und die Lagerung von Material am Einbauort in bestimmtem Maße möglich ist. Dennoch kann bei der Nutzung der Einbauplätze eine Konkurrenzsituation entstehen, wenn Fahrzeuge im Kolonnenverbund fahren. Die entstehenden Wartezeiten sind jedoch wesentlich geringer als beim Ausbau.

Tabelle 7 Interdependenzen atomarer Teilprozesse von Transportagenten

	Atomarer Teilprozess	Transportagent 1: beladen $Ausbau_1$	beladen $Ausbau_2$	entladen $Einbau_1$	entladen $Einbau_2$
Transport-agent 2	beladen $Ausbau_1$	i_{gep}			
	beladen $Ausbau_2$		i_{gep}		
	entladen $Einbau_1$			i_{gep}	
	entladen $Einbau_2$				i_{gep}

Die Auswirkungen der gepoolten Interdependenz atomarer Teilprozesse sind durch die Transportagenten festzustellen und im Hinblick auf die Neuwahl einer Prozessalternative zu bewerten. Die situierte Minimierung wechselseitiger Effekte auf geteilten Ressourcen erfordert eine differenzierte Betrachtung der Ressourcen möglicher Prozessalternativen, die sich dem Erklärungshorizont der Prozessorganisation entzieht. Die Prozessorganisation kann das Entstehen von Zugriffsabweichungen auf Ressourcen beschreiben und in der Planung berücksichtigen, ihr situatives Entstehen und Lösungsstrategien aufgrund begrenzt rational handelnder Akteure[141], die dezentral auf die Ressourcen zugreifen, jedoch nicht erklären. Insbesondere normative Empfehlungen für das Verhalten bei Auftreten von strukturellen Prozessinterdependenzen, die in ein Agentenprogramm überführt werden können, vermag die Prozessorganisation nicht zu geben. Gaitanides (2007, S. 190 ff.) verwendet in seiner organisationalen Gestaltung Modelle des Teamerfolgs, die auf Ebene des Teams einen Erklärungsansatz für motivationsbezogene Grundlagen der Leistung suchen. Die gewonnenen Erkenntnisse vermögen keine detaillierten Handlungsnormen vorzugeben, sondern das Umfeld, in dem ein Team personeller Aufgabenträger seine Ziele bestmöglich erreicht. Auf Ebene des Akteurs und damit des Gestaltungsbeitrags dieser Arbeit für die Steuerung des Agenten erfolgt in der Prozessorganisation keine Untersuchung von Handlungsalternativen. Der Beschreibungs-, Analyse- und Erklärungsbereich wird daher in dieser Arbeit mit der Theorie der Verfügungsrechte erweitert, so dass prozessuale Handlungsalternativen für den Agenten bei Vorliegen ressourceninduzierter Interdependenzen bewertet werden können. Damit wird ein maschineller Aufgabenträger in Form eines Agenten in die Lage versetzt, in der unsicheren, offenen Umgebung handlungsfähig zu bleiben.

3.3.2.2 Ressourcenattribute zur Bewertung von Prozessalternativen

Prozessuale Interdependenzen der Prozessorganisation nach Gaitanides (2007) bieten ein Indiz für die Entstehung von Beeinträchtigungen in einem atomaren

[141] Begrenzte Rationalität der Entscheidung besteht durch unvollständige Informationen eines Agenten über den Zustand seiner Umgebung, der nicht vollständig erhoben werden kann.

Teilprozess. In der Prozessorganisation bleibt jedoch unklar, ob die mehrfache Verfügung über eine Ressource tatsächlich wechselseitige Effekte erzeugt. In der Prozessorganisation wird lediglich der konkurrierende Zugriff auf eine Ressource oder wechselseitige Interdependenzen von Prozessen betrachtet, beides jedoch nicht operationalisiert. Im Modell des Agenten bietet die Prozessorganisation die Grundlagen der Überprüfung von Alternativen zur Ermittlung der besten Alternative in einer Situation, indem in seiner Wissensbasis mögliche Interdependenzen in seinen Prozessen hinterlegt sind. Diese dienen dem Agenten bei seinem Zugriff auf die Ressource als Überprüfungsindiz seiner Situation.

Unter allen Prozessalternativen müssen sich nicht notwendigerweise eine oder mehrere Alternativen ohne ressourceninduzierte Interdependenz befinden. Jedoch ist aus der Perspektive der Verfügung eines Agenten über eine Ressource nicht jede Interdependenz leistungskritisch. Eine Ressource kann in ausreichendem Maße für mehrere atomare Teilprozesse zur Verfügung stehen, ohne dass diese bei geteilter Nutzung knapp wird[142]. Daher ist eine differenziertere Betrachtung der Ressource im atomaren Teilprozess erforderlich. Die Theorie der Verfügungsrechte nach Barzel (1997) differenziert Ressourcen gemäß ihrer genutzten Attribute. Für den Agenten wird erst aufgrund der Erhebung auf Ebene der nutzbaren Attribute einer Ressource eine Erkennung von wechselseitigen Effekten auf den von ihm genutzten Attributen möglich. Erst daraus kann er einen Handlungsbedarf ableiten.

Die Theorie der Verfügungsrechte unter multiattributiver Perspektive von Barzel (1997) ermöglicht die Bewertung von Handlungsalternativen als begrenzt rationale Entscheidung des Agenten über die Nutzung von Ressourcen. Entlang des Frameworks von Endsley (1995c, S. 32 - 64) zur Herstellung eines Situationsbezugs erfolgt die für einen kurzen Zeitraum gültige Bewertung von Handlungsalternativen durch Erheben von Elementen, die einer handlungsrelevanten Situation zugrunde liegen, das Erkennen der Situation sowie deren Projektion in die nahe Zukunft. Erst die Projektion ermöglicht die Wahl einer situationsangemessenen Alternative im Prozessvorranggraphen durch den Agenten. Die grundlegenden Zusammenhänge werden der multiattributiven Perspektive der Theorie der Verfügungsrechte von Barzel (1997) und seiner Vorarbeiten zur Theorie der Zuteilung durch Warten (Barzel 1974, S. 73 - 95) entnommen. Das Ziel ist die korrekte Projektion einer Situation unter Berücksichtigung der tatsächlich anfallenden Transaktionskosten der Ausübung eines Verfügungsrechts über eine Ressource aus Perspektive des Agenten. Die Transaktionskosten sind für den Agenten stets ungewiss und von dem Verhalten anderer Akteure abhängig. Der Agent kann sich nur begrenzt mit anderen Akteuren koordinieren,

[142] Die Luft kann als solche Ressource betrachtet werden, da sie für viele Prozessausübungen benötigt, aber nicht als knapp angesehen wird, da sie im benötigten Umfang geteilt und ohne Konkurrenz genutzt werden kann.

so dass er auf die eigene Wahrnehmung und Projektion des Verhaltens Dritter angewiesen ist, um seine Handlungen zu optimieren. Die Wahrnehmung und Projektion wird durch einen institutionellen Rahmen begrenzt. Der institutionelle Rahmen trägt dazu bei, dass sich Aktionen Dritter mit höherer Sicherheit durch den Agenten vorbestimmen lassen, da sie die Handlungsalternativen aller einschränken[143]. Insbesondere regelt der institutionelle Rahmen, welche Formen des Übergangs und der Ausübung von Verfügungsrechten zulässig sind und wie die Aneignung von Güterattributen erfolgt, die im öffentlichen Raum liegen. Der Wahrnehmungsprozess von beeinflussenden Aktionen basiert auf der Beobachtung von Situationen der Interdependenz mit dritten Akteuren im institutionellen Rahmen, in dem ein Prozess ausgeführt wird. Das bereits in der Prozessorganisation begonnene Modell wird nun mit den Aussagen der Theorie der Verfügungsrechte fundiert.

Der multiattributive Ansatz der Theorie der Verfügungsrechte nach Barzel (1997) ermöglicht eine differenzierte Bewertungsgrundlage, indem Ressourcen durch mögliche Verfügungsarten über ausdifferenzierte Attribute der Ressourcen analysiert werden. Eine parallele Verfügung über eine Ressource kann aufgrund mehrerer parallel verfügbarer Attribute möglich sein, sofern sich die Nutzung der Attribute aufgrund physischer Eigenschaften der Ressource nicht wechselseitig ausschließt. Dies ist von der Klassifikation der Ressourcenattribute abhängig. Ist das Attribut der Ressource öffentlich, ist ein beliebiger Zugriff darauf möglich, ohne dass die Ressource verknappt. Ist das Attribut der Ressourcen privat, ist die Nutzung des Attributes einem Akteur fest zugeordnet und stets für ihn verfügbar. Ist das Attribut der Ressource hingegen einem Clubgut zuzuordnen, so ist die Nutzung durch einen eingeschränkten Kreis möglich und in begrenztem Maße konkurrierend. Ist das Ressourcenattribut im Bereich der allmenden Güter, besteht eine Konkurrenz in der Nutzung des Ressourcenattributs. Auf der Grundlage dieser Information über das Ressourcenattribut ist der Agent in der Lage, Knappheitssituationen von Ressourcen einzuschätzen. Da die Art der Verfügungsrechte über das Attribut nach Barzel (1997) entscheidende Auswirkungen auf die Ausübung haben, müssen diese im Ressourcenattribut berücksichtigt werden.

Definition 3-8 (Ressourcenattribut). Es sei $C^r = \{c_j^r \in C^r | j \in \mathbb{N}\}$ die Menge aller Attribute der Ressource $r \in \mathcal{R}$. Jedes Attribut $c_j^r = \{pr, A_{c_j^r}\}$ habe genau eine Ausprägung $pr \in \{priv, club, alme, publ\}$ für ein privates, clubartiges, allmendes oder öffentliches Ressourcenattribut sowie eine Menge $A_{c_j^r} \subseteq \mathcal{A}$ verfügungsberechtigter Agenten, die das Verfügungsrecht über das Ressour-

[143] Voraussetzung ist eine vollständige Durchsetzung des institutionellen Rahmens.

cenattribut besitzen. Die Agenten $\mathcal{A} \setminus A_{c_j^r}$ sind nicht verfügungsberechtigt und von einer Verfügung über das Ressourcenattribut c_j^r ausgeschlossen.

Mit den Ressourcenattributen sind alle Ebenen der Betrachtung im Modell eingeführt. Prozesse mit Alternativen im Prozessvorranggraphen verfügen über elementare Prozessschritte, denen eine oder mehrere Ressourcen als Ressourceneingangsmenge zugeordnet ist, die zur Prozessschrittdurchführung benötigt werden. Da eine Bewertung auf Ebene einer Ressource für den Fall der geteilten Verfügung über eine Ressource nicht ausreicht, ist jeder Ressource mindestens ein Attribut zugeordnet, über welches ein oder mehrere Agenten verfügen können. Im Eingangsbeispiel des ersten Kapitels ist ausschließlich das Attribut der Be- oder Entladung bei einem Aus- oder Einbauplatz definiert. Nur die Transportagenten sind verfügungsberechtigt. Andere Agenten können das Attribut nicht nutzen und sind von der Verfügung ausgeschlossen. Der Zugriff auf das Attribut erfolgt konkurrierend, daher ist das entsprechende Attribut der Ressource allmende. Der Agent erkennt aus der allmenden Eigenschaft des Attributs, dass die Nutzung des Verladeplatzes konkurrierend erfolgt. Aufgrund der Einschränkung des Nutzerkreises kann jeder Agent in seiner Situation ermitteln, welche Nutzer bei der Verfügung über ein Ressourcenattribut konkurrierend im Zugriff auf das Attribut zu erwarten sind. Abhängig von der Konkurrenzsituation besteht eine bestimmte Leistung des Agenten beim Zugriff auf das Ressourcenattribut. Diese ist im Fall eines Transportagenten die Leistung der transportierten Bodenmenge, die bei der Verfügung über einen bestimmten Beladeplatz entsteht. Es ergibt sich exemplarisch das in Abbildung 34 dargestellte Drei-Ebenen-Modell der prozessualen Verfügung für einen Agenten, der ein Transportfahrzeug im Eingangsbeispiel steuert.

Die Ressourcenattribute einer Ressource können in ihrer Verfügung voneinander abhängig sein, da Eigenschaften der zugrundeliegenden physischen Ressource eine Mehrfachnutzung der Attribute ausschließt. Barzel (1997) führt jedoch keine differenzierte Diskussion über die wechselseitigen Verfügungen interdependenter Ressourcenattribute. Barzels (1997, S. 55 - 64) Ansatz ist bestrebt eine eindeutige Zuordnung von Verfügungsrechten an einem Ressourcenattribut in Form der Eigentümerschaft zu erreichen. Die Eigentümerschaft an einem Attribut einer Ressource wird möglichst dem optimalen Eigentümer ungeteilt zugewiesen, so dass keine konkurrierende Nutzung der Ressource entstehen kann. Barzel (ebd.) weist jedoch stets nur diejenigen Attribute unterschiedlichen Besitzern zu, die aufgrund physikalischer Eigenschaften der Ressourcen eine parallele Verfügung ermöglichen. Daraus folgend sind die derart vergebenen Verfügungsrechte an der Ressource in ihrer Ausübung disjunkt. Die Nutzungsrechte *ius usus* an jedem Ressourcenattribut sind in Barzels (ebd.) Betrachtung implizite Folge der Eigentümerschaft des Attributs, da stets dem nutzenmaximierenden, spezialisierten Eigentümer das Ressourcenattribut für eine maximale Wohlfahrt zugeordnet werden soll. Eine Ausübung der Rechte an disjunkten Attributen einer Ressource ist stets gewährleistet.

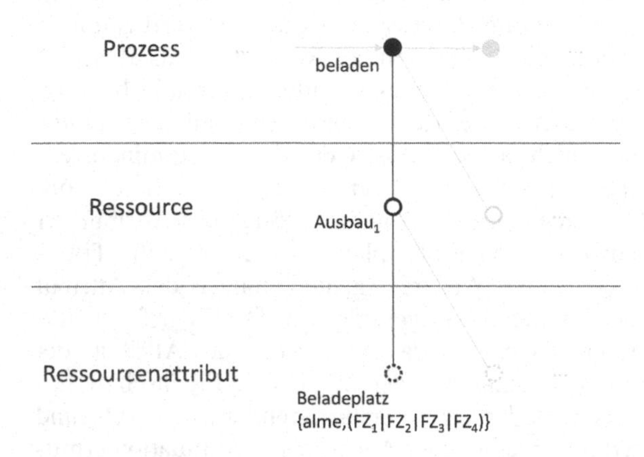

Abbildung 34 Drei-Ebenen-Modell prozessualer Verfügung

Ungeachtet der Betrachtung sich wechselseitig nicht beeinflussender Attribute von Barzel (1997, S. 55 - 64) sind in diesem Modell Attribute an einer Ressource mit sich ausschließenden Verfügungsrechteausübungen erforderlich. In der Folge können Transaktionskosten aufgrund der gleichzeitigen Nutzung mehrerer Attribute einer Ressource entstehen. Die dem Agenten entstehenden Transaktionskosten sind von ihm bei der Wahl alternativer atomarer Teilprozesse zu berücksichtigen. Der Fall interdependenter Ressourcenattribute bedingt im Modell eine differenzierte Betrachtung, so dass sie bei der Aktionswahl eines Agenten berücksichtigt werden können. Sie wird im Modell in Form einer Attributmatrix für jede Ressource umgesetzt. Die Attributmatrix enthält existierende Korrelationen vergebener Attribute der Ressource. Besteht eine ausschließende Nutzung der Attribute, enthält die Matrix an der entsprechenden Stelle eine 1, besteht keine ausschließende Nutzung, enthält die Matrix eine 0.

Definition 3-9 (Attributmatrix der Korrelationen von Ressourcenattributen einer Ressource *r*). Es sei K^r die zweidimensionale Matrix mit den Werten $k_{i,j} \in \{0,1\}$. Ein Wert der Matrix $k_{i,j}$ sei genau dann 1, wenn eine Verfügung über das Attribut c_i^r die Verfügung über das Attribut c_j^r ausschließt, und genau dann 0, wenn eine Verfügung über das Attribut c_i^r die Verfügung über das Attribut c_j^r der Ressourc r nicht beeinflusst. Die Matrix K^r sei zyklenfrei durch

$i > j \rightarrow k_{i,j} = 0$. Korrelationen sind (1) reflexiv, (2) transitiv und (3) antisymmetrisch. Es gilt für $i = j$ stets $k_{i,j} = 1$.

Liegt eine Korrelation von Ressourcenattributen einer Ressource vor, enthält also die Matrix K^r den Wert 1 außerhalb der Diagonalen, kann der Agent eine konkurrierende Ausübung des Zugriffs auf ein Ressourcenattribut gezielt erheben. Er muss sich Informationen über den Zugriff auf die korrelierten Attribute zu dem von ihm gewählten Attribut aus seiner Umgebung beschaffen. Für den Agenten lässt sich weder aus einer vorliegenden Prozessinterdependenz noch aus einem Ressourcenattribut unmittelbar eine Situation mit Konsequenzen auf seine Handlung folgern. Erst die Abwägung von Alternativen aufgrund entstehender Transaktionskosten der Verfügung über alle benötigten Ressourcenattribute eines unmittelbar zu bearbeitenden atomaren Teilprozess ermöglicht eine Entscheidungsfindung. Hat der Agent keine Alternativen, wird er den anstehenden atomaren Teilprozess unter gegebener Verfügbarkeit eines Ressourcenattributs durchführen, auch wenn er sehr hohe Transaktionskosten für die Verfügung in Kauf nehmen muss. Für ihn existieren keine Alternativen, die ihn besser stellen. Entscheidend ist die Erkennung von Situationen, in denen er sich besser stellen kann.

3.3.3 Erheben von Situationen

Auf der zweiten Ebene des Frameworks von Endsley (1995c, S. 32 - 64) werden die Elemente der Wahrnehmung als Grundlage einer Projektion zu Situationen verdichtet. Eine Situation interdependenter Prozesse durch wechselnde Ausübungen von Verfügungsrechten über Ressourcenattribute unterschiedlicher Agenten muss nicht zwangsläufig einen Handlungsbedarf des Agenten in Form der Anpassung von verfolgten Zielen auslösen. Die Situation dient ausschließlich der Überprüfung seiner Handlungsalternativen. Jede erkannte Abweichung löst eine Überprüfungsaktion verfolgter Ziele im Agenten aus, deren Ergebnis in Abhängigkeit der Umgebungsänderung und der eigenen Situation das vorhandene kurzfristige Ziel verwirft und die Verfolgung eines neuen Ziels anstößt. Diese Überprüfung findet nach Jones und Endsley (2000, S. 368) unter den Rahmenbedingungen der identifizierten Änderungen von Objekten, Szenen oder Ereignisreihenfolgen statt. Endsley (1995c, S. 32 - 64) setzt zur Erkennung von handlungsrelevanten Situationen die Dynamik der Umgebung in Bezug zum Zeitraum der Gültigkeit einer erhobenen Situation. Je höher die Dynamik der Umgebung ist, desto kürzer ist der Zeitraum, in dem eine Situation des Agenten unmittelbare Handlungsrelevanz für ihn hat. Aus diesem Grund wird der Agent in einer sehr dynamischen Umgebung nur unmittelbare anstehende Aktionen auf ihre Handlungsrelevanz überprüfen.

3.3.3.1 Variierende Transaktionskosten

Die Veränderungen der Umgebung, die Einfluss auf die Aktionen des Agenten haben, lassen sich mit der Theorie der Verfügungsrechte durch eine Änderung von Transaktionskosten für die Verfügungen über Ressourcenattribute des Agenten beschreiben. Die Transaktionskosten im multiattributiven Ansatz der Theorie der Verfügungsrechte definiert Barzel (1997, S. 4) als die Kosten des Übergangs, der Aneignung und der Sicherung von Verfügungsrechten[144] an Ressourcenattributen. Damit ist in der Theorie der Verfügungsrechte eine Änderung der für einen Agenten a relevanten Umgebungsbedingungen[145] definiert durch eine Änderung der Transaktionskosten für den Übergang, die Aneignung und die Sicherung von Ressourcenattributen. Über die Transaktionskosten lassen sich externe Effekte abgrenzen, da der Agent bei Veränderung der Verfügbarkeit von Ressourcenattributen geänderte Transaktionskosten zu erwarten hat. Der Agent a muss eine Veränderung der Transaktionskostenstruktur für die kurzfristige Aneignung von benötigten Ressourcenattributen erkennen, um Handlungen zur Optimierung seiner Transaktionskosten zu ergreifen. Auf die Höhe seiner Transaktionskosten hat der Agent durch die Wahl einer Prozessalternative Einfluss.

Der von Tietzel (1981, S. 238) kritisierten fehlenden Identifikation und Quantisierung von Transaktionskosten im klassischen Ansatz der Theorie der Verfügungsrechte kann durch die Berücksichtigung der individuellen Zielfunktion eines Agenten nach Barzel (1997, S. 4) begegnet werden. Unter Barzels (ebd.) Perspektive können die Übergangs-, Aneignungs- und Sicherungskosten, die Barzel (ebd.) als Transaktionskosten identifiziert, unmittelbar in der Zielfunktion des Agenten überprüft werden. Die entstehende Höhe der Transaktionskosten durch Verfügungen über Ressourcenattribute ist aufgrund des erreichten Zielbeitrags bei Nutzung eines Ressourcenattributs stets individuell durch den Agenten zu bewerten. Das Wissen des Agenten über seine Prozessalternativen und die Transaktionskosten jeder Alternative aufgrund der Verfügung über Ressourcenattribute ermöglicht dem Agenten die bestmögliche Wahl einer Alternative in seiner Situation.

Definition 3-10 (Transaktionskosten der Verfügung über ein Ressourcenattribut in einem atomaren Teilprozess p_w^a). Die Transaktionskosten der Verfügung über ein Attribut c_j^r der Ressource $r \in \mathcal{R}$ in einem atomaren Teilprozess p_w^a sind genau diejenigen Kosten $e_{c_j^r}^a \in \mathbb{R}_0^+$, die einem Agent $a \in \mathcal{A}$ bei

[144] Diese Definition ist synonym zur Definition der Transaktionskosten von Jensen und Meckling (1976, S. 305 - 360).

[145] Die Änderung der Umgebungsbedingungen schließt die geänderte Nutzung eines Ressourcenattributs durch Dritte ein.

der Aneignung des Verfügungsrechts über das Ressourcenattribut c_j^r für die Durchführung des atomaren Teilprozesses p_w^a entstehen.

Die Transaktionskosten $e_{c_j^r}^a$ werden im Modell maßgeblich vom institutionellen Rahmen des Übergangs von Verfügungsrechten an Ressourcenattributen determiniert. Liegt ein Markt als Form der Aneignung von Verfügungsrechten an Ressourcenattributen vor, so sind nach Coase (1937, S. 386 - 405) die Transaktionskosten diejenigen Kosten, die mit der Marktbenutzung anfallen. Der Preis eines Gutes auf dem Markt ist nicht zu den Transaktionskosten zu rechnen, da er mit den Produktionskosten zu verrechnen ist und nicht aufgewendet wird, um das Gut auf dem Markt zu finden oder die Transaktionsabwicklung zu sichern. Indifferent ist die Transaktionskostentheorie nach Williamson (1975) bei produktnahen Kosten. Dies sind insbesondere die Transportkosten. Die Transportkosten können als Kosten der Produkttransformation aufgefasst werden, wodurch sie nicht den Transaktionskosten, sondern den Produktkosten zuzurechnen sind. Wird die Transportinfrastruktur als geschaffene Institution des Menschen zum Umschlag von Waren betrachtet, werden die Transportkosten zu den Transaktionskosten gezählt. Diese Abgrenzung ist im Fall eines Marktes nur durch Festlegung zu treffen. Unter der verfügungsrechtlichen Perspektive für den Fall des institutionellen Rahmens des Wartens lässt sich eine eindeutigere Lösung für die Transaktionskosten finden, die im Folgenden zur Gestaltung des Modells angewendet wird.

3.3.3.2 *Variierende Transaktionskosten mit Warten*

Im institutionellen Rahmen des Wartens nach Barzel (1974, S. 73 - 95) wird ein Markt als Grundlage der Transaktion eines Agenten nicht benötigt[146]. Die Zuteilung der Verfügungsrechte erfolgt in Abhängigkeit der Position in einer Warteschlange. Die Institution der Warteschlange wird durch die wartenden Agenten überwacht, so dass eine Umgehung der Warteschlange nicht möglich ist. Die Transaktionskosten eines Agenten sind die reine Wartezeit, die er bei einer Verfügungsausübung über ein Ressourcenattribut oder bei einer Aneignung des Ressourcenattributs in der Warteschlange verbringt. Über die Wartezeit entsteht ein externer Effekt der Agenten untereinander, da die Verfügung eines Agenten, der sich vor einem anderen Agenten in die Warteschlange eingereiht hat, dessen

[146] Ein Markt kann auch bei der Betrachtung von Zuteilungen durch Wartezeit existent sein. Dieser Markt funktioniert unter neoklassischer Perspektive jedoch nicht, da der Preis für das Gut gegenüber der Nachfrage zu niedrig ist. Die Grundlage der Beschreibung des Marktversagens legt Coase (1960, S. 1 - 44) durch die Einführung sozialer Kosten. Die Folge der Übernachfrage im Fall eines nichtfunktionierenden Marktes stellt Barzel (1997, S. 20 ff.) anhand der Ölkrise in den 1970er Jahren dar. Bereits eine Warteschlange an einer Tankstelle, die günstiges Benzin anbietet, ist in einem funktionierenden Markt nicht vorgesehen, kann jedoch im Modell der Wartezeit beschrieben werden.

Wartezeit erhöht. Es findet keine wechselseitige Kompensation statt. Die Wartezeit bestimmt mit diesen Eigenschaften neben der Arbeitsmenge die Leistung. Die Leistung wird jedoch nicht ausschließlich durch die Wartezeit in der Warteschlange determiniert. Der institutionelle Rahmen der Warteschlange bedingt, dass der Agent erst dann einen Platz zur Verfügung über das Ressourcenattribut oder zur Aneignung des selbigen erhält, wenn er sich in die Warteschlange eingereiht hat. Erst ab diesem Zeitpunkt hat der Agent seine Verfügung gesichert, nicht notwendiger Weise jedoch den Verfügungszeitpunkt. Die Zeit bis zur Einreihung ist für ihn mit Unsicherheit behaftet, da sich (1) andere Agenten vor ihm in die Warteschlange einreihen oder (2) die Leistung des Ressourcenattributs schwankt. Letzteres kann natürlich ebenfalls innerhalb der Warteschlange passieren. Auch in diesem Fall ist eine Neubewertung der Situation des Agenten aufgrund veränderter Transaktionskosten vorzunehmen. Bei Vorliegen einer Warteschlange, einer hohen Anzahl verfügungsberechtigter Agenten und stark schwankender Ressourcenattributleistung wird nur die situierte Wahl einer Prozessalternative die Zielerreichung des Agenten unter Maßgabe der Leistungsmaximierung ermöglichen.

Nach Nichols et al. (1971, S. 313) ist der Vorteil der Institution einer reinen Warteschlange gegenüber einem reinen Markt die Erhebung von unterschiedlichen Preise von den Nutzern des Ressourcenattributs, an dem die Warteschlange ein Verfügungsrecht zuteilt. Jeder Agent wird die Zeit in der Warteschlange mit den entstehenden Kosten bewerten. Aufgrund des individuellen Zustands der Umgebung eines Agenten werden diese für jeden Agenten unterschiedlich sein. Die Warteschlange selbst erzeugt keine administrativen Kosten, da die Einhaltung der Warteschlange durch die Nutzer selbstregulierend und als Institution anerkannt ist. Die Warteschlange ist genau in der Höhe ineffizient, in der sie die Zeit der Wartenden bindet, falls diese innerhalb der Wartezeit hätten produktiv sein können (Nichols et al. 1971, S. 16). In der Folge muss die Zeit eines Agenten in der Warteschlange genau dann minimiert werden, wenn der Agent durch Wahl einer Prozessalternative in der gleichen Zeit produktiv gewesen wäre. Der Agent bewertet dies aus dezentraler Perspektive, um auch unter Einfluss Dritter seine Produktivität zu wahren. Das lokale Wissen des Agenten über die Auslastung von Ressourcenattributen durch Warteschlangenlängen dient ihm als Entscheidungsgrundlage. Die Warteschlange zur Aneignung eines Ressourcenattributs ist das ausschlaggebende Element seiner dezentralisierten Entscheidung aufgrund seiner individuellen Kosten des Wartens.

Die Transaktionskosten $e^{a}_{c^r_j}$ für die Aneignung des Ressourcenattributs c^r_j durch den Agenten a zur Durchführung des atomaren Teilprozesses p^a_w im institutionellen Rahmen des Wartens bestehen aus der Wartezeit, die ein Agent in der Warteschlange zur Verfügung über ein Ressourcenattribut investieren muss, sowie der Zeit der Aneignung. Die aufgrund der Warteschlange investierte Zeit des Agenten wird nach Nichols et al. (1971, S. 312 - 323) an den Opportunitätskosten des Wartens eines Agenten bemessen. Ein Agent, der seine Wartezeit als hochwertig einschätzt, wird die Warteschlange eher meiden als ein Agent mit niedrigen Kosten des Wartens. Die Kosten, die ein Agent in einer Warteschlange in Form seiner Zeit investieren wird, ergeben sich aus seinen alternativen atomaren Teilprozessen. Jeder Agent wird denjenigen atomaren Teilprozess wählen, der die niedrigsten Opportunitätskosten in Form der Zeit für ihn bedeutet, da sich der Agent dem REMM folgend aufgrund seiner individuellen Situation rational verhält.

Definition 3-11 (Transaktionskosten im institutionellen Rahmen des Wartens zur Verfügung über ein Ressourcenattribut c_j^r im atomaren Teilprozess p_w^a). Im institutionellen Rahmen des Wartens sind die Transaktionskosten $e_{c_j^r}^a$ der Verfügung über ein Attribut c_j^r der Ressource $r \in R$ durch den Agenten $a \in \mathcal{A}$ für die Durchführung eines atomaren Teilprozesses p_w^a zum Zeitpunkt $t_{start}(p_w^a)$ die die obere Abschätzung der Aneignungszeit $|\mathrm{d}(c_j^r)| := (k + 1)|\mathrm{w}(c_j^r)| \in \mathbb{R}_0^+$ mit der Wartezeit $|\mathrm{w}(c_j^r)| := t_{end}(c_j^r) - t_{start}(c_j^r) \in \mathbb{R}_0^+$ zur Aneignung des Attributs ohne Warteschlange und k der Anzahl wartender Akteure in der Warteschlange vor dem Agenten.

Um eine Situation veränderter Transaktionskosten in der Ausprägung von Wartezeit in der Warteschlange und Zeit bis zum Einreihen in die Warteschlange als Situation zu erkennen, die eine Überprüfung der Prozessalternativen des Agenten zur Folge hat, wird der Agent stets alle Alternativen aufgrund der entstehenden Transaktionskosten berücksichtigen müssen. Die Grundlage der Entscheidung des Agenten sind die relativen Transaktionskosten aller Alternativen zueinander. Er leitet daraus entstehenden Handlungsbedarf aufgrund von veränderter Transaktionskosten der Verfügung über Ressourcenattribute ab.

Im Eingangsbeispiel entscheiden sich die Transportagenten jeweils zwischen zwei Prozessalternativen. Jeder Agent ermittelt die ihm entstehenden Transaktionskosten als Summe der benötigten Fahrzeit von seiner Position bis zum Einreihen in die Warteschlange und der Wartezeit in der Warteschlange bis zum Aneignungszeitpunkt des benötigten Ressourcenattributs für den anstehenden atomaren Teilprozess. Die Transaktionskosten für den Fall eines leeren Transportfahrzeugs zur Aneignung des Ressourcenattributs Beladen bei $Ausbau_1$ oder Beladen bei $Ausbau_2$ sind die Fahrzeit von der aktuellen Position bis zum Erreichen der Warteschlange von $Ausbau_1$ oder $Ausbau_2$ addiert mit den Zeiten in der jeweiligen Warteschlange bei $Ausbau_1$ oder $Ausbau_2$. Durch die Warteschlange wird der externe Effekt zwischen den Transportagenten in Wartezeit transferiert. Jeder Transportagent kann bei der Erhebung neuer Parameter aus seiner Umgebung gezielt ermitteln, ob sich die Transaktionskosten der

Nutzung von $Ausbau_1$ oder $Ausbau_2$ derart verändern, dass er sich durch Wechsel von $Ausbau_1$ zu $Ausbau_2$ oder umgekehrt besser stellt.

3.3.4 Projektion der Situation und Aktion des Agenten

Nach der Verdichtung von Elementen zu einer Situation – ihrer Erkennung – erfolgt nach Endsley (1995c, S. 32 - 64) die Ableitung und Bewertung von Konsequenzen der Situation durch eine Projektion auf künftige Situationen in der nahen Zukunft. Erst auf der Grundlage der Projektion der Situation zur Herstellung der dritten Ebene im Modell ist durch den Agenten eine fundierte Wahl einer Handlung möglich. Die Projektion im vorliegenden Modell umfasst Verfügungen über Ressourcenattribute der nahen Zukunft aufgrund geänderter Transaktionskosten, die entstehen, wenn die Verfügung ausgeübt wird. Aus der vorliegenden Situation variierender Transaktionskosten im zeitlichen Verlauf folgt erst dann die Wahl einer Prozessalternative in G zum gewählten atomaren Teilprozess durch den Agenten, wenn die Transaktionskosten des bislang verfolgten atomaren Teilprozesses nicht mehr die minimalsten unter seinen gegebenen Prozessalternativen sind. Führt die Veränderung von Transaktionskosten zu einem anderen atomaren Teilprozess mit minimalen Transaktionskosten, so wird der Agent den bislang verfolgten atomaren Teilprozess als Ziel verwerfen und die Durchführung des transaktionskostenminimalen atomaren Teilprozesses als neues Ziel setzen.

3.3.4.1 Transaktionskosten

Der Agent erzeugt eine Projektion seiner Prozessalternativen aufgrund erhobener Transaktionskosten derjenigen Ressourcenattribute, die in seinem zu bearbeitenden atomaren Teilprozess sowie gültiger Alternativen im agentenindividuellen Prozessvorranggraphen benötigt werden. Auf Basis der Transaktionskosten für die Aneignung von Ressourcenattributen kann der Agent den transaktionskostenminimalen atomaren Teilprozess aus den gegebenen Prozessalternativen ermitteln. Dafür erhebt der Agent die Summe der Transaktionskosten aller Ressourcenattribute für die Durchführung eines atomaren Teilprozesses.

Definition 3-12 (Transaktionskosten der Ausführung eines atomaren Teilprozesses p_w^a). Es seien $e^{x(p_w^a)} := \sum_{c_j^r \in C^{x(p_w^a)}} e_{c_j^r}^a$ die Transaktionskosten der Verfügung über alle Ressourcenattribute der Einbringungsmenge $C^{x(p_w^a)} := \bigcup_{r \in x \circ g(p_w^a)} C^r$ zur Durchführung des atomaren Teilprozesses p_w^a.

Die Transaktionskosten lassen sich nicht losgelöst von der Ausgestaltung des institutionellen Rahmens quantifizieren. Eine Betrachtung unter dem institutionellen Rahmen des Wartens ermöglicht eine Quantifizierung der Transaktionskosten in Form der Zeit, die bei der Verfügung über die Einbringungsmenge $x(p_w^a)$ durch den Agenten a aufzubringen ist. Für die Verfügung eines Agenten im institutionellen Rahmen des Wartens wird unterstellt, dass die Ressourcenattribute für einen atomaren Teilprozess stets gebündelt angeeignet werden. Das vorliegende Modell basiert auf einer Warteschlange, die in einem bestimmten örtlichen Kontext Gültigkeit zur Aneignung von Ressourcenattributen eines atomaren Teilprozesses hat. Der Agent hat demzufolge eine einmalige Wartezeit in Kauf zu nehmen, um den atomaren Teilprozess durchzuführen. Sollte eine gebündelte Aneignung der Ressourcenattribute nicht möglich sein, so ist der atomare Teilprozess zu splitten, da eine andere Warteschlange in einem anderen örtlichen Kontext vom Agenten in Kauf zu nehmen ist. In der Konsequenz ist die sich ergebende maximale Wartezeit bei der Aneignung aller Ressourcenattribute eines atomaren Teilprozesses vom Agenten zu berücksichtigen, da diese seinen atomaren Teilprozess beschränkt.

Definition 3-13 (Transaktionskosten der Ausführung eines atomaren Teilprozesses p_w^a im institutionellen Rahmen des Wartens). Es sei $\left|d^{x(p_w^a)}\right| := max\{\left|\mathrm{d}(c_j^r)\right| \forall c_j^r \in C^{x(p_w^a)}\}$ die Zeitdauer bis zur Verfügung über die Menge an Ressourcenattribute $C^{x(p_w^a)}$ mit $x \circ g(p_w^a) \subseteq \mathcal{R}$ zur Durchführung des atomaren Teilprozesses p_w^a.

Die Summe aus maximaler Wartezeit aller Ressourcenattribute und Zeit bis zur vollständigen Aneignung eines Ressourcenattributs ergibt die gesamte Zeitdauer $|d^{x(p_w^a)}|$, die der Agent als Aneignungszeit – für den Fall des Wartens die Ausprägung der Transaktionskosten – berücksichtigen muss, wenn er den atomaren Teilprozess p_w^a durchführt. Der Agent macht es von seinen Alternativen abhängig, ob die entstehende Aneignungszeit zur Durchführung von p_w^a für ihn akzeptabel ist. Folglich muss er auch die Aneignungszeiten alternativer atomarer Teilprozesse erheben.

3.3.4.2 Aktion des Agenten

Die Aktion eines Agenten ist unmittelbar mit dem institutionellen Rahmen der Verfügung verknüpft. Der institutionelle Rahmen bestimmt, mit welcher Aktion der Übergang eines Verfügungsrechts möglich ist. Eine Betrachtung der Aktion eines Agenten ist daher ausschließlich unter der Berücksichtigung des institutionellen Rahmens der Verfügung möglich. Liegt ein Markt vor, wird der Agent sich mit seinen Aktionen an die Regeln des Marktes halten und über eine Ressource durch die Aktion *Zahlen eines Preises* verfügen. Auch im institutionellen Rahmen des Marktes wird der Agent für jeden anstehenden atomaren Teilprozess $p_w^a \in P$ die für ihn transaktionskostenminimale Variante zur Erreichung eines Zielknotens in G wählen, in die nun der Marktpreis für das Ressourcenattribut einfließt.

Definition 3-14 (Der transaktionskostenminimale atomare Teilprozesses $p_w^a \in P$). Der Agent wird stets denjenigen atomaren Teilprozess wählen, der mit den niedrigsten Transaktionskosten zum Zeitpunkt der Wahl behaftet ist, also $min\{e^{x(p_w^a)} \forall p_w^a \in h(p_w^a \times o)\}$.

Im institutionellen Rahmen des Wartens orientiert sich der Agent an Wartezeiten zur Ermittlung seiner Transaktionskostenhöhe[147] im Fall der Verfügungsausübung. Eine geringe Warteschlangenlänge und eine hohe Abfertigungsrate signalisieren im Fall des Wartens niedrige Transaktionskosten und in der Folge eine hohe Leistung für den atomaren Teilprozess, der geteilte Ressourcenattribute voraussetzt. Der Agent nutzt die erwartete Gesamtzeit der Verfügungsausübung in Form der Dauer in der Warteschlange als Maß der Verdünnung entsprechender Ressourcenattribute. Die alternativen Teilprozesse nutzt der Agent zur Vorhersage seiner erzielbaren Leistung, die er bei der Wahl des entsprechenden atomaren Teilprozesses erreichen wird. Die unmittelbare Zielfunktion des Agenten ist die Wahl des für ihn transaktionskostenminimalen atomaren Teilprozesses aus den Alternativen seiner unmittelbar zu bearbeitenden Teilprozesse.

Definition 3-15 (Der transaktionskostenminimale atomare Teilprozesses $p_w^a \in P$ im institutionellen Rahmen des Wartens). Der Agent wird stets denjenigen atomaren Teilprozess wählen, der mit der niedrigsten Aneignungsdauer zum Zeitpunkt der Wahl behaftet ist, also $min\{d^{x(p_w^a)} \forall p_w^a \in h(p_w^a \times o)\}$.

Die Zuteilung der Verfügung über ein Ressourcenattribut durch Warten als institutioneller Rahmen der Verfügungsausübung basiert auf der Allokationsfunktion der Warteschlange (Nichols et al. 1971, S. 313), die dezentral den Übergang von Verfügungen über Ressourcenattribute gewährt. Ineffizient ist die Warteschlange aufgrund der verbrauchten Zeit der Wartenden (Nichols et al. 1971, S. 316). Diese Zeit ist im Sinne größtmöglicher Wohlfahrt zu minimieren. Eine Beeinflussung der Dauer in der Warteschlange ist über die bereitgestellte Kapazität des Ressourcenattributs möglich. Bei jeder Bereitstellung eines

[147] Barzel (1997; 1974, S. 73 - 95) sowie Nichols et al. (1971, S. 312 - 323) betrachten einen limitierten Preis, der unterhalb des Preises liegt, den ein Nachfrager zu zahlen bereit ist. Ein Preis muss jedoch nach Nichols et al. (1971, S. 320) nicht zugrunde gelegt werden, wenn statt eines Preises die Kapazität variiert. In diesem Fall wird durch die Kapazität der Preis des Wartens in Form der Wartedauer angepasst.

Ressourcenattributs auf Grundlage der Wartezeit beeinflusst die Dauer des Durchlaufs der Warteschlange die Leistung des Agenten. Orientiert sich der Agent an den minimalen Warteschlangendauern und geringen Dauern bis zum Zeitpunkt der des Verfügungsübergangs, so besteht die Vermutung, dass im Fall von mindestens zwei Agenten, die um eine Verfügung konkurrieren, eine Leistungsmaximierung des Gesamtsystems unter situierter Koordination entsteht.

Nach Nichols et al. (1971, S. 322) hat die Warteschlange zwei Vorteile insbesondere gegenüber der marktbasierten Allokation. Die Warteschlange ermöglicht (1) die Berechnung unterschiedlicher Preise für unterschiedliche Agenten, da jeder Agent die Zeit in der Warteschlange aufgrund seiner individuellen Transaktionskosten in seiner Situation von Alternativen bewertet. Jeder Agent wird zu einem anderen Urteil für die Bearbeitung seiner alternativen atomaren Teilprozesse kommen. Daraus leitet sich diejenige Wartezeit ab, die der Agent bereit ist, auf eine Verfügung über das zugrundeliegende Ressourcenattribut zu warten. Ein Agent ohne Alternativen wird im vorliegenden Modell eine unendliche Wartezeit[148] in Kauf nehmen, während ein Agent mit Alternativen nur eine Wartezeit akzeptiert, die in Kombination mit der Zeit bis zur Einreihung in die Warteschlange unter der Aneignungszeit der nächstbesten Alternative liegt, sofern er durch die Durchführung des atomaren Teilprozesses eine vergleichbare Leistung erzielt. Warteschlangen haben aufgrund dieser Eigenschaften stets dann einen Vorteil gegenüber anderen Allokationsverfahren, wenn kurzfristige Schwankungen ausgeglichen werden müssen und die Kosten der kurzfristigen Preisanpassung als Kosten des Marktes den Wartezeitverlust der Warteschlange als Kosten der Warteschlange übersteigen. Warteschlangen eignen sich mit diesen Eigenschaften zur Reduktion von Transaktionskosten für die Zuteilung von Ressourcenattributen, die aufgrund zu hoher Transaktionskosten im öffentlichen Raum verbleiben.

3.3.5 Algorithmus des Modells

Das Modell in Form eines Agentenprogramms der ökonomisch-situierten Handlungswahl für eine offene Wertschöpfungsumgebung kann nun anhand der vorgenommenen Definitionen aufgestellt werden. Der Agent beschränkt sich auf den institutionellen Rahmen des Wartens, in dem er stets bemüht ist, seine individuellen Transaktionskosten zu minimieren, um seine Ziele unter Nutzung von vorhandenem lokalem Wissen bestmöglich zu erreichen. Berücksichtigung haben bislang nur Aktionen gefunden, die sich auf die Wahl eines atomaren Teilprozesses im Prozessvorranggraphen beziehen. Gaitanides (2007) identifi-

[148] Eine unendliche Wartezeit wird nur im technischen System ausschlaggebend sein, da im humanen System stets Alternativen zur Verfügung stehen, die außerhalb der prozessorganisatorischen Abläufe liegen, z.B. eine Pause. Ein technisches System sollte derart gestaltet sein, dass derartige Rahmenbedingungen des personellen Aufgabenträgers in die Entscheidungsfindung einfließen.

ziert eine autonome Koordination in einem Prozessteam bei hoher Umgebungsveränderung und einem hohen Grad reziproker Abhängigkeiten als vorteilhaft. Die Koordination mehrerer Agenten bedingt ein Teilen von lokal erworbenem Wissen im gemeinsamen Prozessteam. Dem Modell des REMM folgend wird der Agent lokal erworbenes Wissen teilen, wenn er daraus einen Vorteil für seine Entscheidungsfindung bezieht. Nach Gaitanides (ebd.) besteht die zuvor aufgestellte Hypothese, dass eine höhere Produktivität bei autonomer Koordination hochgradig interdependenter Aufgaben im Team entsteht. Daher hat der Agent stets dann einen Vorteil durch das Teilen lokaler Information, wenn er sich in seiner Aufgabenerfüllung besser stellt.

Das Teilen lokaler Information des Agenten erfolgt im Idealfall unter allen Akteuren mit Zugriff auf das Ressourcenattribut c_j^r oder damit interdependenter Ressourcenattribute, so dass bei allen Akteuren vollständige Information bezüglich der Verfügung über das Ressourcenattribut besteht. Teilen alle verfügungsberechtigten Agenten ihre Informationen über das Ressourcenattribut c_j^r und nutzen sie diese zur heterarchischen Koordination der Aneignung des Ressourcenattributs, ist nach Gaitanides (2007) eine wohlfahrtsmaximale Lösung für alle Agenten zu erwarten. Da das Teilen von Informationen die frühzeitige Internalisierung auftretender externer Effekte ermöglicht, ist auch nach Coase (1960, S. 1 - 44) eine höhere Wohlfahrt zu erwarten. Jeder Agent ist bereits vor dem Ressourcenzugriff in der Lage, eine Interdependenz im Ressourcenattributzugriff mit einem anderen Agenten zu ermitteln und eine transaktionskostenminimierende Handlung einzuleiten, so dass zu einem frühen Zeitpunkt eine Prozessalternative gewählt wird, deren Transaktionskosten zu diesem Zeitpunkt geringer sind als zu einem späteren Zeitpunkt.

Im Eingangsbeispiel ist für einen Transportagent die Transaktionskostenveränderung der Prozessalternativen durch eine frühere oder spätere Wahl der alternativen Beladestellen $Ausbau_1$ und $Ausbau_2$ aufgrund der Topographie offensichtlich. Bewegt sich das Transportfahrzeug zur Ressource $Ausbau_1$, entfernt er sich gleichzeitig von $Ausbau_2$, und vice versa. Die Transaktionskosten für des alternativen atomaren Teilprozesses $Beladung\ bei\ Ausbau_2$ erhöht sich mit dem Grad der Erreichung von $Ausbau_1$. Erkennt der Agent erst bei $Ausbau_1$ vor Ort, dass die Wahl von $Ausbau_1$ aufgrund der Warteschlangenlänge für ihn ungünstig ist, hat er eine maximale Anfahrt zur Prozessalternative $Ausbau_2$. Im besten Fall kann sich der Agent bereits bei der Abfahrt von einer Einbaustelle informieren, welche Ausbaustelle für ihn ideal ist. In diese Bewertung fließt die Dauer bis zum Einreihen in die Warteschlange als vorgelagerter atomarer Teilprozess der Anfahrt, die Zeit in der Warteschlange sowie die Zeit bis zum Aneignen ein. Im Idealfall kann der Agent auf Informationen derjenigen Agenten zugreifen, die den Zustand der Warteschlange vor $Ausbau_1$ und $Ausbau_2$ bestmöglich kennen. Da keine Kommunikation mit den Baggern aufgrund organisatorischer Brüche möglich ist, können diese Informationen nur von anderen Transportagenten im eigenen Prozessteam erhoben werden.

Das Agentenprogramm zum Durchlauf des Prozessvorranggraphen G_a für einen Agenten a in seiner Umgebung U_a ist in Tabelle 8 dargestellt. Die Darstellung ist angelehnt an die Beschreibung der Aufgabenumgebung von Russel und Norvig (2003, S. 38 ff.). Da jedoch nach Papasimeon (2009, S. 8 f.) die umgebungszentrierte Betrachtung von Russel und Norvig (2003, S. 38 ff.) keine Konkretisierung in Form einer Instanz eines ablauffähigen MAS ermöglicht, da die Verteilung des Systems keine Berücksichtigung findet[149], erfolgt die Betrachtung in dieser Arbeit im Gegensatz zu Russel und Norvig (ebd.) agentenzentriert. Die Umgebung aus Perspektive des Agenten bietet ihm den Raum zur Erhebung von Wahrnehmungen. Ausgangspunkt der Erhebung von Wahrnehmungen sind die atomaren Teilprozesse p_w^a, in denen der Agent Interdependenzen aufgrund gemeinsam genutzter Ressourcenattribute mit anderen Agenten ausgesetzt ist. Das grundlegende Auftreten von Interdependenzen ist dem Agenten bekannt. Sind dem Agenten keine Interdependenz bekannt, wird der Agent bei der Durchführung des atomaren Teilprozesses keine Überprüfung hinsichtlich des von ihm zu nutzenden Ressourcenattributs vornehmen.

Die Initialisierung externer Effekte durch Überwachung relevanter Ressourcenattribute alternativer atomarer Teilprozesse ist in Tabelle 8 dargestellt. Für das Agentenprogramm ist sicherzustellen, dass geteilt genutzte Attribute von Ressourcen aller alternativen atomaren Teilprozesse aufgrund von bekannten Interdependenzen in die Bewertung der Handlungswahl einfließen. Für jede Interdependenz, die auf Ebene einer Ressource besteht, wird das spezifische Ressourcenattribut auf gegebene Verfügbarkeit analysiert. Besteht für das betreffende Attribut eine ausschließende Nutzung mit anderen Attributen der Ressource aufgrund der Attributsmatrix, findet eine Erhebung aus der Umgebung durch die Funktion $AgentPerception(h)$ statt. Es wird gezielt der Zustand korrelierter Ressourcenattribute C^r der Ressource r für alle Ressourcen alternativer atomarer Teilprozess P_{w+1}^a ausgehend von seiner Position p_w^a in G_a mit dem Horizont h erheben. Der Agent a setzt seinen Fokus aufgrund der Tiefe im Prozessvorranggraphen ausschließlich auf die Elemente, die ausgehend von seinem derzeit bearbeiteten atomaren Teilprozess als mögliche Alternativen in Frage kommen. Erst auf der Grundlage des aktiv und selektiv erhobenen Zustands der Umgebung U_a in $AgentPerception(h)$ besitzt der Agent alle Voraussetzungen für die Ermittlung der Transaktionskosten E alternativer atomarer Teilprozesses durch die Funktion $AgentState(Perception[a,h])$. Auf Grundlage der Transaktionskosten wählt der Agent mittels seiner Zielfunktion den auszuführenden atomaren Teilprozess mit der Funktion $AgentReasoning(E)$.

[149] Dies wird auch in der Erhebung von Forschungsarbeiten zur Rolle der Umgebung zur Mediation in der Agenteninteraktion von Weyns et al. (2007, S. 8 ff.) deutlich.

Ausgehend von der neu erreichten Position wiederholt der Agent die Wahrnehmung, die Aktualisierung seiner Transaktionskosten und die Aktionswahl so lange, bis er seinen Prozessvorranggraphen G_a vollständig durchlaufen hat.

Tabelle 8 Algorithmus der ökonomischen Situierung

Require U_a, G_a, p_w^a, h
1: **while** $P_{w+1}^a \neq \emptyset$ **do**
2: Perception[a,h] ← AgentPerception(h)
3: E ← AgentState(Perception[a,h])
4: p_w^a ← AgentReasoning(E)
5: **end while**

Die Wahrnehmung des Agenten schließt nach Russel und Norvig (2003, S. 32) die Wahrnehmung der eigenen Aktionen ein, in gängigen Agentenmodellen nicht jedoch zwangsläufig deren Konsequenzen in der Umgebung. Die Funktionen der Wahrnehmung und der Ableitung einer Handlung werden von Russel und Norvig (2003, S. 38 ff.) in der Kopplung von Agent und Umgebung nicht integrativ, wie in dieser Arbeit, sondern losgelöst voneinander betrachtet. Dieser Umstand unterbindet eine aktive Wahrnehmung des Agenten, da er keinen Fokus auf bestimmte Elemente einnehmen kann, die für seine unmittelbare Aktionswahl Relevanz haben. Dies erschwert die Orientierung in einer dynamischen oder gar offenen Umgebung, in der eine Fülle von Informationen existieren, die vom Agenten aktiv erhoben und verarbeitet werden müssen. Nach Wooldridge (2009, S. 27) kann die Zeit zur Findung einer gültigen Lösung durch den Agenten so hoch sein, dass die gefundene Lösung vor vollendeter Ausführung in einer dynamischen Umgebung ungültig ist. Daher wird der Wahrnehmungsumfang des Agenten mittels des zuvor aufgestellten ökonomischen Modells auf die für die unmittelbar relevanten Elemente reduziert und damit eine aktive Wahrnehmung für den Agenten etabliert. In der ökonomischen Situierung des Agenten in Tabelle 8 sind diese Elemente abgegrenzt durch eine Menge von Ressourcenattributen mit Interdependenzen in alternativen atomaren Teilprozessen. Die Aktion des Agenten ist die logische Konsequenz des Zustandes seines aktiv wahrgenommenen Umgebungsausschnitts. Die Verwendung ausschließlich selektiv erhobener Informationen bezogen auf ihm entstehende Transaktionskosten ermöglicht dem Agenten eine ökonomische Situierung auch in dynamischen und offenen Umgebungen. Die Informationen dienen der unmittelbaren Wahl eines atomaren Teilprozesses. Damit ist das Modell dieser Arbeit im Aktionsmodell von Ferber und Müller (1996, S. 72 - 79) sowie Ricci et al. (2011, S. 162) fundiert, die eine Auflösung der Kopplung von Aktion des Agenten und deterministischer Veränderung der Umgebung durch die Aktion des Agenten vorsehen. Ricci et al. (ebd.) bezeichnen die Trennung als logische Konsequenz aus der Situierung des Agenten. Die Aktionsausführung des

Agenten wird nicht mehr als zeitloses, singuläres Ereignis aufgefasst, das die Umgebung von einem Zustand in einen neuen Zustand überführt. Die Aktion ist vielmehr ein zeitgebundener Prozess mit Start- und Endzeitpunkt, der konkurrierende Aktionen anderer Agenten im gleichen oder vorgelagerten Zeitfenster berücksichtigt.

Die Wahrnehmung durch die Funktion $AgentPerception(h)$ als Grundlage der Aktualisierung des Umgebungszustands im Agenten überprüft der Agent genau die Ressourcenattribute c_j^r im Horizont h, die einer Interdependenz unterliegen. Der Agent erhebt für diese Ressourcenattribute die Zeitdauer $|d^{x(p_w^a)}|$ der Aneignung aufgrund seiner Situation zur Durchführung des atomaren Teilprozesses p_w^a aufgrund der Aneignungsdauer $|\mathrm{d}(c_j^r)|$ benötigter Ressourcenattribute. Er minimiert seine Wahrnehmung durch gezielte Erhebung der konkurrierend genutzten clubartigen und allmenden Ressourcenattribute, bei denen Wartezeit entstehen kann. Im unterstellten institutionellen Rahmen des Wartens nach Barzel (1997) bemisst der Agent seine Transaktionskosten anhand der Zeit, die der Agent zur Aneignung des Ressourcenattributs aufwenden muss. Dies entspricht im Fall der Verfügung durch Warten der Internalisierung von externen Effekten, die durch gleichzeitig verfügende dritte Agenten ausgelöst werden. In der Funktion der aktiven Wahrnehmung in Tabelle 9 ist die Erhebung der momentanen Aneignungsdauer des Ressourcenattributs $|\mathrm{d}(c_j^r)|$ für die benötigten Ressourcenattribute durch die Funktion $percept(|\mathrm{d}(c_j^r)|)$ dargestellt. Die Rückgabe erfolgt über die Summe aller Wahrnehmungen $Perception[a, h]$.

Der Agent erhebt die Wahrnehmungen im Horizont h ausschließlich zur Minimierung seiner Transaktionskosten im Fall des Wartens. Sein Ziel ist die Wahl desjenigen atomaren Teilprozesses p_{w+1}^a aus seinen Alternativen in P_{w+1}^a mit der geringsten Summe leistungsmindernder Aneignungszeiten aufgrund der Wahrnehmungen im Horizont h. Die Transaktionskosten sind von der Situation des Agenten abhängig, die sich in seinem Prozessvorranggraphen G_a durch seinen aktuell bearbeiteten atomaren Teilprozess p_w^a, alle anderen Agenten und den Zustand aller benötigter Ressourcenattribute vor ihm liegender atomarer Teilprozesse im Horizont h manifestiert. Die Bewertung der möglichen Aktionen in Form der Wahl eines atomaren Teilprozesses $p_{w+1}^a \in P_{w+1}^a$ führt der Agent a stets als Verhältnis von in Kauf zu nehmenden Transaktionskosten und der erzielbaren Leistung der sich ihm bietenden Prozessalternativen in G_a durch. Die Entscheidung des Agenten fällt aufgrund seiner begrenzten Rationalität stets auf der Grundlage der ihm verfügbaren Information durch $AgentPerception(h)$. Die Ermittlung von Transaktionskosten aus den erhobenen Wartezeiten erfordert die Ermittlung des Pfades mit den kostenminimalen Knoten zur Erreichung jedes Knotens mit der Tiefe o im Prozessvorranggraphen

G_a, falls die Tiefe o im Prozessvorranggraphen erreichbar ist. Ausgehend vom aktuellen Knoten wird die Wartezeit für jeden Pfad in h erhoben. Falls Zyklen im Teilgraphen h auftreten, wird nach einer Knotenzahl von o die Verfolgung des Pfades abgebrochen.

Tabelle 9 Funktion der aktiven Wahrnehmung

```
1: Perception[a,h]:function AgentPerception(h)
2: for each p_w^a in h do
3:    for each r in x ∘ g(p_w^a) do
4:       if i_gep(G_a, G_ȧ, r) or i_seq(G_a, G_ȧ)
5:          for each k^r_{m,j} with m = (1,...,x) and
6:          j = (1,...,(x − m + 1)) in K^r do
7:             if k^r_{j,m} = 1
8:                if pr_{c_j^r} ∈ {club|alme}
9:                   add percept(|d(c_j^r)|) to PerceptionR[a,C^r]
10:                  end if
11:               end if
12:            end for
13:         end if
14:         add PerceptionR[a,C^r] to PerceptionAP[a,p_w^a]
15:         PerceptionR[a,C^r] = ∅
16:      end for
17:      add PerceptionAP[a,p_w^a] to Perception[a,h]
18:      PerceptionAP[a,p_w^a] = ∅
19:   end for
20:   return Perception[a,h]
21:end function
```

Der Agent setzt die erwarteten Transaktionskosten der Verfügung über die Ressourcenattribute in Form der Wartezeit und der Aneignungszeit, die er bei Beschreiten des Pfads im Prozessvorranggraphen in Relation zur erzielbaren Ausbringungsmenge aufwenden muss. Die Relation von erzielbarer Ausbringungsmenge und Wartezeit ist nach Barzel (1997, S. 16 ff.) der agentenindividuell erhobene Preis, den der Agent für das Warten und Aneignen zu zahlen bereit ist. Die Relation von Menge zu Zeit eines Pfades vergleicht der Agent mit seinen Prozessalternativen in Form der Pfade in h. Der Agent nimmt eine Projektion seiner transaktionskostenbedingten Situation interdependenter Zugriffe auf Ressourcen aufgrund der momentan erhobenen Wartezeit innerhalb seines Horizonts vor. Die Handlungswahl auf Grundlage der Projektion in die nahe Zukunft ermöglicht dem Agenten das Erreichen der dritten Ebene nach Endsley (1995c, S. 32 - 64). Die Ausgewogenheit zwischen situiertem Verhalten als Einbezug der Umgebung in seine ökonomische Entscheidungsfindung und Zielgerichtetheit durch Verfolgung seines Prozessziels anhand des Prozessvorranggraphen ermöglicht dem Agenten die Aufrechterhaltung der Handlungsfähigkeit auch in dynamischen Umgebungen unter unvollständiger Information. Die Bestimmung des elementaren Teilprozesses zur Ausführung aufgrund der erhobenen Warte- und Aneignungszeiten ist in Tabelle 11 dargestellt.

Tabelle 10 Funktion zur Aktualisierung des Agentenzustands

```
1: E:function AgentStateUpdate(Perception[a,h])
2: for each path in h do
3:    repeat
4:       p_v^a = ∅
5:       for each p_v^a in path do
6:          for each PerceptionR[a,C^r] in PerceptionAP[a,p_v^a]
8:             for each |d(c_j^r)| in PerceptionR[a,C^r]
9:                if |d(c_j^r)|>|d(p_v^a)| then |d(p_v^a)| = |d(c_j^r)|
10:               end for
11:            end for
12:            add |d(p_v^a)| to |d(path)|
13:         end for
14:      until deg^+_{H_{G_a}}(p_v^a) = 0 or path.depth = o
15:      add |d(path)| to E
16:      |d(path)| = 0
17:   end for
18:   return E
19:end function
```

Das entwickelte Agentenprogramm kann auf einer getätigten Prozessplanung, die den Prozessvorranggraphen des Agenten und alle Abhängigkeiten in Form der Prozessinterdependenzen und der Ressourcenattributabhängigkeiten hervorbringt, eine situierte Optimierung abhängig von Umgebungsveränderungen vornehmen. Die situierte Handlungswahl findet innerhalb der dem Agentenprogramm gegebenen Autonomie statt, die sichauf wenige Alternativen im Prozessvorranggraphen beschränkt, um gezielt auf planbeeinflussende Ereignisse in einer dynamischen Umgebung derart reagieren zu können, dass die Reaktion den Nutzen steigert. Um in einer dynamischen Umgebung handlungsfähig zu bleiben, sollte der Horizont des Agentenprogramms so klein gewählt werden, dass der Agent die nächste unsichere Ressource einbezieht, um von ihr seinen Pfad im Prozessvorranggraphen abhängig zu machen.

Die Eigenschaften eines intelligenten Agenten nach der *Weak Notion of Agency* von Wooldridge und Jennings (1995, S. 115 - 152) werden durch den Algorithmus situierte-ökonomischer Steuerung des Agenten erfüllt. Nach Wolldridge und Jennings muss der intelligente Agent autonom handeln (autonomy), mit dritten Agenten kommunizieren (social ability), die Umgebung wahrnehmen und entsprechend handeln (reactivity) sowie ein zielgerichtetes Verhalten durch eigene Initiative etablieren (pro-activiness).

Tabelle 11 Funktion der Aktionsbestimmung

```
1:pᵃw:function AgentReasoning(E)
2: minPath
3: d(|minPath|)=-1
4: for each path in H_Ga do
5:    if d(|minPath|)<0 or d(|path|)<d(|minPath|)
6:       minPath=path
7:    end if
8: end for
9: pᵃw= minPath.firstElement
10:return pᵃw
11:end function
```

Die Autonomie des Agenten, die in der Definition von Wooldridge (2009, S. 26 f.) zwar mit einem Verweis auf die Definition von Wooldridge und Jennings (1995, S. 115 - 152) versehen ist, jedoch dort nicht aufgegriffen wird, besteht in der eigenständigen Wahl eine Weges im Prozessvorranggraphen. Die Autonomie des Agenten und damit die Autonomie des maschinellen Aufgabenträgers sind somit klar begrenzt. Der Agent kann in die Ausgestaltung seines Prozesses eingreifen und aus lokaler Perspektive eine beste Lösung anstreben, ist jedoch stets an den Rahmen der übergeordneten Planung gebunden.

Da der Agent als maschineller Aufgabenträger im WSS auch dann handlungsfähig bleiben muss, wenn keine direkte Interaktionsmöglichkeit mit anderen Agenten besteht, basiert der vorliegende Algorithmus auf asynchroner, indirekter Kommunikation über die Umgebung der Agenten. Die Agenten kommunizieren über das Einreihen in eine Warteschlange, die von anderen Agenten beobachtet wird. Für die Umsetzung der asynchronen Kommunikation zwischen Agenten wird die Warteschlange als Softwareartefakt benötigt. Das Softwareartefakt als Kapselung eines Ressourcenattributs dient als Medium der Interaktion (Weyns et al. 2007, S. 5 - 30; Weyns et al. 2004, S. 867 - 883).

Dritte Agenten und Ressourcenattribute nimmt der Agent über seine Umgebung wahr und reagiert auf ihre Veränderungen. Vom Agenten als relevant erachtete Veränderungen der Umgebung wirken sich unmittelbar auf die Wahl von Prozessalternativen des Agenten aus. Der Agent ist aufgrund von Wahrnehmungen in der Lage, seine Verhaltensweisen reaktiv auf Änderungen der Umgebung anzupassen. Auch hier wird die Umgebung abstrahiert über Softwareartefakte vom Agenten wahrgenommen. Zielgerichtetes Handeln im Sinne der Proaktivität wird durch die Rolle des Agenten in der Prozessorganisation sichergestellt. Der Agent reagiert nicht nur auf Änderungen seiner Umgebung mit einer unmittelbar abgeleiteten Handlung, sondern nutzt die erhobenen Informationen zur Sicherstellung seiner Zielerreichung. Der Algorithmus der situiert-ressourcenorientierten Steuerung durch einen Agenten ermöglicht eine Besserstellung des Agenten bei geänderten Umgebungsbedingungen unter Wahrung seines Prozessziels. Im Rahmen der Evaluation ist zu überprüfen, unter welchen Bedingungen der Umgebung die Leistung des ökonomisch situierten Agenten gegenüber (1) rein zielgerichtetem Verhalten und (2) rein reaktivem Verhalten der Agenten einen Vorteil in der Leistung des MAS zur Steuerung der Wertschöpfung bringt.

4 Evaluation

Die Computersimulation in Form eines Experiments eignet sich nach Barberousse et al. (2009, S. 557 - 574) zur Gewinnung von Daten über die Diskurswelt, obwohl eine Computersimulation im Gegensatz zum Feldexperiment keine Interaktionen mit der Umwelt vorsieht und isoliert im Computer abläuft. Sie ist nach Barberousse et al. (ebd.) dem Feldexperiment dennoch gleichzusetzen, auch wenn sie keine originären Daten des Quellsystems erzeugen kann. Mit diesen Eigenschaften entstehen in der Computersimulation in keinem Fall widersprüchliche Daten zu ihrer theoretischen Basis. Sie erzeugt nach Barberousse et al. (2009, S. 573) ausschließlich Daten über das untersuchte System. Barberousse et al. (2009, S. 557 - 574) weisen nach, dass diese Daten im Gültigkeitsbereich der Theorie valide Aussagen über das in die Simulation überführte Modell liefern. Jeder Simulation zugrunde liegt die Annahme, dass „[…] it must be taken for granted that the theory is true" (Kästner und Arnold 2011, S. 14). Eine Widerlegung der zugrundeliegenden Theorien ist jedoch weder Ziel noch Aufgabe des zu gestaltenden Simulationsexperiments dieser Arbeit. Seine Ergebnisse sollen die Anwendbarkeit des theoriebasiert entwickelten Artefakts in der Diskurswelt – die Wertschöpfung des Erdbaus – anhand eines Modells der Diskurswelt nachweisen und einen Ausblick auf die Übertragbarkeit auf weitere Einsatzgebiete geben. Hierbei lassen sich die im dritten Kapitel als je-desto-Zusammenhänge aufgestellten Hypothesen in einem Simulationsexperiment derart konkretisieren, dass die Einsatzbedingungen des Artefakts durch die Anwendung der Simulation erschlossen werden können.

Den Simulationsläufen vorangestellt ist die Abgrenzung des Modells der Diskurswelt in der Simulation sowie das Design des Simulationsexperiments, das neben der Beschreibung der Komponenten des Simulationssystems die nach Kästner und Arnold (2011, S. 14) erforderliche Reproduzierbarkeit und Validität der Simulationsläufe gewährleistet. Im Simulationsexperimentdesign werden die theoretisch erhobenen Hypothesen auf die Einfluss- und Zielgrößen des Experiments überführt, die im Simulationssystem implementierten Algorithmen von Transportagenten und Umgebung dargestellt sowie der Simulationsplan aufgestellt. Das Simulationsexperimentdesign wird um die ausführliche Beschreibung der verwendeten Komponenten im Simulationssystem ergänzt. Die Simulationsergebnisse aus den Simulationsläufen werden aufbereitet und die Erkenntnisse über die Anwendbarkeit des Artefakts im simulierten Szenario des Erdbaus abgeleitet.

4.1 Modell der Diskurswelt

Das Modell der Diskurswelt dient der Überprüfung der Steuerung im Erdbau des Verkehrsinfrastrukturbaus, das mit besonders hohen Unwägbarkeiten durch Störungen und Brüchen, ausführlich im zweiten Kapitel analysiert, behaftet ist. Das Ziel des aufgestellten Modells der Diskurswelt ist die Überprüfung des im dritten Kapitel gestalteten Artefakts der agentenbasierten verfügungsrechtlichen Steuerung auf der Grundlage der erhobenen und im Folgenden auf das Simulationsexperiment zu überführenden Hypothesen. Die Grundlage des Simulationsexperiments bildet das Szenario zweier Produktionslinien im Erdbau des Eingangsbeispiels, das bereits im zweiten Kapitel analysiert wurde. Das Szenario wird nun folgend für das Simulationsexperiment mit Agenten und ihren Umgebungen spezifiziert, so dass die Störungen der Umwelt eine regelbare Einflussgröße des Simulationsexperiments werden. Unter dieser Voraussetzung ist eine Überprüfung der Auswirkungen auf das Explanandum der Leistung von Bodenausbau und -transport bei Einsatz der heterarchischen Steuerung möglich.

Die Einflussgröße der Umwelt wird im Simulationsexperiment ohne Beschränkung der Allgemeinheit auf die Verfügbarkeit des geteilten Ressourcenattributs von Ausbauorten für die Beladung der Transportfahrzeuge reduziert. Die Verfügbarkeit des Ressourcenattributs ist eine kontrolliert regelbare Größe des Experiments. Sie eignet sich für eine Überprüfung im Experiment, da Ji und Borrmann (2010, S. 18) die nicht vollständige Vorhersagbarkeit als Potenzial von Störungen herausstellen. Das Bodenmaterial ist nach Günthner et al. (2010a, S. 1) Ursache von Störungen, die im Baufortschritt insbesondere durch eine abweichende Topographie der Bodenschichten, ungünstige Witterungsverhältnisse mit negativem Einfluss auf die Bodenbeschaffenheit und Schwankungen der Maschinenverfügbarkeit entstehen. In der Folge können Minderleistungen aufgrund mangelhafter Auslastung von Transportkapazitäten durch Warteschlangen an einem Ort und nicht genutzter Ausbaukapazität an einem anderen Ort entstehen. In der Folge bestehen Anforderungen an die Steuerung der Transportfahrzeuge beim Zugriff auf die leistungskritische Ressource des Bodenmaterials, da die Steuerung der Zuteilung von Fahrzeugen zu Ausbauorten erhebliche empirisch nachgewiesene Leistungspotenziale bietet (Günthner und Zimmermann 2008, S. 48).

Im Modell der Diskurswelt übernimmt jeder Transportagent die Steuerung für jeweils ein simuliertes Transportfahrzeug. Die Agenten steuern die angefahrenen Ein- und Ausbauorte und somit die Nutzung der Ressourcenattribute *Beladen bei Beladeplatz* und *Entladen bei Entladeplatz*. Das Bodenmaterial an den Ausbauorten wird durch zwei Bagger, die ebenfalls durch zwei Agenten repräsentiert werden, bereitgestellt. Die Agenten der Bagger kapseln die Bereitstellung des Bodenmaterials durch ihre Verladeleistung, so dass über die Bagger Störungen bei der Ressourcenversorgung der Transportagenten entstehen können. Die Störungen müssen von den Transportagenten aktiv erhoben werden, da durch organisatorische Brüche keine permanente Abstimmung zwischen Transportfahrzeug- und Baggeragenten besteht. Die Transportagenten können lokal an Beladestellen deren Leistung ermitteln. Der Erdeinbau ist ausschließlich durch die Entladeleistung der Transportfahrzeuge beschränkt. Die Steuerung der Transportagenten muss in der offenen, nur partiell wahrnehmbaren Umgebung bestmöglich die Leistung im Erdbau aufrechterhalten. Die Brüche zu den Baggern und zu anderen Transportagenten haben eine nur partiell wahrnehmbaren Umgebung zur Folge, da das Ressourcenattribut der Bodenmaterialbereitstellung und deren Nutzung an den Ausbauorten nur bedingt oder gar nicht beobachtet werden kann.

Dem Simulationsexperiment zugrunde liegt die Annahme einer fixkostendominierten Baustelle[150], auf der vorhandene Maschinen leistungsmaximal eingesetzt werden. Daraus folgt im Experiment eine Überprüfung der Leistungsfähigkeit von Steuerungsverfahren durch die Transportagenten unter wechselnder Verfügbarkeit der geteilten Bodenressource durch Leistungsschwankungen der Bagger. Sinkt oder steigt die Ausbauleistung an einem Ausbauort, kann die Wahl des anderen Ausbauorts anstelle des Wartens Leistungsvorteile für den Agenten erzeugen. Aufgrund der räumlichen Ausdehnung der Erdbaustelle können schleichende Störungen, z. B. verminderte Leistung durch Kolonnenfahrten der Transportfahrzeuge und der Folge von Blockabfertigung mit langen Wartezeiten der Transportfahrzeuge und langen Leerlaufzeiten der Bagger, ohne zentrale Überwachung nicht erhoben werden. Die Auswirkungen auf die Zuordnung von Transportfahrzeugen sind unter diesen Bedingungen nicht über einen Zeitraum mehrerer Be- und Entladezyklen leistungsmaximal planbar.

Im Experiment entstehen Schwankungen der Ressourcenverfügbarkeit durch Störungen des Ausbaus von Bodenmaterial. Zur Lösung der Verfügbarkeit wird im Fall einer kollektiven Verfügung von frei zugänglichen Ressourcenattributen von Barzel (1997, S. 16 ff.; 1974, S. 73 - 95) der institutionelle Rahmen des Wartens für die Zuteilung von Verfügungsrechten analysiert. Die Warteschlange als Institution der Verfügungsausübung wird im Simulationsexperiment strikt durchgesetzt[151], so dass andere Formen der Rechteausübung entfallen. Der Transportagent im Experiment wird bei der Ressourcenverfügung seine Transaktionskosten durch das Warten auf die Ausübung seines Verfügungsrechts über eine Ressource in der Warteschlange bewerten und mit seinen Alternativen vergleichen. Entscheidend für die heterarchische Steuerung ist die Verfügbarkeit von Informationen. Sind keine Informationen über die Leistung eines Ressourcenattributs vorhanden, werden die Agenten den nächsten Ausbauort anfahren,

[150] Aussagen von Oberbauleitern bei einer Begehung der Baustelle BAB 8 Ausbau Ulm-Augsburg belegen diese durch Baufachleute getätigte Aussage.

[151] Diese Nebenbedingung ist nach Barzel (1997, S. 16 f.) erforderlich, da andere Formen der Aneignung dominierend seien könne, z. B. Durchsetzung des Stärkeren.

also ihre Transaktionskosten nur durch Wahl kürzester Wege optimieren. Sind Informationen vorhanden, optimieren sich die Agenten aufgrund der erwarteten Aneignungszeit an einem Ausbauort. Dic Informationen über die Ausbauleistung wird jeder Transportagent stets zu seiner eigenen Optimierung nutzen.

Das Baustellenverkehrsnetz der Simulation ist in Abbildung 35 dargestellt. Im oberen Teil arbeitet die erste Fertigungslinie zwischen Ausbau A_1 und Einbau E_1, im unteren Teil die zweite Fertigungslinie zwischen Ausbau A_2 und Einbau E_2. Die beiden in Form eines Rundkurses organisierten Produktionslinien sind miteinander verbunden, so dass von jedem Einbauort der Ausbauort der anderen Produktionslinie unmittelbar angefahren werden kann. Das Streckennetz ist im Simulationssystem in ein Koordinatensystem von 350 Punkten in der Höhe und 400 Punkten in der Breite eingebettet. Auf den Koordinaten für jeden anzufahrenden Punkt und den Strecken dazwischen berechnen die Transportagenten ihre Fahrzeiten. Die beiden Fertigungslinien liegen dicht zusammen, um die Zeit zum Wechseln der Linien gering zu halten. Das Wegenetz wird durch alle Transportfahrzeug ohne Konkurrenz genutzt und steht als öffentliche Ressource jedem Transportfahrzeug gleichermaßen zur Verfügung. Es unterliegt im betrachteten Zeitraum keiner Abnutzung.

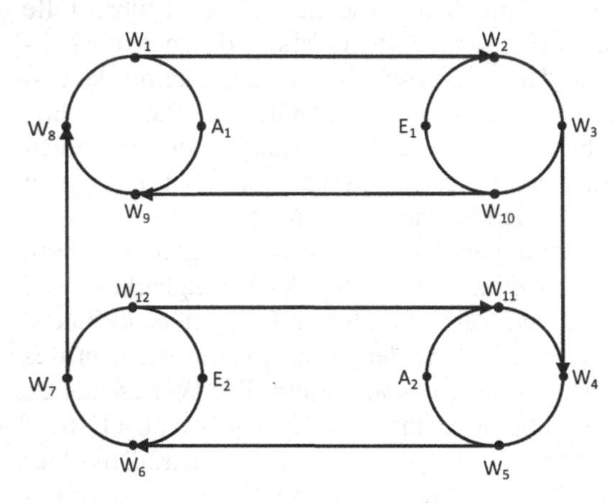

Abbildung 35 Topologie des Erdbauszenarios

Die Bagger an den Ausbauorten A_1 und A_2 werden als Ressourcenattribute für die Transportagenten gekapselt. Beide Bagger haben die gleiche Soll-Ausbauleistung gemessen in Kubikmeter pro Sekunde (m^3/s). Die Ist-Ausbauleistung unterliegt einer zeitlichen Schwankung, die im Simulationsexperiment die Einflussgröße der unsicheren Umgebung bildet. Die Schwankung wird durch die Vorgabe einer Beladerate in der Granularität eines Beladevorgangs festgelegt. Sie kann von den Agenten nicht beeinflusst werden und wird, abhängig vom Interaktionsverfahren von Agent und Umgebung, als externe Störgrößen durch den Transportagenten zur Minimierung resultierender Transaktionskosten berücksichtigt. An den Einbauorten kann jederzeit Material abgeladen werden. Wechselseitige Effekte aufgrund paralleler Abladeaktivitäten mehrerer Transportfahrzeug entstehen nicht. An den Ein- und Ausbauorten existieren Schleifen, die im Uhrzeigersinn zum jeweiligen Ziel (A_1, A_2, E_1, E_2) des Transportfahrzeug führen. Hinter den Ein- und Ausbauorten können sich die Warteschlangen zur Koordination des Zugriffs bilden, wenn der angefahrene Ort durch andere Transportfahrzeuge blockiert ist. Die Transportfahrzeuge werden im Falle der Warteschlangebildung in der Reihenfolge ihres Eintreffens abgefertigt. Einmal in die Warteschlange eingereiht, müssen die Transportagenten warten, bis sie am angefahrenen Ein- und Ausbauorten angelangt sind. Zwischen den Agenten bestehen Interdependenzen über die Verfügung der Ausbauorte.

In der Ausgangssituation befinden sich die Transportfahrzeuge in leerem Zustand an den Einbaustellen E_1 und E_2. Damit bestehen die möglichen Aktionen eines Agenten aus dem Anfahren der Wegepunkte ($W_1 - W_{12}$, A_1, A_2, E_1, E_2), dem Abladen an den Einbauorten und dem Beladen an den Ausbauorten als atomare Teilprozesse. Jeder Wegepunkt im Straßennetz ist ein Wahrnehmungspunkt für die Agenten, an denen sie ihre Wahrnehmungen überprüfen und vorhandene Prozessalternativen aufgrund erwarteter Transaktionskosten vergleichen. Grundlage ist die Bewertung der Alternativen im Prozessvorranggraphen, der eine wiederholte Anfahrt von Ausbau und Einbau mit entsprechenden Knotenpunkten auf dem Wegenetz dazwischen vorsieht. Ausschlaggebend für das angefahrene Ziel ist die Entscheidungssituation des Agenten in den Wegepunkten W_3 und W_7. Diese Wegepunkte erlauben den Transportagenten einen Wechsel zwischen den Produktionslinien. So lange ist eine Überprüfung der Transaktionskosten und Abwägen des angefahrenen Ein- oder Ausbauortes möglich.

Jeder Transportagent verfügt über die Wahrnehmung der Position eines zugeordneten simulierten Transportfahrzeugs sowie definierten Ressourcenattributen aus der Umgebung des Agenten. Die Aufnahme von Umgebungsinformationen des Agenten erfolgt über die Parameter des Ortes, an dem sich das Transportfahrzeug befindet. Dies entspricht den mit der Technologie von Topcon (2011) bereitgestellten Sensorwerten über den Zustand der Transportfahrzeuge. Die Daten werden vom Agenten in einer Frequenz von 10Hz abgerufen werden. Neben der Position und den umgebungsbedingten Einschränkungen des Simulationsexperiments kann der Zustand geteilter Ressourcenattribute in Form der Dauer bis zum Zugriff auf das Ressourcenattribut im gewählten Simulationsszenario eingeschränkt sein.

Tabelle 12 Erhebung der Umgebung durch Transportagenten

Messgröße	Einheit	Messbereich
Position des Transportfahrzeugs	Koordinate	[0,00;0,00] – [400,00;350,00]
Aneignungszeit über Ressourcenattribute	Sekunden	[0;∞]

Der Fahrsimulator ermöglicht dem Agenten das automatische Anfahren von Wegepunkten ($W_1 - W_{12}$, A_1, A_2, E_1, E_2) des Wegenetzes im Simulationsszenario. Der Agent übergibt hierfür eine Menge aufeinander folgender Wegepunkte aus allen Wegepunkten ($W_1 - W_{12}$, A_1, A_2, E_1, E_2) an den Simulator. Unmittelbar nach der Übergabe eines Wegepunkts fährt der Simulator diesen Wegepunkt mit dem kontrollierten Transportfahrzeug an und leitet davor einen Bremsvorgang ein. Werden dem Simulator vom Agenten zwei Wegepunkte übergeben, wird kein Bremsvorgang bei Erreichen des ersten Wegepunktes eingeleitet. Der Agent kann zu jeder Zeit dem Simulator weitere Wegepunkte übergeben, so dass eine durchgängige Fahrt bis zum letzten übergebenen Wegepunkt möglich ist, der stets ein Aus- oder Einbauort ist. Mit der Übergabe von Wegepunkten kann der Agent die Route und die angefahrenen Aus- und Einbauorte A_1, A_2, E_1 sowie E_2 des Transportfahrzeugs bestimmen. An einem Ausbauort wartet der Transportagent bei Erreichen des Beladeplatzes neben dem Bagger auf das Signal des Baggers, das ihm das Beladeende und damit den Start seines Transportvorgangs signalisiert. Der Transportagent gibt sodann dem Fahrsimulator neue Wegepunkte vor. Am Einbauort angekommen fährt das Transportfahrzeug erst nach der Zeitdauer zum vollständigen Heben und Senken der Ladefläche zur Entladung durch Vorgabe von Wegepunkte durch den Agenten weiter.

Tabelle 13 Aktionen der Transportagenten

Aktion	Eingabeparameter	Beschreibung
Fahre zu Wegpunkt	Ein oder zwei Elemente aus [A_1, E_1, A_2, E_2,W_1, ..., W_{12}]	Anfahren des Wegpunktes durch Fahrsimulator; falls Folgewegpunkt gegeben, wird kein Bremsvorgang eingeleitet.

Die Kennwerte der Transportfahrzeuge basieren auf den Daten eines mittelgroßen LKWs zum Bodentransport mit Kippbrücke. Die Kippbrücke mit einem Ladevolumen von $24m^3$ Bodenmaterial hebt sich mit einer Zeit von 12 Sekunden und senkt sich mit einer Zeit von 7 Sekunden. Aufgrund gut ausgebauter Baustraßen wird im betrachteten Szenario eine Endgeschwindigkeit von 11,11m/s der Transportfahrzeuge unabhängig vom Beladungszustand erreicht. Der Simulator übersetzt diese Information maßstabsgetreu auf das Koordinatensystem. Die Baustraßen werden nicht konkurrierend verwendet. Die Beschleunigung wird durch den Simulator mit einem linearer Faktor von 2m/s^2 aus dem Stillstand bis zur Endgeschwindigkeit vollzogen. Die Verzögerung erfolgt durch den Simulator mit einem Bremsfaktor von 10m/s^2 bis zum Stillstand des Fahrzeugs. Zu Beginn jedes Simulationslaufes sind die Transportfahrzeugen auf die beiden Einbauorte (E_1 oder E_2). Das Szenario beginnt mit der Fahrt der Transportfahrzeuge von den Einbauorten zu den Ausbauorten und wird nach einer im Simulationsexperiment definierten Zeit automatisch beendet.

Tabelle 14 Theorie der Verfügungsrechte im Experiment

Aussage der Theorie	Anwendung im Simulationsexperiment
Der Akteur verhält sich rational und maximierend unter Inkaufnahme beschränkter Information.	Jeder Transportfahrzeugagent hat eine definierte Menge an Informationen, die er abhängig von seinen Prozessalternativen in seine Transaktionskostenkalkulation zur Maximierung seiner transportierten Menge einfließen lässt.
Maßgeblich für die Verfügungsausübung ist die Ausprägung eines Ressourcenattributs.	Baustraßen und die Einbauorte sind öffentliche Güter, die nicht rivalisierend genutzt werden. Die Transportfahrzeuge sind den Transportfahrzeugagenten exklusiv zugewiesen und werden nicht rivalisierend genutzt. Die Verfügungen über die Ausbauorte zur Be- und Entladung sind geteilt und konkurrierend.
Der Übergang der Verfügung geteilter Güter ist durch den institutionellen Rahmen des Wartens möglich.	Die Verfügung über einen Ausbauorte erfolgt durch das Einreihen in die Warteschlange an jedem Ausbauort. Existiert keine Warteschlange, kann der Beladevorgang unmittelbar starten.

Durch die theoretischen Aussagen aus dem zweiten Kapitel lassen sich Eingrenzungen für die Diskurswelt treffen, die in Tabelle 14 gruppiert sind. Im Szenario verfügen die Ressourcenattribute der Entladung an den Einbauorten für die Transportfahrzeuge über eine unbegrenzte Kapazität. Die Transportfahrzeuge berücksichtigen ausschließlich ihre eigene Anfahr- und Entladezeit bei der Wahl eines Einbauortes. Das Ressourcenattribut der Entladung an den Einbauplätzen ist für sie öffentlich. Die Ressourcenattribute der Beladung an den Ausbauorten unterliegen einer schwankenden Leistung. Zudem können die Beladeplätze an den Ausbauorten jeweils nur von einem Transportfahrzeug zur gleichen Zeit genutzt werden. Für die Transportagenten handelt es sich um ein konkurrierend genutztes almendes Ressourcenattribut, dessen Verfügung durch Warteschlangen vor den Ausbauorten koordiniert wird. Eine wechselseitige Ausschließbarkeit von der Attributnutzung besteht nicht. Die Unsicherheit der Umwelt ist im Experiment auf die Leistungsschwankung der Ausbauorte reduziert, die durch die Verfügung über die Ressourcenattribute überprüft wird.

4.2 Design des Simulationsexperiments

Das Design des Simulationsexperiments ist determiniert aus den Einfluss- und Zielgrößen, der Art und Anzahl der Simulationsläufe sowie Messpunkte und -größen. Zur Ableitung der Größen werden die im dritten Kapitel erhobenen Hypothesen auf die Diskurswelt im Simulationsexperiment überführt. Aus den Hypothesen lassen sich die Einfluss- und Zielgrößen der Simulation ableiten, die in Stufen der Simulation den Versuchsraum des Experiments abgrenzen und eine zielgerichtete Evaluation im Rahmen der Theorie ermöglichen. Auf das Experiment überführt lässt sich die Hypothese H_a wie folgt formulieren:

- Hypothese H_a – Je höher die Anzahl auftretender Interdependenzen bedingt durch Störungen der Ausbauleistung und Anzahl der Transportfahrzeuge ist, desto leistungsfähiger ist eine verfügungsrechtliche Steuerung der Ressourcenattribute durch einen Agenten.

Die Störungen im Simulationsszenario sind ausschließlich durch die Leistungsschwankung der Beladung durch die Bagger für die Transportfahrzeuge an den Ausbauorten definiert. Für das Simulationsexperiment wird eine Maximalleistung eines Ausbauorts von 0,22m^3/s von einem Caterpillar Bagger 345D L (Caterpillar Inc. 2012) simuliert, der typischerweise bei größeren Erdbaumaßnahmen zum Einsatz kommt. Die Baggerleistung dient neben der Transportleistung als Einflussgröße auf das Simulationsexperiment. Liegt eine gegenüber der Transportleistung aller Transportfahrzeuge konstant hohe Ausbauleistung vor, ist für die Transportagenten eine geringe Umweltdynamik der Beladung gegeben. Bei gleichmäßiger Verteilung der Transportfahrzeuge auf der Transportstrecke ist ein kontinuierlicher Transportfluss möglich. Dieser Fall ist in Abbildung 36 gepunktet mit einer durchschnittlichen Ausbauleistung von 0,18m^3/s eingezeichnet, die nach Gehbauer (2009, S. 33) der mittleren konstante Leistung eines Hydraulikbaggers mit 0,22m^3/s Maximalleistung für die Aushubarbeit in einer Schicht entspricht. Eine höhere Umgebungsdynamik besteht bei Schwankung der Ausbauleistung bedingt durch erschwerte Ausbaubedingungen an beiden Ausbauorten. Das ausgebaute Bodenmaterial wird für die Transportfahrzeuge in Situationen niedriger Ausbauleistung zur knappen Ressource. Da die Leistung beider Bagger durch gleiche Bodenschichtverläufe in Abhängigkeit ihrer ausgebauten Bodenmenge steigt oder fällt, ist zu überprüfen, welche Leistung die verfügungsrechtliche Steuerung gegenüber einer festen Zuordnung von Transportfahrzeugen erzeugt. Dieser Fall ist in Abbildung 36 gestrichelt und gepunktet dargestellt. Im dritten Fall verhalten sich die Ausbauleistungen der Ausbauorte in Abhängigkeit der ausgebauten Menge asymmetrisch. Während an einem Ausbauort die Leistung stark zurückgeht, steigt am anderen Ausbauort die Leistung auf das Maximum. Nach Abtragen einer Bodenschicht von 504m^3 erholt sich die Ausbauleistung an einem Ausbauort, so dass die vormals niedrige Ausbauleistung hoch und die vormals hohe Ausbauleistung sehr niedrig wird. Dieser Fall ist in Abbildung 36 gestrichelt dargestellt.

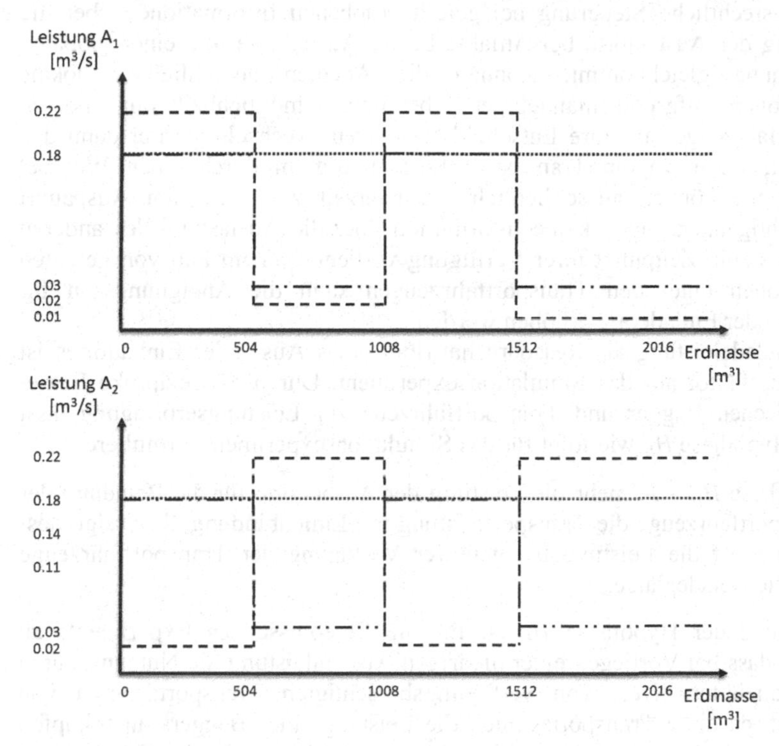

Abbildung 36 Verfügbarkeit der Ausbauleistung

Eine Prozessinterdependenz entsteht in Folge einer Leistungsschwankung an einem oder beiden Ausbauorten zwischen den Transportagenten, sofern die Menge des ausgebauten Bodenmaterials die Menge des möglichen transportierten Bodenmaterials unterschreitet. Unterschieden werden zunächst die Steuerungsverfahren mit fester Zuweisung ohne Einbezug der Information über die Leistung der Bagger an den Ausbauorten. Bei diesen Steuerungsverfahren sind entweder (1) die verfügbaren Transportfahrzeuge einer Linie so zugeordnet, dass aufgrund der Ausgangsbaggerleistung eine maximale Gesamtleistung zu erwarten ist oder (2) alle Transportfahrzeuge einer Route wechselnden Ein- und Ausbauorte mit kürzesten Wege zugewiesen. Diese Verfahren entsprechen der Einteilung von Transportfahrzeugen durch den Bauleiter, der auf diese Art ein Optimum aufgrund der ihm bekannten Ausgangslage erreichen möchte. Neben der festen Zuordnung zu einer Linie oder zu einer Route kürzester Wege nutzen die Agenten (3) die verfügungsrechtliche Steuerung mit lokalen, selbst erhobenen Informationen über die Auslastung der Ausbauorte bei Anfahrtsmöglichkeit beider Ausbauorte, die einer lokalen Überwachung entspricht, und (4) die verfügungsrechtliche Steuerung bei geteilt erhobenen Informationen über die Auslastung der Ausbauorte bei Anfahrt beider Ausbauorte, die einer globalen Überwachung gleichkommt. Können die Agenten ausschließlich lokale Informationen aufgrund mangelnder Abstimmungsmöglichkeit mit anderen Transportfahrzeugen für ihre Entscheidung nutzen, wechseln sie nur dann den Ausbauort, wenn sie ein Transaktionskostenminimum durch einen Wechsel erwarten. Sie können ausschließlich die Fahrzeit zum nächsten Ausbauort berücksichtigen, da ihnen keine Information über die Auslastung des anderen Ausbauorts zum Zeitpunkt ihrer Verfügung vorliegt. Nur im Fall von geteilten Informationen unter den Transportfahrzeugen kann die Aneignungszeit für beide Be- oder Entladeorte erhoben werden.

Die Beladeleistung als Ressourcenattribut eines Aus- oder Einbauortes ist der Einflussfaktor auf das Simulationsexperiment. Durch die reziproke Beziehung zwischen Bagger und Transportfahrzeug zur Leistungserbringung lässt sich die Hypothese H_b wie folgt für das Simulationsexperiment formulieren:

- Hypothese H_b – Je mehr die Leistung der Ausbauorte für die Beladung der Transportfahrzeuge die Transportleistung mit Linienbindung übersteigt, desto höher ist die Leistung bei geteilter Verfügung der Transportfahrzeuge über die Beladeplätze.

Aufgrund der Hypothese H_b ist für die Ergebnisse des Experiments zu erwarten, dass bei Vorliegen einer niedrigen Ausbauleistung die Nutzung durch einen reduzierten Kreis von verfügungsberechtigten Transportagenten von Vorteil ist, da diese Transportagenten die Leistung eines Baggers ausschöpfen können und weniger wechselseitige Interdependenzen durch die in Kauf genommene Aneignungszeit erzeugen. Wechselseitig auftretende Interdependenzen lassen sich nach der Hypothese H_c durch bessere Informationen minimieren. Die Hypothese H_c auf das Simulationsexperiment angewendet lautet:

- Hypothese H_c – Je vollständiger die Information eines Transportagenten bei geteilter Verfügung über die Auslastung der Ausbauorte für seine Entscheidung ist, desto höher ist die von ihm erzielte Leistung.

Im Rahmen des Simulationsexperiments ist zu überprüfen, ob die Hypothese H_c unter allen Situationen der Ausbauleistungsschwankung haltbar ist. Es besteht die Vermutung, dass durch Situierung der Agenten bei Ressourcenattributverfügung über die agentenindividuelle Aneignungsdauer im Fall der kollektiven Verfügung eine Erhöhung der Leistung erreicht werden kann und sich die Agenten durch Teilen ihrer erhobenen Informationen über die Auslastung der Ausbauorte besser stellen.

Aufgrund der bereits aus den Hypothesen abgeleiteten Einflussgrößen des Simulationsexperiments lässt sich der Simulationsraum abgrenzen. Bestimmt wird er durch die vier Steuerungsverfahren der Transportagenten. Der zweite Einflussfaktor des Experiments ist die Beladeleistung der Bagger. Diese unterliegt drei Verteilungen, dargestellt in Abbildung 36. Der dritte Einflussfaktor ist die Anzahl der Transportagenten. Die Simulationsläufe werden mit zwei, drei und vier Transportagenten durchgeführt. Es ergibt sich für eine Simulation aller Alternativen ein Versuchsraum von 36 Varianten, die jeweils durch einen Simulationslauf überprüft werden. Für das gesamte Experiment ergibt sich der Simulationsplan in Tabelle 15.

Tabelle 15 Plan des Simulationsexperiments

Simulationsparameter	Wert
Zielgrößen	Transportiertes Bodenmaterial [m³], Rundenzeiten [sek] und Wartezeiten [sek]
Einflussgrößen	(1) Laderaten an den Ausbaustellen, (2) Koordinationsverfahren der Transportfahrzeuge und (3) Anzahl der Transportfahrzeuge
Stufe	Laderaden sind (1) konstant hoch, (2) symmetrisch schwankend oder (3), asymmetrisch schwankend. Transportagenten sind (1) kürzesten Wegen zugeordnet, (2) verteilt zwei Linien zugeordnet, (3) berücksichtigen Transaktionskosten mit lokalen Informationen oder (4) berücksichtigen Transaktionskosten mit globalen Informationen. Entweder sind (1) zwei Transportfahrzeuge, (2) drei Transportfahrzeuge oder (3) vier Transportfahrzeuge im Einsatz.
Experimentierbereich in Stufenkombinationen	{(1,1,1),(1,1,2),(1,1,3),(1,2,1),(1,2,2),(1,2,3),(1,3,1),(1,3,2),(1,3,3), (1,4,1),(1,4,2),(1,4,3),(2,1,1),(2,1,2),(2,1,3),(2,2,1),(2,2,2),(2,2,3), (2,3,1),(2,3,2),(2,3,3),(2,4,1),(2,4,2),(2,4,3),(3,1,1),(3,1,2),(3,1,3), (3,2,1),(3,2,2),(3,2,3),(3,3,1),(3,3,2),(3,3,3),(3,4,1),(3,4,2),(3,4,3)}
Dimensionalität	Dreidimensional
Anzahl Simulationsläufe	36
Simulationsdauer	8h je Simulationslauf und 288h simulierte Zeit
Messpunkte	Erfassung der Rundenzeit, der Wartezeit und des transportierten Bodenmaterials zum Zeitpunkt des beendeten Abladevorgangs jedes Transportfahrzeugagenten

Bei der Durchführung der Simulationsläufe werden für jeden Transportvorgang die Rundenzeit, die Wartezeit und das transportierte Bodenmaterial für jedes Transportfahrzeug zum Zeitpunkt der vollständigen Entladung gemessen. Aus den aufgezeichneten Daten aller Transportagenten werden die Verteilungen von Runden- und Wartezeit sowie die gesamte transportierte Bodenmenge ermittelt. In jedem der 36 Simulationsläufe wird eine Zeit von acht Stunden simuliert, die der produktiven Dauer einer typischen Schicht im Tiefbau entspricht. Pausen und Zeiten der Wartung von Maschinen werden im Experiment nicht berücksichtigt. Gemessen werden ausschließlich abgeschlossene Transportvorgänge innerhalb der simulierten Zeit.

4.3 Steuerungsverfahren im Modell der Diskurswelt

Das auf die Agenten der Diskurswelt überführte verfügungsrechtliche Steuerungsverfahren stellt sicher, dass der Agent diejenigen Ressourcenattribute mit den für ihn geringsten Transaktionskosten in Form der Aneignungszeit nutzt. Hierfür muss der Agent Informationen über die Verfügbarkeit seiner geteilten Ressourcenattribute in der Aktionswahl berücksichtigen, die aufgrund seines Prozesses für ihn Relevanz haben. Maßgeblich für ihn ist die Verfügbarkeit der Beladeplätze bei den Ausbauorten A_1 und A_2, die vom Agentenprogramm in seine Aktionswahl einbezogen werden, sofern ihm alternative Aktionen möglich sind. Je mehr Alternativen den Agenten gegeben werden, desto flexibler können sie auf Änderungen in der Verfügbarkeit der Beladeplätze reagieren.

Der auf das Modell der Diskurswelt übertragene Wirkungsgraph mit Auswirkungen auf die Leistung eines Transportagenten ist in Abbildung 37 dargestellt. Die Dynamik der Umwelt im generischen Modell macht sich für den Transportagenten in der Leistung an den Ausbauorten A_1 und A_2 durch die aktuell vorherrschenden Bedingungen des Bodens und des Baggers bemerkbar. Sie wirkt erhöhend auf Prozessinterdependenzen beim Beladen. Die Verfügung anderer Agenten ist vom Verdünnungsgrad für die Nutzung des Beladeplatzes abhängig. In der Folge entstehen externe Effekte der Agenten untereinander, die sich entweder als positiver negativer Effekt wartezeitreduzierend oder in Form eines negativen externen Effekts wartezeiterhöhend auswirken können. Das Auftreten sowohl von positiven wie von negativen externen Effekten ist erhöht. Eine Überwachung der Aneignungszeit an den Ausbauorten wirkt sich reduzierend auf diese aus, sofern sie vom Transportagenten zur Wahl einer alternativen Aktion führt. Die Abwägung alternativer Aktionen durch die Bewertung der Leistung bei Anfahrt des jeweiligen Beladeplatzes durch den Agenten erhöht seine Leistung im Prozess des Transportierens.

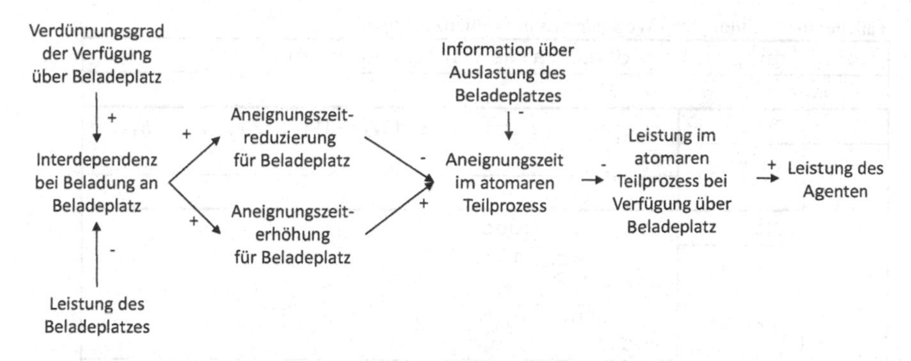

Abbildung 37 Wirkungsgraph des Transportagenten im Experiment

Bei der Zuteilung der Transportagenten zu Fertigungslinien wird keine Überwachung der Verfügbarkeit von Be- und Entladeplätzen durchgeführt. Bei dieser Art der Zuteilung wird eine Verringerung von Interdependenzen durch eine feste Zuteilung von Transportfahrzeugen zu Produktionslinien aufgrund der erwarteten Leistung aller Wertschöpfungsakteure angestrebt. Im Fall von zwei Transportagenten, von denen einer der ersten und einer der zweiten Produktionslinie fest zugeteilt wird, wird bei Ausfall eines Baggers die Transportleistung in der anderen Produktionslinie aufrechterhalten. Dabei müssen längere Fahrwege im Szenario durch die Transportagenten in Kauf genommen werden müssen, als in dem Szenario, in dem alle Transportfahrzeuge zwischen beiden Linien auf kürzesten Wegen pendeln.

Bei den Steuerungsverfahren mit Alternativen der Agenten zum Wechsel der Ausbauorte situiert sich der Agent in seinem ökonomischen Kontext. Die Agenten nutzen entweder ausschließlich die vom eigenen Transportfahrzeug lokal erhobene oder global bekannte und geteilte Information über die Auslastung der Ausbauorte. Eine Abstimmung unter den Transportagenten über die angefahrenen Be- oder Entladestellen ist nicht möglich.

4.3.1 Agentensteuerung mit vorgegebenen Fahrrouten

Ist ein Transportagent einer Route mit nächstgelegenem Beladeplatz oder dem einer Linie zugeteilten Beladeplatz zur Beladung zugeteilt, nutzt er keine Informationen über die Verfügbarkeit der Ressourcen aus der Umgebung. Der Agent wird stets denjenigen zugewiesenen Ein- oder Ausbauort in Abhängigkeit seines Ladezustands anfahren, der ihm zugewiesen ist. Die entstehenden Transaktionskosten in Form der Wartezeit an den Ausbauorten muss der Agent stets in Kauf nehmen. Dies entspricht einer zentral geplanten und vorgegebenen Zuteilung zu Fertigungslinien, in die kein lokales Wissen über Störungen im Bauablauf in die Entscheidungsfindung einfließt.

Tabelle 16 Ermittlung von Wegepunkten mit Linienzuordnung

function planbasedNextTargetinLine():position	
PRE	currentPosition ∈ {$W_1 - W_{12}$, A_1, A_2, E_1, E_2}

OP	If not loaded then
	   return A_1
	else
	   return B_1
	endIf

POST	targetPosition ∈ {A_1, B_1}

Der Leistungsvergleich der zwei Verfahren mit fest zugeteilten Routen lässt eine Überprüfung der Hypothese H_b zu. Die planbasierte Ermittlung erfordert keine differenzierte Wahrnehmung des Agenten. Die Ermittlung des nächsten Wegepunktes des Agenten mit Linienzuordnung für die erste Fertigungslinie ist in Pseudocode mit Vorbedingungen *PRE*, durchzuführender Opteration *OP* und Ergebniszustand *POST* in Tabelle 16 dargestellt.

Tabelle 17 Ermittlung von Wegepunkten ohne Linienzuordnung

function planbasedNextTarget():position	
PRE	currentPosition ∈ {$W_1 - W_{12}$, A_1, A_2, E_1, E_2}

OP	If not loaded then
	   return a = allocateNextTarget(A_1, A_2)
	else
	   return a = allocateNextTarget(E_1, E_2)
	endIf

POST	targetPosition ∈ {A_1, A_2, E_1, E_2}

Die zweite Fertigungslinie ist für die entsprechenden Aus- und Einbaupunkte identisch umgesetzt.Die Funktion `allocateNextTarget(X,Y)` ermittelt im Fall eines Agenten ohne Linienzuordnung das nächste zu erreichende Ziel anhand der Entfernung im Wegegraphen des Agenten. Die Ermittlung des nächsten angefahrenen Be- oder Entladeplatzes für einen wegeminimierenden, nicht umgebungsgebundenen Agenten ist in Tabelle 17 in Pseudocode dargestellt. Bei vorgegebener Streckenminimierung im Fall ohne Linienzuordnung folgt der Agent stets dem Rundkurs mit kürzesten Wegen unter permanentem Wechsel der Fertigungslinien. Auch in diesem Fall erfolgt keine Berücksichtigung der Auslastungssituation an den Ausbauorten. Der Fall entspricht einer einmaligen Optimierung zum Eingang einer Arbeitsschicht, die aufgrund der Ausgangssituation der Baustelle für die Schicht ermittelt wird.

4.3.2 Agentensteuerung mit lokalem Informationsbezug

Gegenüber der vorgegebenen Route unter Bindung an eine Fertigungslinie oder an die Minimierung von Wegstrecken und damit ohne Alternativen verfügt der situierte Agent mit lokalem Situationsbezug über selbst erhobene Sensorinformationen, die er zur Auswertung der Ressourcenattributnutzung von Alternativen verwendet. Aufgrund dieser Sensorinformationen ist der Agent in der Lage, lokal vorliegende Umgebungsbedingungen zu erfassen und für seine Zielerreichung einer transaktionskostenminimalen Erfüllung seiner Transportaufgaben zu verarbeiten. Lokaler Situationsbezug bedeutet auf das Simulationssystem übertragen eine Agentenwahrnehmung des unmittelbar nächsten Streckenabschnitts ausgehend vom aktuell erreichten Wegepunkt. Die Wahrnehmung wird durch seinen Horizont von eins auf dem Wegenetz eingeschränkt. Diese Wahrnehmung überprüft der Agent in jedem Knoten des Wegenetzes erneut. Informationen dritter Agenten kann der Agent nicht beziehen. Jeder Agent kann die Wahl einer Ressource abhängig von ihrer Verfügbarkeit erst dann abwägen, sobald die Ressource für ihn wahrnehmbar ist. Insbesondere ist für ihn erst bei Erreichen der Wegepunkte W_1 und W_5 unmittelbar vor den Ausbauorten wahrnehmbar, wie hoch die Aneignungszeit für den Beladeplatz am jeweiligen Ausbauort ist. Der Agent entscheidet an diesen Punkten, ob er den vorliegenden Ausbauort nutzt oder zum alternativen Ausbauort weiterfährt. Wenn seine berechnete Fahrzeit kürzer ist als die erwartete Aneignungszeit an diesem Ort, entscheidet er sich für den alternativen Ausbauort. Am neuen Ausbauort prüft der Agent die in Kauf zu nehmende Aneignungszeit erneut und bricht die Anfahrt ggfs. anhand der gleichen Kriterien ab. Der Agent prüft ausschließlich die lokale Abbruchbedingung der erhobenen Aneignungszeit. Hat sich der Agent für die Anfahrt an einen Ausbauort im Wegepunkt W_1 und W_5 entschieden, so wird er am gewählten Ort beladen und nicht aus der Warteschlange austreten. In Abhängigkeit der lokal wahrgenommenen Aneignungszeit wird die Wahl der Alternative ausgeführt.

4.3.3 Agentensteuerung mit globalem Informationsbezug

Der Agent mit globalem Informationsbezug im Prozessteam verhält sich gemäß dem Modell im dritten Kapitel situiert, indem er Informationen über die Auslastungssituation seiner alternativen Ressourcenattribute austauscht. Er verschafft sich ein ganzheitliches Bild über die Verfügbarkeit seiner Ressourcen, koordiniert sich jedoch nicht mit den anderen Agenten direkt. Aufgrund eines Bruchs zu den Baggeragenten und nicht steter Verfügbarkeit anderer Transportagenten ist keine vollständige Abstimmung möglich. Die Umgebung der Transportagenten wird als aktives Element der Agentenkoordination (Weyns et al. 2004, S. 1 - 47) genutzt, aus der jeder Agent Informationen über den Zustand der Beladung an den Ausbauorten erhebt und in den er Informationen über den Zustand an den Ausbauorten überträgt, indem er sich für die Beladung an den Beladeplätzen in eine Buchungsliste einreiht. Die Buchungslisten sind die Abbildung der Warteschlange im Simulationssystem, über die alle Transportagenten feststellen können, wer sich bereits für die Beladung an einem Ausbauort registriert hat und wie hoch die momentane Beladerate am Ausbauort ist, sofern am Ausbauort ein Agent anwesend ist. Daraus folgend ist ihnen eine Prognose möglich, wie hoch die eigene Aneignungszeit zum Zeitpunkt des Erreichens eines Ausbauorts ist. Der Agent hat bei nicht unmittelbarer Verfügung über den Beladeplatz die Wahl des Wartens auf die Verfügung oder der Fahrt an den anderen Ausbauplatz. Der Agent nutzt zur Entscheidung seine Transaktionskosten in Form der Leistungseinbuße durch die Anfahrts- und Aneignungszeiten, die er bis zur vollständigen Aneignung des benötigten Ressourcenattributs hat. Diese Wahrnehmung überprüft der Agent an jedem Wegepunkt aufgrund der veränderten Aneignungssituation durch Veränderung der Aneignungszeit an jedem Ausbauort. Sein Horizont zur Wahrnehmung auf dem Prozessvorranggraph enthält die Anzahl an Wegepunkten bis zum entfernten Ausbauort ausgehend von einem Einbauort, so dass beide Ausbau- bzw. Einbauorte in seinem Wahrnehmungshorizont liegen. Auf dem Wegenetz des Simulationsexperiments entspricht dies einem Horizont von sieben vor ihm liegenden Wegepunkten.

4.4 Simulationssystem

Das Simulationssystem basiert auf einem simulierten MAS (Michel et al. 2009, S. 4 ff.) unter Nutzung des Multiagentenframeworks Jadex (Pokahr et al. 2003, S. 76 - 85). Die Jadexagenten sind an einen Simulator des Bahnfahrsystems gekoppelt, der die Fahrwege samt Beschleunigungs- und Abbremsvorgängen auf Grundlage der Wegepunktvorgaben durch die Jadexagenten simuliert und ihnen Rückmeldungen über die Position der von ihnen gesteuerten Transportfahrzeuge gibt. Der Simulator ist für die Bewegungen eines Transportfahrzeugs in einem Detailgrad umgesetzt, der einen Substitution der simulierten

Bewegungsdaten mit den Daten einer echten Maschine ermöglicht. Die Agenten sind somit universell einsetzbar. Eine Visualisierung der Simulation erfolgt sowohl für die Sicht eines Agenten auf das Wegenetz, das als Graph in jedem Agenten repräsentiert ist und in Abbildung 38 dargestellt ist, als auch für die vom Simulator erzeugten Daten globaler Gültigkeit auf dem Wegenetz, die in Abbildung 39 dargestellt sind. Die lokale Sicht zeigt durch rote Einfärbung des Graphen die unmittelbar gewählte Route des Agenten bis zum nächsten Ein- oder Ausbauort. Es wird in dieser Ansicht jeweils ein Agent ausgewählt, dessen Route auf dem Graphen zu sehen ist. In dieser Ansicht ist ebenfalls seine Leistung zu erkennen, die er in Form gefahrener Wegstrecke erbringt. Im Simulationssystem abbildbar ist eine Kostenkurve des Agenten, die im vorliegenden Fall unabhängig von der Leistung konstant ist, da sie ausschließlich aus den Fixkosten des Fahrzeugs mit Fahrer besteht.

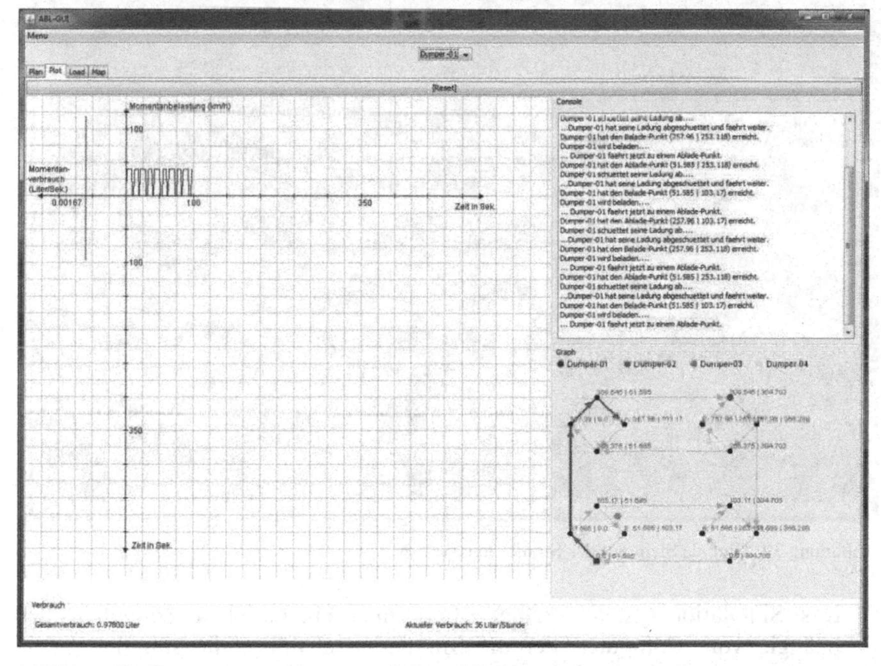

Abbildung 38 Transportagentenbezogene Sicht auf die Umgebung

Die Agentenumgebung stellt den Agenten eine Kommunikations- und Interaktionsmöglichkeit über Artefakte nach definierten Regeln zur Verfügung. Die Regeln der Artefakte definieren, wie diese wahrgenommen und verändert werden können. Als Artefakte implementiert sind alle Ressourcenattribute, die ein Agent im Sinne eines Ressourcenattributs zur Erfüllung seiner Aufgabe benötigt. Dies sind die Straßen, die Beladeplätze und die Entladeplätze. Über das Artefakt werden die spezifischen Eigenschaften einer Ressource gekapselt, z. B. Auslastungs- oder Nutzungswerte sowie Warteschlangen, wenn es sich um eine konkurrierend genutzte Ressource handelt. Das Artefakt bestimmt mit diesen Eigenschaften die Art des Ressourcenattributs. Straßen verfügen über keine Warteschlangen, sondern ausschließlich über Nutzungseigenschaften. Dies ist die Geschwindigkeit, mit der ein Transportagent die Straße nutzen kann. Andere Attribute zur Koordination des Zugriffs sind nicht implementiert, so dass ein gleichzeitiger, unbeschränkter Zugriff durch alle Agenten möglich ist.

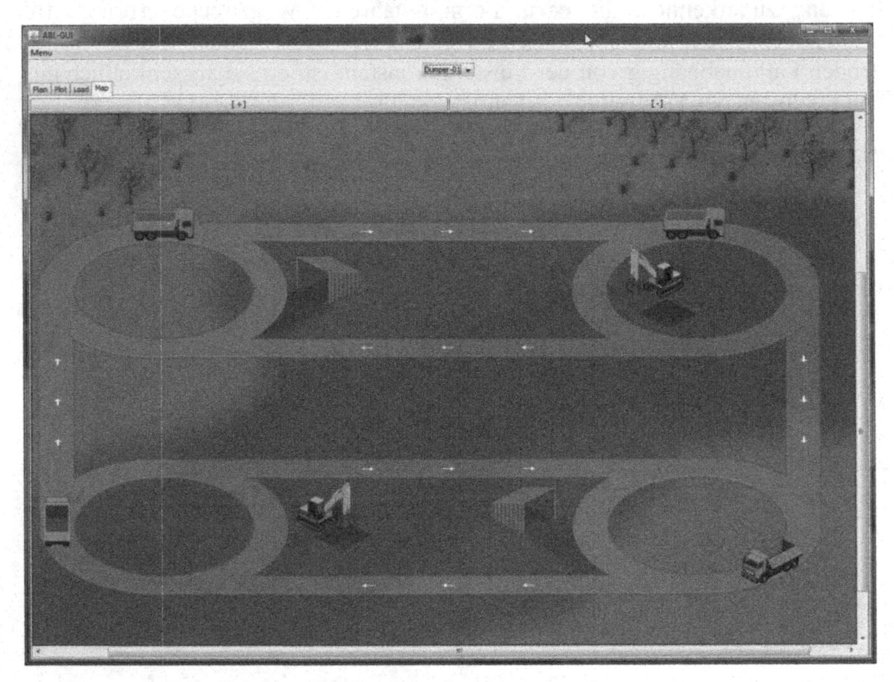

Abbildung 39 Globale Sicht auf das Simulationssystem

Das Simulationssystem verfügt über einen einheitlichen Zeitgeber, der unabhängig vom Computer, der die Simulation ausführt, die simulierte Zeit taktet. Dies ermöglicht eine verzerrungsfreie Simulation unabhängig von verwendeter Rechenleistung, da sich der Zeitgeber der Rechnerleistung anpasst und definiert ist, was ein Agent innerhalb eines Simulationsschritts ausführen kann. Die Simulationsläufe werden mittels Simulationszeit durch die Transportagenten stets bei Ankunft an einem Entladeplatz geloggt. Es erfolgt der Eintrag in eine Logdatei, in die Position der Be- und Entladung, die transportierte Bodenmenge, die Beladerate bei der Beladung, die Wartezeit vor dem Beladebeginn, die Rundenzeit, die Leerfahrzeit und schließlich die Simulationszeit sequenziell von allen Agenten eingetragen werden.

4.4.1 Transportagenten in Jadex

Das konzeptionelle Modell von Jadex von Pokahr et al. (2003, S. 76 - 85) verfügt über eine Implementierung in der Programmiersprache Java (Braubach und Pokahr 2007). Die Implementierung ermöglicht die Realisierung praktisch-schließender Agenten (Braubach und Pokahr 2007, S. 32). Bei der Implementierung mit Jadex definiert der Entwickler, ob er den Deliberationsmechanismus als Schlussfolgerungsprozess über die Auswahl seiner Ziele nutzt, oder ob der Agent unmittelbar auf einen Einfluss reagiert. Damit sind die entwickelten Agenten dem Typ des hybriden Agenten zuzuordnen. Definiert wird dies vom Entwickler im *Agent Definition File (ADF)*. Das ADF enthält Verweise auf die vom Agenten verfolgten Ziele (*Goals*), seine Fähigkeiten (*Capabilities*), sein Wissen (*Beliefs*) und seine Pläne (*Plans*).

Die Pläne unterteilen sich in einen Plankopf und einen Planinhalt (Braubach und Pokahr 2007, S. 37 und 42). Im Plankopf werden die Bedingungen definiert, die einen Aufruf des Plans zur Folge haben. Der Plankopf ist im ADF gespeichert. Eine Referenz im ADF verweist auf den Planinhalt, der aus ausführbarem Programmcode in Java besteht und die Handlungsmöglichkeiten eines Agenten durch Aufruf des Plans determiniert. Ein Plan wird stets durch einen Trigger ausgelöst, sofern es nicht der initiale Plan des Agenten ist, der beim erstmaligen Laden des Agenten aufgerufen wird. Ein derartiger Trigger ist ein Ereignis, welches der Agent aus der Umgebung aufnimmt oder das Resultat seines Deliberationsprozesses ist. Der Trigger ist genau für den Aufruf eines Plans zuständig, der abhängig von der Art des Plans eine Handlung oder einen Deliberationsprozess auslöst (Braubach und Pokahr 2007, S. 47). Die vorliegenden Jadexagenten im Simulationsexperiment haben folgende Pläne:

- init – initialisiert den Agenten bei Aufruf der Simulation. Die Visualisierung wird gestartet, alle Werte des Agenten auf den Initialzustand gesetzt und dann der Plan start aufgerufen.

- start – wartet auf den Starttrigger der Simulation. Sobald gestartet wurde, läuft die Simulationszeit und der Agent verfolgt seine Aufgabe.

- exploit_gps_sensor – aktualisiert das Wissen über die Position des Transportfahrzeugs.

- find_target – ermittelt die transaktionskostenminimale Aus- oder Einbaustelle von Bodenmaterial in jedem Knoten des Graphen und aktualisiert ggfs. die Wegepunkte. Er beinhaltet den Prozess der Aktionsfindung des Agenten und ist agentenspezifisch für die vier Agententypen dieser Arbeit implementiert. Dieser Plan löst die Fahrt durch Verwendung des use_street-Plans aus.

- use_street – gibt dem Simulator Wegepunkte in Form einer Route vor, die vom Fahrsimulator ausgeführt wird. Der Plan gibt dem Fahrsimulator genau die Wegepunkte vor, die auf kürzestem Weg zum ausgewählten Ziel führen.

Die Grundlage der Planausführung sind die *Beliefs* des Agenten. Die Agenten des Simulationssystems verfügen über die folgenden modellspezifischen *Beliefs*:

- MapGraph – Graph, dessen Knoten die anzufahrenden Wegepunkte und die Kanten die Wege sind. Das Wegenetz enthält seine alternativen Aktionen.
- Route – eine Menge von Kanten im Graphen.
- GPSPosition – die Position des Transportfahrzeugs im Koordinatensystem des Graphen.
- Load – der Ladezustand des gesteuerten Transportfahrzeugs.
- next_node und next_but_one_node – der nächste und der übernächste anzufahrende Knoten.
- goalposition – den Be- oder Entladeort, den der Agent als nächstes anfährt.

Das Wissen des Agenten wird über die Ausführung der Pläne aktualisiert. In allen Agenten ist auf diese Art die aktive Wahrnehmung mit Fokus auf seinen Transportprozess realisiert. Sofern der Agent die Wahlmöglichkeit hat, wird er stets nur diejenigen Alternativen im Wegenetz überprüfen, die eine Minimierung seiner Transaktionskosten ermöglichen. Der Plan *find_target* enthält die Komponenten dieser Wahrnehmung. Zur Interaktion des Agenten mit seiner Umgebung werden weitere Pläne benötigt, die ihm das Wissen über diese Fähigkeiten vermitteln. Diese Fähigkeiten bezieht der Agent über extern gekapselte Komponenten. Fähigkeiten des Agenten, die er extern bezieht, werden in Form von *Capabilities* importiert. *Capabilities* sind ein Set von Wissen, Zielen und Plänen, die den Agenten um die Fähigkeiten mit einem bestimmten Kontext anreichern. Die Agenten der vorliegenden Simulation importieren alle Fähigkeiten zur Benutzung von CArtAgO über *cartago_cap* (Piunti et al. 2008, S. 207 - 213), die dem Agenten Wissen, Ziele und Pläne zum Finden, Auslesen und Benutzen von Artefakten bereitstellen.

4.4.2 CArtAgO-Artefakte im Simulationssystem

Jadex hat eine Kommunikationsmöglichkeit über die *Agent Communication Language* zwischen Agenten innerhalb ihres Multiagentencontainers bereits integriert. Hierdurch können Fähigkeiten zur synchronen Kommunikation implementiert werden. Diese Fähigkeit ist in den Agenten des vorliegenden Simulationssystems nicht implementiert, da eine direkte Kommunikation nicht den Anforderungen des Szenarios im Verkehrsinfrastrukturbau entspricht. Stattdessen wird die Umgebung als aktives Element der Kommunikation und der asynchronen Koordination verwendet. Um Jadexagenten über CArtAgO eine aktive Wahrnehmung ihrer Umgebung zu ermöglichen, entwickeln Piunti et al. (2008, S. 207 - 213) eine Brücke für die artefaktbasierte Umgebungsentwicklung mit CArtAgO (Ricci et al. 2011, S. 158 - 192). Durch Verwendung von CArtAgO können Jadexagenten Artefakte und deren Veränderungen unter im Artefakt definierten Umständen wahrnehmen. Darüber hinaus können Attribute von Ressourcen, die von realen Objekten über Sensoren erhoben werden können, Artefakten zugewiesen werden. Mit dieser Fähigkeit erfahren Artefakte in CArtAgO sowohl eine Beeinflussung durch die Agenten wie auch durch Eigenschaften des Artefakts selbst.

In der vorliegenden Simulation werden die Ausbauorte als Artefakte in der Umgebung des MAS repräsentiert. Nach Ricci et al. (2011, S. 158 - 192) sind Artefakte Einheiten, die von Agenten in der Ausübung von Aktivitäten zur Zielerfüllung genutzt werden. Artefakte können über eine eigene Dynamik verfügen und, abhängig von ihrer Definition, geteilt genutzt werden. Die Dynamik des Artefakts kann vor den Agenten verborgen oder nur unter bestimmten Bedingungen beobachtbar sein. Die Nutzungsmöglichkeit des Artefakts durch den Agenten grenzt das Konzept des Artefakts vom Konzept des Agenten ab. Für jedes Artefakt sind Regeln definiert, unter denen es vom Agenten wahrgenommen und verwendet werden kann. Damit lassen sich verfügungsrechtliche Abhängigkeiten, die Eigendynamik der Ressourcen bedingt durch eine unsichere Umwelt und die Warteschlangen als Eigenschaften der Artefakte realisieren.

Grundlegend stehen Agenten zwei Interaktionsformen mit Artefakten zur Verfügung. Sofern sie über die Fähigkeit verfügen, können sie Artefakte über ihre Eigenschaften beobachten. Dieser Anwendungsfall ist in Abbildung 40 dargestellt. Die Wahrnehmung des Agenten kann bestimmten Regeln unterliegen. Beispielsweise kann die Lokalisierung eines Agenten über dessen Fähigkeit zur Wahrnehmung bestimmter Artefakte entscheiden. Befindet sich der Agent nicht im Beobachtungsbereich des Artefakts, so ist es für ihn nicht beobachtbar. Des Weiteren kann auf Basis eines Rollenkonzeptes die Beobachtung für einen Agenten ausgeschlossen sein, da ihm die benötigte Rolle zur Beobachtung des Artefakts fehlt. Auf diese Weise kann die Wahrnehmung von Artefakten für bestimmte Agenten eingeschränkt sein, obwohl die Bedingung der Lokalisierung erfüllt wird. Im Fall der vorliegenden Simulation sind die Be- und Entladeplätze als beobachtbare Ressourcen implementiert. Wahrzunehmen durch den Agenten sind die letzte gemessene Beladerate und die Fahrzeuge der Buchungsliste im Fall des Agenten mit globalen Informationen. Der Horizont eines

Agenten ist als Bedingung für die Beobachtung realisiert. Der Agent mit lokalem Informationsbezug nimmt lediglich die Buchungsliste und die Beladerate wahr, wenn er sich im Knoten unmittelbar vor dem Beladeplatz oder am Knoten des Beladeplatzes befindet.

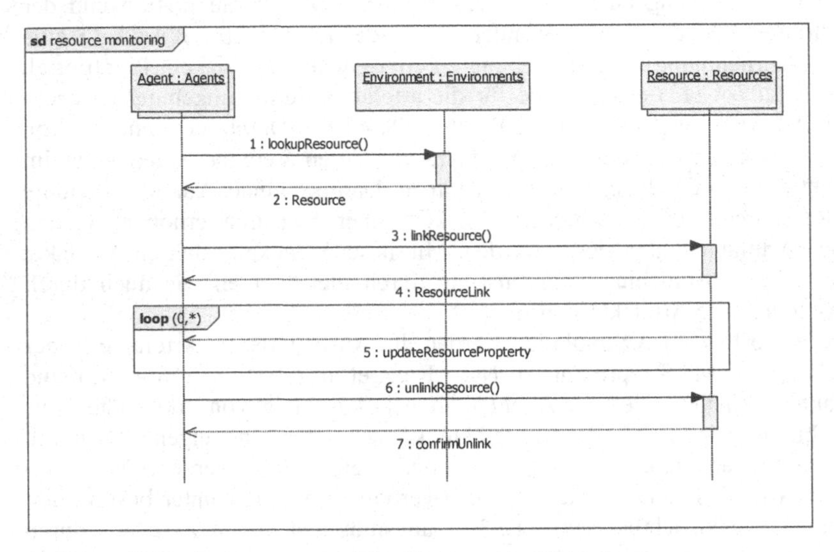

Abbildung 40 Beobachtung von Artefakte (Ressource) in CArtAgO

Über die Beobachtung hinaus kann ein Agent ein Artefakt nutzen bzw. durch seine Nutzung verändern. Hierdurch übt der Agent durch eine Aktion Einfluss auf das Artefakt aus. Das Artefakt bestimmt eigenständig, welche Veränderungen durch die Aktion ausgelöst werden. Die Regeln, nach denen diese Veränderung von statten geht, sind im Artefakt gekapselt und für den Agenten nicht transparent. Er muss daher Wissen über das erwartete Verhalten des Artefakts bei Einwirken durch Aktionen von ihm haben. Der Prozess der Modifikation eines CArtAgO-Artefakts durch einen Agenten ist in Abbildung 41 dargestellt. Sollten keine ausreichenden Rechte des Agenten bestehen oder es die Situation des Agenten verbieten, kann das Artefakt die Modifikation ablehnen.

In der vorliegenden Simulation werden die geteilten Ressourcen der Be- und Entladeplätze nur durch Einreihen in die Buchungsliste als Attribut des Be- oder Entladeplatzes genutzt werden. Ein unmittelbarer Zugriff ist nur möglich, wenn der Agent an erster Position der Buchungsliste steht. Das Konzept einer Warteschlange ist auf diese Art unabhängig von den Agenten direkt in den Artefakten implementiert. Der Agent kann die Wartezeit des Artefakts nach fest definierten Regeln wahrnehmen und in seine Bewertung der Transaktionskosten einfließen lassen. In der vorliegenden Simulation wird die Wahrnehmung ausschließlich über den Horizont des Agenten gesteuert.

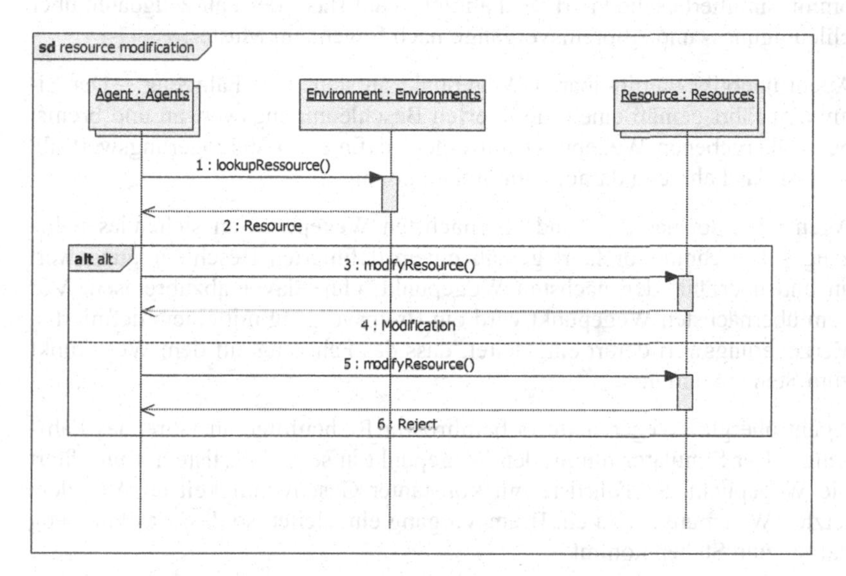

Abbildung 41 Modifikation von Artefakten (Ressource) in CArtAgO

Die Streckenabschnitte zwischen den Wegepunkten sind ebenfalls als Artefakte implementiert. Sie verfügen über kein Nutzungskonzept, das eine sequenzielle Nutzung impliziert, da Streckenabschnitte durch die Agenten parallel genutzt werden können. Hingegen sind Nutzungseigenschaften wie Höchstgeschwindigkeit auf diesem Streckenabschnitt vorgegeben, an die sich jeder Agent bei der Nutzung halten muss. Anhand der Attribute für Streckenabschnitte werden Geschwindigkeiten festgelegt, die vom Agenten bei der Nutzung des Streckenabschnitts einzuhalten sind. Eine beschränkende Nutzung kann festgelegt werden, falls beispielsweise nur eine bestimmte Anzahl von Agenten einen Streckenabschnitt parallel nutzen können. Dieser Fall ist im vorliegenden Simulationssystem nicht implementiert.

4.4.3 Fahrsimulator

Der Fahrsimulator ermöglicht den Agenten das Beobachten ihrer Transportfahrzeuge und die Übernahme von Wegepunkten, die vom Agenten vorgegeben werden und auf dem Streckengraphen unmittelbar vor dem Transportfahrzeug liegen. Der Fahrsimulator übernimmt das Anfahren und Abbremsen sowie die Kurvenfahrten der Wegepunkte. Er nutzt den Wegegraphen, auf dem die Fahrzeugagenten ihre Optimierung vornehmen, für die Ausführung der Fahrbefehle. Sobald der Simulator eine Koordinate vor dem Fahrzeug des Agenten mitgeteilt bekommt, simuliert er die Fahrt des Fahrzeugs auf Basis der Fahrzeugdaten über Beschleunigungs- und Abbremsvorgänge nach folgendem Muster:

- Agent übergibt unmittelbaren Wegepunkt an stehendes Fahrzeug – Der Simulator fährt gemäß einem definierten Beschleunigungswert an und bremst beim übergebenen Wegepunkt mit einem definierten Verzögerungswert ab, so dass das Fahrzeug darauf zum Stehen kommt.
- Agent übergibt nächsten und übernächsten Wegepunkt an stehendes Fahrzeug – Der Simulator fährt gemäß einem definierten Beschleunigungswert an und überfährt den nächsten Wegepunkt, ohne davor abzubremsen. Vor dem übernächsten Wegepunkt wird ein Bremsvorgang mit einem definierten Verzögerungswert derart eingeleitet, dass das Fahrzeug auf dem Wegepunkt zum Stehen kommt.
- Agent übergibt Wegepunkte in befahrbarer Reihenfolge an fahrendes Fahrzeug – Der Simulator nimmt den Wegepunkt in seine Fahrliste auf und fährt die Wegepunkt der Fahrliste mit konstanter Geschwindigkeit ab. Vor dem letzten Wegepunkt wird ein Bremsvorgang eingeleitet, so dass das Fahrzeug darauf zum Stehen kommt.

Der Fahrsimulator ist eine eigenständige Komponente. Er ist unabhängig von den Agenten in Jadex und der Umgebung in CArtAgO mit Java realisiert. Daher kann er durch Fahrsysteme eines physischen Fahrzeugs ersetzt werden. Denkbar ist die Ermittlung der Position mittels eines Satellitennavigationssystems, die von den Fahrzeugsystemen den Agenten bereitgestellt werden. Die Wegepunkte des Agenten können entweder an eine Navigationshilfe für den Fahrer oder an automatisierte Maschinensteuerungssysteme übergeben werden, die eine Steuerung der Fahrzeugbewegungen zum Anfahren der Wegepunkte übernehmen. Letzterer Fall ermöglicht das autonome Fahren von Fahrzeugen unter Einsatz eines Bahnfahrsystems. Durch den Austausch des Simulators durch ein derartiges System wird das MAS nicht simuliert, sondern zur realen Steuerung verwendet. Das MAS an sich muss für einen solchen Einsatz nicht verändert werden. Lediglich der Fahrsimulator wird ersetzt und dessen Schnittstelle verwendet.

4.5 Auswertung des Simulationsexperiments

Jeder Transportagent ermittelt die erbrachte Leistung aufgrund der Zeit des Erreichens einer Beladeposition, der Zeit des Erreichens der Abladeposition, der transportierten Materialmenge zwischen Be- und Entladeposition sowie der

Beladerate, die bei seinem Beladevorgang durch den Bagger erbracht wird. Diese Informationen werden zur Überprüfung der Hypothesen und zur Analyse der verfügungsrechtlichen Steuerung ausgewertet. Es ist zu erwarten, dass mit zunehmender Asymmetrie in der Ausbauleistung an einem Beladeplatz die Verfahren der situierten Koordination geteilter Ressourcen Leistungsvorteile gegenüber einer planbasierten Zuordnung erbringen, sofern die Hypothesen zutreffen.

Zur Auswertung des Simulationsexperiments werden Box-Whisker-Plots nach Tukey (1977) für die Darstellung der Runden- und Wartezeiten verwendet. Den unteren Abschluss der Box bildet das 25%-Quartil, die Mitte der Box der Median bei 50% aller Messwerte und der obere Abschluss der Box ist das 75%-Quartil. In der Box liegen 50% aller Messwerte. Die Antennen enden beim letzten Wert, der innerhalb des 1,5-Fachen des Interquartilsabstands liegt. Sofern ein Ausreißer vorliegt, endet die betreffende Antenne beim 1,5-Fachen des Interquartilsabstands. Untere Ausreißer sind als ausgefüllte Rauten unterhalb der Antenne und obere Ausreißer als leere Rauten oberhalb der betreffenden Antenne dargestellt. Sind mehrere Ausreißer vorhanden, so ist nur der maximale Ausreißer bei einem oberen Ausreißer oder minimale Ausreißer im Fall eines unteren Ausreißers dargestellt. Für die Runden- und Wartezeit ist der Durchschnittswert über alle Messwerte, die innerhalb des Messzeitraums liegen, unter der Kennzeichnung der Simulationsstufe dargestellt. Die Ergebnisse des transportierten Bodenmaterials werden in Form von Balkendiagrammen gegenüber gestellt.

4.5.1 Stufen mit zwei Transportagenten

Auf den Stufen mit zwei Transportagenten erfolgt bei Vorgabe einer Linienzuordnung die Verteilung der zwei Agenten auf die Linien. Es entstehen keine Interdependenzen und damit keine Wartezeit, da ein Transportagent über einen Ausbauort verfügt. Ohne Linienzuordnung fahren die Agenten stets den nächstgelegenen Ausbauort an. Wartezeit kann aufgrund von Interdependenzen zwischen den Transportagenten entstehen. In den Ergebnissen in Abbildung 42 zeigt sich, dass dieser Faktor aufgrund vorhandener Ausbauleistung nicht ins Gewicht fällt. Auf der Stufe (1,1,1) werden bei konstant hoher Ausbauleistung aufgrund geringerer Fahrzeiten kleinere Rundenzeiten erreicht als auf der Stufe (1,2,1) mit Linienbindung. Der Unterschied zum Einbezug lokaler Information auf Stufe (1,3,1) ist nicht groß, da sich diese Agenten wegstreckenminimierend verhalten. Auf Stufe (1,4,1) ist die Verteilung etwas breiter, da sich die Agenten zur Anfahrt eines entlegenen Beladeplatzes entscheiden, sofern es beim Nächstgelegenen eine höhere Aneignungszeit gibt.

Bei symmetrisch schwankender Ausbauleistung erreicht die Stufe (2,1,1) aufgrund kurzer Fahrwege und guter Verteilung der zwei Agenten auf den

Rundkurs die niedrigsten Rundenzeiten. Der Leistungsüberschuss ist auch hier so groß, dass Interdependenzen der Transportagenten keinen bedeutenden Einfluss haben. Der Unterschied zu den Agenten mit Linienbindung auf Stufe (2,2,1) wird größer. Die Optimierung auf der Stufe (2,3,1) führen zu niedrigeren Rundenzeiten, da Agenten bei blockierter Beladestelle eine Fahrt zum entfernten Ausbauort in Kauf nehmen. Die höchsten Rundenzeiten unter globaler Information auf der Stufe (2,4,1) erreicht. Dieser Effekt entsteht aufgrund der Einbrüche der Beladeleistung, die wechselnden Bodenschichtverläufen geschuldet sind und eine feste Anzahl von Beladevorgängen mit niedriger Leistung bedingen, bevor wieder eine hohe Leistung des Ausbauorts verfügbar ist. Das stete Anfahren von Ausbauorten mit niedriger Beladeleistung wird honoriert, indem diese nach einer bestimmten Anzahl von Beladevorgängen wieder eine hohe Leistung erreichen.

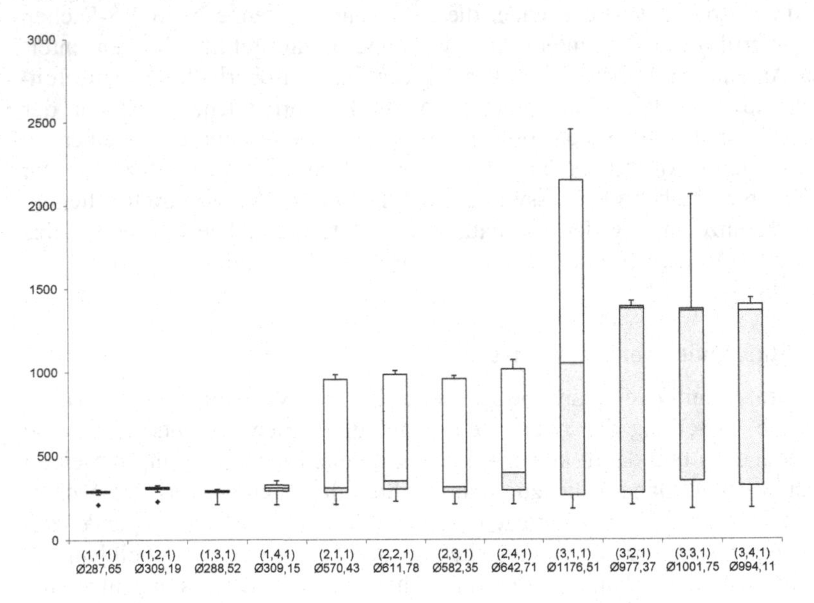

Abbildung 42 Rundenzeitenverteilungen mit zwei Transportagenten

Die Agenten auf der Stufe (2,4,1) verhalten sich selbstoptimierend und nehmen längere Fahrzeiten in Kauf, um zu den Ausbauorte mit hoher Leistung zu kommen und ihre Rundenzeiten zu minimieren. Erreicht ein Ausbauort die Schwelle zur niedrigen Leistung, wird diese so lange gemieden, bis der andere Ausbauort das niedrige Leistungsniveau erreicht. Sobald ein Ausbauort wieder hohes Ausbauniveau erreicht, wird konsequent nur noch dieser Ausbauort angefahren. In Summe führt das Vermeiden der niedrigeren Leistung am Ausbauort durch selbstoptimierendes Verhalten zu einer höheren Rundenzeit. Auf den Stufen mit asymmetrischer Schwankungen der Ausbaustellenleistung wird die Fahrt kürzester Wege auf der Stufe (3,1,1) zum Nachteil. Die Vermeidung von Interdependenzen auf der Stufe (3,2,1) lohnt sich für die Agenten. Die Agenten auf der Stufe (3,2,1) erzielen unter diesen Bedingungen die niedrigste Rundenzeit, da sie stets der gleiche Beladeplatz durch den Agenten angefahren wird. Die Agenten auf den Stufen (3,3,1) sowie (3,4,1) liegen unwesentlich darüber.

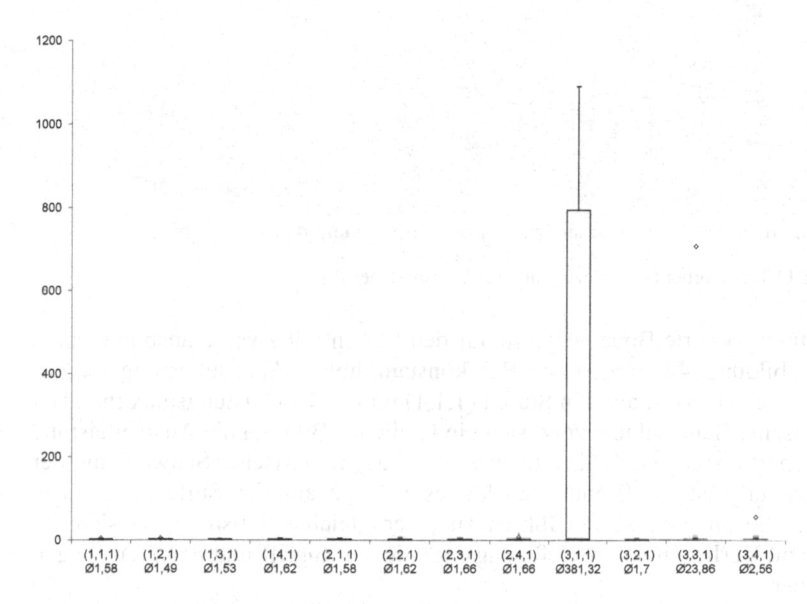

Abbildung 43 Wartezeitenverteilungen der Stufen mit zwei Transportagenten

Die sich ergebenden Wartezeiten sind bis auf die Stufe (3,1,1) mit kürzesten Wegstrecken und asymmetrisch schwankender Ausbauleistung gering. Auf der Stufe (3,1,1) bilden sich Warteschlangen vor Beladeplätzen mit niedriger Leistung. In den Fällen ohne Linienbindung verteilen sich die Transportagenten, so dass kaum Wartezeit zur Verfügung über die Beladeplätze in Kauf genommen werden muss. Auf den Stufen (3,3,1) und (3,4,1) gibt es Ausreißer nach oben, da wenige auftretende Interdependenzen existieren, die zu einer Wartezeit führen.

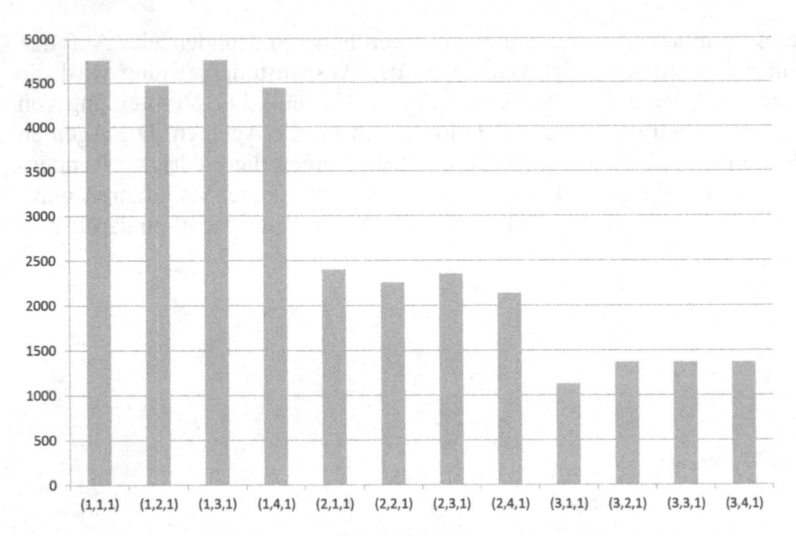

Abbildung 44 Transportiertes Volumen mit zwei Transportagenten

Das transportierte Bodenmaterial auf den Stufen mit zwei Transportagenten ist in Abbildung 44 dargestellt. Bei konstant hoher Ausbauleistung ist das Fahren kürzester Wege auf den Stufen (1,1,1) und (1,3,1) leistungsmaximal. Bei symmetrischer Schwankung zeigt sich ein ähnliches Bild, da die Ausbauleistung die Transportleistung stark übersteigt. Erst bei asymmetrischer Schwankung der Ausbauleistung ist die Bindung an kürzeste Wege auf der Stufe (3,1,1) von Nachteil. Die anderen Stufen führen zu einer gleichen Leistung, da sich die Effekte von Verlusten durch verfügungsrechtlichen Zugriff und längeren Wegen ausgleichen.

4.5.2 Stufen mit drei Transportagenten

Auf den Stufen mit drei Transportagenten wird bei fester Linienzuordnung eine Zuteilung gemäß der zu erwartenden Leistung der Ausbauorte vorgenommen. Im Fall asymmetrischer Leistungsschwankungen sind die Ausgangsleistungen voneinander abweichend, so dass ein Transportagent der Linie mit niedriger und zwei Transportagenten der Linie mit hoher Ausgangsleistung zugeordnet werden. Auf allen Stufen mit drei Transportagenten starten zwei Transportfahrzeuge von einem Einbauort und ein Transportfahrzeug vom anderen Ausbauort. Die sich ergebenden Rundenzeiten sind in Abbildung 46 dargestellt. Bei konstant hoher Leistung und symmetrischer Leistungsschwankung der Ausbauorte sind die an kürzeste Wege gebundenen Agenten im Vorteil. Die lokal situierten Agenten auf Stufe (1,3,2) verhalten sich identisch hierzu. Die Bindung an eine Linie erweist sich in den Rundenzeiten als Nachteil. Ebenso nehmen die

Agenten auf der Stufe (1,4,2) eine höhere Rundenzeit in Kauf, um ihre Transportleistung kurzfristig zu optimieren, müssen langfristig jedoch Leistungseinbußen in Kauf nehmen.

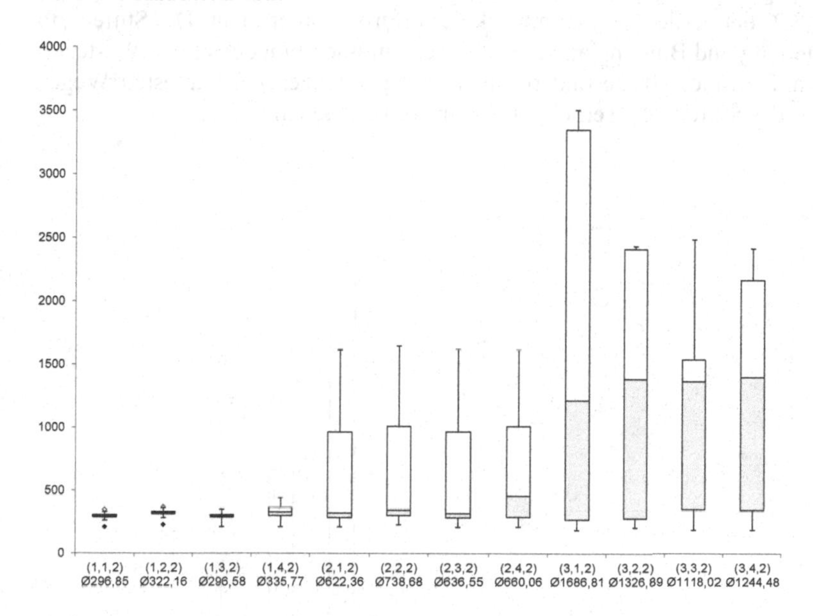

Abbildung 45 Rundenzeitenverteilungen mit drei Transportagenten

Auf den Stufen mit symmetrischer Ausbauleistungsschwankung ist die Zuteilung zu kürzesten Wegen von Vorteil. Die Agenten mit Linienzuordnung erzielen die höchsten Rundenzeiten. Bei den Agenten der Stufe (2,4,2) zeigt sich anhand des höheren Medians in der Verteilung, dass ein höherer Anteil kürzerer Rundenzeiten enthalten ist, jedoch der Durchschnitt schlechter ist als auf den Stufen (2,1,2) und (2,3,2). Bei asymmetrischer Ausbauleistungsschwankung haben die Stufen (3,3,2) und (3,4,2) die kürzesten Rundenzeiten. Bei nahezu gleichvielen geringen Werten sind jedoch in der Verteilung von (3,4,2) mehr Werte oberhalb des Medians. Daraus resultiert im Schnitt eine höhere Rundenzeit der Agenten dieser Stufe.

Bei den Wartezeiten auf den Stufen mit drei Transportagenten ergibt sich bei konstant hoher Leistung keine hohe Wartezeit. Die Ausbauleistung reicht auf der Stufe (1,2,2) für zwei Agenten, die einer Linie fest zugeordnet sind, ohne dass Interdependenzen Wartezeit erkennbar entstehen lassen. Bei symmetrischer Schwankung der Ausbauleistung minimiert die Wahl des Beladeplatzes aufgrund globaler Informationen auf der Stufe (2,4,2) die Wartezeit. Die Transportagenten mit globaler Information konzentrieren sich stets auf die Ausbauorte mit hoher Leistung. Sofern ein Ausbauort in der Leistung sinkt, präferieren alle Agenten die Beladung am anderen Ausbauort. Im Fall asymmetrischer Schwankungen wird das Minimum in Kauf zu nehmender Wartezeit auf der Stufe (3,3,2) durch die Agenten mit lokaler Information erreicht. Die Stufen mit Linienbindung und Bindung an kürzeste Wege müssen hingegen hohe Wartezeiten in Kauf nehmen. Insbesondere die Interdependenzen bei kürzesten Wegen lassen auf der Stufe (3,1,2) erhebliche Wartezeit entstehen.

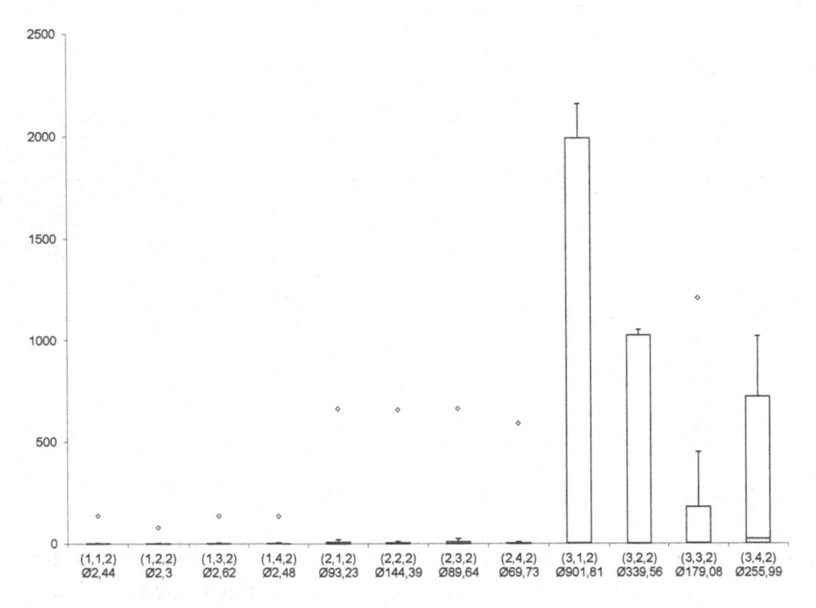

Abbildung 46 Wartezeitenverteilungen auf den Stufen mit drei Transportagenten

Das transportierte Volumen spiegelt das Ergebnis der Rundenzeitenverteilung wider. Die Agenten mit lokalem Informationsbezug verhalten sich vergleichbar zu den Agenten mit kürzesten Wegen wegstreckenminimierend, da ausreichend Ausbauleistung zur Verfügung steht und ein Wechsel der Ausbauorte höhere Aneignungszeit nach sich zieht. Hierdurch sind sie gegenüber den liniengebundenen Agenten und den global informierten Agenten im Vorteil.

Bei asymmetrischer Schwankung der Ausbauleistung ist die globale Informationsversorgung auf der Stufe (3,4,2) von Vorteil. Ebenso zahlt sich die Linienbindung aus, obwohl in beiden Fällen höhere Wartezeiten in Kauf genommen werden müssen. Die Agenten mit lokalen Informationen über die Ausbauleistung brechen ihren Beladevorgang ab, da die lokal vorliegende Aneignungszeit länger als die Fahrt zum nächsten Beladeplatz ist. Bei gleichmäßig hoher Leistung können die lokal informierten Agenten eine höhere

Leistung erzielen, da sie den Beladevorgang nur selten zu Gunsten des anderen Beladeplatzes abbrechen müssen. Die liniengebundenen Transportagenten liegen in ihrer Leistung nur wenig unterhalb der Stufen (3,4,2) und (3,3,2).

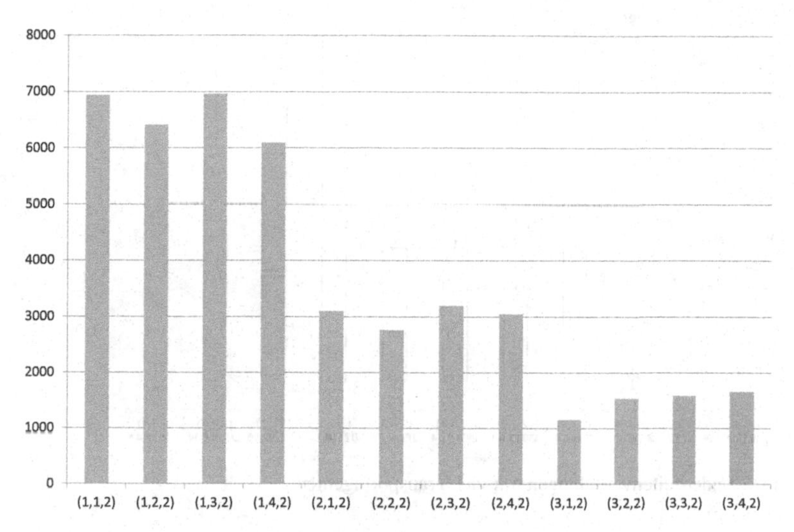

Abbildung 47 Transportiertes Volumen auf den Stufen mit drei Transportagenten

4.5.3 Stufen mit vier Transportagenten

Die Rundenzeitenverteilungen der Transportfahrzeuge auf den Stufen mit vier Transportagenten, dargestellt in Abbildung 48, zeigen eine geringe Streuung und niedrige Mittelwerte im Fall konstant hoher Ausbauleistung. Die Transportüberkapazität gegenüber Stufen mit weniger Transportfahrzeugen ist auf allen Stufen abgebaut. Im Fall konstant hoher Leistung sind kürzeste Wege auf Stufe (1,1,3) die beste Wahl. Der Einbezug globaler Information auf Stufe (1,4,3) rentiert sich und erreicht annähernd gleichgute Ergebnisse. Linienbindung und Einbezug lokaler Information führt zu einer größeren Streuung der Verteilung und längeren Rundenzeiten.

Bei symmetrischen Schwankungen und vier Transportfahrzeugen haben die Stufen (2,1,3) und (2,3,3) die geringsten Rundenzeiten mit ähnlichen Verteilungen der Werte. Auf der Stufe (2,1,3) werden immer kürzeste Wege gefahren, auf der Stufe (2,3,3) führt die Entscheidung auf Grundlage lokaler Informationen zu einer geringfügig kürzeren Rundenzeit. Die Verteilung der Stufe (2,4,3) ist demgegenüber etwas breiter und hat insbesondere zwischen dem 25%-Quartil und dem Median mehr Werte. Auf dieser Stufe werden längere Wege in Kauf genommen, um den leistungsmaximalen Ausbauort zu erreichen. In der durchschnittlichen Rundenzeit ist dies nicht gesamtleistungsoptimierend.

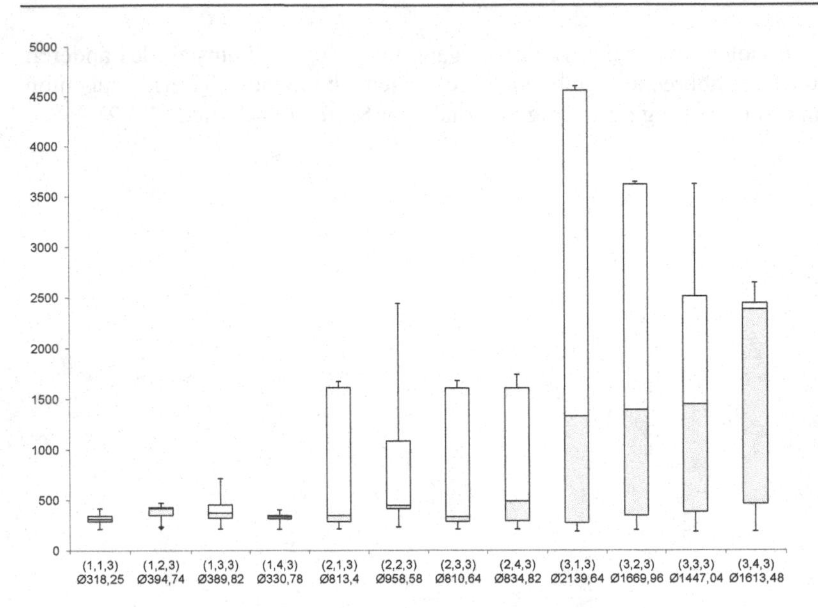

Abbildung 48 Rundenzeitenverteilungen mit vier Transportagenten

Auf den Stufen mit asymmetrischer Schwankung entsteht auf der Stufe (3,3,3) mit lokaler Information des Agenten die geringste durchschnittliche Rundendauer. Auf der Stufe (3,4,3) mit globaler Information gibt es insbesondere zwischen dem 25%-Quartil eine größere Bandbreite der erreichten Rundenzeiten. Durch die stete Selbstoptimierung der Agenten werden über alle Fahrten betrachtet geringere maximale Zeiten erreicht, aber im Schnitt müssen höhere Zeiten für jede Runde eingerechnet werden.

Die Wartezeiten im Simulationsexperiment, dargestellt in Abbildung 49, entstehen insbesondere bei konstant hoher Ausbauleistung auf der Stufe (1,2,3). Auf den anderen Stufen bei konstant hoher Ausbauleistung gibt es Ausreißer nach oben. Auf die Stufe (2,2,3) ist die durchschnittliche Wartezeit bei symmetrischer Ausbauleistungsschwankung am höchsten. Hier liegt ein starker Ausreißer vor. Durch globale Information kann die Wartezeit auf Stufe (2,4,3) minimiert werden, jedoch zu Lasten von durchschnittlich weiteren Anfahrtswege, wie der Vergleich mit der Rundenzeit zeigt. Die Vermeidung von Wartezeit ist für den Agenten dieser Stufe nicht stets lohnend, wenn das stete Anfahren eines Ausbauorts wieder zum Steigen der Leistung dieser führt.

Die Wartezeiten im Fall asymmetrischer Schwankungen der Ausbauleistungen haben eine sehr große Spannbreite. Wartezeitenminimal ist die Stufe (3,3,3) mit lokal informierten Agenten. Dies deckt sich mit dem Minimum an Rundenzeiten auf dieser Stufe. Der global informierte Agent auf Stufe (3,4,3) weist bei den Wartezeiten eine hohe Spannbreite zwischen dem 25%-Quartil und dem Median auf. Dies deckt sich mit der Verteilung der Rundenzeiten.

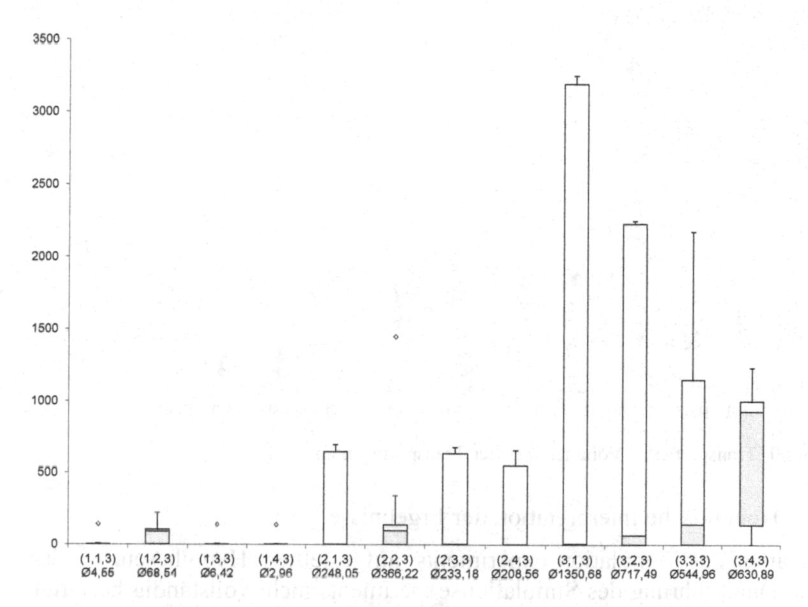

Abbildung 49 Wartezeitenverteilungen mit vier Transportagenten

Das bewegte Volumen aller Transportfahrzeugen auf den Stufen mit vier Transportfahrzeugen zeigt einen Vorteil der verfügungsrechtlichen Steuerung auf den Stufen (3,3,3) und (3,4,3) bei stark asymmetrischen Schwankungen der Ausbauorte. Bei hoher konstanter Beladeleistung führt das Fahren kürzester Wege auf Stufe (1,1,3) zu maximaler Leistung. Bei symmetrischer Schwankung sind es die Stufen (2,1,3) und (2,3,3). Auch auf diesen Stufen wird kürzesten Wegen gefolgt.

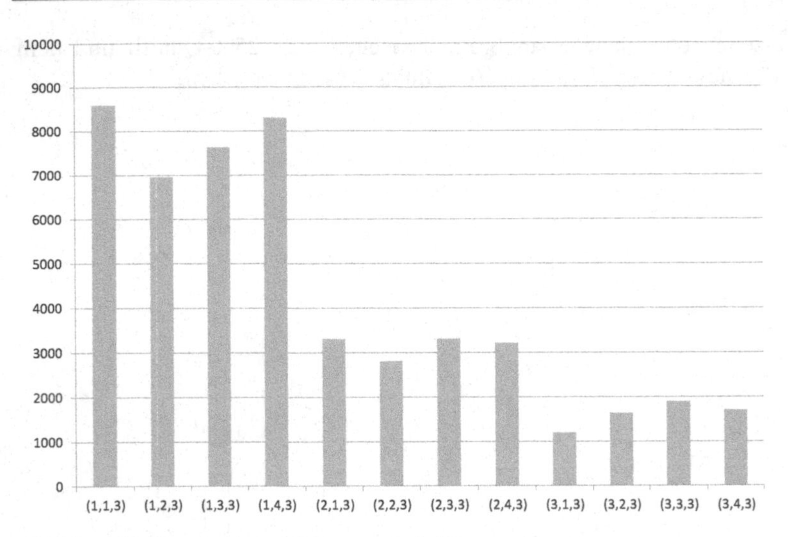

Abbildung 50 Transportiertes Volumen mit vier Transportagenten

4.5.4 Ökonomische Interpretation der Ergebnisse

Die eingangs des Simulationsexperiments aufgestellten Hypothesen werden durch die Durchführung des Simulationsexperiments nicht vollständig bestätigt. Die Hypothese H_a wird durch die Ergebnisse gestützt. Bei zwei, drei und vier Transportagenten ergibt sich die gleiche relative Leistungsfähigkeit der verfügungsrechtlichen Steuerung. Unter Leistungsüberschuss der Ausbauorte unter geringer Anzahl auftretender Interdependenzen ist eine strikt durchgesetzte Bindung an kürzeste Wege vorteilhaft. Je mehr Interdependenzen durch die Schwankungen der Ausbauleistung auftreten, desto mehr übersteigt die Leistung der verfügungsrechtliche Steuerung die Leistung die Leistung der an kürzeste Wege gebundenen Agenten.

Die Hypothese H_b wird ebenfalls durch die Ergebnisse des Simulationsexperiments gestützt. Im Simulationsexperiment lohnt sich ein Teilen der Beladeorte insbesondere dann, wann die Leistung der Beladeort hoch ist. Je weniger die Leistung der Beladeorte die Transportleistung übersteigt, desto effizienter ist die feste Zuordnung zu einem Beladeort, also die ungeteilte Nutzung oder Nutzung mit einem reduzierten Kreis zur Vermeidung von Interdependenzen. Es ist damit in jeder Zuordnung anzustreben, eine möglichst genaue Abstimmung von Transport- und Ausbauleistung zu erreichen. Ist bekannt, dass keine Störungen entstehen werden, ist eine genaue Abstimmung dieser Leistungen aufeinander leistungsmaximierend.

Die Ergebnisse des Simulationslaufs stützen nicht unter allen Bedingungen die Hypothese H_c. Die maximale Leistung der Agenten unter globaler Information und asymmetrischer Ausbauleistungsschwankung wird nicht erreicht. Über alle Läufe zeigt sich, dass die Nutzung lokaler Informationen und Abwägung mit der Anfahrzeit für den entfernteren Beladeplatz für eine verfügungsrechtliche Entscheidung unter asymmetrischen Ausbauleistungsschwankungen zu höheren oder gleichen Transportmengen führt. Dies ist der Art der Leistungsschwankung an den Ausbauorten geschuldet. Da die Abtragung von schwer zu lösenden Bodenschichten simuliert wird, ist die Leistungsminderung eines Ausbauorts an die Ausbaumenge geknüpft. Wird der Ausbauort auch bei geminderter Leistung angefahren, steigt zu einem definierten Zeitpunkt die Leistung wieder. Dieser Effekt wird von den Agenten mit globaler Information nicht berücksichtigt. Die lokale Abwägung der Fahrzeit gegenüber der lokalen Wartezeit kann zu einer höheren Leistung des Agenten führen, da er in Zukunft von höheren Beladeraten profitiert. Unterliegt die reduzierte Leistung einer Ausbaustelle rein zeitlichen Restriktionen, lohnt sich das vermeiden dieser Ausbaustelle, so lange die geringere Leistung anliegt. Die Prozessorganisation setzt eine nicht näher spezifizierte vollständige Koordination voraus, die im Anwendungsfall zwischen den Transportagenten nicht gegeben ist. Unter gegebenen Möglichkeiten der Koordination ist der Horizont des Agenten als Parameter der Einrichtung derart anzupassen, dass eine maximale globale Leistung erreicht wird. Andernfalls muss eine Abstimmung der Agenten erfolgen, die durch die unterstellten Brüche im vorliegenden Simulationsexperiment unterbunden wird.

Die Ergebnisse des Simulationslaufes zeigen, dass im Fall einer hohen Umgebungsdynamik im Szenario mit asymmetrischen Schwankungen eine verfügungsrechtliche Steuerung höhere Leistung bei geringeren Wartezeiten hervorbringt als eine zentral definierte Zuordnung für alle Agenten. Die Aussage von Barzel (1974, S. 74 - 95), dass im Fall hoher Umweltunsicherheit bezüglich einer Ressource, an der kein Nutzungsausschluss Dritter gewährt werden kann, eine lokale Koordination unter institutionellem Rahmen – hier des Wartens – vorteilhaft ist, wird durch die Experimentergebnisse bestätigt. Die Ergebnisse belegen, dass eine verfügungsrechtliche Steuerung durch Bewertung der Aneignungszeit im institutionellen Rahmen des Wartens bei hohem Auftreten von Störungen vorteilhaft ist. Eine vollständige Bewertung von Informationen durch einen Agenten führt jedoch nicht zwangsläufig zu einem besseren globalen Ergebnis.

5 Zusammenfassende Beurteilung und Implikationen

5.1 Zusammenfassende Beurteilung

Die in dieser Arbeit erhobenen empirischen Befunde in der Wertschöpfung des Bauwesens belegen eine hohe Individualität der Bauleistung, die Standortgebundenheit der Wertschöpfung, die hohe Arbeitsteiligkeit aller wertschöpfenden Akteure mit jeweils geringer Wertschöpfungstiefe und die starke Abhängigkeit der Wertschöpfung von äußeren Rahmenbedingungen. Es existieren ausgeprägte horizontale und vertikale Brüche zwischen den Akteuren. Auftretende Störungen unterbinden eine durchgehende Umsetzung der Vorplanung, so dass eine Steuerung bei Störungen des Ablaufs unter Berücksichtigung der Brüche erforderlich ist. Diese Rahmenbedingungen treffen insbesondere auf den Erdbau des Verkehrsinfrastrukturbaus zu, der als Szenario für die Analyse gewählt wird.

Die vorhandenen Lösungen zur Steuerung setzen einen starken Fokus auf die Planung. Nur wenige Lösungen lassen sich auf die Bauausführung anwenden, die von Brüchen und Störungen geprägt ist. Informationssystemlösungen für die Steuerung wertschöpfender Aktivitäten im Verkehrsinfrastrukturbar sind nicht ausreichend dargelegt und evaluiert. Ebenso ist ihre Fundierung in vielen Arbeiten unzureichend. Die vorliegende Arbeit nutzt die Prozessorganisation und die multiattributive Perspektive der Theorie der Verfügungsrechte von Barzel (1997) für die Gestaltung des Modells und des Simulationsexperiments. Aus der verfügungsrechtlichen Perspektive lassen sich Verfügungen eines Akteurs über Ressourcen in seinen Prozessen bewerten.

Die Steuerung aus Perspektive eines Akteurs unter Bezug zur wechselnden Umgebung wird mit der Agententechnologie als informationstechnischer Ansatz zur verteilten Steuerung der Wertschöpfung im Erdbau nach Hevner (2004, S. 75 - 105) umgesetzt. In der Analyse des Stands der Forschung zur Situierung von Agenten zeigt sich, dass technische Lösungen für eine Umsetzung vorhanden sind, geeignete Modelle der Interaktion eines Agenten mit seiner Umgebung für die Anforderungen dieser Arbeit fehlen. Dezentrale Ansätze für offene Umgebungen im Verkehrsinfrastrukturbau fehlen. Agenten sind jedoch aufgrund ihrer inhärent dezentralen Architektur für eine informationstechnische Umsetzung geeignet sind. Vor einer Analyse von Methoden und Modellen der Agenten auf ihren Beitrag zur Steuerung werden ökonomische Theorien zur Beschreibung des Akteurs in seinem Wertschöpfungsumfeld ausgewählt. Die Gestaltung des Steuerungsverfahrens für einen Agenten als dezentralen, maschinellen Aufgabenträger erfolgt anhand der Prozessorganisation und der

Theorie der Verfügungsrechte. Das gestaltete verfügungsrechtliche Steuerungsverfahren wird in einem Simulationsexperiment auf seinen Beitrag untersucht.

Die Gestaltung des Modells einer verfügungsrechtlichen Steuerung als Interaktion von Agent und Umgebung wird in Anlehnung an Bossel (2004) vorgenommen. Zunächst werden die Größen des Modells aus der Prozessorganisation und der Theorie der Verfügungsrechte in das Modell überführt und ihre qualitativen Wirkungsbeziehungen erhoben. Die im Modell der qualitativen Wirkbeziehungen erhobenen Größen sind die Grundlage des mathematischen Modells, welches die aus der Theorie erhobenen Größen verfeinert und mathematisch spezifiziert. Es wird sowohl der allgemeine Fall von Transaktionskosten als auch der spezielle Fall der Wartezeit modelliert und in Algorithmen überführt. Das entstandene Modell ist auf Grundlage der ökonomischen Theorien allgemein gestaltet, so dass eine künftige Erweiterung oder Instanziierung unter anderen Einsatzbedingungen gegeben ist. Die grundlegenden Wirkungsbeziehungen des Modells müssen für weitere Instanziierungen nicht angepasst werden. Die Universalität des Modells ermöglicht den einfachen Transfer auf weitere Anwendungsdomänen, in denen eine hohe Dynamik mit einem hohen Grad an Interdependenzen vorliegt und eine hohe Flexibilität in den wertschöpfenden Prozessen mehrerer Akteure erforderlich ist.

Das Simulationsexperiment als Erkenntnismethode ermöglicht eine gezielte Evaluation der verfügungsrechtlichen Steuerung unter kontrollierten Bedingungen im betrachteten Szenario des Verkehrsinfrastrukturbaus. Gemäß der Einteilung von Uhrmacher und Weyns (2009, S. 109 - 422) sowie Michel et al. (2009, S. 4 ff.) in MAS, die zur Simulation verwendet werden, und MAS, die simuliert werden, wird in dieser Arbeit ein MAS simuliert. Ausschließlich die Daten, auf die Agenten zugreifen, werden durch einen Simulator erzeugt. Die Agenten im MAS lassen sich zur Steuerung im Verkehrsinfrastrukturbau verwenden. Die Ergebnisse des Simulationsexperiments mit dem simulierten MAS lassen die höhere Leistung einer verfügungsrechtlichen Steuerung bei Brüchen und Störungen, also einer unvollständig erheb- und beeinflussbaren, dynamischen Umgebung am Beispiel des Verkehrsinfrastrukturbaus gegenüber heutigen Verfahren erkennen.

5.2 Implikationen der Simulationsexperimentergebnisse

5.2.1 Implikationen für die verteilten künstlichen Intelligenz

Die Interaktion eines Agenten mit seiner Umgebung ist insbesondere für reaktive Agenten erforscht. Hieraus werden keine allgemeingültigen Methoden für die Gestaltung der Interaktion von Agent und Umgebung gewonnen, die eine Prognose des Agenten in die nahe Zukunft einbeziehen. Das Modell dieser Arbeit bietet eine klare Abgrenzung der Objekte, die für eine zielgerichtete

Aufgabenerfüllung unter Interaktion mit der Umgebung vom Agenten durchzuführen sind. Die Wahl des Agententypus ist eine direkte Folge der Vorgänge, die im Agenten abzubilden sind. Reaktive Agenten sind für eine Steuerung, die gemäß Endsley (1995c, S. 32 - 64) eine Verdichtung von erkannten Elementen zu Situationen und darauf basierend eine Prognose in die kurzfristige Zukunft als Entscheidungsgrundlage erfordert, ungeeignet. Hierfür werden komplexere Agenten benötigt, die über einen deliberativen Entscheidungsmechanismus verfügen. Aufgrund der verfügungsrechtlichen und prozessorganisatorischen Fundierung des Modells hat der Entwickler eines Agenten ausschließlich die Parametrisierung der Steuerung in Abhängigkeit der fachlichen Rahmenbedingungen des Agenteneinsatzes vorzunehmen. Der Prozess der Entwicklung von Agenten wird durch das Modell der verfügungsrechtlichen Steuerung vereinfacht und verkürzt.

Die verfügungsrechtliche Steuerung hat sich im Simulationsexperiment in einer dynamischen, nicht vorhersagbaren Umgebung als vorteilhaft für die erreichte Leistung erwiesen, wenn der Horizont des Agenten auf das Anwendungsszenario richtig angewendet wird. Dem Konfigurator des Systems muss bekannt sein, ob eine lokale Optimierung durch den Agenten stets auch zu einem globalen Optimum führt. Die Simulationsergebnisse zeigen, dass dies nicht stets gilt. Gerade in dynamischen, nicht vorhersagbaren Umgebungen sind nach Bond und Gasser (1988, S. 20 ff.) ein nutzbringendes Anwendungsgebiet für Agenten, da diese mit ihren Lokalisierungsfähigkeiten und ihrem lokalen Kontextbezug für derart verteilte Anwendungsszenarien bereits geeignete Voraussetzungen mitbringen. In diesen Anwendungsgebieten ist die Koordination durch den maschinellen Aufgabenträger in Form von Informationssystemen selten anzutreffen. Wird der einzelne Agent jedoch befähigt, seine Transaktionskosten in gewünschten Grenzen aktiv wahrzunehmen und in seinen Entscheidungen zu berücksichtigen, ist in diesen Anwendungsgebieten durch den Einsatz von Agenten ein Automatisierungs- und Rationalisierungspotenzial zu erwarten.

5.2.2 Implikationen für die verwendeten Theorien

Tietzel (1981, S. 238) stellt in der Theorie der Verfügungsrechte insbesondere mangelnde Anwendbarkeit auf transaktionskostenmotivierte Themenstellungen fest, da sich Transaktionskosten nicht hinreichend genau quantifizieren lassen. Barzel (1997) hat unter Verwendung des klassischen Ansatzes aufgrund von Wartezeit und Preis erstmals eine Grundlage für die Quantifizierung geschaffen. Anhand des in dieser Arbeit erstellten Modells lassen sich weitere Transaktionskostenarten identifizieren und ihre Zusammenhänge in Simulationen überführen. So lässt sich der Erklärungsbereich der Theorie der Verfügungsrechte und darauf aufbauender Theorien im Simulationsexperiment erweitern.

In Verbindung mit der Theorie der Verfügungsrechte beschreibt die Prozessorganisation die Ablauforganisation bis auf Ebene des Akteurs. Sie geht über die Betrachtung der Ergebnisse von Picot et al. (2008) hinaus und erlaubt eine bottom-up Gestaltung der Organisation. Die Prozessorganisation wird durch die Theorie der Verfügungsrechte insbesondere an der Stelle ergänzt, die in der frühen Betrachtung von Gaitanides (1983) zu starr auf der Ebene des Akteurs und in seiner späteren Betrachtung (Gaitanides 2007) zu unspezifisch für dessen Handlungsrahmen bleibt. Die Theorie der Verfügungsrechte erfährt durch die Anwendung eine konkrete Auslegung mit einem institutionellen Rahmen. Durch eine Ausweitung des Erklärungsbeitrags der Theorie der Verfügungsrechte für weitere Transaktionskostenarten in weiteren institutionellen Rahmen können weitere Facetten der Ablauforganisation auf der Ebene einzelner Akteure beschrieben und analysiert werden.

5.2.3 Implikationen für Informationssysteme in offenen Umgebungen

Der Gestaltungsbeitrag dieser Arbeit eröffnet neue Anwendungsmöglichkeiten für den Einsatz von Informationssystemen in offenen Umgebungen. In Domänen mit starker Interdependenz durch Dritte, mit denen keine vollständige Abstimmung durchgeführt werden kann, da die Transaktionskosten zu hoch sind, z. B. mit anderen Verkehrsteilnehmern bei der Wegstreckenoptimierung für Gütertransport auf der Straße und der Wechselwirkung durch Staus und dichten Verkehr, kann ein dezentrales Informationssystem lokale Informationen in seine Optimierung einbeziehen. Der Einsatz eines zentralen Systems ist insbesondere dann nicht möglich, wenn keine vollständige Koordination aller Akteure möglich ist. Die lokale Bewertung der Situation durch den maschinellen Aufgabenträger unter möglicherweise zentral vorgegebenen Zielsetzungen bietet neue Möglichkeiten der Automatisierung in der wertschöpfungsstufenübergreifenden Steuerung.

Die Anwendung der Steuerung ist aufbauend auf den Ergebnissen dieser Arbeit auch in der Wertschöpfung mit hochdynamischer Umgebung möglich, in denen auf Planung ausgerichtete Informationssysteme aufgrund ihrer fehlenden Kopplung mit der Umgebung nicht eingesetzt werden können. Der Ansatz ermöglicht eine situationsabhängige Auslegung durch verteilte Erhebung und Abgrenzung der Situation in den Agenten, die mit einer zentralen Instanz zwar Ziele abstimmen, sich aber in der Ausführung in den Grenzen des Prozessvorranggraphen eigenständig optimieren. Dies ermöglicht für geschäftsprozessplanende und geschäftsprozessausführende Systeme eine enge Verknüpfung.

5.3 Weiterer Forschungsbedarf

Die in dieser Arbeit betrachtete Transaktionskostenart der Wartezeit eines Agenten kann durch die allgemeine Betrachtung des Modells erweitert werden, um Entscheidungen im Agenten auf eine differenziertere Basis zu erstellen. Barzel (1997, S. 16 ff.) integriert zusätzlich zur Wartezeit den reduzierten Preis in seine Betrachtung, zu dem sich ein neues Gleichgewicht einstellt. Daher ist die Erweiterung des Modells auf Märkte mit Preis und Wartezeit theoriefundiert möglich. Durch die Wahrnehmung der Transaktionskosten und die entsprechenden institutionellen Rahmen kann das Agentenmodell auf immer neue Umgebungen angepasst werden, in denen sich der Agent situiert prognostizierend verhalten kann.

Neben den Transaktionskosten und damit dem institutionellen Rahmen können die Präferenzen eines Agenten anders belegt oder ausgeweitet werden. Im vorhandenen Modell wird nur die Leistung als Zielkriterium der Optimierung eines Agenten betrachtet. Der Agent ist jedoch mit erweiterten Präferenzen in der Lage, eine Rangfolge von Ressourcenattributen zu erstellen, die er unter der Berücksichtigung von Verfügungen im institutionellen Rahmen zusätzlich in seine Bewertung einfließen lässt. Insbesondere im Zusammenspiel mehrerer Agenten mit unterschiedlichen Rangfolgen ihrer Attribute ergeben sich zusätzliche Wechselwirkungen auf die in Kauf genommene oder nicht in Kauf genommene Wartezeit eines Agenten. Die Wechselwirkungen und die erzielte individuelle und globale Leistung mehrerer multipräferenter Agenten mit jeweils eigenen Rangfolgen von Ressourcenattributen sind in einem neuen Simulationsexperiment zu überprüfen.

Im vorliegenden Experiment wird gezeigt, dass ein weiterer Wahrnehmungshorizont nicht zwangsläufig zu besseren Gesamtergebnissen führt. Eine Dynamisierung des Horizonts eines Agenten im Prozessvorranggraphen kann abhängig von der wahrgenommenen Umgebungsdynamik einen Leistungsvorteil erbringen. Hierzu ist ein geeigneter Mechanismus zu gestalten, der die Veränderung der Umgebung über einen bestimmten Zeitraum erhebt und den Horizont des Agenten anpasst. Es ist zu erwarten, dass ein größerer Horizont für stetige Umgebungen und ein kleiner Horizont für dynamische Umgebungen vorteilhaft sind. In der Folge ist in statischen Umgebungen eine höhere Leistung von Agenten mit einem derart angepassten Modell gegenüber den Agenten dieser Arbeit zu erwarten, da letztere aufgrund ihres kurzen Horizonts ausschließlich auf eine dynamische Umgebung ausgelegt sind.

Im Modell dieser Arbeit ist nicht explizit modelliert, wie der Agent dritte Akteure abgrenzt, mit denen er sich im Sinne eines Prozessteams koordinieren kann und solche, mit denen er sich nicht koordinieren kann. Letztere werden von ihm als Ressource wahrgenommen, deren Auslastung nicht direkt koordiniert wird. Die Auslastung kann ausschließlich mit Dritten abgestimmt werden, die eine Interdependenz ihrerseits mit diesem Akteur haben. Es kommt zu einer gepoolten Interdependenz auf einem Attribut der Ressource, sofern die Nutzungen der Attribute konkurrierend sind. Ist der Agent von sich aus in der Lage, dritte Akteure abzugrenzen, lassen sich gemäß der Theorie der Verfügungsrechte externe Effekte gezielt internalisieren, da weniger Ressourcenattribute im offenen Raum verbleiben. Dieser Agent ist auch in ihm neuen Umgebungen in der Lage, eine effiziente Steuerung seiner Verfügungen durchzuführen.

Aus der dezentralen Perspektive der Theorie der Verfügungsrechte und aus der Perspektive anderer Theorien der Neuen Institutionenökonomik ergeben sich neue Möglichkeiten der Interaktion eines Agenten mit seiner Umgebung. So kann der Agent durch Erweiterung seines Modells mittels der positiven Agenturtheorie Situationen von Informationsasymmetrien mit dritten Akteuren erkennen und nutzen. Das Modell des Agenten lässt sich auf diese Art gezielt mit weiteren Koordinationsmöglichkeiten versehen, die ihm eine bessere Interaktion mit dritten Akteuren in seiner Umgebung ermöglichen. Das Agentenmodell wird zunehmend deckungsgleicher mit dem REMM, das die Theorien der Neuen Institutionenökonomik als Erklärungsmodell für den handelnden Akteur heranziehen. Grundlage bleiben stets die Transaktionskosten, denen sich der Agent in seinen Alternativen ausgesetzt sieht.

5.4 Abschließende Betrachtung

Die in dieser Arbeit gewählte Vorgehensweise zeigt, dass in der gestaltenden Informationssystemforschung durch Anwendung ökonomischer Theorien Modelle geschaffen werden, die über Einzelfälle hinaus eine Problemklasse für den Einsatz von Informationssystemen in Wertschöpfungssystemen als maschinelle Aufgabenträger adressieren. Dies verhilft zu einem breiteren Problemhorizont, auf den sich die Modelle anwenden lassen. Insbesondere aus den Theorien der Neuen Institutionenökonomik lassen sich Annahmen über das Verhalten eines Akteurs unter begrenzter oder asymmetrisch verteilter Information ableiten. Diese Aussagen können in unterstützende oder automatisierende Informationssysteme überführt werden, so dass sich diese angepasster verhalten, also in Abhängigkeit der erhobenen Situation ihrer Umgebung richtige Aktionen auslösen.

Die vorliegende Arbeit zielt im Individualization Engineering nach Kirn et al. (2008, S. 18 ff.) auf eine Erhöhung der räumlichen und zeitlichen Adaptivität im WSS unter den. Der Agent als Informationssystem kann sich als maschineller Aufgabenträger im Wertschöpfungssystem, das eine vollständige Koordination der Agenten nicht ermöglicht, situiert ausrichten, so dass er seinen Leistungsbeitrag maximiert. Jeder Agent verändert die Leistungsflüsse in Abhängigkeit seiner Umgebung und ermöglicht eine weitergehende Automatisierung der Wertschöpfung auch in der Ausführung in dynamischen Umgebungen. Das Konzept der Verteilten Künstlichen Intelligenz lässt sich in dieser Form gezielt zur Aufrechterhaltung der Wertschöpfung in räumlich verteilten und mit Brüchen versehenen Einsatzgebieten verwenden. Ergeben sich neue Erkenntnisse in der ökonomischen Forschung, so lassen sich diese in Koordinationsverfahren der Agenten überführen. In simulierten MAS lässt sich der Beitrag der Koordinationsverfahren in Simulationsexperimenten mit geringerem Aufwand gegenüber anderen zulässigen Methoden der Evaluation nach Hevner (2004, S. 85 ff.) feststellen, bevor diese in den produktiven Einsatz gehen. Das Wissen im Bereich der Steuerung von wertschöpfenden Aktivitäten durch Agenten wird auf diese Art kontinuierlich ausgebaut und verbessert.

Literaturverzeichnis

Abelson, R. P. (1981): Psychological status of the script concept. In: American Psychologist 36 (7), S. 715-729.

Ackroyd, N. (1998): Earthworks scheduling and monitoring using GPS. In: Proceedings of the Trimble Users Conference. San Jose, CA, 14-16 October.

Adam, D. (1993): Flexible Fertigungssystem im Spannungsfeld zwischen Rationalisierung, Flexibilisierung und veränderten Fertigungsstrukturen. In: Adam, D. (Hrsg.): Flexible Fertigungssysteme. Schriften zur Unternehmensführung 46. Gabler, Wiesbaden, S. 5-28.

Ahuja, H. N. (1976): Construction performance control by networks. Wiley & Sons, New York.

Alchian, A. A. (2008): Property Rights. In: Durlauf, S. N.; Blume, L. E. (Hrsg.): The New Palgrave Dictionary of Economics Online. Palgrave Macmillan, Houndmills, England, S.

Alchian, A. A. (1977): Some Economics of Property Rights. In: Alchian, A. A. (Hrsg.): Economic Forces at Work. Liberty Fund, Indianapolis, S. 127-149. Nachdruck von Alchian, Armen A., Il Politico. 30, 1965, S. 816-829.

Alchian, A. A.; Demsetz, H. (1972): Production, Information Costs, and Economic Organization. In: The American Economic Review 62 (5), S. 777-795.

Alchian, A. A.; Demsetz, H. (1973): The Property Right Paradigm. In: The Journal of Economic History 33 (1), S. 16-27.

Alkayyali, O.; Minkarah, I.; Sukarieh, G. (1994): Resource Allocation: Toward a practical Solution. In: Civil Engineering and Environmental Systems 11 (1), S. 19-41.

Allam, S. I. G. (1998): Multi-project scheduling: A new categorization for heuristic scheduling rules in construction scheduling problems. In: Construction Management & Economics 6 (2), S. 93-115.

Allweyer, T. (2005): Geschäftsprozessmanagement - Strategie, Entwurf, Implementierung, Controlling. W3L, Bochum.

Alparslan, A. (2006): Strukturalistische Prinzipal-Agent-Theorie - Eine Reformulierung der Hidden-Action-Modelle aus der Perspektive des Strukturalismus. Deutscher Universitätsverlag | Gabler Edition Wissenschaft, Wiesbaden.

Arrow, K. (1987): Reflections on the Essays. In: Feiwel, G. (Hrsg.): Arrow and the Foundations of the Theory of Economic Policy. New York University Press, New York, S. 727-734.

Artman, H. (2000): Team situation assessment and information distribution. In: Ergonomics 43 (8), S. 1111-1128.

Assaf, S. A.; Al-Hejji, S. (2006): Causes of delay in large construction projects. In: International Journal of Project Management 24 (4), S. 349-357.

Baker, J. (1996): Agility and Flexibility: What's the difference? Cranflield Scholl of Managemant WPS. Cranfield University, Cranfield.

Ballard, G.; Howell, G. (1998): Shielding production: essential step in production control. In: Journal of Construction Engineering and Management, ASCE 124 (1), S. 11-17.

Bandini, S.; Manzoni, S.; Simone, C. (2002): Dealing with Space in Multi–Agent Systems: a model for Situated MAS. In: Proceedings of the First International Joint Conference on Autonomous Agents and Multi–Agent Sytems (AAMAS 2002). S. 1183-1190.

Bandini, S.; Manzoni, S.; Simone, C. (2002): Heterogeneous Agents situated in Heterogeneous Spaces. In: Applied Artificial Intelligence - An International Journal 16 (9-10), S. 831-852.

Bandini, S.; Manzoni, S.; Vizzari, G. (2004): A Spatially Dependent Communication Model for Ubiquitous Systems. In: E4MAS 2004, LNAI 3374. S. 74-90.

Bandini, S.; Manzoni, S.; Vizzari, G. (2006): Toward a Platform for Multi-Layered Multi-Agent Situated System (MMASS)-based Simulations: Focusing on Field Diffusion. In: Applied Artificial Intelligence - An International Journal 20 (2-4), S. 327-351.

Barberousse, A.; Franceschelli, S.; Imbert, C. (2009): Computer simulations as experiments. In: Synthese 169 (3), S. 557-574.

Barzel, Y. (1994): The Capture of Wealth by Monopolists and the Protection of Property Rights. In: International Review of Law and Economics 14 (4), S. 393-407.

Barzel, Y. (1997): Economic Analysis of Property Rights (2. Edition). Cambridge University Press, Cambridge, UK.

Barzel, Y. (1982): Measurement Cost and the Organisation of Markets. In: Journal of Law and Economics 25 (1), S. 27-48.

Barzel, Y. (2003): Property Rights in the Firm. In: Anderson, T. L.; McChesney, F. S. (Hrsg.): Property Rights. Cooperation, Conflict, and Law. Princeton University Press, Princeton / Oxford, S. 42-57.

Barzel, Y. (1974): A Theory of Rationing by Waiting. In: Journal of Law and Economics 17 (1), S. 73-95.

Bator, F. M. (1958): The Anatomy of Market Failure. In: The Quarterly Journal of Economics 72 (3), S. 351-379.

Bauer, H. (2006): Baubetrieb. Springer, Berlin.

Bellifemine, F.; Poggi, A.; Rimassa, G. (1999): JADE - A FIPA-compliant agent framework. In: Proceedings of PAAM'99. London, S. 97-108.

Blankart, C. B. (2008): Öffentliche Finanzen in der Demokratie: Eine Einführung in die Finanzwirtschaft - 7., vollst. überarb. Aufl. Vahlen, München.

Bode, J. (1994): Eine unscharfe Produktionsfunktion der Unternehmung - Ansätze zu einer nicht-deterministischen betriebswirtschaftlichen Produktionstheorie. In: ZfB 64 (1994), S. 465-492.

Bond, A., H.; Gasser, L. G. (1988): Readings in distributed artificial intelligence. Morgan Kaufmann Publishers, San Mateo, CA.

Borcherding, J. D. (1977): What is the construction foreman really like? In: Journal of Construction Engineering and Management. ASCE 103 (1), S. 71-87.

Bordini, R. H.; Hübner, J. F.; Wooldridge, M. (2007): Programming Multi-agent Systems in AgentSpeak Using Jason. Wiley-Blackwell, Liverpool, UK.

Bossel, H. (2004): Systeme, Dynamik, Simulation - Modellbildung, Analyse und Simulation komplexer Systeme. Books on Demand GmbH, Norderstedt.

Bratman, M. E. (1987): Intention, Plans, and Practical Reason. Camebridge University Press, Camebride, Mass.

Bratman, M. E.; Israel, D. J.; Pollack, M. E. (1988): Plans and Resource-bounded Practical Reasoning. In: Computational Intelligence 4 (4), S. 349-355.

Braubach, L. (2007): Architekturen und Methoden zur Entwicklung verteilter agentenbasierter Softwaresysteme. Lulu Enterprise Inc., Morsville.

Braubach, L.; Pokahr, A. (2007): Jadex User Guide. http://jadex.informatik.uni-hamburg.de/docs/jadex-0.96x/userguide/userguide.pdf, Abruf am 2011-10-03.

Braun, C.; Hafner, M.; Wortmann, F. (2004): Methodenkonstruktion als wissenschaftlicher Erkenntnisansatz. Arbeitspapier, Universität St. Gallen - Hochschule für Wirtschafts-, Rechts- und Sozialwissenschaften (HSG) - Institut für Wirtschaftsinformatik.

Bretzke, W.-R. (1980): Der Problembezug von Entscheidungsmodellen. Mohr, Tübingen.

Brooks, R. A. (1991a): Intelligence without reason. In: Proceedings of the Twelfth International Conference on Artificial Intelligence, Computers and Thought, IJCAI-91. Sydney, Australia, S. 569-595.

Brooks, R. A. (1991b): Intelligence without representation. In: Artificial Intelligence 47 (1-3), S. 139-159.

Brooks, R. A. (1986): A robust layered control system for a mobile robot. In: IEEE Journal of Robotics and Automation 2 (1), S. 14-23.

Brückner, S. (2000): Return from the Ant - Synthetic Ecosystems For Manufacturing Control. Dissertation, Mathematisch-Naturwissenschaftlichen Fakultät II, Humboldt-Unversität.

Buchanan, J. M.; Tullock, G. (1962): the calculus of consent - logical foundations of constitutional democracy. University of Michigan Press, Michigan.

Buford, J.; Jakobson, G.; Lewis, L. (2010): Peer-to-peer coupled agent systems for distributed situation management. In: Informaion Fusion 11 (3), S. 233-242.

Buford, J. F.; Jakobson, G.; Lewis, L. (2006a): Extending BDI Multi-Agent System with Situation Management. In: International Conference on Information Fusion. Florence, Italy.

Buford, J. F.; Jakobson, G.; Lewis, L. (2006b): Multi-Agent Situation Management for Supporting Large-Scale Disaster Relief Operations. In: International Journal of Intelligent Control and Systems 11 (4), S. 284-295.

Buford, J. F.; Lewis, L.; Jakobson, G. (2008): Insider Threat Detection Using Situation-Aware MAS. In: The 11th International Conference on Information Fusion. Köln, Germany.

Carmichael, D. O. (1986): Shovel-truck queues - a reconciliation of the theory and practice. In: Construction Management and Economics 4 (2), S. 161-178.

Caterpillar Inc. (2012): CAT Hydraulikbagger 345D L. http://www.zeppelin-cat.at/img/pdfs/bagger/kettenbagger_45_90/G-3722-345D-Specalog.pdf, Abruf am 2012-04-13.

Chan, W. T.; Chua, D. K. H.; Kannan, G. (1998): Construction resource sheduling with genetic algorithms. In: Journal of Construction Engineering & Management 122 (2), S. 125-132.

Chapman, D.; Agre, P. (1986): Abstract reasoning as emergent from concrete activity. In: Georgeff, M. P.; Lansky, A. L. (Hrsg.): Reasoning About Actions & Plans. Morgan Kaufmann, San Mateo, CA, US, S. 411-424.

Cheng, F. F.; Wang, Y. W.; Ling, X. Z.; Bai, Y. (2011): A Petri net simulation model for virtual construction of earthmoving operations. In: Automation in Construction 20 (2), S. 181-188.

Cheng, T. M.; Feng, C. W. (2003): An effective simulation mechanism for construction operations. In: Automation in Construction 12 (3), S. 227-244.

Cheng, T. M.; Feng, C. W.; Chen, Y. L. (2005): A hybrid mechanism for optimizing construction simulation mechanism. In: Automation in Construction 14 (1), S. 85-98.

Cheung, S. N. S. (1973): The Fable of the Bees: An Economic Investigation. In: Journal of Law and Economics 16 (1), S. 11-33.

Cheung, S. N. S. (1970): The Structure of a Contract and the Theory of a Non-Exclusive Resource. In: Journal of Law and Economics 13 (1), S. 49-70.

Cheung, S. N. S. (1974): A Theory of Price Control. In: Journal of Law and Economics 17 (1), S. 53-71.

Cheung, S. N. S. (1969): A Theory of Share Tenancy. University of Chicago Press, Chicago.

Christodoulou, S. E.; Ellinas, G.; Michaelidou-Kamenou, A. (2010): Minimum Moment Method for Resource Leveling Using Entropy Maximization. In: Journal of Construction Engineering & Management 136 (5), S. 518-527.

Chua, D. K. H.; Chan, W. T.; Govindan, K. (1996): Scheduling with co-evolving resource availability profiles. In: Civil Engineering and Environmental Systems 13 (4), S. 311-329.

Chua, D. K. H.; Li, G. M. (2002): RISim: Resource-Interacted Simulation Modeling in Construction. In: Journal of Construction Engineering & Management 128 (3), S. 195-203.

Coase, R. H. (1937): The Nature of the Firm. In: Economica, New Series 4 (16), S. 386-405.

Coase, R. H. (1960): The Problem of Social Cost. In: Journal of Law and Economics 3 (1), S. 1-44.

Cobb, C. W.; Douglas, P. H. (1928): A Theory of Production. In: American Economic Review 18 (1), S. 139-165.

Cole, D. H.; Grossman, P. Z. (2002): The Meaning of Property Rights: Law versus Economics? In: Land Economics 78 (3), S. 317-330.

Corkill, D. (1991): Blackboard systems. In: Journal of AI Expert 9 (6), S. 40-47.

Corrêa, H. L. (1994): Linking flexibility, uncertainty and variability in manufacturing systems: managing un-planned change in the automative industry. Avebury cop., Aldershot (GB), Brookfield (Vt.), Hong Kong.

De Alessi, L. (1990): Development of the Property Rights Approach. In: Journal of Institutional and Theoretical Economics 146 (1), S. 6-11.

De Alessi, L. (1980): The economics of Property Rights: A review of the evidence. In: Research in Law and Economics 78 (2), S. 1-47.

Demsetz, H. (1998): Book review of "Firms, Contracts, and Financial Structure" by Oliver Hart. In: The Journal of Political Economy 106 (2), S. 446-452.

Demsetz, H. (1964): The Exchange and Enforcement of Propterty Rights. In: Journal of Law and Economics 7 (1), S. 11-26.

Demsetz, H. (1967): Toward a Theory of Property Rights. In: The American Economic Review - Papers and Proceedings of the Seventy-ninth Annual Meeting of the American Economic Association. 57 (2), S. 347-359.

Detterbeck, S. (2000): Öffentliches Recht für Wirtschaftswissenschaftler. Verlag Franz Vahlen, München.

Dietl, H. M. (1993): Institutionen und Zeit. Mohr (Paul Siehrenbeck), Tübingen.

DIN Normenausschuss Bauwesen (2010): DIN 1960:2010-08 Vergabe- und Vertragsordnung für Bauleistungen Teil A: Allgemeine Bestimmungen für die Vergabe von Bauleistungen. Deutsches Institution für Normung e.V., Berlin.

Dousson, C.; Gaborit, P.; Ghallab, M. (1993): Situation Recognition: Representation and Algorithms. In: Proceedings of the 13th International Joint Conference an Artificial Intelligence - Vol. 1. San Francisco, US, S. 166-172.

Dreier, F. (2001): Nachtragsmanagement für gestörte Bauabläufe aus baubetrieblicher Sicht. Fakultät für Architektur, Bauingenieurwesen und Stadtplanung, TU Cottbus.

Duffy, M. (1995): Sensemaking in Classroom Conversations. In: al., I. M. e. (Hrsg.): Openness in Research: The Tension between Self and Other. Van Gorcum, Assen, Netherlands, S. 119-132.

Durfee, E.; Lesser, V.; Corkill, D. (1987): Coherent Cooperation Among Communicating Problem Solvers. In: IEEE Transactions on Computers C36 (11), S. 1275-1291.

Easa, S. M. (1989): Resource leveling in construction by optimization. In: Journal of Construction Engineering & Management 115 (2), S. 302-316.

Ebers, M.; Gotsch, W. (2006): Institutionenökonomische Theorien der Organisation. In: Kieser, A.; Ebers, M. (Hrsg.): Organisationstheorien. W. Kohlkammer, Stuttgart, S. 247-308.

Eggertsson, T. (1990): Economic Behavior and Institutions - Principles of Neoinstitutional Economics. Cambridge University Press, Cambridge, UK.

Eiff, W. v. (1994): Geschäftsprozessmanagement. In: Zeitschrift Führung und Organisation 1994 (63), S. 364-371.

Eitelhuber, A. (2007): Partnerschaftliche Zusammenarbeit in der Bauwirtschaft. Ansätze zu kooperativem Projektmanagement im Industriebau. University Press, Kassel.

El-Rayes, K.; Jun, D. H. (2009): Optimizing Resource Leveling in Construction Projects. In: Journal of Construction Engineering & Management 135 (11), S. 1172-1180.

Endsley, M. R. (1987): The application of human factors to the development of expert systems for advanced cockpits. In: Proceedings of the Human Factors Society 31st Annual Meeting. Santa Monica, CA, S. 1388-1392.

Endsley, M. R. (1988a): Design and Evaluation for situation awareness enhancement. In: Proceedings of the Human Factors Society 32nd Annual Meeting. Santa Monica, CA, S. 97 - 101.

Endsley, M. R. (1995a): Measurement of Situation Awareness in Dynamic Systems. In: Human Factors 37 (1), S. 65-84.

Endsley, M. R. (1995b): Situation Awareness and the Cognitive Management of Complex Systems. In: Human Factors 37 (1), S. 85-104.

Endsley, M. R. (1988b): Situation awareness global assessment technique (SAGAT). In: National Aerospace and Electronic Conference. Dayton, OH.

Endsley, M. R. (2000): Theoretical underpinnings of situation awareness. A critical review. In: Endsley, M. R.; Garland, D. J. (Hrsg.): Situation Awareness Analysis and Measurement. Lawrence Erlbaum Associates, Mahwah, New Jersey, US, S. 3-32.

Endsley, M. R. (2004): Theoretical underpinnings of situation awareness: A critical review. In: Banbury, S.; Tremblay, S. (Hrsg.): A cognitive approach to situation awareness: Theory, measurement and application. Ashgate Publishing, Aldershot, UK, S. 317-341.

Endsley, M. R. (1995c): Toward a theory of situation awareness in dynamic systems. In: Human Factors 37 (1), S. 32-64.

Engelmann, W. (2001): Marktveränderungen und organisatorischer Wandel. In: Mayrzedt, H.; Fissenewert, H. (Hrsg.): Handbuch Bau-Betriebswirtschaft. Werner, Düsseldorf, S. 95-108.

Erlei, M.; Leschke, M.; Sauerland, D. (2007): Neue Institutionenökonomik. Schäffer-Poeschel Verlag, Stuttgart.

Eschenbach, J. (2010): Mobilität und Verkehr In: ADAC Fachveranstaltung Effizienter Autobahnbau. Frankfurt am Main, 2010-05-18.

Farell, J. (1987): Information and the Coase Theorem. In: Economic Perpsectives 1 (2), S. 113-129.

Ferber, J. (2001): Multiagentensysteme - Eine Einführung in die Verteilte Künstliche Intelligenz. Addison-Wesley, München.

Ferber, J.; Müller, J.-P. (1996): Influences and Reaction: a Model of Situated Multiagent Systems. In: Second International Conference on Multiagent Systems (ICMAS-1996). Kyoto, Japan, S. 72-79.

Ferguson, I. A. (1992): TouringMachines: An Architecture for Dynamic, Rational, Mobile Agents. Clare Hall, University of Cambridge.

Ferrein, A.; Fritz, C.; Lakemeyer, G. (2005): Using Golog for Deliberation and Team Coordination in Robotic Soccer. In: Künstliche Intelligenz 05 (01), S. 24-30.

Ferstl, O. K.; Sinz, E. J. (2008): Grundlagen der Wirtschaftsinformatik. Oldenburg Verlag, München.

FIPA (2002): FIPA ACL Message Structure Specification SC00061G. Geneva, Switzerland.

FIPA (2011): The Foundation for Intelligent Physical Agents. http://www.fipa.org, Abruf am 2011--10-03.

Fischer, C.; Winter, R.; Wortmann, F. (2010): Gestaltungstheorie. In: Wirtschaftsinformatik 2010 (6), S. 383-386.

Fischer, M. (1993): Make-or-Buy-Entscheidungen im Marketing. Neue Institutionenlehre und Distributionspolitik. Gabler Verlag, Wiesbaden.

Flyvbjerg, B.; Holm, M. K. S.; Buhl, S. L. (2003): How common and how large are cost overruns in transport infrastructure projects? In: Transport Reviews 23 (1), S. 71-88.

Flyvbjerg, B.; Holm, M. K. S.; Buhl, S. L. (2004): What Causes Cost Overrun in Transport Infrastructure Projects? In: Transport Reviews 24 (1), S. 3-18.

Foss, K.; Foss, N. (2001): Assets, Attributes and Ownership. In: International Journal of the Economics of Business 8 (1), S. 19-37.

Foss, N. J. (2009): Property Rights Economics. http://organizationsandmarkets.files.wordpress.com/2009/09/foss-n-property-rights-economics.pdf, Abruf am 2010-03-01.

Franklin, S.; Graesser, A. (1996): Is it an agent or just a program? A taxonomy for autonomous agents. In: Intelligent Agents III. Agent Theories, Architectures, and Languages (Lectures Notes in Artificial Intelligence, 1193), Springer, Berlin. S. 21-35.

Franklin, S.; Graesser, A. C. (1997): Is it an Agent, or just a Program?: A Taxonomy for Autonomous Agents In: ECAI '96 Proceedings of the 3rd Workshop on Intelligent Agents III, Agent Theories, Architectures, and Languages (ATAL 1996). S. 21-35.

Frese, E. (2005): Grundlagen der Organisation. Entscheidungsorientiertes Konzept der Organisationsgestaltung. Gabler, Wiesbaden.

Furubotn, E. G.; Pejovich, S. (1974): Introduction. The New Property Rights Literature. In: Furubotn, E. G.; Pejovich, S. (Hrsg.): The Economics of Property Rights. Ballinger Pub. Co., Cambridge, Mass., S. 1-9.

Furubotn, E. G.; Pejovich, S. (1972): Property Rights and Economic Theory: A Survey of Recent Literature. In: Journal of Economic Literature 10 (4), S. 1137-1162.

Gaitanides, M. (1979a): Konstruktion von Entscheidungsmodellen und "Fehler dritter Art". In: Wirtschaftswissenschaftliches Studium 8 (1), S. 8-12.

Gaitanides, M. (1979b): Planungsmethodologie: Vorentscheidungen bei der Formulierung integrierter Investitionsplanungsmodelle. Duncker & Humblot, Berlin.

Gaitanides, M. (1983): Prozessorganisation. Vahlen, München.

Gaitanides, M. (2007): Prozessorganisation. Vahlen, München.

Gaitanides, M.; Scholz, R.; Vrohlings, A.; Raster, M. (1994): Prozeßmanagement - Konzepte, Umsetzungen und Erfahrungen des Reeingineering. Carl Hanser, München Wien.

Gehbauer, F. (2009): Baubetriebsplanung und Grundlagen der Verfahrenstechnik im Hoch-, Tief- und Erdbau. Institut für Technologie und Management im Baubetrieb, Karlsruhe.

Gelernter, D. (1985): Generative Communication in Linda. In: ACM Transactions on Programming Languages and Systems 7 (1), S. 80-112.

Georgeff, M. P.; Ingrand, F. F. (1989): Decision-Making in an Embedded Reasoning System. In: Proceedings of the Eleventh International Joint Conference on Artificial Intelligence. Detroit, Michigan, S. 972-978.

Georgeff, M. P.; Lansky, A. L. (1987): Reactive reasoning and planning. In: Proceedings of the Sixth National Conference on Artificial Intelligence (AAAI-87). Seattle, WA, US, S. 677-682.

Gero, J. S. (1998): Conceptual designing as a sequence of situated acts. In: Smith, I. (Hrsg.): Artificial intelligence in structural engineering. Springer, New York, S. 165-177.

Girmscheid, G. (2010): Leistungsermittlungshandbuch für Baumaschinen und Bauprozesse. Springer, Heidelberg, Berlin.

Glaserfeld, E. v. (1996): Der Radikale Konstruktivismus. Ideen, Ergebnisse, Probleme. Suhrkamp, Frankfurt am Main.

Green, M.; Odom, J. V.; Yates, J. T. (1995): Measuring Situation Awareness with the "Ideal Observer". In: Proceedings of the International Conference on Experimental Analysis and Measurement of Situation Awareness, Embry-Riddle Aeronautical University Press. S.

Gregor, S.; Jones, D. (2007): The anatomy of a design theory. In: Journal of the Association for Information Systems Research 8 (5), S. 312-335.

Grimscheid, G. (2003): Leistungsermittlung für Baumaschinen und Bauprozesse. Springer, Berlin u.a.

Grochla, E. (1976): Praxeologische Organisationstheorie durch sachliche und methodische Integration. Eine pragmatische Konzeption. In: Zeitschrift für betriebswirtschaftliche Forschung 28 S. 617-637.

Grossman, S. J.; Hart, O. D. (1986): The Costs and Benefits of Ownership: A Theory of Vertical and Lateral Integration. In: The Journal of Political Economy 94 (4), S. 691-719.

Gudat, A. J.; Henderson, D. E. (1997): Method and Apparatus for Real-time Monitoring and Coordination of Multiple Geography Altering Machines on a Work Site. In: Patent, U. S. (Hrsg.): Caterpillar Inc., United Stated, S. 1-23.

Gudat, A. J.; Henderson, D. E.; Stancil, D. D.; Johnson, D. B. (2004): Method and Apparatus for Dynamically Updating Representation of a Work Site and a Propagation Model. In: Patent, U. S. (Hrsg.): Caterpillar Inc., United Stated, S. 1-23.

Gudehus, T. (2010): Logistik. Springer, Berlin.

Günthner, W.; Zimmermann, J. (2008): Logistik in der Bauwirtschaft - Status quo, Handlungsfelder, Trends und Strategien. Bayern Innovativ - Cluster Logistik. Gesellschaft für Innovation und Wissenstransfer mbH, Nürnberg.

Günthner, W. A.; Kessler, S.; Frenz, T.; Wimmer, J. (2010a): Transportlogistikplanung im Erdbau. Technische Universität München, München.

Günthner, W. A.; Rank, E.; Vogt, N.; Euringer, T.; Stockbauer, W.; Hartmann, E.; Hirzinger, G. (2010b): Bayerischer Forschungsverbund Virtuelle Baustelle - Digitale Werkzeuge für die Bauplanung und -abwicklung. München, Erlangen-Nürnberg, Regensburg.

Halpin, D. W. (1973): An investigation of the use of simulation networks for modeling construction operations. PhD thesis, University of Michigan.

Halpin, D. W.; Riggs, L. S. (1992): Planning and Analysis of Construction Operations. John Wiley & Sons, New York.

Halpin, W.; Woodhead, W. (1976): Design of Construction and Process Operations. John Wiley & Sons, New York.

Hamilton, W. L. (1987): Situation Awareness Metrics Program. 871767, Society of Automotive Engineers, Warrendale, PA.

Hammer, M.; Champy, J. (1993): Reengineering the Corporation: A Manifesto for Business Revolution. HarperCollins, New York, NY, USA.

Harris, R. (1978): Resource and arrow networking techniques for construction. John Wiley & Sons, New York.

Harris, R. B. (1990): Packing method for resource leveling (pack). In: Journal of Construction Engineering & Management 126 (4), S. 278-284.

Hart, O. (1996): An Economist's View of Authority. In: Rationality and Society 8 (4), S. 371-386.

Hart, O.; Moore, J. (1988): Incomplete Contracts and Renegotiation. In: Econometrica 56 (4), S. 755-785.

Hart, O. D. (1989): An economist's perspective on the theory of the firm. In: Columbia Law Review 89 S. 1757-1774.

Hart, O. D. (1995): Firms, Contracts, and Financial Structure. Oxford University Press, New York.

Hart, O. D.; Moore, J. (1990): Property Rights and the Nature of the Firm. In: The Journal of Political Economy 98 (6), S. 1119-1158.

Hasenclever, T.; Horenburg, T.; Höppner, G.; Cornelia Klaubert; Krupp, M.; Popp, K. H.; Schneider, O.; Schürkmann, W.; Uhl, S.; Weidner, J. (2011): Logistikmanagement in der Bauwirtschaft. In: Günthner, W.; Borrmann, A. (Hrsg.): Digitale Baustelle - innovativer Planen, effizienter Ausführen: Werkzeuge und Methoden für das Bauen im 21. Jahrhundert. Springer, Berlin, S. 205-290.

Hegazy, T. (1999): Optimization of resource allocation and leveling using genetic algorithms. In: Journal of Construction Engineering & Management 125 (3), S. 167-175.

Hegazy, T.; Kassab, M. (2003): Resource optimization using combined simulation and genetic algorithms. In: Journal of Construction Engineering and Management, ASCE 129 (6), S. 698-705.

Heil, I. (Hrsg.) (2011): Deutschland in Zahlen 2011. Institut der deutschen Wirtschaft, Köln.

Heinen, E. (1983): Betriebswirtschaftliche Kostenlehre - Kostentheorie und Kostenentscheidungen. Gabler, Wiesbaden.

Heinrich, L. J. (2005): Forschungsmethodik einer Integrationsdisziplin: Ein Beitrag zur Geschichte der Wirtschaftsinformatik. In: International Journal of History and Ethics of Natural Sciences, Technology and Medicine 13, S. 104–117.

Hennart, J.-F. (1993): Explaining the Swollen Middle: Why Most Transactions Are a Mix of "Market" and "Hierarchy" In: Organization Science 4 (4), S. 529-547.

Hevner, A. R. (2009): Interview mit Alan R. Hevner zum Thema "Design Science". In: WIRTSCHAFTSINFORMATIK 51 (1), S. 148-151.

Hevner, A. R. (2007): A Three Cycle View of Design Science Research. In: Scandinavian Journal of Information Systems 19 (2), S. 87-92.

Hevner, A. R.; March, S. T.; Park, J.; Ram, S. (2004): Design Science in Information Systems Research. In: MIS Quarterly 28 (1), S. 75-105.

Hewitt, C. (1990): The challenge of open systems. In: Patridge, D.; Wilks, Y. (Hrsg.): The Foundations of Artificial Intelligence - A Sourcebook. Cambridge University Press, S. 383-395.

Hiyassat, M. A. S. (2001): Applying modified minimum momentum method to multiple resource leveling. In: Journal of Construction Engineering & Management 127 (3), S. 192-198.

Hiyassat, M. A. S. (2000): Modification of minimum moment approach in resource leveling. In: Journal of Construction Engineering & Management 125 (3), S. 278-284.

Hölzel, A. (2011): 400.000 Kilometer Stillstand - ADAC Staubilanz 2010. http://www.presse.adac.de/meldungen/Verkehrspolitik/400000_Kilometer_Stillstand.asp?ComponentID=321824&SourcePageID=172606#0, Abruf am 2011-10-22.

Hossein Hashemi Doulabi, S.; Seifi, A.; Shariat, S. Y. (2011): Efficient Hybrid Genetic Algorithm for Resource Leveling via Activity Splitting. In: Journal of Construction Engineering & Management 137 (2), S. 137-146.

Huber, M. (1999): JAM: A BDI-theoretic mobile agent architecture. In: Etzioni, O.; Müller, J.; Bradshaw, J. (Hrsg.): Proceedings of the third annual conference on autonomous agents (AGENTS-99). ACM Press, New York, S. 236-243.

Hüster, F. (1992): Leistungsberechnung der Baumaschinen. Werner, Düsseldorf.

Jennings, N. R. (2001): An agent-based approach for building complex software systems. In: Communications of the ACM 44 (4), S. 35-41.

Jennings, N. R. (2000): On agent-based software engineering. In: Artificial Intelligence 117 (2), S. 277–296.

Jennings, N. R.; Sycara, K.; Wooldridge, M. (1998): A Roadmap of Agent Research and Development. In: Autonomous Agents and Multi-Agent Systems 1 (1), S. 7-38.

Jensen, M. C.; Meckling, W. H. (1994): The Nature of Man. In: Journal of Applied Corporate Finance 7 (2), S. 4-19.

Jensen, M. C.; Meckling, W. H. (1976): Theory of the Firm: Managerial Behavior, Agency Costs and Ownership Structure. In: Journal of Financial Economics 3 (4), S. 305-360.

Jensen, M. C.; Meckling, W. H. (2000): Theory of the Firm: Managerial Behavior, Agency Costs, and Ownership Structure. In: Jensen, M. C. (Hrsg.): A Theory of the Firm. Harvard University Press, Cambridge, London, S. 83-135.

Ji, Y.; Borrmann, A. (2010): Ein Konzept zur Kopplung makroskopischer Optimierung mit mikroskopischer Simulation von Erdbauprozessen. In: Forschungsworkshop zur Simulation von Bauprozessen. S. 17-23.

Jones, D. G.; Endsley, M. R. (2000): Overcoming Representational Errors in Complex Environments. In: Human Factors 42 (3), S. 367-378.

Jost, P.-J. (2001): Einführung in die Prinzipal-Agenten-Theorie. In: Jost, P.-J. (Hrsg.): Die Prinzipal-Agenten-Theorie in der Betriebswirtschaftslehre. Schäffer-Poeschl, Stuttgart, S. 9-43.

Jost, P.-J. (2000): Organisation und Koordination - Eine ökonomische Einführung. Gabler, Wiesbaden.

Jun, D. H.; El-Rayes, K. (2011): Multiobjective Optimization of Resource Leveling and Allocation during Construction Scheduling. In: Journal of Construction Engineering & Management 137 (12), S. 1080-1088.

Kaas, K. P. (1995): Marketing und Neue Institutionenökonomik. In: Kontrakte, Geschäftsbeziehungen, Netzwerke – Marketing und neue Institutionenökonomik, ZfbFSonderheft 1995 (68), S. 1-17.

Karshenas, S.; Haber, D. (1990): Economic optimization of construction project scheduling. In: Construction Management & Economics 22 (4), S. 135-146.

Kaser, M.; Knütel, R. (2008): Römisches Privatrecht. Verlag C.H. Beck, München.

Kästner, J.; Arnold, E. (2011): When can a Computer Simulation act as a Substitute for an Experiment? In: Preprint Series SRC SimTech X (2011), S. 1-18.

Khandwalla, P. N. N. Y. u. a. (1977): The design of organizations. New York.

Kim, J.; Mahoney, J. T. (2005): Property Rights Theory, Transaction Costs Theory, and Agency Theory: An Organizational Economics Approach to Strategic Management. In: Managerial and Decision Economics 26 S. 223-242.

Kim, K.; Kim, K. J. (2010): Multi-agent-based simulation system for construction operations with congested flows. In: Automation in Construction 19 (7), S. 867-874.

Kirn, S. (1996): Gestaltung von Multiagenten-Systemen: Ein organisationszentrierter Ansatz. Wirtschaftswissenschaftliche Fakultät, Westfälische Wilhelms-Universität.

Kirn, S. (2002): Kooperierende intelligente Softwareagenten. In: Wirtschaftsinformatik 44 (1), S. 53-63.

Kirn, S.; Anhalt, C.; Bieser, T.; Jacob, A.; Klein, A.; Leukel, J. (2008): Individualisierung von Sachgütern und Dienstleistungen durch Adaptivität von Wertschöpfungssystemen in Raum, Zeit und Ökonomie. In: Kirn, S. (Hrsg.): Individualization Engineering. Cuvillier-Verlag, Göttingen, S. 3-60.

Klein, B.; Crawford, R. G.; Alchian, A. A. (1978): Vertical Integration, Appropriable Rents, and the Competitive Contracting Process. In: Journal of Law and Economics 21 (2), S. 297-326.

Klein, G.; Moon, B.; Hoffman, R. R. (2006): Making Sense of Sensemaking 1: Alternative Perspectives. In: IEEE Intelligent Systems 21 (4), S. 70-73.

Klein, G.; Moon, B.; Hoffman, R. R. (2006): Making Sense of Sensemaking 2: A Macrocognitive Model. In: IEEE Intelligent Systems 21 (5), S. 88-92.

Klock, J. (1969): Zur gegenwärtigen Diskussion der betriebswirtschaftlichen Produktionstheorie und Kostentheorie. In: ZfB 39 (1. Ergänzungsheft), S. 49-82.

Kosiol, E. (1966): Die Unternehmung als wirtschaftliches Aktionszentrum: Einführung in die Betriebswirtschaftslehre. Rowohlt, Reinbek.

Kosiol, E. (1961): Modellanalyse als Grundlage unternehmerischer Entscheidungen. In: Zeitschrift für handelswissenschaftliche Forschung 1961 (13), S. 318-334.

Kosiol, E. (1962): Organisation der Unternehmung. Gabler, Wiesbaden.

Kubicek, H. (1977): Heuristische Bezugsrahmen und heuristisch angelegte Forschungsdesigns als Elemente einer Konstruktionsstrategie empirischer Forschung. In: Köhler, R. (Hrsg.): Empirsche und handlungstheoretische Forschungskonzeptionen in der Betriebswirtschaftslehre. Stuttgart, S. 189-207.

Küpper, H.-U. (1979): Dynamische Produktionsfunktionen der Unternehmung auf der Basis des Input-Output-Ansatzes. In: ZfB 1979 (49), S. 93-106.

Lambropoul, S.; Manolopoulos, N.; Pantouvakis, J.-P. (1996): SEMANTIC: Smart EarthMoving ANalysis and esTImation of Cost. In: Construction Management & Economics 14 (2), S. 79-92.

Laufer, A.; Howell, G. A.; Rosenfeld, Y. (1992): Three models of short-term construction planning. In: Construction Management and Economics 10 (3), S. 249-262.

Laufer, A.; Tucker, R. L. (1988): Competence and timing dilemma in construction planning. In: Construction Management and Economics 6 (4), S. 339-355.

Lee, J.; Bernold, L. E. (2008): Ubiquitous Agent-Based Communication in Construction. In: Journal of Computing in Civil Engineering 22 (1), S. 31-39.

Leinz, J. (2004): Strategisches Beschaffungsmanagement in der Bauindustrie. Einkauf und Logistik in überregional tätigen Unternehmen des schlüsselfertigen Hochbaus. DUV, Wiesbaden.

Lemna, G. I.; Borcherding, J. D.; Tucker, R. L. (1986): Productive foremen in industrial construction. In: Journal of Construction Engineering and Management, ASCE 112 (2), S. 192-210.

Lespérance, Y.; Levesque, H.; Lin, F.; Marcu, D.; Reiter, R.; Scherl, R. (1996): Foundation of a logical approach to agent programming. In: Wooldridge, M.; Müller, J.-P.; Tamble, M. (Hrsg.): Intelligent Agents II, number 1037 in LNAI. Springer Verlag, New York, S. 331-346.

Ligier, A.; Fliender, J.; Kajanen, J.; Peyret, F. (2001): Open system road information support. In: Proceedings of the 18th Internationial Symposium on Automation and Robotics in Construction (ISARC). Krakow, Poland, S. 1-6.

Ljungberg, M.; Lucas, A. (1992): The OASIS Air Traffic Management System. In: Secons Pacific Rim International Conference on Artificial Intelligence, PRICAI 92. Seoul, Korea.

Lockemann, P. C. (2006): What Agents Are and What They Are Good For - Agents. In: Kirn, S.; Herzog, O.; Lockemann, P.; Spaniol, O. (Hrsg.): Multiagent Engineering. Springer, Berlin, Heidelberg, New York, S. 17-35.

Ma, C.-t. (1988): Unique Implementation of Incentive Contracts with Many Agents. In: The Review of Economic Studies 55 (4), S. 555-571.

Maes, P. (1993): Modeling Adaptive Autonomous Agents. In: Artificial Life 1 (1-2), S. 135-162.

Mandelbaum, M. (1978): Flexibility in decision making: An exploration and unification. Department of Industrial Engineering, University of Toronto.

Mankiw, N. G.; Taylor, M. P. (2006): Economics. Thomson, London.

March, S. T.; Smith, G. F. (1995): Design and natural science research on information technology. In: Decision Support Systems 15 (4), S. 251-266.

Marzouk, M.; Moselhi, O. (2004): Multiabjective optimization of earthmoving operations. In: Journal of Construction Engineering and Management, ASCE 130 (1), S. 105-113.

Marzouk, M.; Moselhi, O. (2002): Simulation optimization for earthmoving operations using genetic algoithms. In: Construction Management and Economics 20 (6), S. 535-543.

Matthes, W. (2006): Dynamische Einzelproduktionsfunktion der Unternehmung (Produktionsfunktion vom Typ F). Betriebswirtschaftlicher Forschungsbericht Nr. 3/2006, 4. Aufl., Nachdruck von 1991. Bergische Universität Wuppertal, Wuppertal.

Matthes, W. (2008): Produktionsfunktion / Prozessmodell vom Typ G - Erweiterung der Produktionsfunktion Typ F - eine Zusammenfassung. Betriebswirtschaftlicher Forschungsbericht Nr. 13/2008. Bergische Universität Wuppertal, Wuppertal.

Mattila, K. G.; Abraham, D. M. (1998): Resource leveling of linear schedules using linear programming. In: Journal of Construction Engineering & Management 124 (3), S. 232-244.

Mayer, R. E. (1992): Thinking, Problem Solving, Cognition. W H Freeman and Company New York.

McCarthy, J. (1963): Situations, actions and causal laws, technical report, Stanford University. Nachdruck in Marvin Minsky (Hrsg.), Semantic Information Processing, MIT Press, Cambridge, Mass., 1968, S. 410-417.

McCarthy, J.; Hayes, P. J. (1969): Some philosophical Problems from the Standpoint of Artificial Intelligence. In: Meltzer, B.; Michie, D. (Hrsg.): Machine Intelligence 4. Edinburgh University Press, S. 463-502.

McCullouch, B. (1997): Automating field data collection in construction organizations. In: Proceedings of the Construction Congress, vol. V, ASCE. Reston, VA, S. 957-963.

Mertens, P. (1995): Wirtschaftsinformatik - Von den Moden zum Trend. In: Wirtschaftsinformatik 1995: Wettbewerbsfähigkeit - Innovation - Wirtschaftlichkeit. Heidelberg, S. 25-64.

Mertens, P. (2004): Zufriedenheit ist die Feindin des Fortschritts – ein Blick auf das Fach Wirtschaftsinformatik. Universität Erlangen-Nürnberg, Bereich Wirtschaftsinformatik I. Abruf am 2008-03-27.

Mertens, P.; Heinrich, L. J. (2002): Wirtschaftsinformatik: Ein interdisziplinäres Fach setzt sich durch. In: Gaugler, E.; Köhler, R. (Hrsg.): Entwicklung der Betriebswirtschaftslehre: 100 Jahre Fachdisziplin - zugleich eine Verlagsgeschichte. Schäffer-Poeschel, Stuttgart, S. 476-489.

Michel, F.; Ferber, J.; Drogoul, A. (2009): Multi-Agent Systems and Simulation: A Survey from the Agent Community's Perspective. In: Uhrmacher, A. M.; Weyns, D. (Hrsg.): Multi-Agent-Systems - Simulation and Applications. CRC Press, Rostock, Leuven, S. 3-52.

Mill, J. S. (1976): Der Utilitarismus. Reclam, Stuttgart.

Miller, D.; Greenwood, R.; Prakash, R. (2009): What Happened to Organization Theory? In: Journal of Management Inquiry 18 (4), S. 273-279.

Minsky, M. (1975): A Framework for Representing
Knowledge. In: Winston, P. H. (Hrsg.): The Psychology of Computer Vision. McGraw-Hill, New York, S. 211-277.

Moore, J. (1992): The firm as a collection of assets. In: European Economic Review 36 (2-3), S. 493-507.

Moore, J. (1974): Managerial Behavior in the Theory of Comparative Economic Systems. In: Furubotn, E. G.; Pejovich, S. (Hrsg.): The Economics of Property Rights. Ballinger Pub. Co., Cambridge, Mass., S. 327-339.

Moselhi, O.; Lorterapong, P. (1993): Least impact algorithm for resource allocation. In: Canadian Journal on Civil Engineering 20 (2), S. 180-188.

Mustapha, F. H.; Naoum, S. (1998): Factors influencing the effectiveness of construction site managers. In: International Journal of Project Management 16 (1), S. 1-8.

Navon, R.; Goldschmidt, E.; Shpatnisky, Y. (2004): A concept proving prototype of automated earthmoving control. In: Automation in Construction 13 (2), S. 225-239.

Navon, R.; Shpatnitsky, Y. (2005): A model for automated monitoring of road construction. In: Construction Management and Economics 23 (9), S. 941-951.

Newell, A. (1962): Some Problems of the Basic Organization in Problem-Solving Domains. In: Yovits, M. C.; Jacobi, G. T.; Golstein, G. D. (Hrsg.): Conference on Self-Organizing Systems. Spartan Books, Washington D.C., US, S. 393-423.

Nichols, D.; Smolensky, E.; Tiderman, T. N. (1971): Discrimination by Waiting Time in Merit Goods. In: American Economic Review 61 (3), S. 312-323.

Nordsieck, F. (1934): Grundlagen der Organisationslehre. Stuttgart.

North, D. C. (1990): Institutions, Institutional Change and Economic Performance. Cambridge University Press, New York.

o.V. (2002): Editorial Statement and Policy. In: Information Systems Researcj 13 (4), S. inside front cover.

o.V. (2011): Product Overview - Trimble Construction Manager. http://www.trimble.com/construction/heavy-and-highway/software-solutions/Trimble-Construction-Manager.aspx?dtID=overview, Abruf am 2011-08-11.

o.V. (2011): SiteLINK 3D - Advanced communications system for grade control products.

http://www.topconpositioning.com/products/software/network-applications/sitelink-3d, Abruf am 2011-08-11.

Odeh, A. M.; Battaineh, H. T. (2002): Causes of construction delay: traditional contracts. In: International Journal of Project Management 20 (1), S. 67-73.

Odell, J.; Parunak, H. v. D.; Fleischer, M.; Brueckner, S. (2002): Modeling Agents and their Environment. In: Giunchiliglia, F.; Odell, J.; Weiss, G. (Hrsg.): Agent-Oriented Software Engineering III, Lecture Notes In Computer Science volume 2585 Springer, New York, USA, S. 16-31.

Odell, J.; Parunak, H. v. D.; Fleischer, M.; Brueckner, S. (2002): Modeling Agents and their Environment. In: Proceedings of the 3rd International Workshop on Agent-Oriented Software Engineering III (AOSE 2002). S. 16-31.

Ok, S. C.; Sinha, S. K. (2006): Construction equipment productivity estimation using artificial neural network model. In: Construction Management & Economics 24 (10), S. 1029-1044.

Oloufa, A. A. (1993): Modeling and simulation of construction operations. In: Automation in Construction 1 (4), S. 351-359.

Oloufa, A. A.; Ikeda, M.; Nguyen, T. H. (1998): Resource-based simulation libraries for construction. In: Automation in Construction 7 (4), S. 315-326.

Österle, H.; Becker, J.; Frank, U.; Hess, T.; Karagiannis, D.; Krcmar, H.; Loos, P.; Mertens, P.; Oberweis, A.; Sinz, E. J. (2010): Memorandum zur gestaltungsorientierten Wirtschaftsinformatik. In: Österle, H.; Winter, R.; Brenner, W. (Hrsg.): Gestaltungsorientierte Wirtschaftsinformatik: Ein Plädoyer für Rigor und Relevanz. infowerk ag, St. Gallen, S. 1-6.

Österle, H.; Becker, J.; Frank, U.; Hess, T.; Karagiannis, D.; Krcmar, H.; Loos, P.; Mertens, P.; Oberweis, A.; Sinz, E. J. (2010): Memorandum zur gestaltungsorientierten Wirtschaftsinformatik. In: Zeitschrift für betriebswirtschaftliche Forschung 62 (6), S. 662-679.

Osterloh, M.; Frost, J. (2006): Prozessmanagement als Kernkopetenz. Gabler, Wiesbaden.

Ouchi, W. G. (1979): A Conceptual Framework for the Design of Organizational Control Mechanisms. In: Management Science 25 (9), S. 833-848.

Papasimeon, M. (2009): Modelling Agent-Environment Interaction in Multi-Agent Simulations with Affordances. Department of Computer Science and Software Engineering, The University of Melbourne.

Parunak, V. D. (1997): "Go to the Ant": Engineering Principles from Natural Multi-Agent Systems. In: Annals of Operations Research 75 S. 69-101.

Pasetta, V. (2005): Modeling Foundations of Economic Property Rights Theory. Springer, Berlin, Heidelberg.

Pena-Mora, F.; Wang, C.-Y. (1998): Computer-supported collaborative negotiation methodology. In: Journal of Computing in Civil Engineering 12 (2), S. 64-81.

Picot, A. (1989): Zur Bedeutung allgemeiner Theorieansätze für die betriebswirtschaftliche Information und Kommunikation. In: Kirsch, W.; Picot, A. (Hrsg.): Die Betriebswirtschaft im Spannungsfeld zwischen Generalisierung und Spezialisierung. Gabler, Wiesbaden, S. 361-379.

Picot, A.; Baumann, O. (2009): Die Bedeutung der Organisationstheorie für die Entwicklung der Wirtschaftsinformatik. In: WIRTSCHAFTSINFORMATIK 51 (1), S. 72-81.

Picot, A.; Baumann, O. (2007): Modularität in der verteilten Entwicklung komplexer Systeme: Chancen, Grenzen, Implikationen. In: Journal das Betriebswirtschaft 57 (3-4), S. 221-246.

Picot, A.; Dietl, H. M.; Franck, E. (2008): Organisation - Eine ökonomische Perspektive. Schäffer-Poeschel, Stuttgart.

Picot, A.; Reichwald, R.; Wigand, R. T. (2003): Die grenzenlose Unternehmung - Information, Organisation und Mangement. Gabler, Wiesbaden.

Piller, F. (2003): Mass Customization - Ein wettbewerbsstrategisches Konzept im Informationszeitalter. Deutscher Universitätsverlag, Wiesbaden.

Pine II, B. J. (1993): Mass Customization - The New Frontier in Business Competition. Harvard Business School Press, Boston, Massachusetts.

Pine II, B. J.; Victor, B.; Boynton, A. C. (1993): Making Mass Customization Work. In: Harvard Business Review 71 (5), S. 108-119.

Piunti, M.; Ricci, A.; Braubach, L.; Pokahr, A. (2008): Goal-Directed Interactions in Artifact-Based MAS: Jadex Agents playing in CARTAGO Environments. In: IEEE/WIC/ACM International Conference on Web Intelligence and Intelligent Agent Technology. Sydney, NSW, S. 207-213.

Platon, E.; Mamei, M.; Sabouret, N.; Honiden, S.; Parunak, H. V. (2007): Mechanisms for environments in multi-agent systems: Survey and opportunities. In: Autonomous Agents and Multi-Agent Systems 14 (1), S. 31-47.

Pnueli, A. (1986): Specification and development of reactive systems. In: Informatzon Processing. Amsterdam, S. 845-858.

Pokahr, A. (2007): Programmiersprachen und Werkzeuge zur Entwicklung verteilter agentenorientierter Softwaresysteme. Universität Hamburg.

Pokahr, A.; Braubach, L.; Lamersdorf, W. (2003): Jadex: Implementing a BDI-Infrastructure for JADE Agents. In: EXP - In Search of Innovation (Special Issue on JADE) 3 (3), S. 76-85.

Pollack, M. E. (1992): The Uses of Plans. In: Artificial Intelligence 57 (1), S. 43-68.

Porter, M. E. (1985): Competitive Advantage. Free Press, New York.

Prata, B. A.; Junior, E. F. N.; Barroso, G. C. (2008): A stochastic colored petri net model to allocate equipments for earth moving operations. In: Journal of Information Technology in Construction 13 (1), S. 476-490.

Rao, A. S.; Georgeff, M. P. (1995): BDI Agents: From Theory to Practice. In: First International Conference on Multiagent Systems (ICMAS-95). S. 312 - 319.

Ren, Z.; Anumba, C. J. (2004): Multi-agent systems in construction - state of the art and prospects. In: Automation in Construction 13 (3), S. 421-434.

Ren, Z.; Anumba, C. J.; Ugwu, O. O. (2003): Multiagent System for Construction Claims Negotiation. In: Journal of Computing in Civil Engineering 17 (3), S. 180-188.

Ren, Z.; Anumba, C. J.; Ugwu, O. O. (2002): Negotiation in a Multi-Agent System for Construction Claims Negotioation. In: Applied Artificial Intelligence - An International Journal 16 (5), S. 359 - 394.

Ricci, A.; Piunti, M.; Acay, L. D.; Bordini, R.; Hübner, J.; Dastani, M. (2008): Integrating artifact-based environments with heterogeneous agent-programming platforms. In: Proceedings of 7th international conference on agents and multi agents systems (AAMAS08). S. 225-232.

Ricci, A.; Piunti, M.; Viroli, M. (2011): Environment programming in multi-agent systems: an artifact-based perspective. In: Autonomous Agents and Multi-Agent Systems, Springer, ISSN 1387-2532 23 (2), S. 158-192.

Ricci, A.; Piunti, M.; Viroli, M. (2010): Externalisation and internalization: A new perspective on agent modularisation in multi-agent system programming. In: Dastani, M.; Fallah-Seghrouchni, A. E.; Leite, J.; Torroni, P. (Hrsg.): Languages, methodologies and development tools for multi-agent systems, volume 6039 of LNAI Springer, Berlin, Heidelberg, S. 33-55.

Ricci, A.; Piunti, M.; Viroli, M.; Omicini, A. (2009b): Environment programming in CArtAgO. In: Bordini, R. H.; Dastani, M.; Dix, J.; Fallah-Seghrouchni, A. E. (Hrsg.): Multi-agent programming: Languages, platforms and applications (Vol. 2). Springer, Berlin, Heidelberg, S. 259-288.

Ricci, A.; Viroli, M.; Omicini, A. (2007): CArtAgO: A framework for prototyping artifact-based environments in MAS. In: D. Weyns, H. V. D. P., & F. Michel (Hrsg.): Environments for multiagent systems III, volume 4389 of LNAI. Springer, Berlin, Heidelberg, S. 67-86.

Ricci, A.; Viroli, M.; Omicini, A. (2006): Construenda est CArtAgO: Toward an infrastructure for artifacts in MAS. In: Cybernetics and systems 2006, 18-21 April, Vol. 2, Vienna, Austria, S. 569-574.

Ricci, A.; Viroli, M.; Piunti, M. (2009a): Formalising the environment in mas programming: A formal model for artifact-based environments. In:

Braubach, L.; Briot, J.-P.; Thangarajah, J. (Hrsg.): Programming multiagent systems, volume 5919 of LNAI. Springer, Berlin, Heidelberg, S. 133-150.

Rolle, R. (2005): Homo oeconomicus: Wirtschaftsanthropologie in philosophischer Perspektive. Königshausen & Neumann, Würzburg.

Rothschild, E. (1994): Adam Smith and the Invisible Hand. In: The American Economic Review 84 (2), S. 319-322.

Rouse, W. B.; Morris, N. M. (1985): On looking into the black box: Prospects and limits in the search for mental models. Georgia Institut of Technology, Center for Man-Machine Systems Research, Atlanta, GA.

Runge Ltd. (2011): Runge Homepage. http://www.runge.com, Abruf am 2011-07-17.

Russel, S.; Norvig, P. (2003): Artificial Intelligence - A Modern Approach. Pearson Education Inc., New Jersey.

Samuelson, P. A. (1954): The Pure Theory of Public Expenditure. In: The Review of Economics and Statistics 36 (4), S. 387-389.

Sarter, N. B.; Woods, D. D. (1991): Situation awareness: A critical but ill-defined phenomenon. In: The International Journal of Aviation Psychology 1 (1), S. 45-57.

Scerri, P.; Pynadath, D.; Tambe, M. (2003): Adjustable autonomy for the real world. In: Hexmoor, H.; Castelfranchi, C.; Falcone, R. (Hrsg.): Agent Autonomy. Kluwer Academic, Dordrecht, The Netherlands, S. 211-241.

Schach, R.; Otto, J. (2008): Baustelleneinrichtung. Grundlagen - Planung - Praxishinweise - Vorschriften und Regeln. Teubner Verlag / GWV Fachverlage GmbH, Wiesbaden.

Schmelzer, H. J.; Sesselmann, W. (2010): Geschäftsprozessmanagement in der Praxis: Kunden zufrieden stellen - Produktivität steigern - Wert erhöhen. Carl Hanser, München.

Schmidtchen, D. (1983): Property rights, Freiheit und Wettbewerbspolitik. J. C. B. Mohr (Paul Siebeck) Tübingen.

Schneider, D. (1964): Produktionstheorie als Theorie der Produktionsplanung. In: Liiketaloudellinen Aikakauskirja - The Journal of Business Economics, Helsinki 13 (1), S. 199-229.

Schober, H. (2002): Prozessorganisation: Theoretische Grundlagen und Gestaltungsoptionen. Gabler, Wiesbaden.

Schreyögg, G. (2008): Organisation. Grundlagen moderner Organisationgestaltung. Gabler, Wiesbaden.

Schüller, A. (1978): Property Rights, unternehmerische Legitimation und Wirtschaftsordnung. Zum vermögenstheoretischen Ansatz einer allgemeinen Theorie der Unternehmung. In: Schenk, K.-E. (Hrsg.): Ökonomische Verfügungsrechte und Allokationsmechanismen in

Wirtschaftssystemen. Bd. 97 der Schriften des Vereins für Socialpolitik, Berlin, S. 29-87.

Schumpeter, J. A. (1908): Das Wesen und der Hauptinhalt der theoretischen Nationalökonomie. Duncker & Humboldt, Leipzig.

Schütte, R. (1998): Grundsätze ordnungsgemäßer Referenzmodellierung: Konstruktion konfigurations- und anpassungsorientierter Modelle. Gabler, Wiesbaden.

Schweitzer, M.; Küpper, H.-U. (1997): Produktions- und Kostentheorie. Gabler, Wiesbaden.

Senouci, A. B.; Adeli, H. (2001): Resource scheduling using dynamics model of Adeli and Park. In: Journal of Construction Engineering & Management 127 (1), S. 28-34.

Senouci, A. B.; Eldin, N. N. (2004): Use of genetic algorithms in resource scheduling of construction projects. In: Journal of Construction Engineering & Management 130 (6), S. 887-894.

Sethi, A. K.; Sethi, S. P. (1990): Flexibility in manufacturing: A survey In: International Journal of Flexible Manufacturing Systems 2 (4), S. 289-328.

Shah, R. K.; Dawood, N. (2011): An innovative approach for generation of a time location plan in road construction projects. In: Construction Management and Economics 29 (5), S. 435-448.

Shanon, R. E. (1975): System Simulation: The Art and Science. Prentice-Hall, Englewood Cliffs, N.J.

Shi, J. J. (1999): A neural network based system for predicting earthmoving production. In: Construction Management & Economics 17 (4), S. 463-471.

Shi, J. J.; AbouRizk, S. M. (1997): Resource-based modeling for construction simulation. In: Journal of Construction Engineering & Management 123 (1), S. 26-34.

Shohet, I. M.; Laufer, A. (1991): What does the construction foreman do? In: Construction Management and Economics 9 (6), S. 565-576.

Simon, H. A. (1977): The New Science of Management Decision. Prentice-Hall, Englewood Cliffs, NJ.

Simon, H. A. (1978): Rationality as Process and Product of Thought. In: American Economic Review 68 (2), S. 1-16.

Simon, H. A. (1981): The Sciences of the Artificial. MIT Press, Boston, Massachusetts.

Smith, A. (1901): Wealth of Nations. Cosimo, Inc., New York.

Smith, G. J.; Gero, J. S. (2005): What does an artificial design agent mean by being 'situated'? In: Design Studies 26 (5), S. 535-561.

Smith, S. D.; Wood, G. S.; Gould, M. (2000): A new earthworks estimating methodology. In: Construction Management & Economics 18 (2), S. 219-228.

So, R.; Sonenberg, L. (2004a): Agents with Initiative: A Preliminary Report. In: Nickles, M.; Rovatsos, M.; Weiss, G. (Hrsg.): AUTONOMY 2003, LNAI 2969. Springer, Berlin, Heidelberg, S. 237-248.

So, R.; Sonenberg, L. (2005): The Roles of Active Perception in Intelligent Agent Systems. In: 8th Pacific Rim International Workshop on Multi-Agents (PRIMA 2005) - Multi-Agent Systems for Society , LNAI 4078. Kuala Lumpur, Malaysia, S. 139-142.

So, R.; Sonenberg, L. (2007): Situation Awareness as a Form of Meta-level Control. In: 1st International Workshop on Metareasoning in Agent-Based Systems at the AAMAS conference. Honolulu, Hawaii.

So, R.; Sonenberg, L. (2004b): Situation Awareness in Intelligent Agents: Foundations for a Theory of Proactive Agent Behavior. In: Proceedings of the IEEE/WIC/ACM International Conference on Intelligent Agent Technology (IAT'04). S. 86 - 92.

Son, J.; Mattila, K. G. (2004): Binary resource leveling model: Activity splitting allowed. In: Journal of Construction Engineering & Management 130 (6), S. 887-894.

Son, J.; Skibniewski, M. J. (1999): Multiheuristik approach for resource leveling problem in construction: Hybrid approach. In: Journal of Construction Engineering & Management 125 (1), S. 23-31.

Stachowiak, H. (1973): Allgemeine Modelltheorie. Springer Verlag, Wien.

Stachowiak, H. (1983): Erkenntnisstufen zum systematischen Neopragmatismus und zur allgemeinen Modelltheorie. In: Stachowiak, H. (Hrsg.): Modelle - Konstruktion der Wirklichkeit. Fink, München, S. 87-146.

Steffen, R.; Schimmelpfeng, K. (2002): Produktions- und Kostentheorie. Kohlhammer, Stuttgart.

Stock, R. (2003): Teams an der Schnittstelle zwischen Anbieter und Kundenunternehmen - Eine integrative Betrachtung. Gabler, Wiesbaden.

Sweis, G.; Sweis, R.; Hammadc, A. A.; Shboul, A. (2008): Delays in construction projects: The case of Jordan. In: International Journal of Project Management 26 (6), S. 665-674.

The Supply Chain Council Inc. (2010): SCOR: The Supply Chain Reference - Version 10.0.

Thomas, O. (2005): Das Modellverständnis in der Wirtschaftsinformatik: Historie, Literaturanalyse und Begriffsexplikation. In: Veröffentlichungen des Instituts für Wirtschaftsinformatik 1 (184), S. 5-41.

Thompson, J. D. (1967): Organizations in Action. McGraw-Hill, New York.

Tietzel, M. (1981): Die Ökonomie der Property Rights: Ein Überblick. In: Zeitschrift für Wirtschaftspolitik 30 (1), S. 207-243.

Topcon Positioning (2011): Topcon - Produktübersicht Maschinenkontrolle. http://www.topcon-positioning.eu/0/30/products.html, Abruf am 2011-07-17.

Touran, A.; Taher, K. A. H. (1988): Optimum fleet size determination by queuing and simulation. In: Construction Management and Economics 6 (4), S. 295-307.

Tukey, J. W. (1977): Exploratory data analysis. Addison-Wesley,

Uhrmacher, A. M.; Weyns, D. (2009): Multi-Agent Systems - Simulation and Applications. CRC Press, Rostock, Leuven

Ulrich, P. (1993): Transformation der ökonomischen Vernunft. Fortschrittsperspektiven der modernen Industriegesellschaft. Paul Haupt, Bern.

Umbeck, J. (1977): The California gold rush: A study of emerging property rights. In: Explorations in Economic History 14 (3), S. 197-226.

Umbeck, J. (1981): Might Makes Rights: A Theory of the Foundation and Initial Distribution of Property Rights. In: Economic Inquiry 19 (1), S. 38-59.

Vahrenkamp, R.; Mattfeld, D. C. (2007): Logistiknetzwerke. Gabler, Wiesbaden.

Van Tol, A. A.; AbouRizk, S. M. (2006): Simulation modeling decision support through belief networks. In: Simulation Modelling Practice and Theory 14 (5), S. 614-640.

vom Brocke, J. (2003): Referenzmodellierung - Gestaltung und Verteilung von Konstruktionsprozessen. Logos Verlag, Berlin.

von Mauer, E. (2009): Konstruktivismus und Wirtschaftsinformatik - Begriffsver(w)irrungen. In: Becker, J.; Krcmar, H.; Niehaves, B. (Hrsg.): Wissenschaftstheorie und gestaltungsorientierte Wirtschaftsinforamtik. Physica, Springer, Heidelberg, S. 133-159.

von Maur, E. (2009): Konstruktivismus und Wirtschaftsinformatik - Begriffsver(w)irrungen. In: Becker, J.; Krcmar, H.; Niehaves, B. (Hrsg.): Wissenschaftstheorie und gestaltungsorientierte Wirtschaftsinforamtik. Physica, Springer, Heidelberg, S. 133-159.

Weyns, D.; Holvoet, T. (2004a): A Colored Petri Net for Regional Synchronization in Situated Multi-Agent Systems. In: Proceedings of First International Workshop on Petri Nets and Coordination. Bologna, Italy.

Weyns, D.; Holvoet, T. (2004b): A Formal Model for Situated Multi-Agent Systems. In: Fundamenta Informaticae 63 (2-3), S. 1-34.

Weyns, D.; Holvoet, T. (2008): Mediating Agents' Activities In Situated Multi-Agent Systems. In: UbiCC Journal - Special issue of Coordination in Pervasive Environments CPE (Special Issue), S. 163-177.

Weyns, D.; Holvoet, T. (2003b): Model for Situated Multi-Agent Systems with Regional Synchronization. In: 10th International Conference on Concurrent Engineering, Agent and Multi-Agent Systems, CE'03. S. 177-188.

Weyns, D.; Holvoet, T. (2005): On the Role of Environments in Multiagent Systems. In: Informatica 29 (4), S. 409-421.

Weyns, D.; Holvoet, T. (2006): A Reference Architecture for Situated Multiagent Systems. In: Proceedings of the Third International Workshop on Environments for Multiagent Systems, LNCS 4389. S. 120-170.

Weyns, D.; Holvoet, T. (2003a): Regional Synchronization for Simultaneous Actions in Situated Multi-Agent Systems. In: Proceedings of 3th International/Central and Eastern European Conference on Multi-Agent Systems, CEEMAS, LNAI 2691. Prague, Czech Republic, S. 497-511.

Weyns, D.; Omicini, A.; Odell, J. (2007): Environment as a first class abstraction in multiagent systems. In: International Journal on Autonomous Agents and Multi-Agent Systems 14 (1), S. 5-30.

Weyns, D.; Parunak, H. V. D.; Michel, F.; Holvoet, T.; Ferber, J. (2004): Environments for Multiagent Systems - State-of-the-Art and Research Challenges. In: E4MAS New York, NY, S. 1-47.

Weyns, D.; Schumacher, M.; Ricci, A.; Viroli, M.; Holvoet, T. (2005): Environments in multiagent systems. In: The Knowledge Engineering Review 20 (2), S. 127-141.

Weyns, D.; Steegmans, E.; Holvoet, T. (2003): A Model for Active Perception in Situated Multi-agent Systems. In: Proceedings of the First European Workshop on Multi-Agent Systems (EUMAS2003). Oxford University, UK, S. 1-15.

Weyns, D.; Steegmans, E.; Holvoet, T. (2004): Towards active perception in situated multi-agent systems. In: Applied Artificial Intelligence - An International Journal 18 (9-10), S. 867-883.

Weyns, D.; Vizzari, G.; Holvoet, T. (2005): Environments for situated multiagent systems: Beyond infrastructure. In: Environments for Multi-Agent Systems II, vol 3830, Lecture Notes in Computer Science. S. 1-17.

Wickens, C. D. (1992): Engineering psychology and human performance. HarperCollins, New York.

Wiegand, R. T.; Mertens, P.; Bodendorf, F.; König, W.; Picot, A.; Schumann, M. (2003): Introduction to Business Information Systems. Springer, Berlin.

Willems, H. (2008): Lehr(er)buch Soziologie. Eine Einführung für die pädagogische Ausbildung und Berufspraxis - Band 1. VS Verlag für Sozialwissenschaften, Wiesbaden.

Williamson, O. E. (1991): Comparative Economic Organization: The Analysis of Discrete Structural Alternatives. In: Administrative Science Quarterly 36 (2), S. 269-296.

Williamson, O. E. (1985): The Economic Institutions of Capitalism - Firms, Markets, Relational Contracting. The Free Press, New York.

Williamson, O. E. (1975): Markets and Hierarchies - Analysis and Antitrust Implications. A Study in the Economics of Internal Organization. Free Press, New York.

Williamson, O. E. (2000): The New Institutional Economics: Taking Stock, Looking Ahead. In: Journal of Economic Literature 38 (3), S. 595-613.

Wimmer, J.; Günthner, W. A. L. J., Vol. 01. (2010): Simulation der Logistik auf Erdbaustellen. In: Logistics Journal 1 (1), S. 1-12.

Winch, G. M.; Kelsey, J. (2005): What do construction project planners do? In: International Journal of Project Management 23 (2), S. 141-149.

Wooldridge, M. (1995): Conceptualising and Developing Agents. In: Proceedings of the UNICOM Seminar on Agent Software. London, S. 42.

Wooldridge, M.; Ciancarini, P. (2000): Agent-oriented software engineering: the state of the art. In: First international workshop, AOSE 2000 on Agent-oriented software engineering. S. 1-28.

Wooldridge, M.; Jennings, N. R. (1995): Intelligent Agents: Theory and Practice. In: The Knowledge Engineering Review 10 (2), S. 115-152.

Wooldridge, M. J. (2009): An Introduction to Multiagent Systems. John Wiley & Sons, LTD, Chichester, UK.

Wooldridge, M. J. (2002): An Introduction to Multiagent Systems. John Wiley & Sons, LTD, Chichester, UK.

Xue, X.; Ji, Y.; Li, L.; Shen, Q. (2010): Cognition driven framework for improving collaborative working in construction projects: Negotiation perspective. In: Journal of Business Economics and Management 11 (2), S. 227-242.

Xue, X.; Li, X.; Shen, Q.; Wang, Y. (2005): An agent-based framework for supply chain coordination in construction. In: Automation in Construction 14 (3), S. 413-430.

Xue, X.; Lu, J.; Wang, Y.; Shen, Q. (2007): Towards an Agent-Based Negotiation Platform for Cooperative Decision-Making in Construction Supply Chain. In: Lecture Notes in Computer Science 4496/2007 S. 416-425.

Xue, X.; Ren, Z. (2009): An agent-based negotiation platform for collaborative decision-making in construction supply chain. In: Studies in Computational Intelligence 170 (1), S. 129-145.

Yang, X.; Wills, I. (1990): A Model Formalizing the Theory of Property Rights. In: Journal of Comparative Economics 14 (2), S. 177-198.

Yeo, K. T.; Ning, J. H. (2002): Integrating supply chain and critical chain concepts in engineer-procure-construct (EPC) projects. In: International Journal of Project Management 20 (4), S. 253-262.

Zelewski, S. (1995): Petrinetzbasierte Modellierung komplexer Produktionssysteme: Eine Untersuchung des Beitrags von Petrinetzen zur Prozesskoordinierung in komplexen Produktionssystemen, insbesondere flexiblen Fertigungssystemen; Band 2 - Bezugsrahmen. Arbeitsberichte des

Instituts für Produktionswirtschaft und Industrielle Informationswissenschaften, Nr. 6. Universität Leipzig, Leipzig.

Zhang, C.; Hammad, A.; Bahnassi, H. (2009): Collaborative Multi-Agent Systems for Construction Equipment based on Real-Time Field Data Capturing. In: Journal of Information Technology in Construction, Special Issue Next Generation Construction IT: Technology Foresight, Future Studies, Roadmapping, and Scenario Planning 14 S. 204-228.

Zhang, H.; Li, H.; Tam, C. M. (2004): Fuzzy discrete-event simulation for modeling uncertain activity duration. In: Engineering, Construction and Architectural Management 11 (6), S. 426-437.